QUEIMADAS E INCÊNDIOS FLORESTAIS

mediante monitoramento orbital

Alberto W. Setzer
Nelson J. Ferreira
organizadores

Grafia atualizada conforme o Acordo Ortográfico da Língua
Portuguesa de 1990, em vigor no Brasil desde 2009.

Capa e projeto gráfico Malu Vallim
Foto capa Bruno Kelly/Amazonia Real
Diagramação Victor Azevedo
Preparação de figuras Victor Azevedo
Preparação de textos Natália Pinheiro
Revisão de textos Renata de Andrade Sangeon
Impressão e acabamento BMF artes gráficas e editora

Dados Internacionais de Catalogação na Publicação (CIP)
(Câmara Brasileira do Livro, SP, Brasil)

Queimadas e incêndios florestais : mediante
monitoramento orbital / Alberto W. Setzer,
Nelson J. Ferreira organizadores. -- São Paulo :
Oficina de Textos, 2021.

ISBN 978-85-7975-318-3

1. Biomas - Brasil 2. Incêndios - Combate
3. Incêndios - Investigação 4. Incêndios - Prevenção
5. Queimadas I. Setzer, Alberto W. II. Ferreira,
Nelson J.

21-87918 CDD-634.9618

Índices para catálogo sistemático:
1. Incêndios florestais : Zoneamento de risco :
Engenharia florestal 634.9618

Aline Graziele Benitez - Bibliotecária - CRB-1/3129

Rua Cubatão, 798
CEP 04013-003 São Paulo SP
tel. (11) 3085-7933
www.ofitexto.com.br
atend@ofitexto.com.br

Sobre os autores

Alana Kasahara Neves

Mestra e doutora em Sensoriamento Remoto (2021), ambos pelo Instituto Nacional de Pesquisas Espaciais (Inpe). Trabalha como pesquisadora associada no projeto Brazil Data Cube, na Funcate. Possui experiência em mapeamento de fitofisionomias e uso e cobertura da terra (principalmente na Amazônia e no Cerrado), mineração de dados, séries temporais, *machine learning* e *deep learning*.

Alberto W. Setzer

PhD em Engenharia Ambiental pela Purdue University (1982) e com pós-doutorado no Joint Research Center/EEC, Ispra, Itália (1993). Pesquisador titular do Instituto Nacional de Pesquisas Espaciais (Inpe) desde 1983, desenvolvendo projetos operacionais e pesquisas nos temas de monitoramento de queimadas com satélites, risco de fogo da vegetação e meteorologia Antártica. Estruturou, entre outros, os projetos: Mapeamento Automático de Áreas Queimadas com Imagens Landsat, Plataforma de Monitoramento de Queimadas, Portal do Programa Queimadas; Cálculo e Aprimoramento do Risco de Fogo; Sistema Brasileiro Fogo-Superfície-Atmosfera.

Alex Santos da Silva

Doutor em Meteorologia Aplicada (2019) pela Universidade Federal de Viçosa (UFV). Professor do Magistério Superior, lotado no Curso de Ciências Atmosféricas, do Instituto de Engenharia e Geociências (IEG) da Universidade Federal do Oeste do Pará (Ufopa). Possui experiência em modelagem numérica do tempo e do clima. No que tange a ensino, pesquisa e extensão, coopera com análises das mudanças climáticas e seus efeitos nas condições atmosféricas de curto prazo e do risco potencial de fogo em vegetação.

Aline Pontes Lopes

Doutora em Sensoriamento Remoto (2021) pelo Instituto Nacional de Pesquisas Espaciais (Inpe) e mestra em Ciências de Florestas Tropicais (2015) pelo Instituto Nacional de Pesquisas da Amazônia (Inpa). Atualmente realiza consultoria em pesquisa para o Instituto de Pesquisa Ambiental da Amazônia (Ipam). Possui experiência em estudos de campo e de sensoriamento remoto para a quantificação das mudanças temporais nos estoques de carbono e na estrutura de florestas afetadas por fogo na região amazônica.

Allan A. Pereira

Doutor em Engenharia Florestal (2017) pela Universidade de Federal de Lavras (UFLA), em Minas Gerais, Brasil. É professor do Instituto Federal do Sul de Minas Gerais e pesquisador associado do Laboratório de Aplicações de Satélites Ambientais (Lasa-UFRJ), atuando nas áreas de sensoriamento remoto da vegetação e algoritmos para mapeamento de queimadas.

Ananda Santa Rosa de Andrade

Geógrafa, mestra e doutoranda em Geografia pela Universidade de Brasília (UnB), desde 2014 atua em atividades da gestão pública para combater e prevenir queimadas em áreas legalmente protegidas. Atualmente, gerencia projetos e está responsável tecnicamente pelas atividades dos eixos "autonomia e sustentabilidade dos povos e territórios indígenas" e "defesa dos direitos dos povos indígenas autônomos" da Coordenação das Organizações Indígenas da Amazônia Brasileira (Coiab).

Andeise Cerqueira Dutra

Engenheira florestal (2017) pela Universidade Federal do Recôncavo da Bahia (UFRB) e mestra em Sensoriamento Remoto (2019) pelo Instituto Nacional de Pesquisas Espaciais (Inpe), onde atualmente é aluna de doutorado. Seus interesses de pesquisa envolvem fenologia e monitoramento da vegetação, e mudanças de uso e cobertura da terra utilizando técnicas de sensoriamento remoto.

Arturo E. Melchiori

Bioengenheiro (2004) pela Universidade Nacional de Entre Ríos, Argentina. Com mais de 20 anos de experiência em desenvolvimento de sistemas para processamento de dados geográficos, atualmente é consultor independente.

Debora Cristina Cantador Scalioni

Geógrafa (2011) pela Universidade Federal de Santa Catarina (UFSC) e mestra em Geografia na área de Análise Ambiental e Dinâmica Territorial (2014) pela Universidade Estadual de Campinas (Unicamp). Atualmente é doutoranda no programa de pós-graduação em Sensoriamento Remoto pelo Instituto Nacional de Pesquisas Espaciais (Inpe). Atua principalmente nos seguintes temas: recursos hídricos, modelagem hidrológica, mudança de uso e cobertura da terra, e planejamento urbano e regional.

Egidio Arai

Doutor em Sensoriamento Remoto (2011) e mestre em Computação Aplicada (2002) pelo Instituto Nacional de Pesquisas Espaciais (Inpe). Atualmente é tecnologista sênior da DIOTG/Inpe, atuando nas áreas de sensoriamento remoto, processamento de imagens, séries temporais e ciências ambientais.

Fabiano Morelli

Doutor em Ciências (2011) pelo Instituto Tecnológico de Aeronáutica (ITA). Atualmente é tecnologista sênior III e coordena o Programa de Monitoramento de Queimadas por Satélites do Instituto Nacional de Pesquisas Espaciais (Inpe), atuando em projetos de pesquisas para desenvolvimento de produtos, processos e serviços de monitoramento ambiental de queimadas e incêndios na vegetação por meio de imagens de satélites.

Fausto Machado-Silva

Doutor em Ecologia (2016) pela Universidade Federal do Rio de Janeiro (UFRJ). É pesquisador no Programa em Geociências – Geoquímica Ambiental da Universidade Federal Fluminense (UFF). Atua nas áreas de biogeoquímica, ecologia de ecossistemas e biometeorologia, e investiga os processos ecológicos em diferentes escalas e a influência de impactos antropogênicos e das mudanças climáticas.

Filippe Lemos Maia Santos

Mestre em Meteorologia (2018) pela Universidade Federal do Rio de Janeiro (UFRJ). Atualmente é doutorando no Programa de Pós-Graduação em Clima e Ambiente (CLIAMB) da Universidade do Estado do Amazonas (UEA) e do Instituto Nacional de Pesquisas da Amazônia (Inpa). Desde 2016 é pesquisador do Laboratório de Aplicações de Satélites Ambientais (Lasa-UFRJ), atuando nas áreas de sensoriamento remoto da vegetação e algoritmos para mapeamento de queimadas.

Flávio Justino Barbosa

PhD em Meteorologia (2004) pelo Leibniz-Institute of Marine Research na Alemanha e com pós-doutorado em Ciências Atmosféricas (2006) pela Universidade de Toronto no Canadá, sabático no Byrd Polar Climate and Research Center da Universidade Estadual de Ohio (2016) e *simon fellow* no Centro de Física Teórica de Trieste, na Itália (ICTP/Unesco). É professor adjunto no Departamento de Engenharia Agrícola da Universidade Federal de Viçosa (UFV) desde 2006 e coordenador do Programa de Pós-Graduação em Meteorologia Aplicada da UFV desde 2018.

Irving Foster Brown

PhD pelo Department of Geological Sciences da Universidade Northwestern (1981). Atualmente é pesquisador no Woods Hole Research Center e na Universidade Federal do Acre (Ufac). Tem experiência nas áreas de geoquímica e ecologia, com ênfase em ecologia aplicada, atuando principalmente nos seguintes temas: mudanças globais, queimadas, sensoriamento remoto, estimativas de desmatamento, uso de florestas e métodos de verificação do uso da terra.

Jackson Martins Rodrigues

Doutor em Matemática e Ciências Naturais (2016) pela Georg-August-Universität Göttingen. Atualmente é professor adjunto na Universidade Federal Fluminense (UFF). Tem experiência na área de geografia, atuando principalmente nos seguintes temas: temperatura, mudanças climáticas, planejamento urbano, modelagem e urbanização.

Joana Messias Pereira Nogueira

PhD em Ecologia e Biodiversidade (2016) pela Universidade de Montpellier, França, atuando nas áreas de ecologia de paisagem, sensoriamento remoto e ecologia do fogo. Atualmente é pós-doutoranda na Universidade de Münster, Alemanha, e colaboradora científica do Laboratório de Aplicações de Satélites Ambientais (Lasa) da Universidade Federal do Rio de Janeiro (UFRJ).

José Guilherme Martins dos Santos

Doutor em Ciência do Sistema Terrestre (2015) pelo Instituto Nacional de Pesquisas Espaciais (Inpe). Atualmente é analista em geoprocessamento no Programa Queimadas do Inpe, atuando na melhoria do produto de risco de fogo para a América do Sul. Possui experiência em meteorologia, climatologia e manipulação e visualização de dados ambientais.

Julia Abrantes Rodrigues

Mestra em Meteorologia (2018) pela Universidade Federal do Rio de Janeiro (UFRJ). Desde 2017 é pesquisadora do Laboratório de Aplicações de Satélites Ambientais (Lasa-UFRJ), atuando nas áreas de sensoriamento remoto da vegetação e validação de algoritmos para mapeamento de queimadas.

Kaio Allan Cruz Gasparini

Doutor em Sensoriamento Remoto (2019) pelo Instituto Nacional de Pesquisas Espaciais (Inpe). Atualmente é sócio-fundador da Landmap Mapeamento e Geosoluções.

Atua nas áreas de sensoriamento remoto e sistemas de informação geográfica, prestando serviços de aerofotogrametria, principalmente para as áreas ambiental e agrícola.

Liana Oighestein Anderson

Bióloga com PhD em Geografia e Meio Ambiente pela Universidade de Oxford (2011) e pós-doutorado pelo Environmental Change Institute (ECI) da Universidade de Oxford (2014). Atualmente, trabalha como pesquisadora do Centro Nacional de Monitoramento e Alerta de Desastres Naturais (Cemaden) e docente no curso de Sensoriamento Remoto do Instituto Nacional de Pesquisas Espaciais (Inpe). Seus interesses de pesquisa incluem o monitoramento de florestas e a gestão dos riscos e impactos associados a incêndios florestais e extremos climáticos nos ecossistemas e comunidades.

Luis Eduardo Maurano

Mestre em Sensoriamento Remoto (2018) pelo Instituto Nacional de Pesquisas Espaciais (Inpe). Desde 2010 é tecnologista sênior da Coordenação Geral de Ciências da Terra do Inpe, atuando no Programa de Monitoramento do Desmatamento da Amazônia e Demais Biomas Brasileiros.

Luiz Eduardo Oliveira e Cruz de Aragão

Doutor em Sensoriamento Remoto (2004) pelo Instituto Nacional de Pesquisas Espaciais (Inpe) e com pós-doutorado (2008) pela Universidade de Oxford. Atua como pesquisador titular do Inpe e chefe da Divisão de Observação da Terra e Geoinformática do Inpe. É coordenador do grupo de pesquisas em Ecossistemas Tropicais e Ciências Ambientais (TREES) e presidente do Comitê Científico do Programa de Grande Escala Biosfera-Atmosfera na Amazônia. É docente do programa de pós-graduação em Sensoriamento Remoto do Inpe.

Marcus Jorge Bottino

Possui graduação em Meteorologia (1996) pela Universidade Federal da Paraíba (UFPB), mestrado (2000) e doutorado (2013) em Meteorologia pelo Instituto Nacional de Pesquisas Espaciais (Inpe). Colaborador no CPTEC/Inpe na área de radiação na atmosfera.

Margarete Naomi Sato

Doutora (2003) pela Universidade de Brasília (UnB). Pesquisadora da Iniciativa Cerrado juntamente com a Universidade de Brasília, atuando no Cerrado nas áreas de ecologia do fogo e serviços ecossistêmicos.

Nelson Jesuz Ferreira

PhD pela Universidade de Wisconsin, Madison, EUA (1987). Pesquisador titular (aposentado) do CPTEC/Inpe e professor colaborador do curso de pós-graduação em Meteorologia do Inpe, atuando nas áreas de sensoriamento remoto da atmosfera e estudos e modelagem do tempo.

Paulo Sérgio S. Victorino

Engenheiro cartógrafo graduado pela Faculdade de Ciências e Tecnologia da Unesp e especialista em Ciências de Dados pelo Instituto de Gestão e Tecnologia (IGTI). Desde 2004 atua na pesquisa e desenvolvimento de sistemas de informação geográfica com foco na tecnologia de recepção, manipulação, processamento e armazenamento de dados geográficos e imagens de satélite.

Pedro Augusto Lagden de Souza

Analista de sistemas (1999) pela Universidade de Taubaté (Unitau) e pós-graduado em Informática Empresarial (2003) pela Universidade Estadual Paulista (Unesp). Desde 2001 trabalha no Programa de Monitoramento de Queimadas do Instituto Nacional de Pesquisas Espaciais (Inpe), com experiência em desenvolvimento e análises de dados geográficos, voltado para a tecnologia de recepção, manipulação e processamento e armazenamento de imagens de satélite.

Raffi Agop Sismanoglu

Mestre em Meteorologia Agrícola (1995) pelo DEA da Universidade Federal de Viçosa (UFV). Possui experiência em modelagem regional numérica do tempo com o modelo RAMS/CSU. Atuou no SIMERJ/Furnas e Infraero como previsor e assistente de pesquisador. Atua no Instituto Nacional de Pesquisas Espaciais (Inpe) desde 2001 na Divisão de Satélites e Sensores Meteorológicos.

Renata Libonati dos Santos

PhD (2011) pela Universidade de Lisboa (UL), Portugal. É professora do Departamento de Meteorologia da Universidade Federal do Rio de Janeiro (UFRJ) e pesquisadora associada ao Instituto Dom Luiz e ao Centro de Estudos Florestais, ambos da Universidade de Lisboa, Portugal. Atua nas áreas de sensoriamento remoto do fogo e de extremos climáticos e coordena o Laboratório de Aplicações de Satélites Ambientais (Lasa-UFRJ).

Roberta Bittencourt Peixoto

PhD (2017) pela Universidade Federal do Rio de Janeiro (UFRJ). É pesquisadora no Programa em Geociências – Geoquímica Ambiental da Universidade Federal

Fluminense (UFF). Atua nas áreas de ecologia de ecossistemas e geoquímica ambiental e investiga processos de degradação da matéria orgânica, o ciclo do carbono e os impactos das mudanças globais.

Silvia Cristina de Jesus

Mestra em Sensoriamento Remoto (2009) pelo Instituto Nacional de Pesquisas Espaciais (Inpe). Atualmente é doutoranda no Programa de Pós-Graduação em Ciências Ambientais da Universidade Federal de São Carlos (UFSCar) e membro integrante do grupo de pesquisa Geotecnologias, Meio Ambiente e Sustentabilidade (GeoSus-UFSCar) junto ao CNPq.

Valdete Duarte

Engenheiro agronômo (1977) pela Universidade Federal de Viçosa (UFV) e mestre em Sensoriamento Remoto (1980) pelo Instituto Nacional de Pesquisas Espaciais (Inpe). Atualmente é tecnologista sênior III do Inpe.

Vanúcia Schumacher

Doutora em Meteorologia (2019) pela Universidade Federal de Viçosa (UFV). Atualmente é pesquisadora no Programa Queimadas do Instituto Nacional de Pesquisas Espaciais (Inpe), atuando na área de sensoriamento remoto do fogo.

Vera Reis

Bióloga, mestra (1994) e doutora (2002) em Ciências da Engenharia Ambiental pela Universidade de São Paulo (USP). Atualmente é diretora executiva da Secretaria de Estado de Meio Ambiente e Políticas Indígenas (Semapi) do Acre e coordenadora do Centro Integrado de Geoprocessamento e Monitoramento Ambiental (Cigma) do Acre.

Vinicius Peripato Borges Pereira

Mestre em Sensoriamento Remoto (2019) pelo Instituto Nacional de Pesquisas Espaciais (Inpe). Atualmente é doutorando no curso de Sensoriamento Remoto do Inpe. Seus interesses de pesquisa incluem ecologia histórica e modelagem de distribuição de espécies.

Wesley Augusto Campanharo

Mestre em Ciências Florestais (2013) pela Universidade Federal do Espírito Santo (Ufes). Atualmente é doutorando em Sensoriamento Remoto pelo Instituto Nacional de Pesquisas Espaciais (Inpe), onde desenvolve pesquisas sobre o padrão de uso do fogo na Amazônia Legal brasileira, seus impactos e o dano ocasionado por esses eventos ao longo dos anos, aplicando técnicas de geoprocessamento, econometria e valoração ambiental.

Yosio Edemir Shimabukuro

PhD pela Universidade do Estado do Colorado, EUA (1987). De 1992 a 1994, foi pesquisador visitante no Goddard Space Flight Center da Nasa, EUA. Desde 1973 é pesquisador no Instituto Nacional de Pesquisas Espaciais (Inpe), utilizando dados de sensoriamento remoto por satélite e terrestres para análise de cobertura vegetal. Vem aplicando técnicas e modelos de sistema de informação geográfica e sensoriamento remoto para detecção de mudanças ambientais em diferentes biomas do Brasil. É pesquisador 1A do CNPq.

Apresentação

Foi com enorme satisfação que recebi o convite dos organizadores para fazer a apresentação deste livro. Primeiro, pelo fato de ter tido a oportunidade de conhecer de perto o trabalho da equipe do Inpe no desenvolvimento inédito do primeiro sistema operacional de queimadas, conhecido mundialmente e transferido a vários países da América Latina e do Caribe. A maior disponibilidade de satélites de observação da Terra e geoestacionários, muitos dos quais sem custo ao usuário, permitiu enormes avanços do Programa Queimadas do Inpe, tornando acessíveis, entre outros, dados diários de focos de queimadas e mapa de risco, parte dos quais também acompanhei de perto.

Dados sobre área queimada, quantidade de biomassa combustível, fator de combustão ou eficiência da queima são insumos necessários para estimar as emissões atmosféricas associadas à queima de biomassa, incluídas como parte do conjunto de emissões nos inventários nacionais de gases de efeito estufa submetidos à Convenção-Quadro das Nações Unidas sobre Mudança do Clima (UNFCCC). À exceção das estimativas da área queimada, os outros parâmetros podem ser estimados utilizando valores padrão (*default*) nas Diretrizes do Painel Intergovernamental sobre Mudança do Clima (IPCC), caso estimativas específicas do país não existam. As estimativas da área queimada em todo o território nacional, utilizando imagens diárias de satélites com resolução espacial de 1 km e mensais com 30 m, fazem parte de uma das linhas de atuação do Programa Queimadas e têm um papel relevante no aumento da acurácia das estimativas de emissões pela queima de biomassa.

O IPCC, nas suas avaliações das informações científicas produzidas em todo o mundo nos temas relevantes à mudança do clima, já indicou que as atividades humanas causaram aumento da temperatura média global acima dos níveis pré-industriais, de aproximadamente 1,0 °C, e que, com esse aumento, já foram observados impactos significantes em várias regiões do planeta. Na América do Sul, por exemplo, a área queimada aumentou, consistente com os riscos de impactos pela mudança do clima de natureza antrópica. Adicionalmente, o desmatamento, a variabilidade natural e outros fatores também exercem uma influência nas tendências observadas de queima.

O relatório especial do IPCC confirma a conclusão, no seu sexto relatório de avaliação de 2021, de que um planeta mais quente impactará negativamente amplas áreas de florestas, pois elas estarão mais expostas a eventos extremos como calor, secas e tempestades, sendo que a incidência de incêndios florestais também aumentará. Isso demonstra a importância do mapa diário de risco de fogo que, desde 1999, tem sido desenvolvido no Centro de Previsão de Tempo e Estudos Climáticos do Inpe. Desde lá, enormes avanços foram feitos, tanto no maior refinamento da resolução espacial dos dados orbitais, originalmente 55 km e atualmente 1 km, como na expansão geográfica do mapa de risco, concentrado inicialmente na Amazônia brasileira e atualmente utilizado por vários outros países da América Latina e do Caribe. O mapa de risco, produto diário e operacional, faz parte do conjunto de dados do Programa Queimadas que qualquer instituição federal, estadual ou municipal pode acessar para apoiar suas medidas e ações de prevenção de queimadas. Infelizmente, dados por si só não previnem nem combatem as queimadas e os incêndios florestais. Há a necessidade de investimentos concretos por parte dos governos para evitar ou minimizar as queimadas, entendendo-se que isso se tornará cada vez mais importante à medida que eventos climáticos extremos serão mais frequentes e intensos com o aumento da temperatura média anual.

Em um cenário de aumento global das emissões de gases de efeito estufa, as queimadas e os incêndios florestais são esperados a aumentar substancialmente. Reduções ambiciosas de emissões, consistentes com limitar o aquecimento a menos de 2 °C acima dos níveis pré-industriais, podem evitar o projetado aumento de áreas queimadas. O custo de cortar emissões com ações ambiciosas de mitigação pode parecer elevado, mas os benefícios associados, particularmente pelo corte de emissões fósseis, são inúmeros, desde uma melhor qualidade do ar até a redução de problemas respiratórios, os quais serão também beneficiados pela redução das queimadas e dos incêndios florestais. Dessa forma, ressalta-se também a importância de transferir a tecnologia e capacitar os países da região para que possam prevenir queimadas e incêndios florestais, visto que, dependendo das condições meteorológicas, a fumaça resultante desses eventos pode ser transportada para áreas no Brasil e, assim, agravar as condições respiratórias principalmente das populações mais vulneráveis – os idosos e as crianças.

Finalmente, não devemos nos esquecer que o Brasil ratificou o Acordo de Paris e, com isso, estabeleceu o compromisso de reduzir suas emissões de gases de efeito estufa em 37% em 2025 e 43% em 2030, relativamente a essas emissões em 2005. Essas contribuições foram declaradas na Contribuição Nacionalmente Determinada (NDC) do Brasil, submetida à Convenção do Clima em 2014 e atualizada em 2020. Vários países, na atualização de suas NDCs, aumentaram suas ambições de redução líquida de emissões, enquanto o Brasil manteve os percentuais de sua submissão original, confirmando os 43% em 2030, que era então indicativo. A eliminação do desmatamento ilegal na Amazônia brasileira é uma das formas sugeridas na submissão do Brasil para atingir os percentuais de redução. Claro que há também que se prevenir os incêndios florestais nas florestas brasileiras e, assim, reduzir ou eliminar as correspondentes emissões de gases de efeito – foi-se o tempo em que se afirmava que as florestas amazônicas, em particular, não pegavam fogo porque eram muito úmidas. Cada vez mais está-se observando essa realidade, que não pode ser negligenciada.

Por tudo isso, resta-me somente agradecer aos organizadores deste livro por trazerem tantos resultados relevantes e tanta informação atualizada sobre o Programa Queimadas. Resta aos governos em todos os níveis aproveitar a gama de produtos que esse programa oferece para buscar conter as queimadas e os incêndios florestais. É um privilégio para o Brasil poder contar com instituições sérias e empenhadas e que só têm um foco – um Brasil sustentável.

Thelma Krug
Pesquisadora que atua em Ciências da Terra e Mudanças Climáticas,
atualmente é vice-presidente do IPCC

Agradecimentos

O Programa Queimadas do Inpe concebeu e produziu este livro com recurso recebido do BNDES-Fundo Amazônia, Contrato Funcate-BNDES 14.2.0929.1. Contribuíram direta e indiretamente para sua realização inúmeros pesquisadores, técnicos e alunos de pós-graduação de diversas instituições, como (em ordem alfabética): Centro Nacional de Monitoramento e Alertas de Desastres Naturais (Cemaden); Instituto Federal de Educação, Ciência e Tecnologia do Sul de Minas (IFSULDEMINAS); Instituto Nacional de Pesquisas Espaciais (Inpe); Secretaria de Estado do Meio Ambiente e das Políticas Indígenas do Acre (Semapi); Universidade do Estado do Amazonas (UEA); Universidade Federal do Acre (Ufac); Universidade Federal Fluminense (UFF); Universidade Federal do Oeste do Pará (Ufopa); Universidade Federal do Rio de Janeiro (UFRJ); Universidade Federal de Viçosa (UFV); e Universidade de Brasília (UnB).

Por sua vez, o Programa Queimadas do Inpe apenas atingiu os atuais resultados científicos, técnicos, e de prover dados para a gestão do uso do fogo na vegetação, por meio do apoio de inúmeras instituições ao longo de mais de três décadas, desde o trabalho inicial como parte do projeto Nasa-Inpe GTEABLE 2A, em 1985. Em particular nos últimos anos, relevamse as seguintes instituições por seu apoio e financiamento: Agência Nacional de Energia Elétrica (Aneel), Sistema de Gestão Geoespacializada da Transmissão (GGT); BNDESFundo Amazônia, Portal do Monitoramento Queimadas (Contrato FuncateBNDES 14.2.0929.1); Conselho Nacional de Desenvolvimento Científico e Tecnológico (CNPq) (processos 305159/20186 e 441971/20180); DEFRAUK/Banco Mundial, Projeto Plataforma Monitoramento TerraMA2Q, TF18566BR; German Technical Cooperation Agency (GIZ/KfW), Projeto Cerrado/MMA "Prevenção, controle e monitoramento de queimadas irregulares e incêndios florestais no Cerrado"; Fapesp (processos 2015/013894 e 2015/504543); MCTICBanco Mundial, Projeto FIPFM Cerrado/Inpe "Risco" (P143185/TF0A1787); MCTICPPAAção 20V92; e MSFiotec (projeto ENSP030/08) e MSOPASFundep (carta de acordo SCON201800448). Sinceros agradecimentos são devidos também à gestora do apoio BNDES na Funcate, Luciana Mamede dos Santos, e a todos que participam ou participaram da equipe do programa ao longo dos anos, particularmente Marilene Alves Silva, Heber Reis Passos e Pedro Lagden de Souza, que proporcionaram o apoio técnico sem o qual o programa não teria evoluído.

Prefácio

O livro *Monitoramento orbital de queimadas e incêndios florestais* foi concebido como marco do Programa Queimadas do Instituto Nacional de Pesquisas Espaciais (Inpe), para registrar o impacto de 35 anos do uso de imagens de satélites ambientais na detecção de queimadas e incêndios florestais no País. Como que por coincidência, marcando essa ocasião, os anos de 2019 e 2020 foram de particular relevância, tanto pela extensão da vegetação afetada pelo fogo (cerca de 60 mil km^2 apenas no Pantanal, ~40% do bioma) como pelo impacto ambiental e pelas crises políticas nacionais e internacionais decorrentes, demandando ao máximo os produtos e a capacidade da equipe do Programa Queimadas.

A evolução desse trabalho no Inpe envolveu eventos significativos considerados históricos nos campos científico, administrativo e político. Em julho de 1985, imagens da Amazônia registradas pelo satélite NOAA-9 mostraram dezenas de queimadas e plumas de fumaça oriundas dos desmatamentos no sul da região. Essas imagens, gravadas para o experimento GTE-ABLE-2A, coordenado pelo Inpe e pela Nasa, que analisava a composição química da troposfera, permitiram identificar as fontes da poluição encontrada inesperadamente entre Manaus e Belém nas medições a bordo da aeronave quadrimotor Electra da Nasa, altamente instrumentada. Dessa pesquisa decorreu a associação entre a queima de biomassa em grande escala e a produção de emissões atmosféricas em volume capaz de alterar o clima planetário.

Estabelecida a possibilidade de detecção diária e quase imediata de focos de queima em imagens de satélites, em setembro de 1987 foi formalizado, entre o então Instituto Brasileiro de Desenvolvimento Florestal (IBDF) e o Inpe, o Projeto SEQE para o monitoramento de queimadas por satélites. As imagens obtidas documentaram milhares de focos de queima por dia no Cerrado e no sul da Amazônia, particularmente no inverno de 1987 e 1998. Sua divulgação, os testemunhos de jornalistas atraídos para a região e os resultados dos trabalhos científicos que passaram a analisar a questão tomaram as capas de jornais diários nacionais e revistas semanais no mundo todo, acompanhados de debates acirrados, alguns inclusive buscando desacreditar os dados de satélites. O potencial dessas descobertas documentando uma devastação ambiental sem precedentes, capaz de afetar o planeta, com a possibilidade de divulgação imediata, fortaleceu o nascente movimento ecológico. A distribuição dos focos detectados para as sedes do Instituto Brasileiro do Meio Ambiente e dos Recursos Naturais Renováveis (Ibama) era feita por meio de mensagens Telex, anterior à internet e ao uso comum dos equipamentos de fax.

Em resposta às evidências apresentadas e às numerosas e intensas pressões nacionais e internacionais, o Governo do Brasil reagiu com a criação do "Pacote Ecológico Nossa Natureza", em outubro de 1988, pela Presidência da República, estabelecendo em 1989 o Ibama e o Sistema Nacional de Prevenção e Combate aos Incêndios Florestais (PrevFogo) e motivando a escolha do Brasil para sediar a *Earth Summit* Rio 92, na qual foram abordadas futuras políticas globais de preservação florestal e foi elaborada a Agenda-21. Outra consequência nessa década foi o início do monitoramento regular do desmatamento na Amazônia pelo Prodes/Inpe, retomando o estudo pioneiro com base em imagens de 1978 dos satélites de observação terrestre Landsat, com algumas dezenas de metros de resolução espacial, o que permitiu análises espaciais e temporais condizentes com as necessidades administrativas e científicas relativas a análise e definição de políticas e impactos da conversão da Floresta Amazônica.

No período de 1992 a 1995, a detecção de queimadas no Inpe gerou novo ponto de contenção ao registrar aumento exagerado dos focos de queima na Amazônia, quando novamente houve acusações infundadas de falsas detecções e de busca de autopromoção pela equipe de trabalho. Como consequência, o Prodes, que por falta de recursos estava atrasado, foi incentivado, e as análises das imagens indicaram o número recorde e surpreendente de ~30.000 km² de corte raso da floresta somente em 1995, o que, por sua vez, motivou ações nacionais e estaduais de controle e redução do desmate. Datam também desse período os primeiros mapas de concentrações de focos para o território nacional, divulgados semanalmente nos principais jornais do País.

Março de 1998, com o incêndio descontrolado e de origem antrópica em Roraima, o qual atingiu ~12.000 km² de florestas naturais, parte delas em terras dos índios Yanomami, gerou novo episódio de repercussão nacional e internacional. Nessa esteira, no mesmo ano, o Governo criou dentro do Ibama o Programa de Prevenção e Controle de Queimadas e Incêndios Florestais na Amazônia Legal (Proarco), atuando até 2007 particularmente em Roraima e nos municípios do "arco do desmatamento" do sul da Amazônia. Por seu desempenho regular no monitoramento de focos durante dez anos, o Inpe foi incluído nesse novo programa, passando a contar com recursos anuais específicos de uma ação formal no orçamento da União, o que permitiu a contratação de uma equipe estável, atendendo as necessidades mínimas de trabalho. Imediatamente, foi adaptada para o monitoramento de queimadas a ferramenta SPRING (Sistema de Processamento de Informações Georreferenciadas) do Inpe, e, além da detecção de focos de queima, passaram a ser gerados produtos de estimativa e previsão do risco meteorológico de queima da vegetação.

A década de 2000 foi marcada pelo avanço das tecnologias de detecção com o sensor MODIS nos novos satélites de órbita polar AQUA e TERRA e dos sensores IMAGER e SEVIRI, respectivamente nos geoestacionários GOES e MSG. Também foram essenciais as novas tecnologias de informática por meio de computadores mais potentes e rápidos, de distribuição da informação e seu acesso público na internet e de aplicativos de análise e consulta a bancos de dados. Dessa forma, o Programa Queimadas pode se aperfeiçoar e atender a crescente demanda de dados do uso descontrolado do fogo em várias regiões do País, particularmente nos anos anomalamente secos de 2002 a 2005, 2007 e 2010. Nessa fase, consolidaram-se as quatro principais áreas de atuação operacional do programa: detecção de focos com satélites, cálculo e previsão do risco meteorológico de fogo, mapeamento de áreas queimadas e sistemas específicos para atender órgãos de governos federal e estaduais. O Banco de Dados de Queimadas, desenvolvido com tecnologias internas do Inpe para visualizar os focos detectados, gerar análises básicas e exportar dados, passou de 600 mil acessos, atendendo também usuários em países da América Latina e do Caribe.

Na década de 2010, o Programa Queimadas buscou recursos adicionais e obteve apoio de instituições de fomento de pesquisa, como Fapesp e CNPq, em alguns casos com enlace internacional, como no Sprint/EUA e na FCT/Portugal, e de agências de outros países para apoio a projetos, como GIZ/Alemanha, Defra/Grã-Bretanha e FIP, muitas delas coordenadas pelo Banco Mundial sob supervisão dos Ministérios do Meio Ambiente, de Ciência, Tecnologia, Inovações e Comunicação e da Saúde. Nessa fase, destacam-se o uso descentralizado dos dados gerados pelo programa em secretarias estaduais de meio ambiente com suas próprias salas de situação e equipes dedicadas, em instituições governamentais como ONS e Censipam, e a ampla repercussão dos dados em publicações técnicas e científicas e na mídia. Foram também desenvolvidos e consolidados sistemas específicos, como o SISAM, desenvolvido para o VIGIAR/DSAST/Ministério da Saúde, para análise do impacto da poluição das queimadas na saúde humana; o Ciman, para que órgãos federais coordenem ações de combate a incêndios florestais em áreas de preservação; e o Sistema de Gestão Geoespacializada da Transmissão (GTT), para a Agência Nacional de Energia Elétrica (Aneel) reduzir apagões no fornecimento de energia elétrica devidos a queimadas próximas a linhas de transmissão.

A década de 2010 encerrou-se com dois anos particularmente críticos quanto ao uso descontrolado do fogo no País, motivando a criação por decreto presidencial do Comitê da Amazônia, com atuação por meio da Operação Verde Brasil, sob responsabilidade do vice-presidente do Brasil. O aumento dos focos na Amazônia como precursor do aumento nas taxas de desmatamento e os incêndios descontrolados no Pantanal reproduziram vários dos elementos vividos no final da década de 1980, a começar pelas tentativas de descrédito dos dados e pelas crises políticas nacionais e internacionais centradas na magnitude da devastação, o que reforça a utilidade dos dados e serviços do Programa Queimadas na gestão de desastres ambientais. No presente, desafios do dia a dia incluem cortes desde 2015 no orçamento federal do Programa Queimadas, diminuição do número de funcionários no Inpe, redução na capacidade de atuação dos órgãos ambientais, e maiores e mais complexas demandas por usuários em uma perspectiva de extremos climáticos mais frequentes e intensos que no passado – certamente, preocupações com solução, ou apenas redução, complexa.

Uma das circunstâncias desse Programa tem sido a relativamente baixa produção de textos documentando os avanços técnicos e científicos e os impactos decorrentes do trabalho. A página da internet de produções e impacto do programa apresenta centenas de publicações descrevendo a evolução do trabalho e textos de terceiros que utilizam os resultados. Porém, a sobrecarga da equipe ao longo dos anos impediu a produção de uma publicação mais abrangente e concisa com resultados que mostrassem a amplitude e o alcance do esforço realizado. Nesse contexto, este volume, com 12 capítulos, traz resultados e exemplos distintos de produtos e aplicações do Programa Queimadas do Inpe.

O primeiro capítulo contém a visão geral das ferramentas e produtos existentes, e os três capítulos seguintes descrevem produtos e métodos com enfoques específicos: medidas de áreas queimadas, risco meteorológico para queima da vegetação e detecção de focos de queima com satélites geoestacionários, respectivamente. O Cap. 5 indica uma possível nova linha de pesquisa para cobrir a lacuna de como quantificar o número e o impacto de incêndios naturais, causados por raios, e o sexto capítulo contém exemplo de como o monitoramento de focos pode indicar a preservação precária de áreas de conservação em um bioma – no caso, a Caatinga. O Cap. 7, sobre degradação florestal, e o Cap. 8, sobre impactos do fogo nos biomas nacionais, abrem espaço para pesquisadores do Inpe, externos ao Programa Queimadas, mas que também usam dados do programa e comparam seus resultados com os do programa. No Cap. 9 é abordada a resposta da vegetação ao fogo sob influência de eventos de seca e da regeneração vegetal pós-fogo. Já o décimo capítulo exemplifica resultados de um dos projetos perante órgão financiador, realizado com compromisso na geração de dados de emissões atmosféricas para avaliação de políticas ambientais, e o décimo primeiro foi escrito por usuários do programa, mostrando para o caso do Acre o potencial de aplicação efetiva dos produtos do programa na gestão do uso do fogo em base estadual. Finalizando a sequência, o último capítulo contém exemplo de aplicação do produto de risco de fogo para análise de condições climáticas futuras.

Alberto W. Setzer
Nelson J. Ferreira

Sumário

O Programa Queimadas do Inpe

Alberto W. Setzer, Nelson J. Ferreira, Fabiano Morelli

O monitoramento orbital de queimadas e incêndios florestais e o cálculo de risco de fogo da vegetação são atividades essenciais em vários contextos no País, destacando-se: proteção de vidas e propriedades, gerenciamento dos recursos naturais, aumento da produtividade das empresas, vigilância ambiental e gestão da qualidade do meio ambiente do cidadão.

Atualmente são poucas as instituições nacionais, e mesmo internacionais, que trabalham operacionalmente com dados obtidos por satélites, integrados a campos tridimensionais, transformando-os em valores físicos básicos para monitorar o meio ambiente. O Programa de Queimadas/Incêndios Florestais do Inpe (Inpe, 2020n), por meio de suas várias linhas de trabalho e produtos gerados relativos à queima de vegetação, apoia dezenas de instituições federais e estaduais, grupos de pesquisa científica, empresas e ONGs em seus esforços para minimizar o uso descontrolado e ilegal do fogo no País. Milhares de usuários diversos e a mídia também fazem uso extensivo das informações geradas.

Essa atividade do Inpe integra o trabalho de vários setores do instituto e reflete a interação de muitas instituições federais em ministérios distintos, estruturada ao longo de três décadas de cooperação.

1.1 Histórico

O monitoramento orbital de queimadas e incêndios florestais no Brasil remonta a uma pesquisa Inpe-Nasa de julho de 1985 na Amazônia, quando nas imagens AVHRR do satélite NOAA-9 foram identificadas centenas de queimadas, cujas plumas de fumaça emitidas, conforme as medições feitas em aeronave instrumentada na ocasião, contaminaram milhões de quilômetros quadrados na região (Andreae et al., 1988). Entre as decorrências dessa pesquisa, foi estabelecido um convênio com o então Instituto Brasileiro de Desenvolvimento Florestal (IBDF), em 1987, para o fornecimento de imagens mostrando as queimadas e indicando a localização dos focos detectados. Com o grande incêndio que atingiu cerca de 12.000 km² das florestas naturais de Roraima em março de 1998, houve a criação do Proarco, no Instituto Brasileiro do Meio Ambiente e dos Recursos Renováveis (Ibama), para conter o uso do fogo no sul da Amazônia Legal, e a definição do PPA/Ação 2063 (Queimadas) pelo Ministério do Meio Ambiente (MMA), executada pelo Inpe, que desde então conta com recursos federais anuais para apoiar essa atividade (Setzer, 2018).

Iniciativas mais recentes do MMA, como o Plano de Ação para Prevenção e Controle do Desmatamento e das Queimadas (PPCerrado) em 2011, definiram novos desenvolvimentos específicos de produtos e apoio. No Plano Diretor do Inpe 2012-2015, essa ação constou no programa Meteorologia e Mudanças Climáticas, por meio do MCTI, e, no período 2016-2019, passou ao Programa 2050 de Mudanças Climáticas, Objetivo 1069 – Meta 47R de expandir o monitoramento por sensoriamento remoto; Ação 20V9.0002 é o seu identificador na Lei Orçamentária Anual (LOA). Os produtos gerados têm evoluído continuamente em número e qualidade, e os usuários são hoje em número superior a 3.000, considerando apenas os cadastrados; os acessos por meio de internet são de algumas centenas por dia e, no auge dos períodos de queimadas, a mídia digital produz diariamente dezenas de matérias distintas a partir das informações no portal. O avanço da tecnologia de informática e o uso popular das comunicações digitais criaram condições ideais para a disseminação em tempo quase real dos dados produzidos.

1.2 Metas do programa

O Programa Queimadas tem como escopo geral criar, desenvolver e implementar métodos, aplicativos e produtos que atendam necessidades científicas, técnicas e de gestão relacionadas à queima da vegetação do País, utilizando e combinando o que há de mais avançado e útil em imagens de satélites, bases de dados meteorológicos, previsão numérica de tempo e aplicativos de geoprocessamento e de bancos de dados, com divulgação pela internet. Essas condições coincidem com os propósitos do Inpe e de seus setores que apoiam o Programa Queimadas.

O Programa Queimadas inclui quatro linhas básicas de atuação, indicadas a seguir:

1. Detecção de fogo na vegetação em tempo quase real em ~200 imagens/dia, recebidas de nove satélites diferentes, e apresentação dos resultados em aplicativo próprio, o Banco de Dados de Queimadas (BDQ) (Inpe, 2020c; Setzer; De Souza; Morelli, 2019). No presente, processam-se as imagens AVHRR-3 dos satélites NOAA-18 e 19 e METOP-B, as MODIS do AQUA e TERRA, as VIIRS do Suomi-NPP e NOAA-20, todos eles de órbita polar entre 740 km e 820 km acima da superfície, e as imagens ABI do GOES-16 e do SEVIRI do MSG-3, ambos geoestacionários, estacionados sobre a linha do equador

nas longitudes 0° e 75,2°, respectivamente. As possibilidades de seleção no BDQ permitem análises em períodos e regiões de interesse, com seleção de imagens para dias específicos, e sobreposição de bases de dados meteorológicos e cartográficos, assim como a geração de gráficos e análises com *download* de todas as informações em vários formatos.

2. Estimativa diária do risco de queima da vegetação utilizando dados meteorológicos dos últimos 120 dias, e previsões numéricas do risco com até 15 dias de antecedência e também estendidas para até quatro semanas. Análises de acerto são produzidas automaticamente, em geral superiores a 90%, e os mapas são acessados pelos usuários para integração em seus sistemas de geoprocessamento (Inpe, 2020r).
3. Estimativas de área queimada com imagens de resolução espacial de 1 km (Inpe, 2020a) e 30 m (Inpe, 2020b), derivadas diariamente de imagens MODIS e VIIRS e mensalmente de imagens OLI/Landsat-8, respectivamente. Os dados tabulados em baixa resolução estão disponíveis para os seis biomas nacionais e os dados em média resolução, por enquanto, para o Cerrado.
4. Apoio a usuários com produtos operacionais especiais, como Ibama, Instituto Chico Mendes de Conservação da Biodiversidade (ICMBio), Centro Integrado Multiagências de Coordenação Operacional Nacional (Ciman), Ministério da Agricultura, Pecuária e Abastecimento, Ministério da Saúde, Agência Nacional de Energia Elétrica (Aneel), Operador Nacional Elétrico (ONS), agências ambientais estaduais, brigadas de incêndio, corpo de bombeiros, polícias ambiental e militar, defesa civil, prefeituras etc.

Os sistemas e produtos de queimadas são desenvolvidos e aprimorados continuamente no Inpe para atender demandas crescentes de usuários ou para adaptar-se ao lançamento de novos satélites e avanços na tecnologia de informática.

Alguns dos aplicativos para usuários, devido ao número de produtos específicos e de resultados voltados a aplicações singulares, configuraram-se em subsistemas do Programa Queimadas. Um desses casos é o Ciman Virtual, que, por um lado, analisa a ocorrência de focos de queima e estima a área queimada em centenas de áreas protegidas e, por outro, armazena relatórios, fotos e resultados das ações em campo das brigadas de combate, permitindo uma visão geral das operações e sua gestão mais efetiva (Morelli et al., 2019a, 2019b; Inpe, 2020f).

Outro caso é o Sisam, desenvolvido desde 2008 para o Ministério da Saúde, que evoluiu para um aplicativo para estudos de impacto na saúde humana em função da ocorrência de queimadas, das condições meteorológicas e dos níveis de poluentes atmosféricos (Inpe, 2020s).

Ainda de interesse relevante é o TerraMA2Q, estruturado a pedido do MMA para criar a opção de gerar os produtos principais do Programa Queimadas sem depender do Inpe e com possibilidades adicionais de tomadas de decisão. Esse aplicativo envolveu a reconfiguração da linguagem de programação do aplicativo da Divisão de Processamento de Imagens (DPI)/Coordenação Geral de Observação da Terra (OBT), do Inpe, de análise de riscos ambientais em uma versão para uso com queimadas/incêndios florestais (Morelli et al., 2019c; Inpe, 2020t).

Como exemplo de aplicativo do Programa Queimadas, criado para usuário autônomo, merece destaque o Sistema de Gestão Geoespacializada da Transmissão (GGT), da Aneel, que realiza o cruzamento de informações obtidas a partir do processamento digital de imagens de satélites com informações fornecidas pelos Agentes de Transmissão. Com isso, o sistema subsidia o trabalho da fiscalização com informações gerenciais acerca da situação de limpeza das faixas de segurança de todas as linhas de transmissão do País (Aneel, 2020). Seu uso está reduzindo os "apagões" causados por queimadas próximas aos 33 mil km de linhas de transmissão monitoradas, bem como os prejuízos infligidos aos usuários (Morelli et al., 2019d).

Outro contexto é o de usuários que criam seus próprios aplicativos a partir dos dados gerados pelo Programa Queimadas. Entre eles, cabe citar o ONS, que desde a década de 1990 incorpora os focos de queima em seu sistema de controle da distribuição de energia elétrica nacional, uma vez que as queimadas são a causa mais frequente das interrupções ("apagões") das redes de distribuição. A partir da posição dos focos e da possibilidade de sua interferência em alguma linha de transmissão próxima, definem-se as alternativas de uso de outras linhas para não prejudicar os consumidores que de outra forma seriam afetados. Pelo porte, complexidade, capacidade e responsabilidade institucional, o ONS requer apenas as coordenadas dos focos com a maior rapidez possível, pois atrasos de poucos minutos no envio dos focos podem impactar o fornecimento de energia a milhões de pessoas, desencadeando prejuízos, danos e até perda de vidas.

Mais recentemente, nota-se a tendência da criação de "salas de situação" pelas secretarias estaduais de meio ambiente, com a finalidade de analisar e gerir o uso e a propagação do fogo em seus estados. Essa realidade se tornou acessível a qualquer um com equipamentos básicos de informática e acesso aos aplicativos e produtos do Programa Queimadas, a imagens de satélites de alta resolução e a sistemas de processamento de geoinformação (Setzer, 2019).

Por último, o Programa gera várias publicações internas, algumas em modo automático com envio por e-mail e configuradas por cada usuário, e outras em textos editados manualmente. Entre as automáticas estão os boletins de focos detectados em áreas de proteção com ponteiros para análise de cada área (Inpe, 2020d) e relatórios diários com mapas e tabelas das detecções de focos, mapas de risco e de ocorrência de focos e históricos de detecções por estados, regiões nacionais e países (Inpe, 2020p, 2020q). Publicações mensais apresentam resumos do monitoramento e os principais destaques registrados, e também previsão de queimadas para os meses seguintes (Martins et al., 2019; Inpe, 2020h).

1.3 Estrutura e disponibilidade dos dados

Informações detalhadas sobre o Programa Queimadas e seus dados e produtos associados encontram-se no portal <http://www.inpe.br/queimadas> (Fig. 1.1). Nele são apresentadas as principais opções do trabalho operacional do Inpe relacionado ao monitoramento de queimadas e incêndios florestais detectados por satélites e ao cálculo e previsão do risco meteorológico de fogo da vegetação. Os dados de focos para a América do Sul, América Central, África e Europa são atualizados a cada três horas, todos os dias do ano, e o acesso às informações é livre. Casos de usuários que necessitam de focos com maior frequência temporal ou monitoramento em áreas específicas devem ser dirigidos a queimadas@inpe.br. As seções de "Introdução" (Inpe, 2020o) e "Perguntas Frequentes" (Inpe, 2020m) procuram responder a dúvidas mais comuns, considerando as centenas de pedidos de esclarecimentos recebidas anualmente.

O portal e seus vários componentes são melhorados continuamente, estando divididos em três blocos principais, configurados segundo características comuns, e são apresentados a seguir.

1.3.1 Sistemas de monitoramento

BD Queimadas (Inpe, 2020c): permite visualizar os focos em um sistema de informação geográfica, com opções de períodos, regiões de interesse, satélites, planos de informação (por exemplo, desmatamento, hidrografia, estradas) etc., além da exportação dos dados em formatos csv, geotson, shp e kml (Inpe, 2020c).

Ciman Virtual (Inpe, 2020f): é o sistema de monitoramento e apoio ao Centro Integrado Multiagências de Coordenação Operacional Nacional em Brasília, que visa integrar dados derivados de satélites com informações, fotos e detalhes das equipes que estão em campo combatendo o fogo, em tempo real.

TerraMA2Q (Inpe, 2020t): é a ferramenta de monitoramento, análise e alerta para queimadas e incêndios florestais adaptada para a plataforma computacional TerraMA2, de modo que usuários criem seus próprios sistemas de monitoramento e alerta.

Focos nas APs (áreas protegidas) (Inpe, 2020d): informa e detalha a ocorrência do fogo em áreas de preservação, como parques nacionais e estaduais, florestas, reservas biológicas municipais, estaduais e nacionais, e terras indígenas.

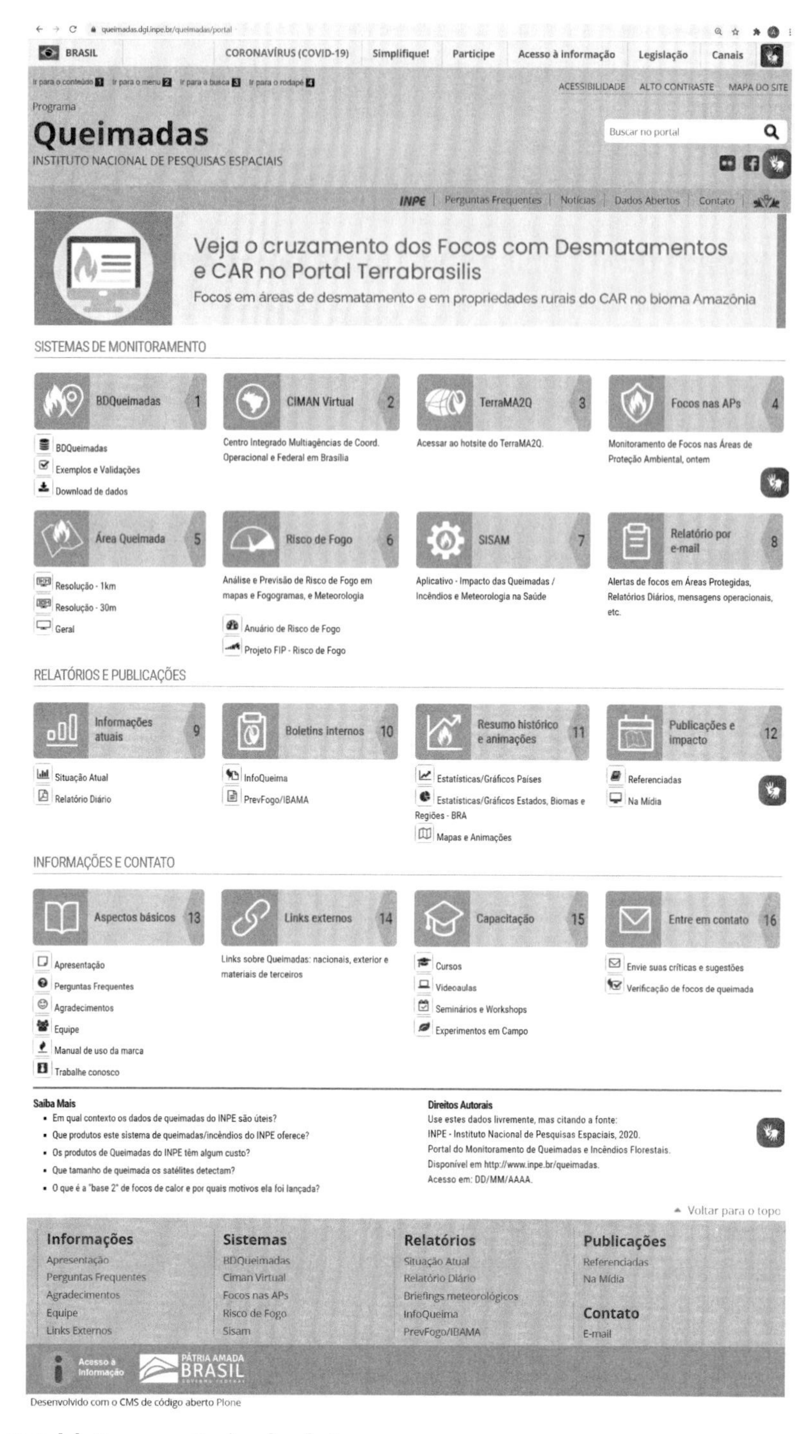

Fig. 1.1 *Portal do Programa Queimadas do Inpe*
Fonte: Inpe (2020n).

Área Queimada: apresenta mapas de área queimada e proporção de área queimada para todos os biomas do Brasil a partir de imagens de baixa resolução espacial (1 km; Inpe, 2020a), e de média resolução (30 m; Inpe, 2020b) para o bioma Cerrado.

Risco de Fogo (Inpe, 2020r): apresenta o risco de fogo meteorológico observado para o dia anterior e suas previsões futuras (diárias e semanais), bem como variáveis meteorológicas usadas no cálculo das análises do risco de fogo. Essa opção também contempla a documentação de como esse produto é feito.

Sisam (Inpe, 2020s): a ferramenta de análise de dados ambientais auxilia no programa de saúde ambiental do Ministério da Saúde, combinando monitoramento de focos de queimadas, estimativas das emissões de queimadas, emissões urbanas e indústrias e uma base de dados meteorológicos.

Receber por e-mail (Inpe, 2020e): nesta opção, o usuário define e configura individualmente os produtos que deseja receber em seu e-mail, como alertas de ocorrência de focos em áreas de preservação, boletins em PDF diários com tabelas, gráficos e mapas de estados e países de interesse, e mensagens operacionais.

1.3.2 Relatórios e publicações

"Informações atuais" é a "sala de situação" do portal (Inpe, 2020p) e fornece para os últimos dois dias, e para o período acumulado do mês e do ano atual, os resultados relevantes do monitoramento de queimadas/incêndios florestais. Apresenta também tabelas comparativas de países, estados e regiões para toda a série de focos no intervalo do primeiro dia do ano até a data atual. Vários itens nos títulos das figuras e tabelas podem ser selecionados, alterando as apresentações gráficas conforme as preferências espaciais e temporais do usuário. A opção "Relatórios diários automáticos" (Inpe, 2020q) inclui mapas dos focos nas últimas 48 horas, mapas atuais de risco de fogo, precipitação, vento, umidade e material particulado.

"Boletins internos" permite acesso ao Boletim InfoQueima do Inpe (Inpe, 2020h), contendo o resumo mensal dos principais dados e eventos do Programa de Monitoramento de Queimadas e Incêndios Florestais do Inpe, aos textos publicados mensalmente pelo Centro de Previsão de Tempo e Estudos Climáticos (CPTEC) em seus Boletins InfoClima, ProgClima e Climanálise, e aos boletins de avaliação do fogo na Amazônia e no Cerrado do Ibama (Ibama, 2017).

A página "Resumos históricos" apresenta os totais mensais de focos da série histórica do satélite de referência para os países da América do Sul (Inpe, 2020k) e para os estados, biomas e regiões do Brasil (Inpe, 2020j); nesses resumos estão incluídos gráficos temporais dos valores mínimos, médios e mensais. Já "Animações" (Inpe, 2020i) apresenta animações com a evolução mensal das queimadas no Brasil e na América do Sul.

Por fim, "Publicações e impacto" contém a produção científica dos integrantes atuais e anteriores da equipe, de terceiros que usam os dados em publicações diversas (Inpe, 2020l), e exemplos da divulgação na mídia digital associados ao Programa Queimadas (Inpe, 2020g).

1.3.3 Informações e contato

Nesse terceiro bloco constam informações para apoiar usuários no acesso e uso dos produtos e resultados do Portal Queimadas. É composto dos seguintes itens:

- *Apresentação*, incluindo uma descrição sucinta (Inpe, 2020o), 40 perguntas frequentes enviadas por usuários (Inpe, 2020m), agradecimentos a instituições e pessoas que apoiaram o trabalho no passado, equipe do Programa Queimadas, instruções de uso dos logos e disponibilidade de vagas de trabalho.
- *Links externos*, com relação de endereços virtuais de grupos e instituições, e de textos de terceiros, com peculiaridades no tema de queimadas/incêndios florestais.
- *Capacitação*, indicando cursos, videoaulas, seminários e *workshops*, e também experimentos de campo, todos criados pelo Programa Queimadas.
- *Entre em contato*, com direcionamento para um formulário de perguntas, comentários e sugestões dos usuários, e instruções de como apoiar o monitoramento de focos por meio de informações presenciais.

1.4 Principais usuários

Os produtos do Programa Queimadas, com inovações tecnológicas integradas ainda não encontradas em nenhum outro país, são distribuídos automaticamente e com formatação individual aos cerca de 3.000 usuários cadastrados e também a usuários especiais (Fig. 1.2), com destaque para: PrevFogo/Ibama; ICMBio; ONS; Ministério da Saúde; IBGE, Atlas Brasileiro; IBGE, Índice de Desenvolvimento Sustentável dos Municípios; Secretarias Estaduais de Meio Ambiente, como, em Minas Gerais, o PrevIncêndio, por meio de seus boletins da Força Tarefa e do Sistema Integrado de Informação Ambiental (SIAM), e, no Acre, a Secretaria Estadual do Meio Ambiente (SEMA), por meio de sua Sala de Situação da Unidade de Situação de Monitoramento Hidrometeorológico; Ciman; Atlas Brasileiro de Desastres Naturais; Sistema Florestal Brasileiro (SFB), no monitoramento dos incêndios em florestas do Brasil; Fundação Nacional do Índio (Funai); e Grupo de Modelagem da Atmosfera e Interfaces (GMAI/Inpe).

Todos os dados e produtos são divulgados na internet pelo Inpe sem custo para o usuário, cerca de três horas após sua geração; para usuários que necessitam de dados com mais rapidez e confiabilidade de transmissão, e produtos especialmente

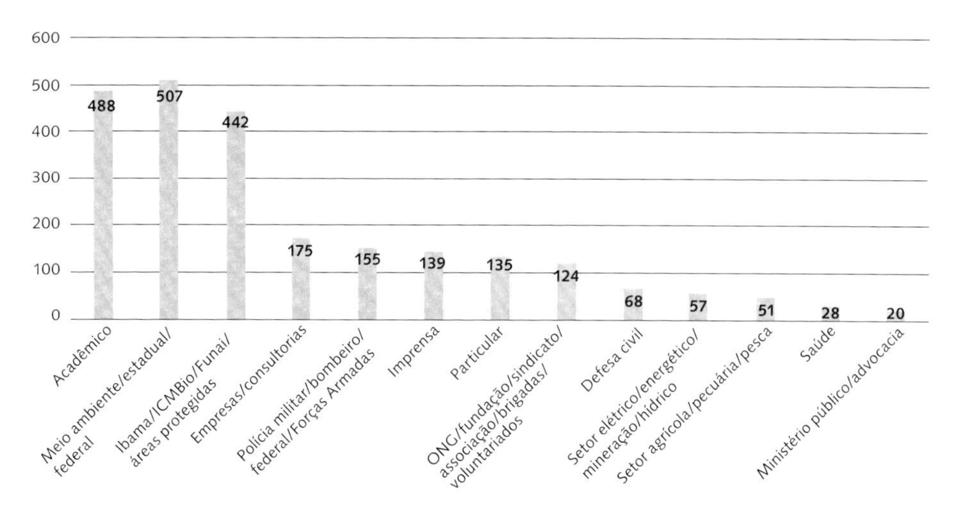

Fig. 1.2 *Distribuição por setor de aplicação dos principais usuários do Programa Queimadas do Inpe*

desenvolvidos, é considerado um contrato de fornecimento específico com custo e obrigações, definido individualmente.

Quanto a acessos de usuários ao Banco de Dados de Queimadas (BDQ), a versão utilizada até 2017 teve cerca de 600.000 registrados em seu contador. Na versão atual, o número de páginas visitadas apenas em 2019 foi de cerca de um milhão, destacando-se o pico de cerca de 40.000 visitantes simultâneos por dia no final de agosto, conforme a análise mostrada na Fig. 1.3.

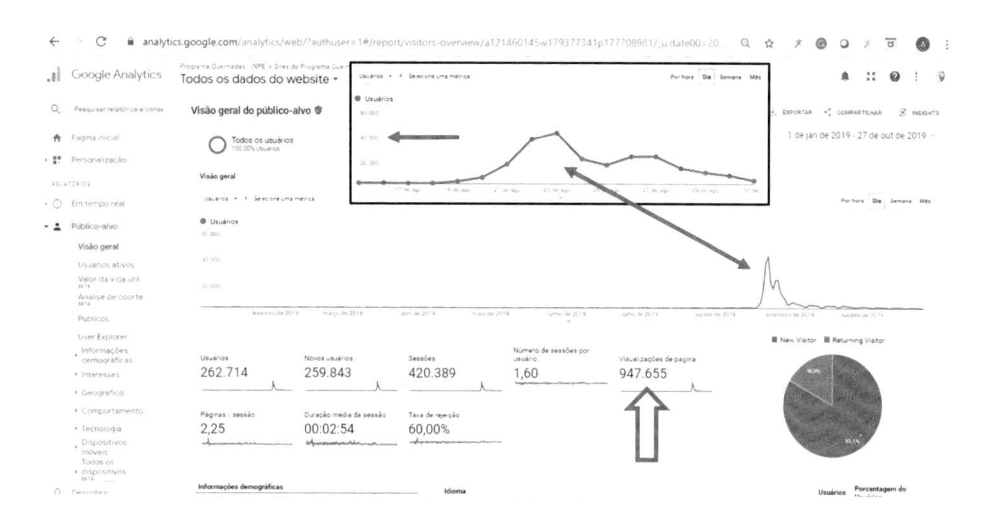

Fig. 1.3 *Indicação de acessos on-line ao Programa Queimadas do Inpe conforme registro pela ferramenta Google Analytics, para o período de 1° de janeiro a 27 de outubro de 2019, destacando-se o total de quase um milhão de páginas visitadas*

1.5 Satélite de referência

Considera-se satélite de referência aquele que monitora sistematicamente uma região, cujos dados diários de focos detectados são usados para compor a série temporal ao longo dos anos e, assim, permitir a análise de tendências do uso do fogo para essas regiões e entre regiões em períodos de interesse. Em função da variabilidade do tempo de vida útil dos satélites ambientais, de 1º de junho de 1998 a 3 de julho de 2002 foi utilizado o NOAA-12 (sensor AVHRR, com passagem no final da tarde), e, a partir desta última data, passa a ser utilizado o AQUA_M-T (sensor MODIS, com passagem no início da tarde); adicionalmente, para inúmeros estados a série existe desde 1992, com dados do NOAA-9. Deve-se destacar que, mesmo indicando apenas uma fração do número real de focos de queimadas e incêndios florestais, por usarem o mesmo método e o mesmo horário de imageamento ao longo dos anos, os resultados do "satélite de referência" permitem analisar as tendências espaciais e temporais dos focos. Ou seja, os dados de focos de queima são excelentes indicadores, e não medidas absolutas do uso do fogo na vegetação. Essa característica pode ser observada nos mapas mensais e nas anomalias de focos na seção sobre resumo histórico (gráficos de países, estados e regiões do Brasil) no portal do Programa Queimadas, utilizando todos os focos de todas as imagens do satélite de referência.

Quando o satélite AQUA deixar de operar, o satélite de referência passará a ser o Suomi-NPP (sensor VIIRS) da Nasa + NOAA + DoD dos EUA, lançado em outubro de 2011, utilizado no monitoramento de focos pelo Inpe desde 2012. A compatibilidade entre as séries será então ajustada cautelosamente, pois o VIIRS detecta até ~10 vezes mais focos que o MODIS. Embora a série europeia METOP, a partir de 2006, também use o AVHRR, sua operacionalidade tem sido limitada, e foi encerrada com o terceiro satélite, lançado em novembro de 2018, o que restringe seu uso como sensor de referência por muitos anos na detecção de queimada. Os dados dos satélites geoestacionários não são considerados como referência devido ao tamanho muito maior de seus *pixels* e a instabilidades em sua rotina operacional (no caso do GOES-13 e anteriores).

1.6 Nova base ("Base 2") de focos de queima na vegetação

O Programa Queimadas do Inpe lançou, em 14 de junho de 2018, uma nova versão da base de dados de focos de queima na vegetação, denominada Base 2, com atualizações no número de detecções e melhorias na qualidade dos focos e na base cartográfica. A Base 2 apresenta como principais mudanças os seguintes procedimentos: a substituição do algoritmo e dados de detecção de focos *Collection* 5 da Nasa e Universidade de Maryland pela versão *Collection* 6, o que tornou a Base 2 do Inpe totalmente compatível e integrada com a Nasa; a correção das detecções dos sensores MODIS (a bordo dos satélites TERRA e AQUA) e VIIRS (a bordo do S-NPP) em 2017; a atualização no BDQueimadas de todo o histórico de focos MODIS TERRA desde 1º de novembro de 2000 e AQUA desde 4 de julho de 2002 para a *Collection* 6; a inclusão dos focos MODIS e VIIRS para todos os países; a atualização da base cartográfica de países, estados e municípios brasileiros conforme a base do IBGE em 2016; e a eliminação dos focos fixos, resultantes de atividades industriais, como no caso de siderúrgicas.

1.7 Monitoramento dos focos ativos de fogo por continente e países: aspectos gerais

O Programa Queimadas monitora e gera sistematicamente resumos da ocorrência de focos de queima na América do Sul, especificamente nos países: Argentina, Bolívia, Brasil, Chile, Colômbia, Equador, Paraguai, Peru, Uruguai, Guiana Francesa, Guiana, Ilhas Malvinas/Falkland, Suriname e Venezuela (Inpe, 2020k). No caso do Brasil (Tab. 1.1), documentam-se de forma detalhada as ocorrências em cada estado, município e bioma. As informações/dados de focos são apresentados nesse portal de diversas formas, como em séries anual e mensal.

A Fig. 1.4 ilustra a série histórica do total anual de focos de queima para o Brasil no período de 1998 até 31 de dezembro de 2020, utilizando os satélites de referência NOAA-12 até 2002 e posteriormente o AQUA, com dados de focos Base 2. Observa-se que, no período que envolve o final da década de 1990 e o início da década de 2000, o total anual dos focos era relativamente pequeno, variando de 136.147 em 1998 a 198.847 em 2001. Esses valores mais baixos se devem à cobertura limitada das antenas do Inpe à época, para as regiões norte e noroeste do País e do continente. Posteriormente, o número de focos no Brasil aumenta consideravelmente, para ~381.000 em 2004, ~394.000 em 2007 e ~319.000 em 2010. No período final da presente análise, os números de focos de queima apresentam decréscimo, com ~128.000 em 2013 e ~133.000 em 2018, seguido de acréscimo em 2019 e 2020, com ~198.000 e ~223.000, respectivamente. Em termos de variabilidade espacial, as regiões com maior atividade de focos localizam-se nos estados do Centro-Oeste, Nordeste e Norte do Brasil, com destaque para Acre, Amazonas, Maranhão, Mato Grosso, Mato Grosso do Sul, Minas Gerais, Pará, Piauí, Rondônia e Tocantins (Fig. 1.5), embora, de modo geral, observem-se focos de queimadas em todas as regiões brasileiras. De acordo com o monitoramento nas passagens vespertinas do satélite de referência AQUA, no período 2002-2020 ocorreram no Brasil ~4,6 milhões de detecções de fogo.

Em geral, no Brasil as queimadas ocorrem durante a estação seca e em períodos de estiagem prolongados, em áreas previamente desflorestadas, principalmente no sul da Amazônia e no Centro-Oeste do Brasil, nas regiões de transição entre os ecossistemas de cerrado e floresta tropical. É importante frisar que a maior parte

Tab. 1.1 Comparação do total de focos ativos detectados no Brasil pelo satélite de referência em cada mês, no período de 1998 até 2020

Ano	Janeiro	Fevereiro	Março	Abril	Maio	Junho	Julho	Agosto	Setembro	Outubro	Novembro	Dezembro	Total
1998	–	–	–	–	–	3.551	8.067	35.551	41.976	23.499	6.804	4.448	123.896
1999	1.081	1.284	667	717	1.811	3.632	8.758	39.492	36.914	27.017	8.863	4.376	134.612
2000	778	562	848	538	2.097	6.274	4.740	22.204	23.293	27.332	8.399	4.465	101.530
2001	547	1.060	1.267	1.081	2.090	8.405	6.488	31.838	39.829	31.039	15.640	6.200	145.484
2002	1.653	1.569	1.678	1.683	3.816	10.845	18.080	72.412	93.417	59.258	39.913	17.092	321.416
2003	6.697	3.100	3.549	3.643	6.448	16.752	30.391	57.004	97.758	57.495	35.422	22.980	341.239
2004	3.883	1.932	2.928	2.956	6.609	18.024	30.356	64.067	121.395	54.292	45.364	28.640	380.446
2005	7.058	2.898	2.529	2.743	5.075	7.854	30.238	90.729	102.455	65.023	31.631	14.333	362.566
2006	4.532	2.388	2.427	2.269	4.313	7.601	17.788	54.630	76.475	32.043	29.303	15.415	249.184
2007	4.220	2.761	3.340	2.550	5.123	12.716	19.931	91.085	141.220	67.228	31.421	12.320	393.915
2008	2.777	1.751	1.887	1.906	2.951	4.594	14.029	34.431	50.671	51.784	30.724	14.428	211.933
2009	3.874	1.396	2.004	2.290	3.138	3.795	7.824	21.782	36.116	31.215	29.396	12.274	155.104
2010	3.683	2.909	2.863	2.681	4.196	9.895	21.030	90.444	109.030	38.842	24.052	9.761	319.386
2011	1.889	1.128	1.266	1.617	2.625	5.627	9.768	23.881	55.031	23.340	18.541	13.389	158.102
2012	2.978	1.731	2.510	2.507	3.987	6.830	14.868	50.926	63.408	39.860	18.114	9.519	217.238
2013	2.544	1.716	2.284	1.891	2.844	4.665	8.794	21.410	36.019	22.159	11.955	11.868	128.149
2014	3.045	1.374	1.929	2.024	2.931	6.212	10.529	40.845	42.049	36.572	17.667	10.723	175.900
2015	4.317	2.026	1.659	2.024	2.169	5.569	8.541	37.883	61.739	46.741	26.411	17.703	216.782
2016	5.960	3.238	3.425	3.408	3.287	6.185	19.242	39.088	42.209	30.809	19.160	8.207	184.218
2017	2.253	1.239	1.922	1.703	2.571	5.384	17.568	37.380	72.895	33.607	19.334	11.655	207.511
2018	2.553	1.476	2.659	1.656	3.366	5.790	12.652	22.774	42.251	19.568	13.014	5.113	132.872
2019	4.030	2.865	5.213	2.842	2.963	7.258	13.394	51.935	53.234	25.613	20.585	7.700	197.632
2020	2.866	2.657	3.880	4.117	4.002	7.109	15.805	50.694	69.329	41.468	13.463	7.408	222.798
Máximo*	7.058	3.238	5.213	3.643	6.609	18.024	30.391	91.085	141.220	67.228	45.364	28.640	393.915
Média*	3.350	1.924	2.326	2.130	3.543	7.612	15.140	46.900	65.427	38.379	22.805	11.937	220.869
Mínimo*	547	562	667	538	1.811	3.551	4.740	21.410	23.293	19.568	6.804	4.376	101.530

**O cálculo de máximo, médio e mínimo não consideram os valores do ano corrente.*
***Os valores do mês mais recente do ano corrente são parciais porque compreendem as detecções do primeiro dia do mês até ontem, porém os demais valores compreendem o mês todo.*
Fonte: Inpe (2020k).

das queimadas ocorre por ação humana, no preparo e manutenção de áreas de cultivo, renovação de pastagens, queima de resíduos e para eliminar pragas e doenças. A influência do tempo (meteorológico) e do clima sobre eventos individuais de fogo e em regimes de fogo está associada a fatores como raios, vento e umidade do combustível, sendo que esta última variável decorre de precipitação, umidade do ar, temperatura do ar e radiação solar.

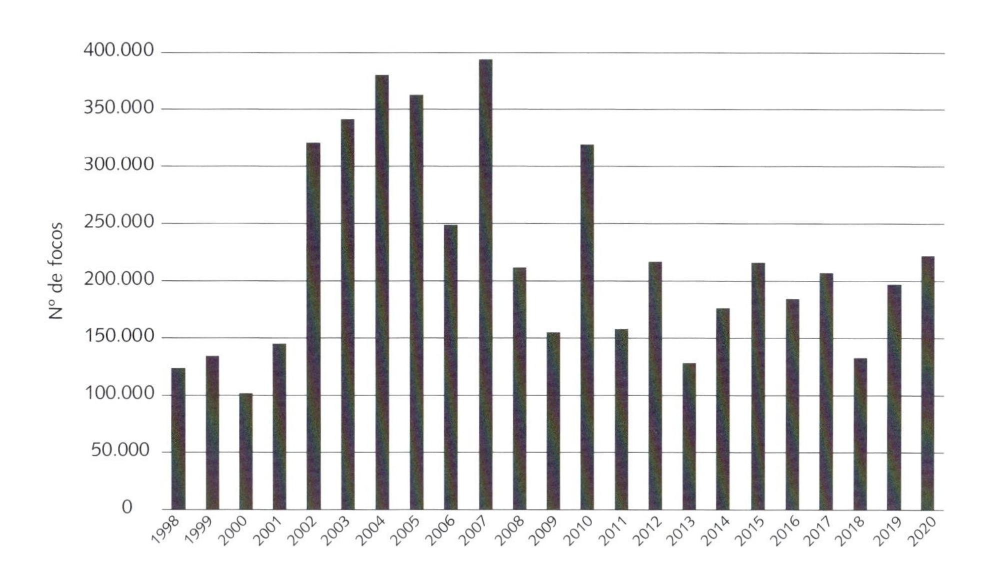

Fig. 1.4 *Evolução temporal do total anual de focos de queima de vegetação detectados no Brasil pelo satélite de referência (NOAA-12/AVHRR até 2002 e AQUA/MODIS depois desse ano) de 1998 até 31 de dezembro de 2020*
Fonte: Inpe (2020k).

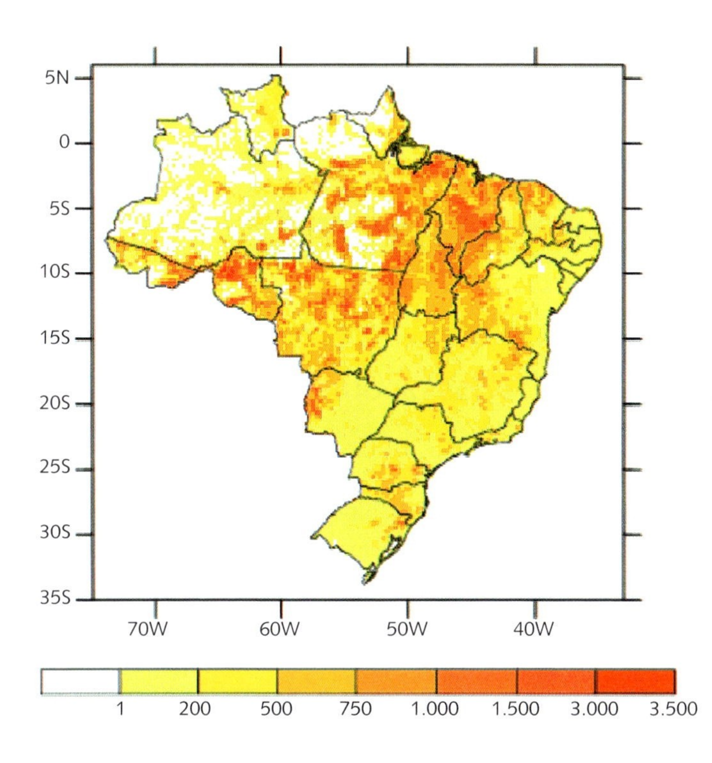

Fig. 1.5 *Total de focos de queima detectados pelo satélite AQUA no período de julho de 2002 a dezembro de 2019 em suas passagens no início da tarde em células de ~25 km por ~25 km. O valor acumulado foi ~4 milhões de focos, com máximo de 4.585 detecções em uma célula. Os dados foram disponibilizados pelo Programa Queimadas, do Inpe*

No caso do Brasil, a variabilidade mês a mês da incidência de queimadas (Fig. 1.6) evidencia o caráter sazonal dessa prática, que se concentra de junho a outubro, com seu máximo em setembro. A disponibilidade desse tipo de gráfico no portal possibilita aos gestores e tomadores de decisão diagnosticar e comparar em tempo quase real a situação atual com os valores máximos, médios e mínimos ao longo dos anos.

Nas últimas décadas, constata-se uma significativa preocupação científica, social e econômica com as mudanças climáticas e o aquecimento global, causados principalmente por atividade humana. No caso do Brasil, um dos principais desafios ambientais enfrentados é a ocorrência de incêndios florestais e queimadas, que contribuem para o aumento das emissões de gases do efeito estufa: em anos críticos quanto a secas e uso do fogo, causam até 75% das emissões de GEE (gases e efeito estufa) nacionais. Deve-se destacar que essas emissões poluem a atmosfera, prejudicam a saúde da população, geram perdas econômicas e impactam negativamente a biodiversidade. Nesse contexto, monitorar a ocorrência de focos de queima em território nacional contribui significativamente para orientar tomadas de decisão em segmentos estratégicos de nossa sociedade.

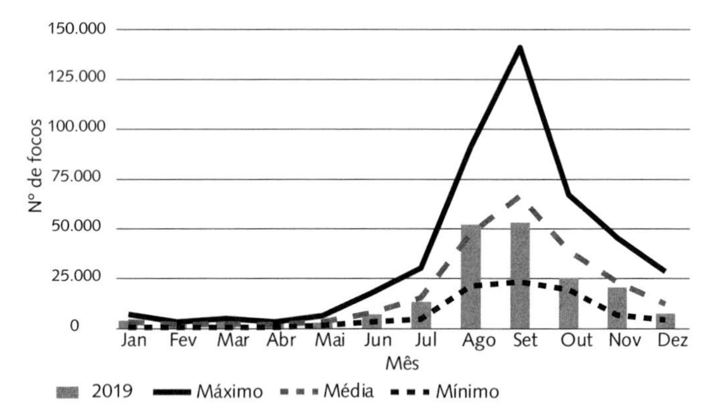

Fig. 1.6 *Comparativo dos focos detectados para o Brasil em 2019 com os valores máximos, médios e mínimos no período de 1998 a 2019*
Fonte: Inpe (2020j).

1.8 Monitoramento dos focos de queima por regiões: aspectos gerais

O Programa Queimadas do Inpe também distribui mapas mensais e anuais detalhados sobre a frequência de focos por país, estado, biomas e áreas de conservação. Nesse contexto, inúmeras informações em forma de gráficos de séries históricas de dados de focos são rotineiramente geradas. Esses dados possibilitam caracterizar regionalmente os eventos de queimadas ao longo dos meses e das estações do ano e, dessa forma, associar a sua ocorrência em função de padrões climáticos, ações antrópicas e práticas de uso do solo. Além disso, a nível regional, esses dados constituem a base para o estabelecimento de política de ações preventivas. Para ilustrar essa característica, a Fig. 1.7 apresenta os gráficos de série temporal mensal de focos de queima nas regiões Amazônia Legal, Norte, Nordeste, Centro-Oeste, Sudeste e Sul do Brasil, para o período de 1988 até 2020. Destacam-se a variabilidade média mensal e as máximas e mínimas ocorrências de focos ao longo do período considerado. No Portal Queimadas do Inpe podem-se identificar rapidamente os meses e anos associados a essas máximas e mínimas ocorrências.

Os gráficos das séries temporais revelam que em todas as regiões brasileiras as queimadas são caracterizadas por um padrão sazonal, sendo que a máxima frequência dos eventos ocorre tipicamente no período de estiagem, que para grande parte do País engloba o intervalo de junho a novembro. Em média, no intervalo 2002-2020 os focos detectados variaram da seguinte maneira, conforme a região: Amazônia Legal, 148.966; Norte, 88.609; Nordeste, 54.262; Centro-Oeste, 54.552; Sudeste, 14.847;

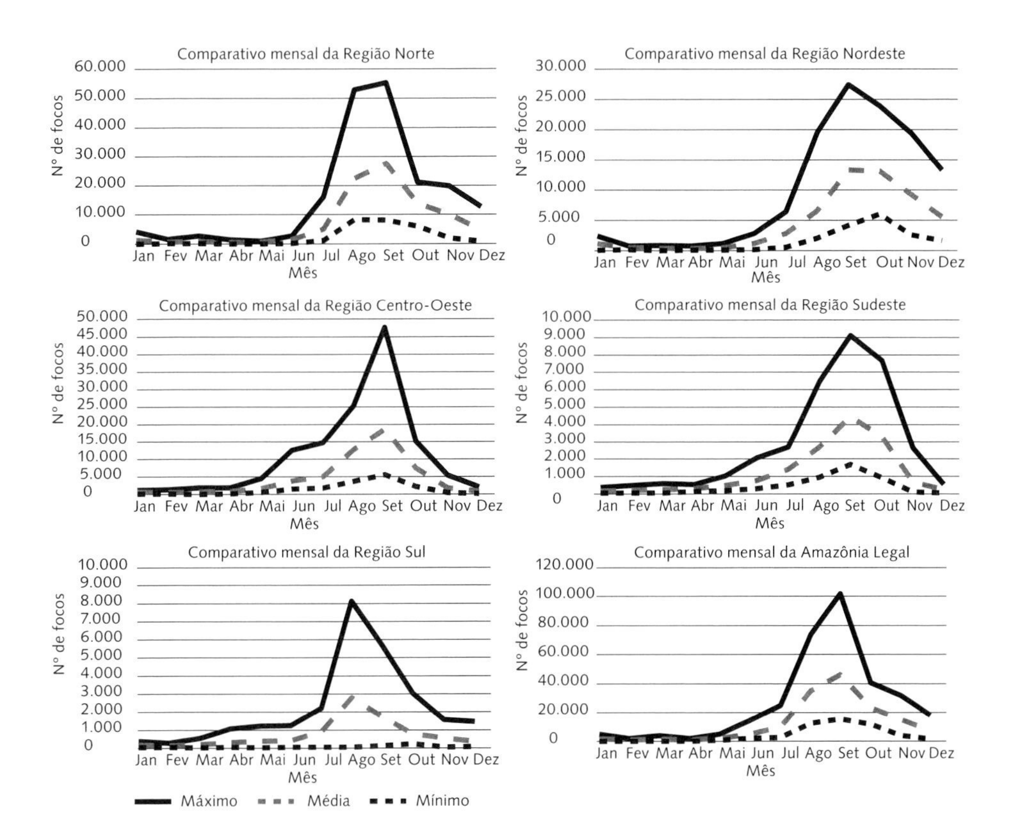

Fig. 1.7 *Distribuição temporal mensal de focos de queima nas regiões Amazônia Legal, Norte, Nordeste, Centro-Oeste, Sudeste e Sul do Brasil*
Fonte: Inpe (2020j).

e Sul, 8.682. Essas características regionais de frequências de queimadas e incêndios florestais são moduladas principalmente por diferenças de práticas agrícolas, tipo de cobertura vegetal, características climáticas e desmatamentos.

1.9 Monitoramento dos focos de queima por biomas: aspectos gerais

O Programa Queimadas do Inpe também divulga informações detalhadas sobre o monitoramento de queimadas nos seis biomas brasileiros: Caatinga, Cerrado, Pantanal, Pampa, Amazônia e Mata Atlântica (Fig. 1.8). Entre eles, a Amazônia é o que apresenta maior extensão, com 49,3% do território brasileiro, e o Pantanal, a menor, com 1,8% (IBGE, 2012).

Esses biomas são importantes para o clima pelo armazenamento de carbono, pela cobertura vegetal original e também por serem fontes de água. No portal do Programa Queimadas do Inpe, podem ser obtidos em tempo quase real mapas mensais e anuais detalhados com a frequência de focos por país, estado, biomas e áreas de conservação. É importante lembrar que a preservação de biomas se insere na Política Nacional sobre Mudança do Clima (Lei nº 12.187/2009) e no Plano de Ação para Prevenção e Controle do Desmatamento e das Queimadas na Amazônia e no Cerrado, que são instrumentos e medidas para implementar as metas de redução de emissões de carbono até 2030, em relação a 2005, assumidas pelo Brasil em 2015 na 21ª Conferência das Partes (COP-21), sediada em Paris.

Para ilustrar essa aplicação, a Fig. 1.9 mostra a série histórica de focos por bioma durante o período de 2002 a 2020. A variabilidade anual da frequência de focos indica que nos biomas Pampa, Caatinga e Mata Atlântica, apesar do ligeiro aumento em 2003 e 2007, a variabilidade interanual do número de focos pouco se alterou ao longo do período considerado, e o máximo número de focos (44.480 eventos) ocorreu em 2003 na Mata Atlântica. No Pantanal, o período 2019-2020 foi particularmente crítico em associação à estiagem intensa na região, superada apenas pela ocorrida no final da década de 1960; os ~10 mil e ~20 mil focos nos dois últimos anos indicaram a tragédia ambiental ocorrida e amplamente divulgada na mídia (Inpe, 2020g). Por outro lado, observam-se números elevados de detecções na Amazônia no período de 2002 (169.261 eventos) a 2010 (134.614 eventos), com máxima ocorrência em 2004 (218.637 eventos) e tendência de aumento em 2019 e 2020. No Cerrado, houve um aumento de focos no período de 2002 (87.186 eventos) a 2012 (90.600 eventos), mas de forma menos expressiva, com máximas em 2007 e 2010, respectivamente com 137.918 e 133.394 eventos. Para a Amazônia Legal, é importante destacar que desde 2011 o número de detecções apresentou aumento, em consonância com as taxas anuais de desmatamento na região, conforme mapeado pelo Inpe (OBT, 2020).

Esses produtos para os seis biomas com séries temporais e mapas de focos são divulgados rotineiramente pelo Programa de Queimadas do Inpe, e essa iniciativa visa monitorar a ocorrência de focos de incêndios em áreas estratégicas, podendo assim apoiar tomadas de decisão e planejamentos estratégicos de interesse econômico, ambiental e segurança alimentar em território brasileiro. Um exemplo dessa aplicação ocorreu com o Decreto de Garantia da Lei e da Ordem no final de agosto de 2019 para controlar as queimadas e desmatamentos ilegais na Amazônia (Setzer, 2019).

Fig. 1.8 *Biomas brasileiros*
Fonte: IBGE (2012).

1.10 Aviso de fumaça e boletim de risco de fogo para brigadas

Em janeiro de 2016 foram implementados pelo Programa Queimadas do Inpe dois novos produtos operacionais disponíveis ao público. O primeiro é o aviso de fumaça, uma informação de advertência relativa às condições meteorológicas associadas à fumaça observada em determinada cidade que possa afetar a saúde das pessoas, a segurança em rodovias e a operacionalidade dos aeroportos. Contém dados de fenômenos como vento, visibilidade e focos de queimadas, bem como previsões para os próximos dois dias. Com base em informações emitidas por meio dos códigos METAR, toda vez que uma visibilidade menor ou igual a 5.000 m for observada em um aeroporto, um aviso de fumaça é emitido. Os avisos são emitidos para 31 cidades monitoradas, a maioria delas na região da Amazônia Legal.

O segundo produto é o boletim de risco de fogo para brigadas, um boletim diário emitido toda vez que uma brigada de combate a queimadas encontra-se mobilizada. Nele, além das previsões meteorológicas, são informadas as condições de risco de fogo, dispersão da fumaça, condições para operações aéreas etc.

1.11 Monitoramento dos focos de queima em tempo quase real: situação atual

O monitoramento de focos do Programa Queimadas do Inpe utiliza centenas de imagens por dia, recebidas de nove satélites diferentes (Tab. 1.2). Para análises temporais e espa-

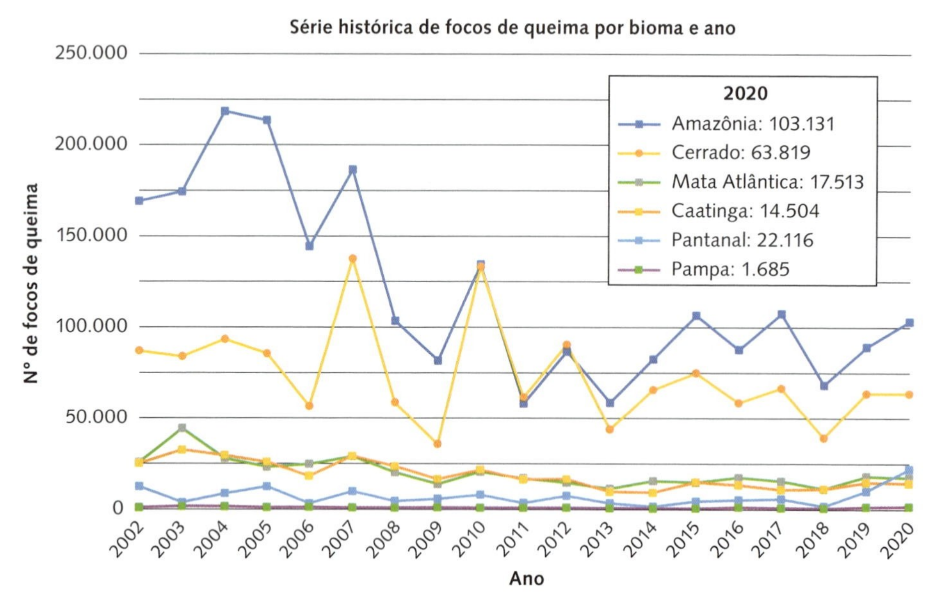

FIG. 1.9 *Série histórica de focos por bioma nacional e ano*
Fonte: Inpe (2020j).

ciais comparativas, apenas o satélite de referência (AQUA, atualmente) é empregado em tempo quase real (Fig. 1.10). Podem-se identificar focos por continente (Américas Central e do Norte, América do Sul, África e Europa) utilizando-se várias opções.

O Programa Queimadas, além de monitorar focos, também gera relatórios que são produzidos e enviados a usuários automaticamente. O banco de dados de áreas de proteção ambiental contempla monitoramentos de áreas específicas no interior de vários países, como Brasil, Argentina, Bolívia e Venezuela. No caso do Brasil, os sumários dos números de áreas protegidas são: estaduais, 849; federais, 536; e Funai, 61. Essas informações encontram-se detalhadas em Inpe (2020d).

1.12 RELATÓRIO DIÁRIO AUTOMÁTICO

Um relatório diário de detecções de focos de calor é criado e também enviado automaticamente pelo Programa Queimadas do Inpe. Deve-se destacar que é permitido distribuir e reproduzir as informações contidas nesses relatórios, bem como criar outros documentos a partir delas, desde que seja citada a fonte "INPE – Instituto Nacional de Pesquisas Espaciais. Portal do Monitoramento de Queimadas e Incêndios, 2019. Disponível em: <http://www.inpe.br/queimadas>".

Esses relatórios são estruturados com os seguintes itens:

* tabela de focos acumulados por país nos últimos cinco anos;
* gráfico de focos acumulados por país neste ano;
* tabela de focos acumulados por país nos últimos cinco meses;

Tab. 1.2 Satélites utilizados pelo Programa Queimadas na detecção de focos de queima de vegetação

Satélites	Órbita: período matutino	Órbita: período vespertino
AQUA	Das 4:00 às 6:30	Das 16:00 às 18:30
TERRA	Das 1:10 às 2:40	Das 13:00 às 15:30
NOAA-18	Das 10:00 às 12:30	Das 22:30 às 01:30
NOAA-19	Das 6:30 às 9:00	Das 18:30 às 21:00
METOP-B	Das 00:15 às 2:00	
NOAA-20	Das 4:00 às 6:30	Das 16:00 às 18:30
Suomi-NPP	Das 3:00 às 5:30	Das 15:00 às 17:00
GOES-16	De 10 em 10 minutos	De 10 em 10 minutos
MSG-03	De 15 em 15 minutos	De 15 em 15 minutos

Fig. 1.10 *Exemplo da cobertura espacial diária do sensor MODIS do satélite AQUA em 25 de novembro de 2019, com as detecções de focos de queima indicadas pelos marcadores vermelhos. As faixas sem dados deslocam-se diariamente e decorrem da geometria de imageamento do sensor e da órbita do satélite com inclinação de ~98°*

- gráfico de focos acumulados por país neste mês;
- tabela de focos acumulados por país nos últimos cinco dias;
- gráfico de focos acumulados por país ontem;
- tabela de focos acumulados por estado brasileiro nos últimos cinco anos;
- gráfico de focos acumulados por estado brasileiro neste ano;
- tabela de focos acumulados por estado brasileiro nos últimos cinco meses;

- gráfico de focos acumulados por estado brasileiro neste mês;
- tabela de focos acumulados por estado brasileiro nos últimos cinco dias;
- gráfico de focos acumulados por estado brasileiro ontem;
- tabela dos dez municípios brasileiros com mais focos acumulados nos últimos cinco anos;
- gráfico dos dez municípios brasileiros com mais focos acumulados neste ano;
- tabela dos dez municípios brasileiros com mais focos acumulados nos últimos cinco meses;
- gráfico dos dez municípios brasileiros com mais focos acumulados neste mês;
- tabela dos dez municípios brasileiros com mais focos acumulados nos últimos cinco dias;
- gráfico dos dez municípios brasileiros com mais focos acumulados ontem;
- mapa de focos nas últimas 48 horas;
- mapa de risco de fogo previsto para hoje e amanhã;
- mapa de precipitação acumulada prevista para hoje e amanhã;
- mapa de umidade relativa mínima prevista para hoje e amanhã;
- mapa de temperatura máxima prevista para hoje e amanhã;
- mapa de precipitação acumulada em 24 horas;
- mapa de número de dias consecutivos sem chuva;
- mapa de umidade relativa mínima observada em 24 horas;
- mapa de temperatura máxima observada em 24 horas;
- mapa de vento médio observado em 24 horas;
- mapa de material particulado.

1.13 Ciman

Entre os vários sistemas desenvolvidos pelo Programa Queimadas, alguns merecem destaque devido ao seu uso como ferramenta independente para um público com necessidades específicas, como é o caso do Ciman Virtual (Inpe, 2020f). O Centro Integrado Multiagências de Coordenação Operacional Nacional (Ciman) foi criado pelo Decreto nº 8.914 de 24 de novembro de 2016 (Brasil, 2016), com caráter consultivo e deliberativo, tendo as seguintes competências: (i) monitorar a situação de queimadas e incêndios florestais no País; (ii) promover, em uma sala de situação única e a partir de um comando unificado, o compartilhamento de informações sobre as suas operações em andamento; (iii) buscar soluções conjuntas para o combate aos incêndios florestais; e (iv) disponibilizar as informações à sociedade por meio do Ciman Virtual, sítio eletrônico destinado a dar publicidade e transparência a suas ações em andamento. O Ciman é composto por representantes de dez instituições federais em ministérios distintos, coordenados pelo PrevFogo/Ibama/MMA, e funciona anualmente durante o período crítico de incêndios florestais, estabelecido pelo presidente do Ibama (Brasil, 2016).

Nesse contexto, coube ao Inpe a criação, o desenvolvimento e a operação do sítio *on-line* que congrega todas informações do Ciman, o qual apresenta operacionalmente dados de localização de focos de queima de vegetação e estimativas de área queimada, no que se constitui na primeira possibilidade, no País, de congregar informações atuais e pretéritas de incêndios florestais – ver Fig. 1.11. Como resumido em Morelli et al. (2019a, 2019b), esse sistema foi projetado e desenvolvido utilizando a linguagem Python, juntamente com o *framework* Django e o banco de dados PostgreSQL, desde a estação de queimadas de 2012, e testado de forma piloto na operação Roraima Verde em 2013 e 2014. Em 2015, foi realizado o lançamento da primeira versão para operação nacional, visando promover uma sala de situação única por meio do compartilhamento de informações, atualizadas pelas instituições, sobre as operações em andamento, equipamentos e infraestrutura, bem como buscar soluções conjuntas. Na versão 3.0, novos dados e serviços automatizados foram desenvolvidos para facilitar a coordenação das atividades, como a geração de documentos, a exemplo do Plano de Ação Integrada (PAI), que para cada período operacional estabelece itens de ação para as instituições envolvidas. Além disso, foi automatizada a produção de boletins sumarizando as condições ambientais nas áreas de monitoramento e foram implementados recursos para promover a interoperabilidade entre sistemas computacionais, por meio de protocolos de *web services* seguindo padrões internacionais, conforme definições da *Open Geospatial Consortium* (OGC), e novos dados ambientais. O sistema possibilita acesso aos detalhes das operações e recursos empregados no combate ao incêndio por meio de mapas, estatísticas, fotos e relatórios produzidos em campo (www.inpe.br/queimadas/ciman).

1.14 Sisam

Outra criação do Programa Queimadas é o Sistema de Informações Ambientais Integrado a Saúde (Sisam), desenvolvido desde 2008 para o Ministério da Saúde (MS) em conjunto com a FioCruz, Fiotec e Unemat, destinado a estudos de impacto na saúde humana em função da ocorrência de queimadas, das condições meteorológicas e dos níveis de poluentes atmosféricos (Setzer, 2017; Inpe, 2020s; Palmeira et al., 2019).

Estudos epidemiológicos e dados hospitalares, sobretudo em grupos mais vulneráveis de crianças e idosos, levaram o Ministério da Saúde (MS) a incluir as queimadas entre os indicadores na vigilância em saúde pública a partir de 2006. Consequentemente, a localização dos focos de queima e as estimativas de poluen-

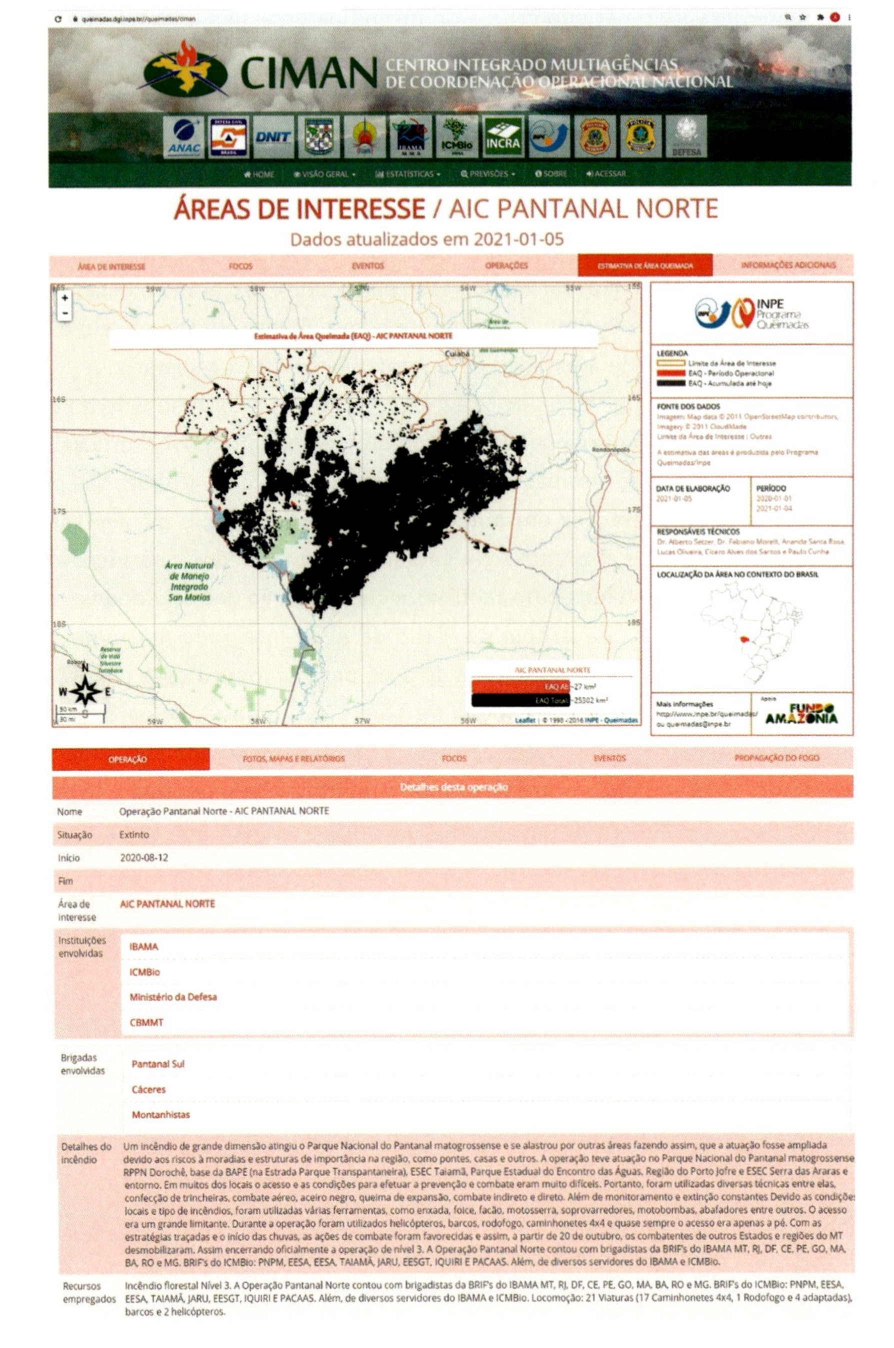

Fig. 1.11 *Exemplo de uso do Ciman, referente aos grandes incêndios no Pantanal em 2020, mostrando o mapeamento de mais de 25 mil km² queimados apenas no Estado de Mato Grosso e apresentando alguns detalhes do evento*
Fonte: Inpe (2020f).

tes de suas emissões passaram a ser relevantes na análise de seus efeitos na saúde humana. Os itens abordados são baseados no padrão Ripsa (Rede Interagencial de Informações para a Saúde) da Secretária de Vigilância em Saúde, porém expandidos com mais informações.

A partir de sensores em satélites, a ferramenta de análise fornece estimativas de concentrações ambientais de CO_2 e dos poluentes CO, NO_2 e $PM_{2,5}$, emitidos por queimadas e emissões urbanas e focos de queimadas, permitindo a todos os municípios brasileiros o cruzamento dessas estimativas com dados meteorológicos e limites de índices de risco à saúde e índices de qualidade do ar, definidos na legislação nacional – ver Fig. 1.12. Dessa maneira, o Sisam subsidia um melhor prognóstico da concentração dos poluentes e de seus efeitos na saúde humana e apoia a identificação de cenários de exposição e seus fatores de risco em cada região do Brasil. O sistema pode ser acessado em <http://www.inpe.br/queimadas/sisam>.

1.15 TerraMA2Q

Conforme Morelli et al. (2019c), o sistema TerraMA2Q (Inpe, 2020t), concluído em 2018, foi elaborado pelo Inpe para o MMA, criando uma ferramenta descentralizada operacional de monitoramento, análises e alertas em apoio a atividades de prevenção, fiscalização e combate de incêndios florestais. Trata-se da instalação da plataforma computacional TerraMA2, pré-configurada, incorporando a experiência de monitoramento ambiental do Inpe aos serviços de coletas automáticas de dados nos servidores do Inpe e de outras instituições, modelos analíticos em linguagem Python, por exemplo, de cálculo do risco de fogo da vegetação e de análise da situação atual, além de modelos de mapas e estilos de legendas para prover aos usuários os mesmos resultados gráficos dos mapas gerados pelo Inpe. Os projetos criados no TerraMA2Q são administrados por usuários de diferentes perfis e privilégios, com definição das características de onde são acessados os dados dinâmicos e estáticos em servidores de dados e em qual frequência ou intervalo de tempo o processo se repetirá automática ou manualmente. Um benefício da implementação da plataforma TerraMA2 é permitir a qualquer instituição o desenvolvimento de seu banco de dados geográficos corporativo, com dados estruturados e regras para garantir a atualização e uniformidade dos dados a longo prazo. Outro aspecto é a possibilidade de compartilhar dados com outros sistemas por meio dos protocolos definidos pelo OGC, com interoperabilidade computacional. A plataforma é baseada em arquitetura de serviços com infraestrutura tecnológica necessária ao desenvolvimento de sistemas operacionais para monitoramento de alertas de riscos ambientais. Os serviços de coleta, análise, alerta e visualização foram construídos com C++, rodam de maneira independente em *background* e são gerenciados por um *web app* de adminis-

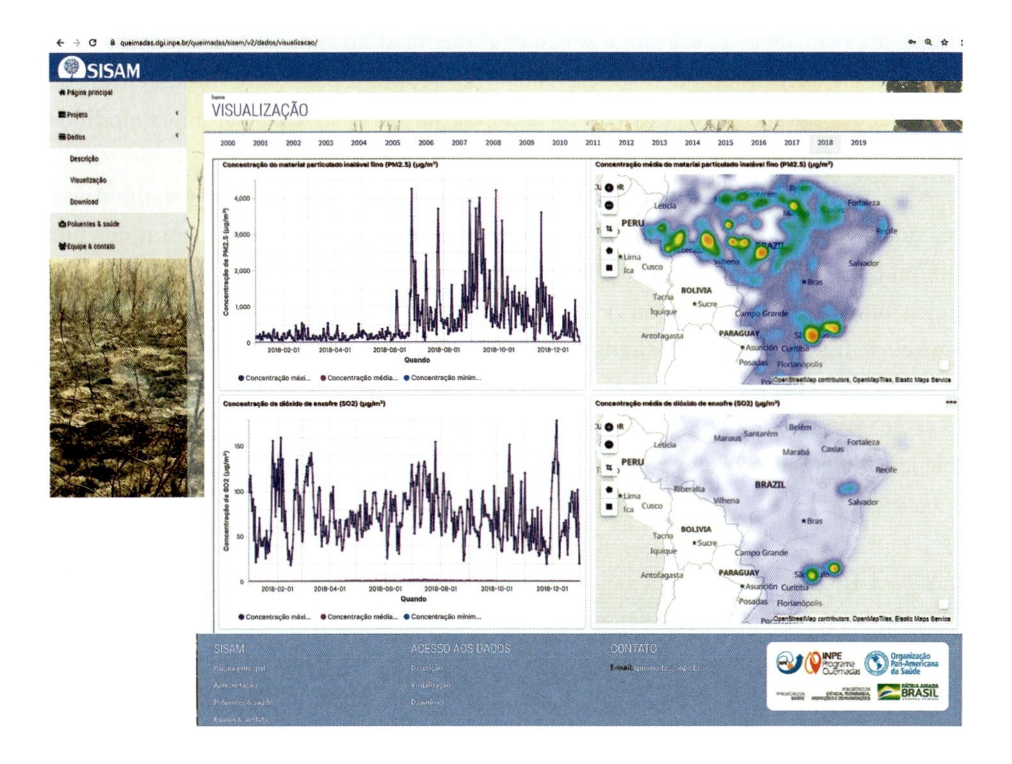

Fig. 1.12 *Página* on-line *do Sisam, desenvolvido pelo Programa Queimadas do Inpe, apresentando como exemplo as concentrações médias de material particulado* $PM_{2,5}$ *e dióxido de enxofre* (SO_2) *para o território nacional em 2018*
Fonte: Inpe (2020s).

tração. A aplicação WebGIS de monitoramento apresenta as camadas geradas pelo serviço de visualização e permite ao usuário criar sua própria sala de situação operacional. Secretarias de Meio Ambiente em vários estados já utilizam o TerraMA2Q, como Acre, Bahia, Piauí, Maranhão, São Paulo, Tocantins etc. Para mais informações, ver <www.inpe.br/queimadas/portal/terrama2q>.

1.16 Cooperação internacional

Cabe destacar as seguintes cooperações internacionais do Programa Queimadas nos últimos anos:

* Instituto de Geografia da Universidade Nacional Autônoma do México (UNAM), para implantação do algoritmo de detecção de focos GOES-16.
* Faculdade de Ciências Florestais da Universidad Juárez del Estado de Durango (México), para o desenvolvimento do sistema nacional de perigo de incêndios florestais para o México.

- Departamento de Geografia da Universidade de Maryland (EUA), para a realização de experimentos de validação de detecção de focos em imagens de satélites.
- Centro Aeroespacial Alemão (DLR), para o intercâmbio de métodos de monitoramento de queimadas com satélites e para o eventual uso do sensor BIROS na plataforma Amazonas do Inpe.
- Instituto Superior de Agronomia e Departamento de Meteorologia da Universidade de Lisboa (Portugal), para o uso de imagens PROBA-V, trabalhos de campo e desenvolvimento de algoritmos de detecção de focos em imagens de satélites.

1.17 Metas futuras

As metas futuras do Programa Queimadas do Inpe se concentram nas suas quatro linhas de atuação, considerando os recursos previstos: PPA 2020-2023 (Ação 20V9); projeto "Risco de Fogo" do FIP-Banco Mundial-MCTIC Cerrado; projeto Sisam para a Organização Pan-Americana da Saúde (OPAS); e Sistema de Gestão Especializada da Transmissão (GGT) para a Aneel.

a) PPA 2020-2023:

- Inclusão dos focos de queima nas bases de desmatamento e do Cadastro Ambiental Rural (CAR), por meio do aplicativo TerraBrasilis do Inpe.
- Criação de mosaicos geograficamente referenciados combinando as imagens de uma mesma órbita dos satélites polares do monitoramento recebidas pelas várias estações do Inpe e do Sipam, melhorando a qualidade e consistência dos produtos.
- Melhoria dos algoritmos do Inpe de detecção de focos nas imagens de satélites de órbita polar e geoestacionária para aumentar a quantidade, precisão e acurácia geográficas dos focos e de seus produtos derivados.
- Inclusão dos focos de queima e da área queimada obtida pelos satélites alemães Firebird do DLR no Programa Queimadas do Inpe, e sugerir missões espaciais conjuntas Inpe-DLR para detecção de fogo e áreas queimadas.
- Novas adições e substituições de produtos, tornando suas apresentações mais funcionais aos usuários.
- Incluir as imagens de média resolução dos satélites ESA/Sentinel no processo de estimativa da área queimada no Cerrado e expandir o mapeamento para os outros cinco biomas nacionais.
- Desenvolver e gerar novos produtos para estimar a severidade do fogo na vegetação.

b) Projeto FIP-MCTIC Cerrado:

- Inclusão, no cálculo do risco, de variáveis como latitude geográfica e elevação e de mapas de vegetação anuais do projeto MapBiomas (2020).
- Inclusão das variáveis de anomalia de precipitação anual e mensal e de recorrência de fogo.
- Reformulação do cálculo da previsão de risco para até quatro semanas.
- Geração automática de indicadores de risco de queima específicos de cada usuário em figura digital, em forma de relógio com ponteiro, que seja apresentado nos micros (*tablets*, celulares etc.) dos usuários.
- Criação de arquivos históricos digitais dos riscos de fogo desde 2000 para consulta com seletividade geográfica dos usuários pela internet.
- Desenvolvimento e implementação de modos gráficos para apresentar pela internet, no Portal Queimadas, as estatísticas de acertos das estimativas e previsões numéricas do risco de fogo.
- Incluir no portal o produto de propagação de frentes de fogo criado pelo Laboratório de Geoprocessamento da UFMG.
- Nova versão do risco de fogo da vegetação com resolução de 50 m para áreas de preservação mais críticas.

c) Projeto OPAS-MS

- Aperfeiçoamento do aplicativo Sisam, desenvolvido pelo Inpe em 2009 para o Ministério da Saúde, com a atualização das bases de dados meteorológicos, de focos e de emissões de poluentes obtidas por satélites a partir de 2012.
- Inclusão das variáveis de poluição atmosférica CO, $PM_{2,5}$, O_3, NO_2, obtidas a partir de imagens de satélites.
- Integração à base nacional dos dados da Fiocruz de morbidade, mortalidade e atendimentos médicos, incluindo as ferramentas Kibana e Elasticsearch.

d) Projeto GGT da Aneel

- Aperfeiçoamento do aplicativo para que as concessionárias de transmissão prestem à Superintendência de Fiscalização dos Serviços de Eletricidade (SFE) da Aneel informações das inspeções e das limpezas de faixas de segurança de diversas linhas de transmissão.
- Monitoramento das áreas queimadas nas faixas de servidão das principais linhas de transmissão do País.

Agradecimentos

O Programa Queimadas do Inpe concebeu e produziu este livro com recurso recebido do BNDES-Fundo Amazônia, Contrato Funcate-BNDES 14.2.0929.1. Contribuíram direta e indiretamente para sua realização inúmeros pesquisadores, técnicos e alunos de pós-graduação de diversas instituições, como (em ordem alfabética): Centro Nacional de Monitoramento e Alertas de Desastres Naturais (Cemaden); Instituto Federal de Educação, Ciência e Tecnologia do Sul de Minas (IFSULDEMINAS); Instituto Nacional de Pesquisas Espaciais (Inpe); Secretaria de Estado do Meio Ambiente e das Políticas Indígenas do Acre (Semapi); Universidade do Estado do Amazonas (UEA); Universidade Federal do Acre (Ufac); Universidade Federal Fluminense (UFF); Universidade Federal do Oeste do Pará (Ufopa); Universidade Federal do Rio de Janeiro (UFRJ); Universidade Federal de Viçosa (UFV); e Universidade de Brasília (UnB).

Por sua vez, o Programa Queimadas do Inpe apenas atingiu os atuais resultados científicos, técnicos, e de prover dados para a gestão do uso do fogo na vegetação, por meio do apoio de inúmeras instituições ao longo de mais de três décadas, desde o trabalho inicial como parte do projeto Nasa-Inpe GTEABLE 2A, em 1985. Em particular nos últimos anos, relevamse as seguintes instituições por seu apoio e financiamento: Agência Nacional de Energia Elétrica (Aneel), Sistema de Gestão Geoespacializada da Transmissão (GGT); BNDESFundo Amazônia, Portal do Monitoramento Queimadas (Contrato FuncateBNDES 14.2.0929.1); Conselho Nacional de Desenvolvimento Científico e Tecnológico (CNPq) (processos 305159/20186 e 441971/20180); DEFRAUK/Banco Mundial, Projeto Plataforma Monitoramento TerraMA2Q, TF18566BR; German Technical Cooperation Agency (GIZ/KfW), Projeto Cerrado/MMA "Prevenção, controle e monitoramento de queimadas irregulares e incêndios florestais no Cerrado"; Fapesp (processos 2015/013894 e 2015/504543); MCTICBanco Mundial, Projeto FIPFM Cerrado/Inpe "Risco" (P143185/TF0A1787); MCTICPPAAção 20V92; e MSFiotec (projeto ENSP030/08) e MSOPASFundep (carta de acordo SCON201800448). Sinceros agradecimentos são devidos também à gestora do apoio BNDES na Funcate, Luciana Mamede dos Santos, e a todos que participam ou participaram da equipe do programa ao longo dos anos, particularmente Marilene Alves Silva, Heber Reis Passos e Pedro Lagden de Souza, que proporcionaram o apoio técnico sem o qual o programa não teria evoluído.

Referências bibliográficas

ANDREAE, M. O.; BROWELL, E. V.; GARSTANG, M.; GREGORY, G. L.; HARRISS, R. C.; HILL, F.; JACOB, D. J.; PEREIRA, M. C.; SACHSE, G. W.; SETZER, A. W.; SILVA DIAS, P. L.; TALBOT, R. W.; TORRES, A. L.; WOFSY, S. C. Biomass Burning Emissions and Associated Haze Layers Over Amazonia. *J. Geophys.* Res., v. 93, n. D2, p. 1509-1527, 1988.

ANEEL – Agência Nacional de Energia Elétrica. *Gestão Geoespacializada da Transmissão.* Painel de Desligamentos por Queimadas. 2020. Disponível em: <http://www.aneel.gov.br/ggt>. Acesso em: 31 dez. 2020.

BRASIL. Presidência da República, Secretaria Geral. Decreto nº 8.914, de 24 de novembro de 2016. Institui o Centro Integrado Multiagências de Coordenação Operacional Nacional. Diário Oficial da União: parte 3: Poder Executivo, Rio de Janeiro, 25 nov. 2016.

Disponível em: <http://www.planalto.gov.br/ccivil_03/_Ato2015-2018/2016/Decreto/D8914.htm>. Acesso em: 31 dez. 2020.

IBAMA – INSTITUTO BRASILEIRO DO MEIO AMBIENTE E DOS RECURSOS NATURAIS RENOVÁVEIS. Boletins de Avaliação do Fogo na Amazônia e Cerrado. PrevFogo – Centro Nacional de Prevenção e Combate aos Incêndios Florestais. 2017. Disponível em: <http://www.ibama.gov.br/index.php?option=com_content&view=article&id=549&Itemid=488>. Acesso em: 21 dez. 2020.

IBGE – INSTITUTO BRASILEIRO DE GEOGRAFIA E ESTATÍSTICA. *Biomas brasileiros*. IBGE, 2012. (Série Relatórios Metodológicos, Biomas e Sistema Costeiro-Marinho do Brasil, v. 45).

INPE – INSTITUTO NACIONAL DE PESQUISAS ESPACIAIS. *Área queimada* – resolução 01 km. Programa Queimadas. Inpe, 2020a. Disponível em: <http://www.inpe.br/queimadas/aq1km>. Acesso em: 21 dez. 2020.

INPE – INSTITUTO NACIONAL DE PESQUISAS ESPACIAIS. *Área queimada* – resolução 30 m. Programa Queimadas. Inpe, 2020b. Disponível em: <http://www.inpe.br/queimadas/aq30m>. Acesso em: 21 dez. 2020.

INPE – INSTITUTO NACIONAL DE PESQUISAS ESPACIAIS. *BDQueimadas* (*Banco de Dados de Queimadas*). Programa Queimadas. Inpe, 2020c. Disponível em: <http://www.inpe.br/queimadas/bdqueimadas>. Acesso em 21 dez. 2020.

INPE – INSTITUTO NACIONAL DE PESQUISAS ESPACIAIS. *Boletim diário de áreas protegidas e territórios indígenas com focos ativos*. Programa Queimadas. Inpe, 2020d. Disponível em: <http://www.inpe.br/queimadas/cadastro/v1/relatorio-ucs>. Acesso em: 21 dez. 2020.

INPE – INSTITUTO NACIONAL DE PESQUISAS ESPACIAIS. *Cadastro de usuários*. Programa Queimadas. Inpe, 2020e. Disponível em <http://www.inpe.br/queimadas/cadastro/v1/login>. Acesso em: 21 dez. 2020.

INPE – INSTITUTO NACIONAL DE PESQUISAS ESPACIAIS. *CIMAN Virtual* – Centro Integrado Multiagências de Coordenação Operacional e Federal em Brasília. Programa Queimadas. Inpe, 2020f. Disponível em: <http://www.inpe.br/queimadas/ciman>. Acesso em: 21 dez. 2020.

INPE – INSTITUTO NACIONAL DE PESQUISAS ESPACIAIS. *Impacto na mídia*. Principais matérias na mídia usando o Programa Queimadas do Inpe. Inpe, 2020g. Disponível em: <http://www.inpe.br/queimadas/portal/links-adicionais/na-midia>. Acesso em: 21 dez. 2020.

INPE – INSTITUTO NACIONAL DE PESQUISAS ESPACIAIS. *InfoQueima* – Boletim mensal de monitoramento e risco de queimadas e incêndios florestais. Programa Queimadas. Inpe, 2020h. Disponível em: <http://www.inpe.br/queimadas/portal/outros-produtos/infoqueima/home>. Acesso em: 21 dez. 2020.

INPE – INSTITUTO NACIONAL DE PESQUISAS ESPACIAIS. *Mapas mensais e animações com focos*. Programa Queimadas. Inpe, 2020i. Disponível em: <http://www.inpe.br/queimadas/mapas-mensais>. Acesso em: 21 dez. 2020.

INPE – INSTITUTO NACIONAL DE PESQUISAS ESPACIAIS. *Monitoramento dos focos ativos por estado*. Programa Queimadas. Inpe, 2020j. Disponível em: <http://www.inpe.br/queimadas/portal-static/estatisticas_estados>. Acesso em 31 dez. 2020.

INPE – INSTITUTO NACIONAL DE PESQUISAS ESPACIAIS. *Monitoramento dos focos ativos por países*. Programa Queimadas. Inpe, 2020k. Disponível em: <http://www.inpe.br/queimadas/portal-static/estatisticas_paises/>. Acesso em: 31 dez. 2020.

INPE – INSTITUTO NACIONAL DE PESQUISAS ESPACIAIS. *Monitoramento e Risco de Queimadas e Incêndios Florestais* – Publicações Referenciadas. Produção científica e de divulgação do Programa Queimadas. INPE, 2020l. Disponível em: <http://queimadas.cptec.inpe.br/~rqueimadas/documentos/pub_queimadas.pdf>. Acesso em: 21 dez. 2020.

INPE – INSTITUTO NACIONAL DE PESQUISAS ESPACIAIS. *Perguntas frequentes*. Programa Queimadas. Inpe, 2020m. Disponível em: <http://www.inpe.br/queimadas/portal/informacoes/perguntas-frequentes>. Acesso em: 21 dez. 2020.

INPE – INSTITUTO NACIONAL DE PESQUISAS ESPACIAIS. *Portal do Monitoramento de Queimadas e Incêndios Florestais*. Inpe, 2020n. Disponível em: <http://www.inpe.br/queimadas>. Acesso em: 21 dez. 2020.

INPE – INSTITUTO NACIONAL DE PESQUISAS ESPACIAIS. *Queimadas e Incêndios Florestais*. Apresentação do Programa Queimadas. Inpe, 2020o. Disponível em: <http://www.inpe.br/queimadas/portal/informacoes/apresentacao>. Acesso em: 21 dez. 2020.

INPE – INSTITUTO NACIONAL DE PESQUISAS ESPACIAIS. *Relatório diário da situação atual*. Programa Queimadas. Inpe, 2020p. Disponível em: <http://www.inpe.br/queimadas/portal/situacao-atual>. Acesso em: 21 dez. 2020.

INPE – INSTITUTO NACIONAL DE PESQUISAS ESPACIAIS. *Relatório diário do Programa Queimadas*. Inpe, 2020q. Disponível em: <http://www.inpe.br/queimadas/cadastro/v1/relatorio-diario-automatico/relatorio-diario-automatico.pdf>. Acesso em: 21 dez. 2020.

INPE – INSTITUTO NACIONAL DE PESQUISAS ESPACIAIS. *Risco de fogo/meteorologia*. Programa Queimadas. Inpe, 2020r. Disponível em: <http://www.inpe.br/queimadas/portal/risco-de-fogo-meteorologia>. Acesso em: 21 dez. 2020.

INPE – INSTITUTO NACIONAL DE PESQUISAS ESPACIAIS. *SISAM* – Sistema de Informações Ambientais Integrado à Saúde. Programa Queimadas. Inpe, 2020s. Disponível em: <http://www.inpe.br/queimadas/sisam>. Acesso em: 21 dez. 2020.

INPE – INSTITUTO NACIONAL DE PESQUISAS ESPACIAIS. *TerraMA2Q* – Sistema de Monitoramento e Alertas para Queimadas. Programa Queimadas. Inpe, 2020t. Disponível em: <http://www.inpe.br/queimadas/portal/terrama2q>. Acesso em: 21 dez. 2020.

MAPBIOMAS. Coleção 5.0, resolução 30 m. Revisada para 2019. MapBiomas, 2020. Disponível em: <https://plataforma.brasil.mapbiomas.org/>. Acesso em: 31 dez. 2020.

MARTINS, G.; ROMÃO, M.; GARROT, I.; MORELLI, F.; SETZER, A. Use of Meteorological Information From INPE's Brazilian Wildfire in Firefighting Planning. *Biodiversidade Brasileira*, ano 9, n. 1, p. 235, 2019. Disponível em: <https://revistaeletronica.icmbio.gov.br/index.php/BioBR/article/view/1277>. Acesso em: 31 dez. 2020.

MORELLI, F.; ROSA, W.; OLIVEIRA, L.; GARROT, I. Plataforma de apoio a gestão de operações de combate a incêndios florestais: CIMAN Virtual. *Biodiversidade Brasileira*, ano 9, n. 1, p. 234, 2019a. Disponível em <http://revistaeletronica.icmbio.gov.br/index.php/BioBR/article/view/1238/885>. Acesso em: 31 dez. 2020.

MORELLI, F.; ROSA, W.; OLIVEIRA, L.; MARTINS, G.; ROMÃO, M.; SETZER, A. Desenvolvimento de produtos e dados ambientais para o CIMAN Virtual e apoio ao manejo integrado do fogo. *Biodiversidade Brasileira*, ano 9, n. 1, p. 232, 2019b. Disponível em: <http://revistaeletronica.icmbio.gov.br/index.php/BioBR/article/view/1236/883>. Acesso em: 31 dez. 2020.

MORELLI, F.; SETZER, A.; DE QUEIROZ, G. R.; LOPES, E. S. S.; ROSA, W.; SIMÕES, J. L. Sistema TerraMA2Q operacional de monitoramento, análises e alertas de incêndios florestais. *Biodiversidade Brasileira*, ano 9, n. 1, p. 231, 2019c. Disponível em: <http://revistaeletronica.icmbio.gov.br/index.php/BioBR/article/view/1229/882>. Acesso em: 31 dez. 2020.

MORELLI, F.; NASCIMENTO, E. R. P.; ROSA, W. D. M.; DA SILVA, E. M.; TAROCCO, T. L.; SANTOS JÚNIOR, C. A.; OLIVEIRA, L. Desenvolvimento do Sistema de Gestão Geoespacializada da Transmissão – GGT: apoio ao setor elétrico para redução de desligamentos causados pela ocorrência de fogo na vegetação. *Biodiversidade Brasileira*, ano 9, n. 1, p. 225, 2019d. Disponível em: <http://revistaeletronica.icmbio.gov.br/index.php/BioBR/article/view/1226/880>. Acesso em: 31 dez. 2020.

OBT – COORDENAÇÃO GERAL DE OBSERVAÇÃO DA TERRA. PRODES – Monitoramento do Desmatamento da Floresta Amazônica brasileira por satélite. OBT, 2020. Disponível em: <http://www.obt.inpe.br/OBT/assuntos/programas/amazonia/prodes>.

PALMEIRA, A. F.; RODRIGUES, J. V.; SILVA, V. M.; SETZER, A.; MORELLI, F. Dados de emissões de poluentes de queimadas e índices e alertas de risco à saúde humana, divulgados pelo Projeto SISAM-INPE-MS. *Biodiversidade Brasileira*, ano 9, n. 1, p. 249, 2019. Disponível em: <http://revistaeletronica.icmbio.gov.br/index.php/BioBR/article/view/1306/913>. Acesso em: 31 dez. 2020.

SETZER, A. Aprimoramento do monitoramento de focos de queimadas e incêndios florestais. Palestra ao Projeto Fundo Amazônia/BNDES-MSA/Funcate, Monitoramento ambiental por satélites no bioma Amazônia. São José dos Campos, SP: Inpe, 2018. Disponível em: <http://queimadas.dgi.inpe.br/~rqueimadas/documentos/20180813_BNDES_FdoAmazonia_ASetzer.pdf>. Acesso em: 21 dez. 2020.

SETZER, A. Histórico e desenvolvimentos do SISAM. Apresentação no Ministério da Saúde, DESAST, 17 maio 2017. Disponível em: <http://www.inpe.br/queimadas/sisam/v2/static/site/files/20170517_historico_sisam.pdf>. Acesso em: 31 dez. 2020.

SETZER, A. O Programa Queimadas do INPE e a temporada de fogo de 2019. Palestra proferida no 1° Fórum de Observação da Terra – Soluções e Aplicações, São Paulo, SP, 6 nov. 2019. Disponível em: <http://queimadas.dgi.inpe.br/~rqueimadas/documentos/20191106_MundoGeo_Queimadas2019_ASetzer.pdf>. Acesso em: 21 dez. 2020.

SETZER, A.; DE SOUZA, J. C.; MORELLI, F. O Banco de Dados de Queimadas do Inpe. *Biodiversidade Brasileira*, Ano 9, n. 1, p. 243, 2019. Disponível em: <http://revistaeletronica.icmbio.gov.br/index.php/BioBR/article/view/1229/882>. Acesso em: 31 dez. 2020.

Sensoriamento remoto de áreas queimadas no Brasil: progressos, incertezas, desafios e perspectivas futuras

Renata Libonati, Allan A. Pereira, Filippe L. M. Santos, Julia A. Rodrigues, Ananda Santa Rosa, Arturo E. Melchiori, Fabiano Morelli, Alberto W. Setzer

Nas últimas décadas, as condições climáticas, como as secas severas e a pressão do desmatamento para práticas agropastoris ou silvícolas, contribuíram para aumentar a ocorrência das queimadas e incêndios florestais nos diversos biomas brasileiros. Em alguns biomas, como o Cerrado, o fogo de origem natural e eventual é um fator ecológico necessário para a dinâmica dos ecossistemas, produtividade e biodiversidade (Hardesty; Myers; Fulks, 2005). Entretanto, o uso inadequado do fogo no manejo da terra tem provocado um grande aumento dos incêndios florestais, que afetam anualmente milhares de hectares de vegetação nativa, alterando o regime de fogo natural, destruindo a fauna e empobrecendo o solo, além de causar enormes prejuízos sociais e econômicos, como doenças respiratórias, mortes, acidentes e perdas materiais e de propriedades.

Ademais, a queima da biomassa impacta direta e indiretamente diversos processos do sistema climático, além de constituir uma das mais importantes fontes de alteração da cobertura da vegetação (Bowman et al., 2011). Nesse contexto, estudos recentes quantificaram vários aspectos do efeito do fogo no clima regional e global, nomeadamente: alterações no balanço de energia da superfície continental, na microfísica das nuvens, nos ciclos biogeoquímicos e da água, além da emissão de gases do efeito estufa e aerossóis para a atmosfera (Ward et al., 2012). A partir da década de 1980, a área queimada (AQ) na vegetação passou a ser considerada uma variável essencial do clima (*essential climate variable*, ECV), isto é, seu monitoramento passou a ser de alta prioridade para se compreender o sistema climático, sendo altamente recomendável que sua observação seja feita globalmente, de forma contínua e sistemática no tempo e no espaço (WMO, 2011).

Além das questões de mudança climática, há uma busca de modelos alternativos para que o desenvolvimento socioeconômico seja sustentável, devido à ameaça de escassez de recursos naturais. Como o impacto do setor agrícola e industrial na deterioração ambiental é significativo no Brasil (Lapola et al., 2014), torna-se fundamental levar em conta os efeitos negativos provocados pelo processo produtivo no meio ambiente, permitindo a adoção de políticas públicas eficazes para uma melhor gestão dos recursos naturais. Nos últimos anos, diversos estudos de diferentes áreas, como biologia, saúde, clima, políticas públicas, ecologia, meio ambiente e economia, têm apontado a necessidade de informações confiáveis acerca da extensão, localização e ocorrência temporal das áreas afetadas pelo fogo, a fim de permitir a caracterização e estimativa de seus impactos em suas respectivas áreas de interesse (Bowman; Johnston, 2005; De Mendonça et al., 2004; Fowler, 2003; Johnston et al., 2015; Price et al., 2012).

Nesse cenário, a compreensão dos padrões espaciais e temporais do fogo na vegetação e a sua análise quantitativa, tal como severidade, localização, extensão e duração, em um país com dimensões continentais como o Brasil, exigem a utilização de técnicas de sensoriamento remoto por satélites, de forma a permitir a observarção de grandes áreas geográficas com uniformidade e continuidade. A temporalidade dos dados, aliada à ampla cobertura espacial e ao alcance às regiões de difícil acesso, torna esses produtos vantajosos e uma alternativa aos métodos tradicionais de campo para estimar AQs (Chuvieco, 2008; Pereira et al., 1999), já que medidas *in situ* geralmente são custosas, esporádicas, de alcance local e de baixa acurácia.

De fato, atualmente o sensoriamento remoto por satélite possui capacidade única de extrair informação sobre áreas afetadas pelo fogo de forma repetitiva nas escalas regional e global, possibilitando a extração de longas séries temporais de AQs. Nos últimos anos, foram observados esforços por parte da comunidade científica em desenvolver produtos de AQ derivados do sensoriamento remoto, em escalas globais e regionais (Alonso-Canas; Chuvieco, 2015; Bastarrika; Chuvieco; Martín, 2011; Giglio et al., 2016; Libonati et al., 2015a, 2015b; Pereira et al., 2017; Pinto et al., 2020; Roy et al., 2008). Esse cenário é reforçado pela evolução das tecnologias de detecção, pela necessidade de avaliação do efeito do fogo na sociedade e no ecossistema e pela elaboração de inventários de estimativa de emissões de gases pela queima da biomassa no âmbito das mudanças climáticas.

O capítulo aqui apresentado é uma compilação sintética sobre o uso de sensoriamento remoto orbital para o monitoramento sistemático de áreas de vegetação afetadas pelo fogo no âmbito do Programa de Monitoramento de Queimadas do Inpe – ver o Cap. 1 deste livro. A primeira seção versa sobre os principais fundamentos para o monitoramento por satélite das mudanças espectrais associadas à queima da vegetação, enquanto a segunda seção aborda uma breve descrição dos atuais produtos operacionais derivados de satélite aos níveis globais e regionais, com foco especial no Brasil. Na terceira seção, apresentam-se os produtos de AQ disseminados pelo Programa de Monitoramento de Queimadas, e suas contribuições para a melhor compreensão da variabilidade espacial e temporal do fenômeno do fogo no Brasil. A quarta seção discute as incertezas associadas a esses produtos e, finalmente, a última seção apresenta as perspectivas futuras sobre o monitoramento de AQs no Brasil.

2.1 Princípios fundamentais do monitoramento de áreas queimadas via satélite

Um aspecto essencial para o sensoriamento remoto do fogo na vegetação é o reconhecimento da existência de quatro tipos diferentes de sinal do fogo observáveis do espaço: a chama ou frente de fogo, a fumaça, a alteração da estrutura da vegetação e o depósito de carvão e cinzas na superfície. Os dois primeiros sinais (chama e fumaça) são registros instantâneos da combustão, ou seja, são observados durante a ocorrência do fogo. Por outro lado, os dois sinais seguintes (a alteração da estrutura da vegetação e o depósito de carvão e cinzas na superfície) são baseados na mudança das características espectrais da vegetação nas imagens obtidas antes e depois do fogo e permitem obter uma estimativa da extensão da AQ.

O escurecimento da superfície devido à deposição de carvão é uma consequência da combustão da vegetação e possui a desvantagem de ser sensível às ações da natureza e facilmente atenuado por vento e chuva em um curto período de poucas semanas a alguns meses após o incêndio. Por outro lado, a alteração da estrutura da vegetação possui um sinal mais estável, persistindo por mais tempo, porém pode ser confundida com outros fatores, tais como desmatamento, estresse da vegetação ou ação de pragas (Pereira et al., 1999) e cultivos agrícolas. A detecção de AQs é possível através de diferenças apresentadas no comportamento espectral da superfície queimada, em contraste com a vegetação não queimada. Os principais problemas no mapeamento de queimadas por meio de sensores orbitais são a confusão com alvos de características espectrais semelhantes (por exemplo, sombras, corpos d'água, agricultura, rochas), a permanência do sinal espectral deixado pela deposição das cinzas e da cicatriz na vegetação, e a presença de nuvens e sombras nas imagens (Libonati et al., 2011; Pereira et al., 2016). A intensidade do fogo também interfere nos sinais das queimadas nas imagens, sendo resultado do tipo e quantidade de material combustível e das condições atmosféricas durante a ocorrência da queimada. Dessa forma, a correta identificação das regiões afetadas pelo fogo requer a utilização de regiões do espectro eletromagnético que maximizem as diferentes respostas espectrais entre superfícies queimadas e não queimadas (Trigg; Flasse, 2001).

Tradicionalmente, a identificação de AQs com o uso de sensores orbitais é realizada através de canais localizados no visível (VIS, 0,4-0,7 µm) e no infravermelho, especificamente na região do vermelho (V, 0,64 µm), no infravermelho próximo (IVP, 0,84 µm) e no infravermelho de onda curta (IVC1 e IVC2, respectivamente

1,6 μm e 2,1 μm). As mudanças espectrais da vegetação após a queimada ocorrem devido à diminuição da capacidade fotossintética da vegetação na região do VIS, à mudança na estrutura do mesófilo na região do IVP, à perda de teor de água nas regiões do IVC e do infravermelho médio (IVM, 3,9 μm) e à presença de cinzas, carvão e material queimado na superfície (VIS, IVP, IVC e IVM) (Libonati et al., 2010; Pereira et al., 1999; Torralbo; Benito, 2012). As mudanças dos valores de refletância nos comprimentos de ondas na região do VIS após uma queimada dependem do vigor da vegetação antes da ocorrência desse evento. No caso do Cerrado, a grande maioria das queimadas acontece na estação da seca, quando a vegetação está em senescência. Dessa forma, os valores de refletância do comprimento de ondas do VIS estão acima do normal e não sofrem uma queda significativa (França, 2004). Ademais, diversos estudos indicam que essa região espectral apresenta pouca distinção entre AQs e outros alvos, como corpos d'água, áreas úmidas, florestas densas e, também, certos tipos de solo (Edwards et al., 2013; Pereira et al., 1999; Smith; Eitel; Hudak, 2010).

A região do comprimento de ondas do IVP (0,72-1,1 μm) é a mais utilizada em estudos de mapeamento de queimadas (Pereira et al., 1999). Nessa região, há uma baixa absorção da radiação solar por parte das folhas (Ponzoni; Kuplich; Shimabukuro, 2012) e, consequentemente, uma alta refletância. Após a ocorrência de uma queimada, os valores desse canal apresentam um decréscimo (Koutsias; Karteris, 1998; Pereira et al., 1999; Pereira; Setzer, 1993). Todavia, algumas exceções foram relatadas acerca de um acréscimo da refletância do canal IVP em algumas queimadas em savanas no Brasil e na África (Pereira et al., 2016; Silva; Sá; Pereira, 2005). A presença de solos esbranquiçados (por exemplo, Neossolos quartzosos) com material combustível fino, aliada à dispersão das cinzas, pode provocar o aumento da refletância desse canal após uma queimada devido à exposição desses solos, conforme apresentado na Fig. 2.1.

As alterações na resposta espectral do IVC1 devidas à queima podem causar aumento ou mesmo decréscimo na refletância, enquanto no IVC2 elas causam uma diminuição da refletância (Libonati et al., 2011). Entretanto, nessas regiões, o carvão pode se confundir com vegetação verde densa, água, solos muito escuros, zonas úmidas etc. A vegetação saudável possui baixa refletância no IVM, devido à absorção de água. Portanto, a combustão da vegetação e a seca do solo causada pelo fogo provocam o aumento de brilho nessa região. Por outro lado, o aumento na refletância sobre superfícies queimadas é maior no IVM do que nas demais regiões, o que permite uma melhor discriminação entre as duas superfícies. Além disso, o espalhamento atmosférico é muito insignificante nessa gama de comprimentos de onda, ao contrário das demais regiões, e, por conseguinte, não reduz o contraste espectral na superfície (Libonati et al., 2011).

Fig. 2.1 *Queimada sobre solos do tipo neossolo quartzoso, com baixo material combustível. Em (A), observa-se no detalhe a vegetação verde em meio à queimada, indicando a baixa intensidade do fogo. Já em (B), a baixa quantidade de matéria orgânica fez com que o solo ficasse totalmente exposto após a queimada. Fotos do Parque Estadual do Biribiri, Diamantina, Minas Gerais*

2.2 Estado da arte dos produtos globais de área queimada

A compreensão da variabilidade espacial e temporal e da complexidade do fenômeno do fogo na vegetação e seus efeitos se beneficiou dos esforços da comunidade científica de sensoriamento remoto nos últimos anos. Foi ainda na década de 1970 que surgiram os primeiro estudos visando o mapeamento de AQs via sensoriamento remoto (Chuvieco; Congalton, 1988; Furyaev, 1985; Matson; Dozier, 1981; Milne, 1986; Santos; Aoki, 1978; Seevers; Jensen; Drew, 1973; Smith; Woodgate, 1985). Os primeiros trabalhos de aplicação de mapeamentos de queimadas em escala continental e global se iniciaram na década de 1990 (Barbosa et al., 1999; Dwyer et al., 1992), com imagens do sensor *Advanced Very High Resolution Radiometer* (AVHRR). Apesar da baixa resolução espacial e, consequentemente, do alto índice de omissões de queimadas menores, esses trabalhos foram pioneiros em fornecer informações sobre a quantidade e a extensão das queimadas e também sobre os primeiros padrões espaciais desse fenômeno em larga escala.

Desde então, tem-se observado um grande esforço no desenvolvimento de produtos automáticos que mapeiam as AQs em escala global de forma operacional. Entre essas iniciativas, destacam-se o *Global Burned Area 2000* (GBA2000), elaborado pelo *Joint Research Centre* (JRC) a partir de imagens do sensor VEGETATION a bordo do satélite *Satellite Pour l'Observation de la Terre* (SPOT-4) (Tansey et al., 2004), e, ainda, o produto da *European Space Agency* (ESA) chamado GLOBSCAR (Simon et al., 2004), gerado com as imagens do sensor *Along Track Scanning Radiometer* 2 (ATSR-2) a bordo do satélite *European Remote Sensing* 2 (ERS-2), ambos com resolução espacial de 1 km. Sobressaem-se também os produtos de AQ desenvolvidos pela *National Aeronautics and Space Administration* (Nasa) a partir de informações do sensor *Moderate Resolution Imaging Spectroradiometer* (MODIS), a bordo dos satélites AQUA e TERRA, com resolução espacial de 500 m, nomeadamente o MCD45A1 (Roy et al., 2008) e o MCD64A1 (Giglio et al., 2009). Além do produto MCD64A1, atualmente outros produtos globais estão funcionando operacionalmente, sendo frutos do projeto FireCCI, nomeadamente o produto MERIS_cci, com base na metodologia proposta por Alonso-Canas e Chuvieco (2015), com 300 m de resolução, e mais recentemente o produto FireCCI50, gerado com imagens de 250 m do sensor MODIS (Chuvieco et al., 2018). Destacam-se ainda mapas de AQs em imagens de 300 m do sensor *Project for On-Board Autonomy — Vegetation* (PROBA-V), disponibilizadas on-line pelo Copernicus em conjunto com a ESA (https://land.copernicus.eu/global/products/ba) (Tansey et al., 2008).

Entretanto, grandes discrepâncias persistem nos produtos globais, tanto na quantificação da extensão da AQ quanto na sua localização espacial e temporal (Boschetti; Flasse; Brivio, 2004; Padilla et al., 2014). A dificuldade em mapear queimadas em larga escala está na presença de uma vasta gama de diferentes comportamentos espectrais da vegetação pré- e pós-fogo, dos tipos de uso do solo, regimes de fogo, intensidade da queima e agentes climáticos que interferem na permanência das cinzas no solo. Dessa forma, a exatidão e precisão desses produtos variam de forma significante com as características locais (Rodrigues et al., 2019). As limitações dos algoritmos atuais que geram estimativas de AQs com abrangência global sugerem o desenvolvimento de algoritmos regionais. Considerando a escala regional, é naturalmente possível levar em consideração características regionais como vegetação, solo e clima, além de facilitar a validação dos resultados.

2.3 Sistemas de monitoramento e disseminação de produtos de área queimada no Brasil

Além das limitações descritas anteriormente, a correta identificação e quantificação das áreas afetadas pelo fogo apresentam inúmeras aplicações diretas e indiretas em diferentes setores da sociedade e do meio ambiente no Brasil, o que justifica o seu monitoramento sistemático e de longo prazo em todo o País a várias escalas espaciais e temporais. A disseminação adequada é extremamente importante para diversos setores do poder público, tomadores de decisão e pesquisadores de diversas áreas do conhecimento. Dessa forma, o Programa de Monitoramento de Queimadas do Inpe dissemina regularmente em sua página na *web* mapas, relatórios e dados locais, regionais e nacionais sobre a extensão e localização das AQs durante as últimas décadas, conjugando diversos sensores orbitais.

A seguir, serão apresentados os referidos produtos de AQ atualmente disponíveis no portal.

2.3.1 Produto MODIS AQM1km

Descrição do algoritmo

O produto AQM1km é uma aplicação para estimar a extensão de AQ em escala regional para toda a América do Sul, com uso de dados da coleção 6 do sensor MODIS a bordo dos satélites AQUA e TERRA, fornecendo uma base de dados mensal, longa e homogênea. Atualmente, o produto AQM1km está disponível na página <http://www.inpe.br/queimadas/aq1km/> para o período de setembro de 2002 até o presente. Baseado no algoritmo automático de detecção de AQs desenvolvido por Libonati et al. (2015a), o produto AQM1km fornece estimativas mensais de AQ com 1 km de resolução espacial. Experimentos constantes de validação são realizados para aprimorar essas estimativas por meio da comparação com dados de referência.

O algoritmo AQM1km baseia-se no sistema de coordenadas proposto por Libonati et al. (2011), o qual considera características regionais tais como vegetação, solo e clima. O algoritmo utiliza dados de 1 km de resolução espacial do sensor MODIS, especificamente os canais IVP (0,8 μm) e IVM (3,9 μm), para gerar compostos temporais do índice espectral de queimadas W (Libonati et al., 2011), aos quais são aplicados limiares fixos aliados à geração automática de limiares variáveis. O algoritmo leva em consideração informações da localização dos focos de queima detectados pelos sensores MODIS e *Visible Infrared Imaging Radiometric Suite* (VIIRS) para direcionar a procura espacial e temporal de alterações dos padrões espectrais das superfícies afetadas pelo fogo. O fluxograma da Fig. 2.2 apresenta as etapas do algoritmo, desde o pré-processamento das imagens até a geração final do mapa de AQs. Informações detalhadas sobre o algoritmo podem ser encontradas em Libonati et al. (2015a).

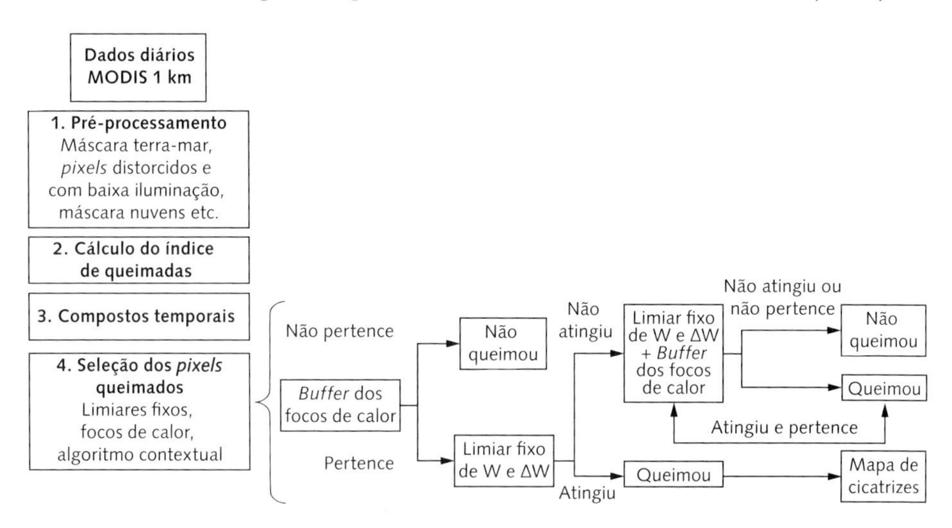

Fig. 2.2 *Fluxograma com a esquematização das diversas etapas do algoritmo automático até a geração dos mapas finais de áreas queimadas, AQM1km*

Análise espaçotemporal de áreas queimadas usando dados do produto AQM1km

Nesta seção é analisada a variabilidade espacial e temporal das regiões afetadas pelo fogo na vegetação recorrendo à base de dados AQM1km, constituída por dados mensais de AQs para o período de 2003-2019, na grade regular de 1 km² sobre o Brasil. A classificação de biomas aqui utilizada foi definida pelo Instituto Brasileiro do Meio Ambiente e dos Recursos Naturais Renováveis (Ibama) e inclui os seis biomas brasileiros, nomeadamente: Cerrado, Amazônia, Caatinga, Pantanal, Mata Atlântica e Pampa.

A Fig. 2.3 mostra a distribuição espacial da recorrência anual de AQ no Brasil no período de 2003-2019. A grande maioria das AQs situa-se no Cerrado. Nesse bioma, o fogo de origem natural e esporádica ocorre há milhares de anos, devido às condições climáticas características da região, e, dessa forma, os seres vivos e os processos ecológicos se desenvolveram adaptados ao regime de fogo natural (Hardesty; Myers; Fulks, 2005). Porém, nas últimas décadas, a pressão antropogênica devida à agricultura e à manutenção de pastagens alterou e intensificou consideravelmente o regime de fogo nessa região (Pivello, 2011). A maior parte da vegetação nativa do Cerrado foi substituída por pasto e áreas agrícolas nos últimos vinte anos (Lapola et al., 2014). Desde a década de 1990, a região compreendida pelos estados do Maranhão, Tocantins, Piauí e Bahia (que englobam os biomas Cerrado e Caatinga) é o mais recente perímetro agrícola do País, tendo sofrido rápida conversão de vegetação nativa para culturas alimentícias (Dias et al., 2016).

Estudos demonstraram que, até o século XX, o fogo era um evento raro no bioma Amazônia (Schroeder et al., 2013). Porém, nas últimas décadas, nota-se intensa presença de AQs na região conhecida como Arco do Desflorestamento, onde o desmatamento, juntamente com a fronteira agrícola e a criação intensiva de gado, avançou em direção à Floresta Amazônica, contemplando terras que vão do leste e sul do Pará em direção oeste, passando por Mato Grosso, Rondônia e Acre (Nepstad et al., 2014). Nessa região, eventos recorrentes de seca severa ocorridos desde o início do século XXI contribuíram para intensificar a ocorrência de fogo na região (Panisset et al., 2017; Alencar; Nepstad; Diaz, 2006; Brando et al., 2014; Chen et al., 2013). Ao norte do bioma Amazônia, é de se destacar a intensa região afetada pelo fogo na região savânica de Roraima. Nota-se, ainda, a presença de áreas afetadas pelo fogo no sul do Cerrado, nas regiões de transição com os biomas Pantanal e Mata Atlântica, o que em muitos casos está associado, principalmente, à cultura de cana-de-açúcar, pasto e desmatamento de floresta secundária (Lapola et al., 2014).

A Tab. 2.1 apresenta o total acumulado de AQ, em km², no período de estudo para cada bioma, assim como a contribuição relativa de cada mês para o total de AQ. Segundo os resultados obtidos, o Cerrado foi o bioma mais afetado pela ocorrência

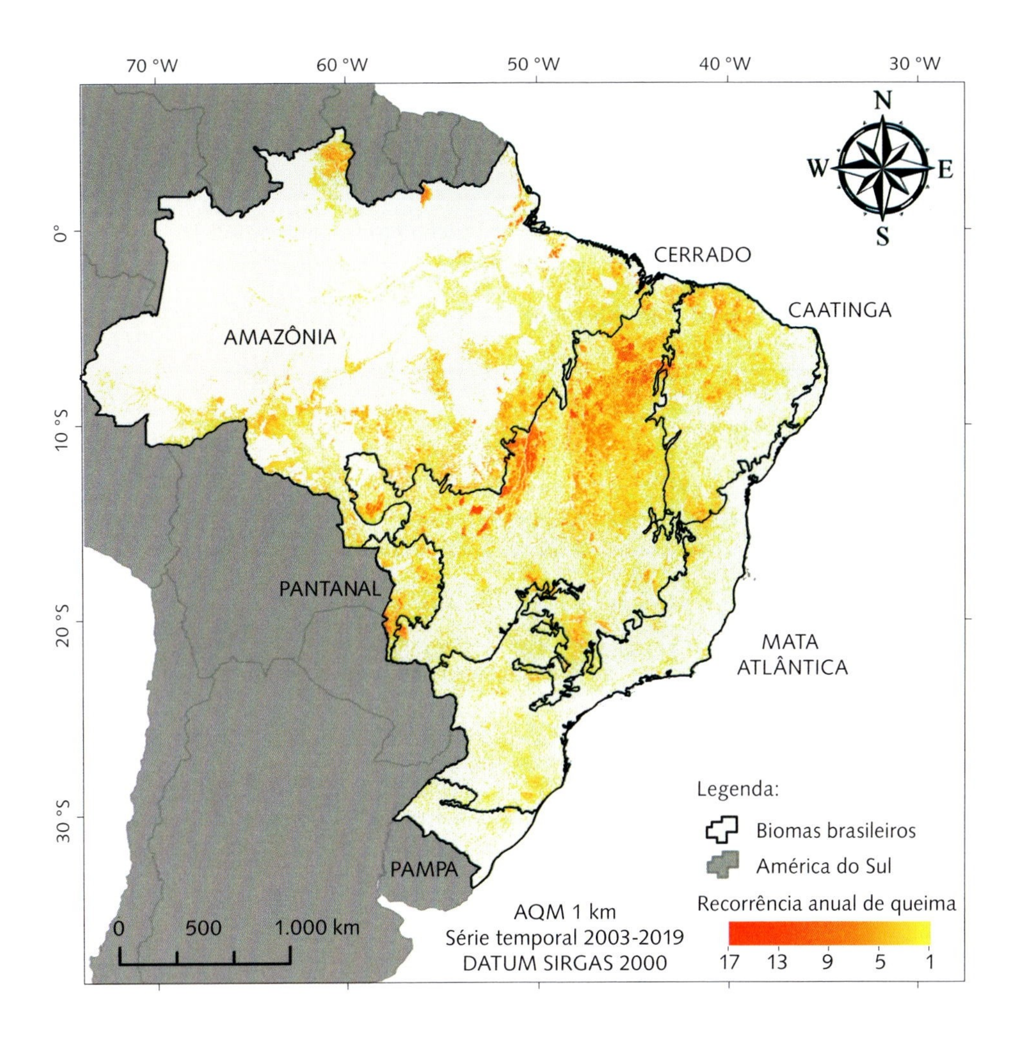

Fig. 2.3 *Distribuição espacial da recorrência anual de área queimada ao longo de 17 anos (2003-2019) no Brasil e seus biomas, calculada a partir dos dados do produto AQM1km*

de queimadas, contribuindo com 51% do total de AQ no País, seguido da Amazônia (26%) e Caatinga (13%). De acordo com os resultados, um total de 572×10^4 km^2 foram queimados no território brasileiro entre 2003 e 2019, essencialmente entre junho e outubro (83%), coincidindo com o período mais seco do ano.

A representação da variabilidade interanual do total de AQ obtida para cada um dos biomas durante o período de 2003-2019 é apresentada pelas curvas vermelhas na Fig. 2.4, assim como os respectivos valores médios (curvas pretas) para o período. A figura mostra que existe uma grande variabilidade de ano para ano em todos os biomas, porém com padrões distintos entre os biomas. Em 2005 e 2010, grandes áreas da Amazônia experimentaram duas das maiores secas da sua história (Panisset et al.,2017), o que ocasionou

Tab. 2.1 Total de AQ detectada pelo produto AQM1km durante o período de 2003-2019 para cada bioma brasileiro e contribuição relativa dos meses de junho, julho, agosto, setembro e outubro para a quantidade total de área afetada pelo fogo

Bioma	AQ total [$\times 10^4$ km^2] (contribuição para o total de AQ)	Contribuição para o total de AQ [%]					
		Junho	Julho	Agosto	Setembro	Outubro	Total
Amazônia	150 (26,2%)	3,0	5,8	24,0	29,7	12,5	75,0
Cerrado	292 (51,0%)	6,4	11,5	22,7	35,1	16,8	92,6
Caatinga	74 (12,9%)	1,3	2,6	5,9	16,4	31,2	57,4
Mata Atlântica	34 (6,0%)	11,8	21,4	19,6	17,9	13,6	84,3
Pantanal	20 (3,6%)	4,5	6,6	21,8	37,7	15,8	86,4
Pampa	2 (0,4%)	17,7	31,7	14,8	2,2	1,1	67,5
Total	572	5,2	9,4	20,6	30,2	17,3	82,7

um aumento significativo de focos de queima na região (Chen et al., 2013). Esse padrão é observado na Fig. 2.4, sendo os anos de 2005 e 2010 extremamente críticos no bioma Amazônia em termos de total de AQ. Enquanto a seca de 2005 ocorreu basicamente no oeste na região, a de 2010 avançou para o sudeste amazônico, alcançando também a região de transição com o Cerrado (Marengo; Espinoza, 2016; Zeng et al., 2008), o que justifica os valores normais de AQ em 2005 e os valores acima da média em 2010 no Cerrado. Outra seca extrema ocorreu em 2007 na região do Cerrado (Brando et al., 2014; Ten Hoeve et al., 2012), ocasionando valores anômalos positivos de AQ nesse bioma e na adjacente região da Amazônia.

Apesar da influência dos padrões climáticos no regime do fogo, a componente antrópica é o principal agente causador do fogo no Brasil, seja ele usado de forma intencional pelo homem, como quando transforma florestas em pastagens, ou de forma acidental, quando o fogo pode alcançar grandes extensões de forma desordenada e fora de controle e, assim, destruir a vegetação local (Andela et al., 2017; Bowman et al., 2011).

2.3.2 Produto Landsat AQM30

Nesta seção, descrevemos o algoritmo de extração de áreas queimadas a partir de imagens de resolução moderada (30 metros) provenientes dos satélites Landsat-5 (TM) e Landsat-8 (OLI). Esse algoritmo foi desenvolvido por Melchiori et al. (2014) no âmbito do projeto "Prevenção, controle e monitoramento de queimadas irregulares e incêndios florestais no Cerrado", com recursos da agência de cooperação internacional alemã GIZ para o MMA. A implementação do algoritmo foi realizada pela equipe do Programa de Monitoramento de Queimadas do Inpe. O algoritmo denominado AQM30 foi idealizado para estudar a dinâmica do fogo e melhorar a acurácia da quantificação de áreas queimadas do Cerrado a partir de mapas de resolução espacial moderada (30 metros). Esse algoritmo atendeu o objetivo de "desenvolvimento de metodologias digitais de geração de cartografia de áreas queimadas e monitoramento de detecção do desmatamento em tempo quase real" (MMA, 2021).

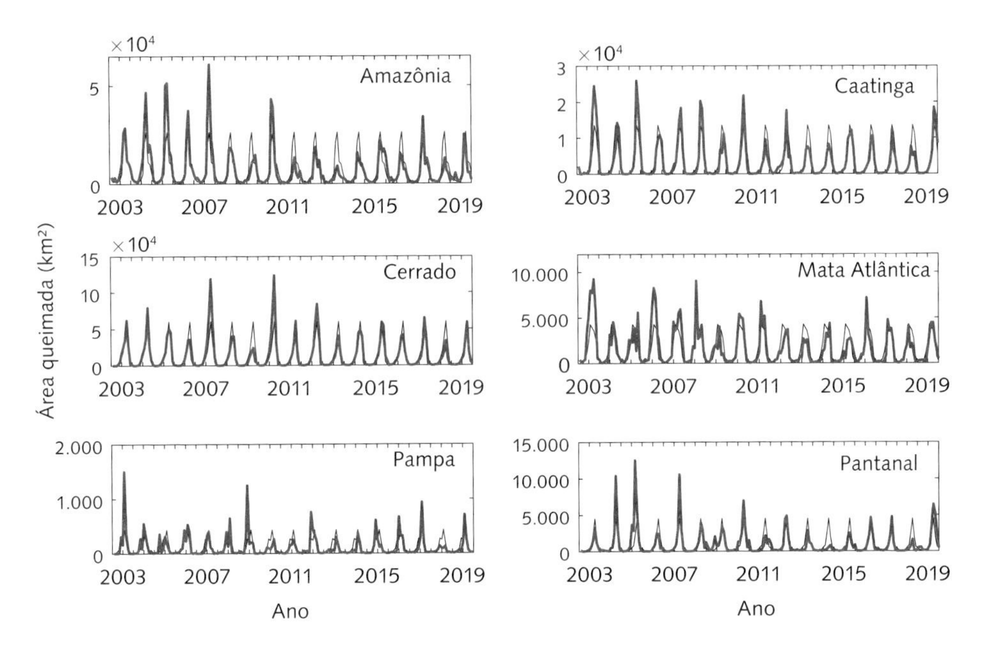

Fig. 2.4 *Variabilidade interanual do total de AQ (curvas cinzas) e os respectivos valores médios para o período de 2003-2019 (curvas pretas), por bioma*

Os produtos em escala global em geral são obtidos com metodologias que utilizam imagens de baixa resolução espacial; neles, não são considerados aspectos regionais de uso do solo nem características específicas da vegetação. Tal procedimento seria extremamente complexo de aplicação em escala global, considerando a grande diversidade de biomas, o comportamento fenológico da vegetação e a estrutura e composição das fitofisionomias. Esses fatores, aliados ao clima e à severidade do fogo, promovem diferentes comportamentos espectrais de uma queimada, dificultando a generalização de métodos. Diante do exposto, algoritmos regionais apresentam melhor resultado quando comparados a produtos globais (Libonati et al., 2015b; Pereira et al., 2017).

Na metodologia de classificação de queimadas utilizada no algoritmo AQM30, essas diversidades foram consideradas a partir de limiares adaptativos de índices espectrais, por meio da comparação dos mapas produzidos pelo algoritmo em diferentes combinações de limiares com mapas de referência, adquiridos através de digitalização manual de queimadas. Nessa comparação são calculados os erros de omissão e comissão, buscando otimizar o limiar de classificação das queimadas.

Descrição do algoritmo

O algoritmo AQM30 foi desenvolvido e testado inicialmente na região do Parque Estadual do Jalapão (PEJ), no Estado do Tocantins, cena Landsat órbita/ponto 221/67. Para a unidade de conservação foram mapeadas queimadas do período de 1984 até 2012, portanto, em 29 anos. A aplicação do algoritmo na região do PEJ e sua posterior extrapolação para o Cerrado indicou a necessidade de adaptações específicas para cada órbita/ponto.

No site do Inpe (www.inpe.br/queimadas/aq30m), os dados de áreas queimadas para todo o Cerrado estão disponíveis a partir de 2013, utilizando imagens do satélite Landsat-8 (OLI). Os dados são gerados com intervalo de 16 dias entre uma cena e outra. Anteriormente a 2013, é possível baixar dados de queimadas desde 2001 até 2011, provenientes da metodologia aplicada às imagens Landsat-5 (TM). Para o ano de 2012, não há dados de queimadas, devido à descontinuidade entre os satélites Landsat-5 e 8. No mapeamento de queimadas, são utilizados dados de refletância no topo da atmosfera, adquiridos no banco de dados de imagens do Inpe, já com correções geométricas.

Pré-processamento – cálculo de índices espectrais e imagens-diferença

Na execução do algoritmo AQM30 são calculados os índices espectrais NDVI (índice de vegetação por diferença normalizada, sigla em inglês) e NBRL (índice de queimada por diferença normalizada, sigla em inglês) conforme as Eqs. 2.1 e 2.2, para um par de duas cenas da mesma órbita/ponto, intervaladas em 16 dias.

$$NDVI = (\rho_{IVP} - \rho_{VER}) / (\rho_{IVP} + \rho_{VER}) \quad (2.1)$$

$$NBRL = (\rho_{IVP} - \rho_{IVC2}) / (\rho_{IVP} + \rho_{IVC2}) \quad (2.2)$$

em que:

ρ_{IVP} = valor de refletância no comprimento de ondas infravermelho, na faixa espectral de 0,850-0,880 µm;

ρ_{VER} = valor de refletância no comprimento de ondas vermelho, na faixa espectral de 0,640-0,690 µm;

ρ_{IVC2} = valor de refletância no comprimento de ondas infravermelho de ondas curtas, na faixa espectral de 2,110-2,290 µm.

Posteriormente, são calculadas as diferenças entre as duas cenas DNDVI e DNBRL com intervalo de 16 dias, sendo a primeira data considerada antes das queimadas (pré), e a segunda, depois das queimadas (pós). As diferenças são obtidas conforme as Eqs. 2.3 e 2.4.

$$\text{DNDVI} = \text{NDVI}_{\text{pré}} - \text{NDVI}_{\text{pós}} \tag{2.3}$$

$$\text{DNBRL} = \text{NBRL}_{\text{pré}} - \text{NBRL}_{\text{pós}} \tag{2.4}$$

Nas imagens-diferença, as regiões sem mudanças na cobertura vegetal geram valores próximos a zero, pois não há alterações significativas nos valores de refletância. Por outro lado, áreas com mudanças significativas apresentam valores elevados nas imagens-diferença, pois os índices espectrais NDVI e NBRL apresentam valores baixos para áreas sem vegetação. Dessa forma, valores altos na imagem-diferença indicam um maior vigor da vegetação nas imagens pré-fogo e uma alteração da cobertura vegetal nas imagens pós-fogo. Esses valores dependem em grande parte do estado prévio da cobertura vegetal, da intensidade do fogo, do clima e do tempo transcorrido desde a queimada até o registro pelo satélite.

Assim, é esperado que as queimadas apresentem valores altos das diferenças dos índices e baixos para os índices pós-queimadas. A Fig. 2.5 mostra a composição RGB dos valores de DNDVI, DNBRL e $\text{NBRL}_{\text{pós}}$, em que as queimadas ocorridas no intervalo entre 2 de setembro de 2014 a 18 de setembro de 2014 se destacam pela cor roxa. As queimadas ocorridas antes das imagens pré-fogo apresentam cor mais escura, devido aos valores baixos da imagem-diferença e também dos índices calculados.

Variáveis preditoras

A queda nos valores dos índices espectrais NDVI e NBRL pode ter causas associadas a queimadas, desmatamento ou colheita agrícola. No entanto, essa queda pode estar relacionada também ao estado fenológico da planta, principalmente em ambientes de florestas decíduas e semidecíduas. Nesses casos, a vegetação tende a perder as folhas no período de seca ou entrar em estágio de senescência, o que leva a uma queda nos valores desses índices. Assim, alguns autores sugerem que a diferença absoluta desses índices pode ser inadequada a essas fitofisionomias (Miller; Thode, 2007; Parks, 2014).

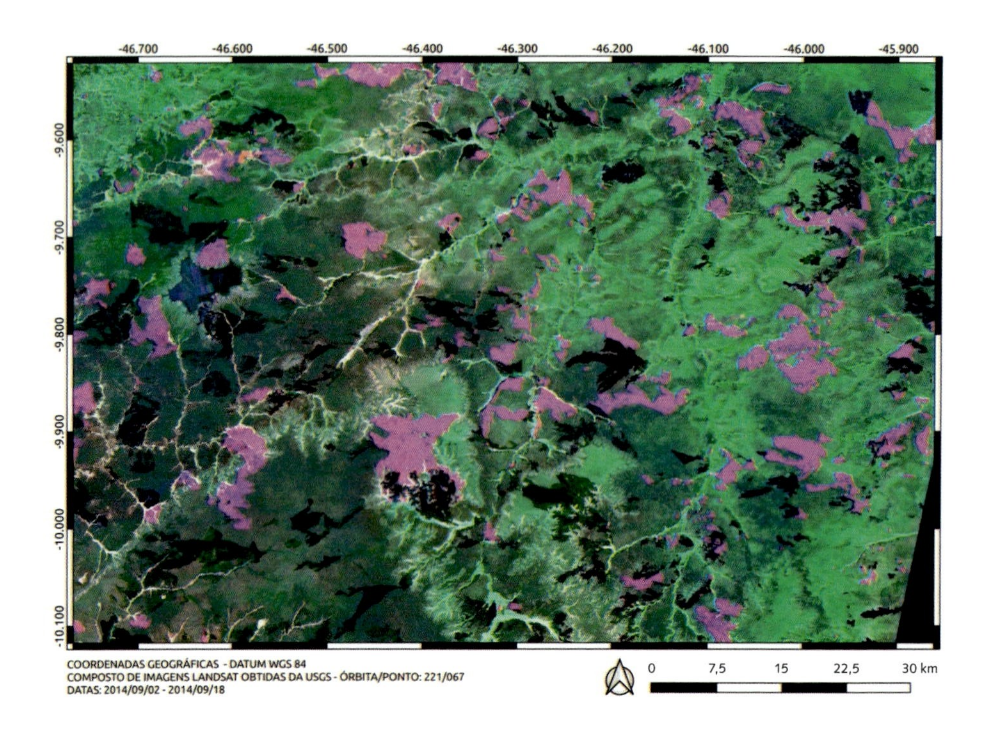

FIG. 2.5 *Composição RGB dos valores de DNDVI, DNBRL e $NBRL_{pós}$, no intervalo de tempo de 02/09/2014 a 18/09/2014. Em roxo estão as queimadas que ocorreram nesse período. A parte escura é referente às queimadas antes da data da imagem pré-fogo*

Considerando a extensão territorial do Cerrado (2.045.000 km²) e a diversidade de fitofisionomias, com diferentes comportamentos fenológicos, a diferença relativa à imagem pré-fogo é indicada para aplicação de limiares de extração das áreas queimadas. Dessa forma, o método de cálculo da diferença relativa (RDNDVI e RDNBRL) utilizado no algoritmo AQM30 considera o valor prévio do índice no denominador, conforme a Eq. 2.5 exemplifica para o índice NBRL.

$$RDNBRL = (NBRL_{pré} - NBRL_{pós}) / abs(NBRL_{pré}) \cdot 100 \quad (2.5)$$

$$RDNDVI = (NDVI_{pré} - NDVI_{pós}) / abs(NDVI_{pré}) \cdot 100 \quad (2.6)$$

em que RDNBRL (RDNDVI) se refere à diferença relativa do índice NBRL (NDVI). O algoritmo AQM30 considera como variáveis preditoras do mapeamento de queimadas as imagens-diferença relativa dos índices NDVI e NBRL.

Etapa de extração das queimadas através de limiares

O mapeamento de queimadas realizado pelo AQM30 utiliza limiares para extração de queimadas. Para a escolha dos melhores limiares, há necessidade de obtenção prévia de mapas de referência, a partir da digitalização de alguns polígonos de queimadas. Para cada cena, são considerados diferentes limiares. A otimização da escolha desses limiares é realizada comparando os resultados de pares de limiares, com as cicatrizes de referência. Os limiares possuem variações de 0 até o valor-limite da diferença relativa, com intervalo de 10%.

A partir da cicatriz de referência e saída do algoritmo, são calculados os erros de comissão e omissão (Eqs. 2.7 e 2.8).

$$\text{Comissão} = \text{saída algoritmo} - \text{referência} \quad (2.7)$$

$$\text{Omissão} = \text{referência} - \text{saída algoritmo} \quad (2.8)$$

A seleção otimizada de limiares de extração (L_{NBRL} e L_{NDVI}) corresponde ao par de valores que resulte na menor soma de erros de comissão e omissão. Dessa forma, o par de limiares (L_{NBRL} e L_{NDVI}) obtido é representativo de cada região nas condições encontradas nas imagens utilizadas. Para que um *pixel* seja considerado como queimado, deve obedecer à regra descrita na Eq. 2.9.

$$AQM = (RDNBRL >= L_{NBRL}) \cdot (RDNDVI >= L_{NDVI}) \quad (2.9)$$

Estudo-piloto

Conforme descrito na metodologia, o algoritmo foi desenvolvido inicialmente para a região do Parque Estadual do Jalapão. A Fig. 2.6 mostra a imagem Landsat-8 da cena 221/67, de 20 de agosto de 2015, e as queimadas mapeadas no período de 20 de agosto de 2015 a 5 de setembro de 2020. A série histórica obtida no período de 1984 até 2012 (28 anos) possibilitou verificar a frequência das queimadas nessa região durante esse período. A Fig. 2.7 apresenta a frequência de queimadas de cada *pixel* durante esses 28 anos.

2.4 Processos de validação de produtos de áreas queimadas AQM1km e AQM30

A validação dos produtos de AQ determina, de forma quantitativa e qualitativa, a habilidade do algoritmo em discriminar o sinal espectral da superfície queimada. A importância em validar produtos de satélites se deve aos seguintes fatores: (i) informações quantitativas sobre a qualidade do produto são fundamentais para diferentes usuários;

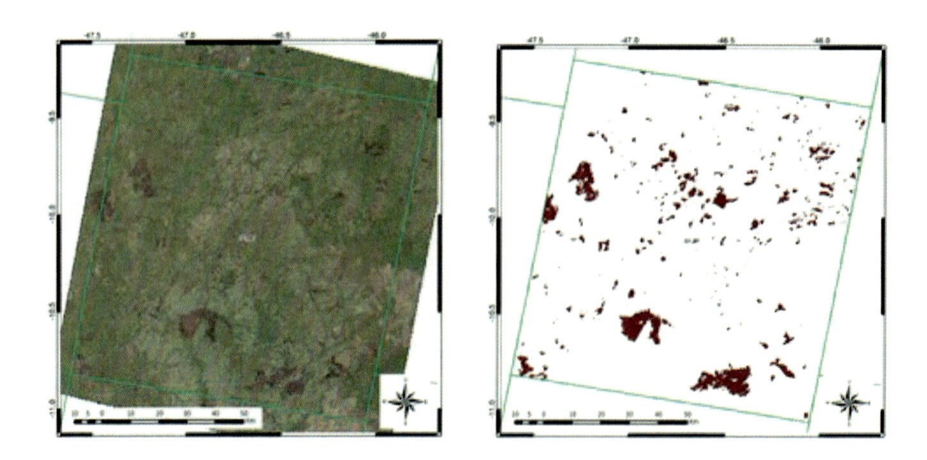

FIG. 2.6 *(A) Imagem Landsat-8, cena 221/67, de 20/08/2015, e (B) cicatrizes de queimadas obtidas pelo algoritmo AQM30 entre o período de 20/08/2015 e 05/09/2015*

e (ii) informações resultantes do próprio processo de validação ajudam a melhorar a geração dos produtos. O arcabouço teórico e metodológico para validação costuma ser meticuloso, balizado por análises estatísticas e medições em campo, com apoio de instrumentos como drones, radiômetros e câmeras termais. Nesse contexto, o Programa de Monitoramento de Queimadas do Inpe realiza ocasionalmente avaliações quantitativas dos seus produtos de AQ de baixa e média resolução espacial, o AQM1km e o AQM30.

O método mais comum de avaliar o desempenho de um mapa de classificação de baixa resolução espacial, como no caso do produto AQM1km, é por meio da comparação com outros mapas provenientes de sensoriamento remoto, denominados dados de referência. Esses dados devem ter resolução espacial igual ou superior a uma ordem de grandeza em relação ao dado a ser validado (Boschetti; Roy; Justice, 2009); assim, permitem a observação mais detalhada da superfície terrestre e, por consequência, do objeto que o produto está detectando como cicatriz de AQ. A avaliação é geralmente feita através de uma tabulação cruzada entre a classe classificada e a classe de referência, chamada de tabela de contingência (Lillesand; Kiefer, 1994). Com o diagnóstico dos erros, eles são classificados em erros de comissão e de omissão. Erros de comissão são *pixels* ou frações deles classificados como "não queimada" no mapa de referência e como "queimada" no produto de AQ. Já erros de omissão são o inverso e representam *pixels* ou frações deles, classificados como "queimada" no mapa de referência e como "não queimada" no produto de AQ.

O produto mensal AQM1km revelou-se promissor quando comparado aos resultados dos mapas de referência no bioma Cerrado (Libonati et al., 2015a, 2015b; Rodrigues et al., 2017). A similaridade entre o classificador e o mapa de referência em relação ao

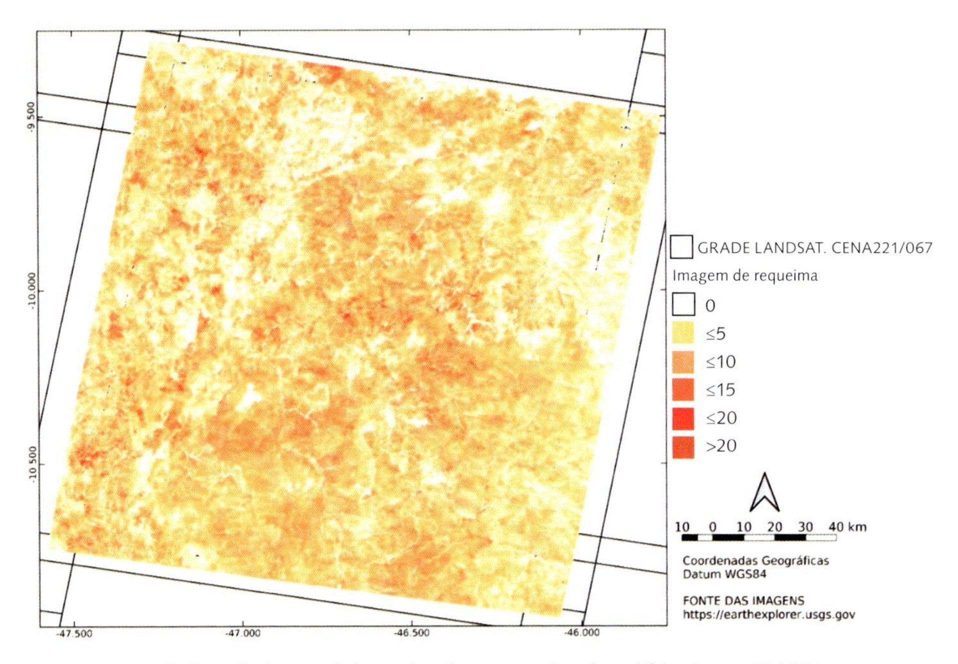

Fig. 2.7 *Mapa de frequência anual de queimada na cena Landsat órbita/ponto 221/67*

número comum de *pixels* de queimada foi elevada, superior a 65% em média. A Fig. 2.8 ilustra o resultado temático da validação para o ano de 2014 na região do Jalapão, no Estado do Tocantins, e sua comparação com os respectivos resultados de validação do produto global MCD64A1. As cores verde, azul e vermelha representam os acertos, as omissões e as comissões, respectivamente. Nota-se que o produto global apresenta erros de comissão baixos (entre 2% e 20%), isto é, fornece relativamente poucos alarmes falsos de queimada. Essa característica, porém, é alcançada ao custo de grandes omissões (entre 38% e 76%). O produto AQM1km, por outro lado, apresenta um equilíbrio entre os erros de comissão e os de omissão. O produto AQM1km se mostra mais eficiente na detecção da maior parte das cicatrizes, criando um número maior de erros de comissão. Embora tenha apresentado valores de erros de comissão entre 12% e 47% na série temporal analisada (2005 a 2014), a maioria dos casos se encontra nas bordas das cicatrizes. Portanto, não caracterizam necessariamente falsos alarmes, mas sim uma superestimativa do tamanho das cicatrizes.

A avaliação de produtos de baixa resolução depende das características espaciais das queimadas, como tamanho e regularidade. Considerando a resolução espacial do produto em questão, as estimativas são limitadas às queimadas com extensão próxima ou superior a 1 km². Portanto, em um regime de fogo em que as queimadas são extensas e contíguas, esperam-se resultados mais confiáveis; no entanto, se o padrão de ocorrência for de cicatrizes pequenas e fragmentadas, as incertezas serão maiores. Os resultados dos processos de validação são considerados para entender o comportamento do produto e para alcançar melhorias nas próximas coleções do algoritmo, ou seja, na próxima substituição de uma série histórica de dados em decorrência de refinamentos no algoritmo de detecção. A divulgação de uma nova coleção ocorre após vários testes de validação devidamente detalhados em publicações, demonstrando soluções ou diminuições dos erros após devidas correções.

O produto AQM30 também passa por avaliações periódicas. A coleção 1, publicada e disponível para *download* através do portal do Programa Queimadas (http://prodwww-queimadas.dgi.inpe.br/aq30m), na segunda fase de validação regional, apresenta em áreas de interesse no bioma Cerrado resultados satisfatórios, considerando a correlação entre focos ativos (focos AQUA, TERRA e NPP_375) e cicatrizes detectadas pelo algoritmo. As unidades de conservação e as terras indígenas são as principais áreas monitoradas nesse bioma, devido ao papel ecológico, hidrológico e biótico desses territórios na manutenção da paisagem e na preservação da biodiversidade. Assim, das 36 órbitas/pontos analisadas e indicadas na Fig. 2.9, 86% são classificadas como tendo alta correlação (laranja), 8%, com correlações medianas (verde),

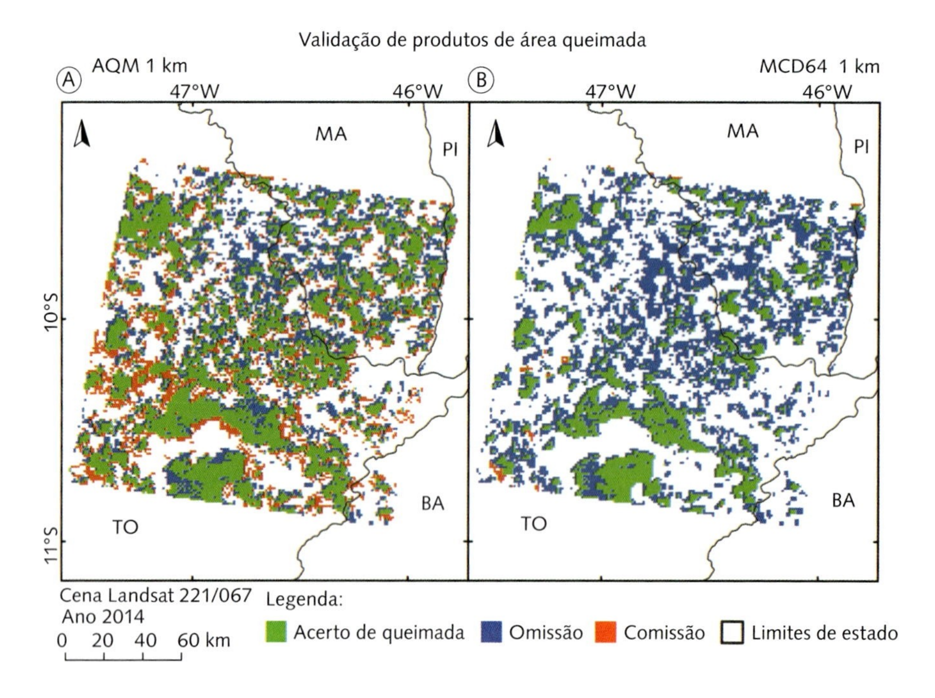

Fig. 2.8 *Representação de um resultado do processo de validação referente à cena Landsat 221/067, ano de 2014, localizada na região do Jalapão/Tocantins: pixels de acertos (verde), erros de omissão (azuis) e de comissão (vermelhos). Em (A), o produto de AQ AQM1km e, em (B), o MCD64A1 reamostrado para 1 km*

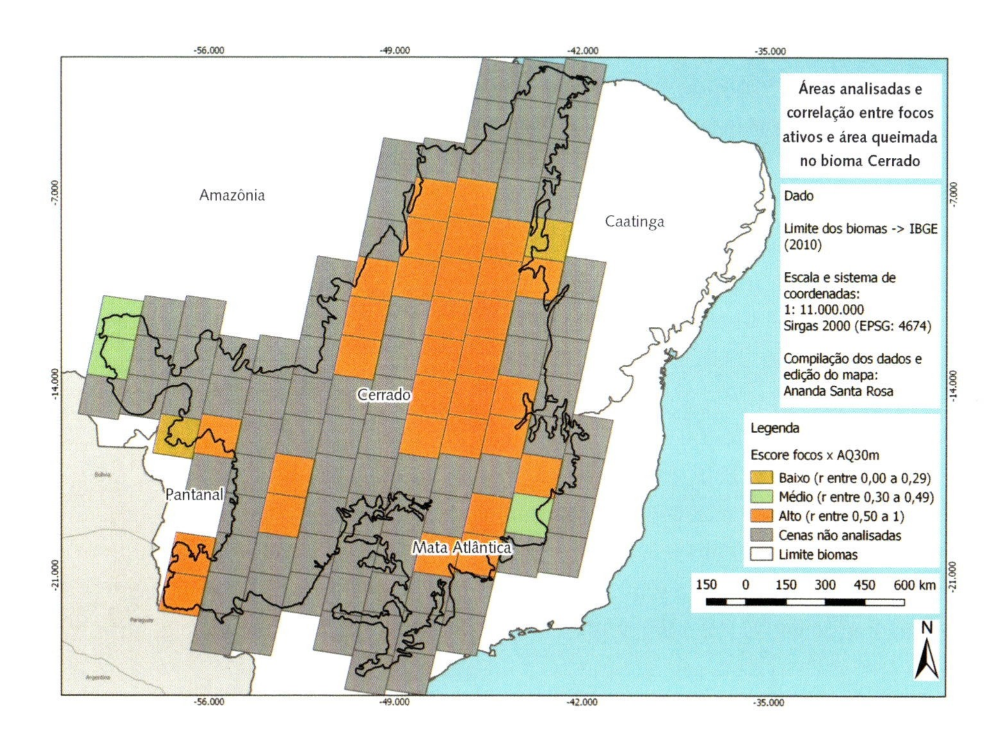

Fig. 2.9 *Caracterização espacial da correlação entre focos ativos e cicatrizes de AQ detectadas pelo algoritmo do AQM30*

e 6%, com correlações baixas (amarelo). As correlações foram calculadas através do coeficiente linear de Pearson.

A média da quantidade total de AQ nas cenas foi de: ~408 km² (correlações altas), ~23 km² (correlações medianas) e ~17 km² (correlações baixas). As correlações medianas e baixas podem ser explicadas pela resolução média espacial do produto, que compromete a detecção de cicatrizes com perímetros discretos e valores reduzidos de áreas, ocasionando interpretações equivocadas de erro quando considerados os focos ativos como dados de referência.

2.5 Perspectivas futuras no mapeamento de áreas queimadas por satélite no Brasil

Duas questões importantes devem ser consideradas sob o ponto de vista das perspectivas futuras no âmbito do mapeamento de áreas queimadas por satélites no Brasil. A primeira está relacionada ao desenvolvimento e lançamento de novos sensores orbitais, questão que aponta para as novas tecnologias, com o objetivo de prover imagens da superfície terrestre de qualidade em um menor espaço de tempo e em resoluções espaciais e espectrais mais refinadas. A segunda questão diz respeito ao desenvolvimento de novas técnicas e algoritmos aplicados ao mapeamento de queimadas. Nesse sentido, algoritmos híbridos associados a métodos de aprendizagem de máquinas têm se mostrado promissores, principalmente no mapeamento de pequenas queimadas ou queimadas sem focos ativos (Cao et al., 2009; Pereira et al., 2017; Pinto et al., 2020). O aperfeiçoamento das estimativas das áreas queimadas e, consequentemente, as melhorias nas estimativas dos danos ambientais causados pelas queimadas dependem desses dois fatores conjugados (Mouillot et al., 2014). A seguir, faremos uma breve discussão das perspectivas futuras do mapeamento de queimadas, sob a ótica desses dois aspectos no Programa de Monitoramento de Queimadas do Inpe.

Com o intuito de dar continuidade ao fornecimento de dados temporais consistentes do sensor MODIS, foi lançado em outubro de 2011 o sensor VIIRS, a bordo do satélite *Suomi National Polar-orbiting Partnership* (S-NPP), que representa uma nova geração de sensores com tecnologia superior aos de baixa resolução espacial, principalmente no que tange à melhoria dessa resolução e a uma melhor geolocalização (Oliva; Schroeder, 2015). A Fig. 2.10 mostra a melhoria no detalhamento da informação das cicatrizes de áreas queimadas com o novo sensor VIIRS (375 m) em comparação com o MODIS (500 km). O sensor VIIRS do S-NPP possui expectativa de vida

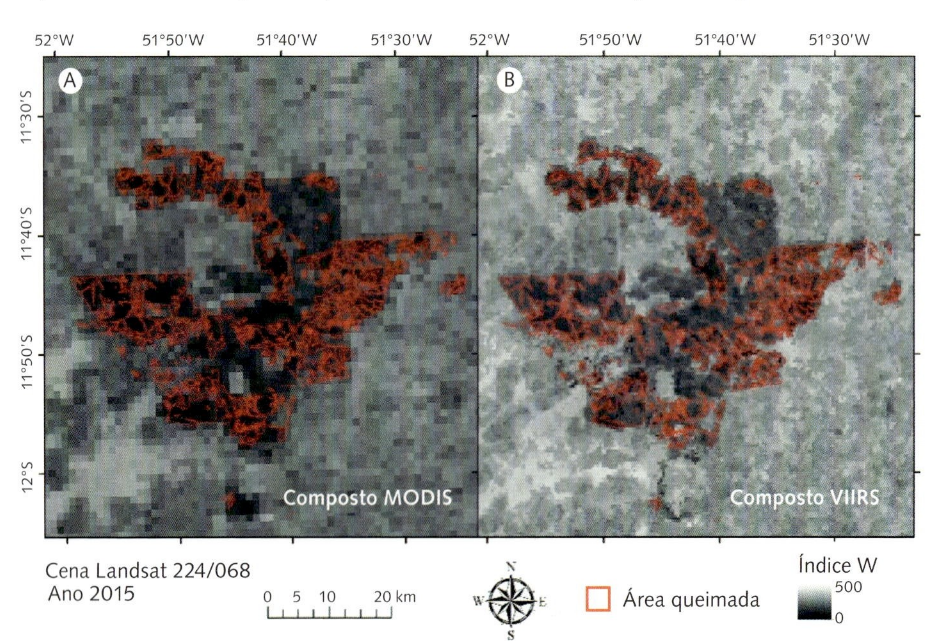

FIG. 2.10 *Comparação entre um composto multitemporal do índice de queimada W com dados (A) do sensor MODIS e (B) do sensor VIIRS. As cicatrizes de queimadas mapeadas com o produto AQM30 são apresentadas em vermelho*

de sete anos, e esse mesmo sensor está a bordo do satélite *Joint Polar Satellite System* (JPSS-1), também denominado NOAA-20, lançado no final de 2017. Adicionalmente, estão previstos os JPPS-2, 3 e 4, em mais três missões, com lançamentos previstos entre 2022 e 2031. Dessa forma, a missão JPPS permitirá a continuidade no desenvolvimento de uma longa série temporal de áreas queimadas, que se estenderá até pelo menos 2038 (Hillger et al., 2013).

Sob a perspectiva do mapeamento em imagens de alta/média resolução espacial, o lançamento do satélite Landsat-9, planejado para setembro de 2021, com características espectrais e espaciais semelhantes às do Landsat-8, permitirá a continuidade do mapeamento de áreas afetadas pelo fogo feito com imagens da série Landsat desde a década de 1970. A intercalação no fornecimento de dados dos satélites Landsat-8 e Landsat-9 possibilitará a observação da superfície terrestre a cada oito dias, um benefício no âmbito da problemática da alta cobertura de nuvens nos trópicos.

Outra série de satélites que vem ganhando destaque no mapeamento de queimadas de alta resolução espacial é a Sentinel-2, que compreende uma constelação de dois satélites colocados em órbitas paralelas, com os mesmos sensores, o que fornece informações a cada cinco dias. Esses satélites possuem resolução espectral com canais de observação da vegetação com resolução espacial de 10 m, 20 m e 60 m. A alta frequência temporal e a alta resolução espacial fazem desses satélites os mais promissores para o mapeamento de queimadas com alta precisão.

Nos últimos anos, diversas metodologias foram desenvolvidas com o intuito de mapear queimadas de forma semiautomática e automática, objetivando fornecer informações periódicas em escalas local, continental ou global. No entanto, novas técnicas de classificação e seleção automática de amostras vêm sendo desenvolvidas e aplicadas, com o intuito de melhorar as estimativas de queimadas. Frequentemente, métodos chamados de algoritmos híbridos utilizam focos ativos como sementes para algoritmos de crescimento espacial, em que são analisados os *pixels* vizinhos às amostras, classificando como queimadas aqueles semelhantes. Esse método tem a vantagem de produzir menores erros de comissão, porém omite queimadas sem a presença de focos ativos (Boschetti et al., 2015). Com o objetivo de minimizar esse problema, Pereira et al. (2017) propuseram um método que utiliza focos ativos como amostra de um classificador de classe única, utilizando dados do satélite PROBA-V. O algoritmo de queimadas chamado AQM-PROBA-V (Fig. 2.11) baseia-se no conceito de algoritmos híbridos e aprendizagem de máquinas (*support vector machine*, SVM), em que focos ativos são utilizados para coletar treino para o classificador de classe única. Esse estudo destacou seu uso no mapeamento de AQ usando seleção de amostra com base em focos ativos, sendo pioneiro nessa abordagem. Os resultados apresentados indicam que essa é uma técnica promissora no mapeamento de queimadas e abre

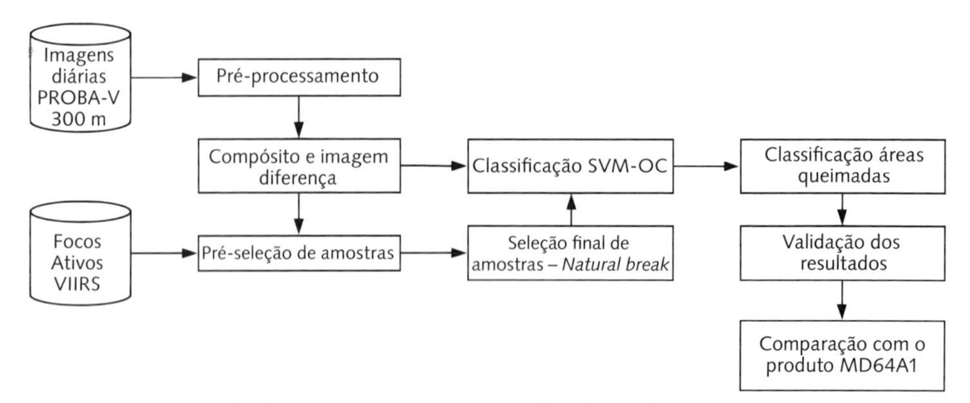

Fig. 2.11 *Resumo gráfico do algoritmo AQM-PROBA-V (Pereira et al., 2017), com a aplicação de aprendizado de máquinas*

novas perspectivas sobre algoritmos híbridos, uma vez que os algoritmos atuais com essa abordagem necessitam da presença de focos ativos dentro das cicatrizes de queimadas para que estas sejam mapeadas. Além disso, a seleção de amostras automatizada com base nos focos ativos, como nesse estudo, é uma tendência no mapeamento das áreas queimadas, pois exclui a necessidade de intervenção humana na aquisição de amostras. Os autores citados ressaltaram ainda que, embora o estudo tenha utilizado imagens PROBA-V, o algoritmo pode ser facilmente adaptado a imagens de diferentes sensores, e sugerem a utilização de índices espectrais e informação termal como variáveis a serem utilizadas nas classificações.

Esse procedimento foi aplicado ao Cerrado brasileiro usando as imagens e dados de focos ativos do sensor VIIRS comparados aos do produto MDC64A1, no qual os resultados mostraram menor omissão, principalmente em regiões com pequenas queimadas (Santos et al., 2020). Diante desse contexto, atualmente está sendo implementado de forma operacional no Programa de Monitoramento de Queimadas do Inpe o algoritmo de mapeamento de áreas queimadas com o sensor VIIRS-375 m para o Cerrado, em parceria com a Universidade Federal do Rio de Janeiro (UFRJ) e o Instituto Federal de Educação, Ciência e Tecnologia do Sul de Minas (IFSULDEMINAS).

2.6 Considerações finais

Nas últimas décadas, a cobertura vegetal dos biomas brasileiros sofreu alterações significativas devido a causas naturais e principalmente a atividades humanas. As queimadas e incêndios florestais constituem uma das mais importantes fontes de alteração da cobertura vegetal na Amazônia e no Cerrado brasileiro, resultando na destruição de florestas e de recursos naturais e alterando as interações biosfera-atmosfera.

Qualquer tentativa de caracterizar, compreender e mitigar o impacto climático, ecológico e humano das queimadas no Brasil pressupõe a correta identificação e quantificação das superfícies de vegetação queimada. Nesse cenário, o sensoriamento remoto é ferramenta indispensável, pois permite observar áreas extensas e/ou de difícil acesso com uniformidade e continuidade espacial e temporal, uma capacidade não alcançada por nenhum outro meio convencional de medição.

Durante os últimos anos, tem-se observado esforços intensos no desenvolvimento de produtos que mapeiam as áreas queimadas em escala global. Entretanto, grandes discrepâncias persistem nos produtos globais, tanto na quantificação da extensão da superfície queimada quanto na sua localização espacial e temporal, que variam de forma significante de acordo com o bioma. As limitações dos algoritmos globais de mapeamento de área queimada apontam para o desenvolvimento de algoritmos regionais que considerem características locais como vegetação, solo e clima, e com validação dos resultados também regional.

A disponibilidade de informações detalhadas e atualizadas sobre as distribuições espaciais (localização e extensão) e temporais das áreas queimadas no Brasil é atualmente crucial, não só para a melhor gestão dos recursos naturais, mas também para estudos de química da atmosfera e de mudanças climáticas. Nesse contexto, o presente capítulo abordou os atuais esforços do Programa de Monitoramento de Queimadas do Inpe, juntamente com o Laboratório de Aplicações de Satélites Ambientais da UFRJ, em organizar uma base de dados confiável, longa e homogênea, com informações sobre localização e extensão de áreas queimadas, através do desenvolvimento de algoritmos regionais de mapeamento de áreas queimadas no Brasil, utilizando dados provenientes de diferentes sensores orbitais de médias (5 m a 300 m) e baixas resoluções (superior a 300 m).

Agradecimentos

Ao CNPQ (processos 215158/2014-8, 381461/2018-1, 305159/2018-6, 441971/2018-0 e 380779/2019-6), à Fapesp (2015/01389-4, 2015/50454-3), à Faperj (E26/202.714/2019), ao Instituto Serrapilheira (1708-15159), à German Technical Cooperation Agency (GIZ) e ao Projeto Cerrado/MMA "Prevenção, controle e monitoramento de queimadas irregulares e incêndios florestais no Cerrado".

Referências bibliográficas

ALENCAR, A.; NEPSTAD, D.; DIAZ, M. C. V. Forest Understory Fire in the Brazilian Amazon in Enso and Non-Enso Years: Area Burned and Committed Carbon Emissions. *Earth Interact*, v. 10, p. 1-17, 2006. DOI: 10.1175/Ei150.1.

ALONSO-CANAS, I.; CHUVIECO, E. Global Burned Area Mapping from Envisat-Meris and Modis Active Fire Data. *Remote Sens. Environ.*, v. 163, p. 140-152, 2015. DOI: 10.1016/J.Rse.2015.03.011.

ANDELA, N.; MELTON, J. R.; MORTON, D. C.; RANDERSON, J. T.; COLLATZ, G. J.; DEFRIES, R. S.; LASSLOP, G.; BACHELET, D.; LI, F.; VAN DER WERF, G. R.; MANGEON, S.; GIGLIO, L.; KLOSTER, S.; KASIBHATLA, P. S.; CHEN, Y.; HANTSON, S.; YUE, C.; FORREST, M. A

Human-Driven Decline in Global Burned Area. *Science*, v. 356, p. 1356-1362, 2017. DOI: 10.1126/Science.Aal4108.

BARBOSA, P.; BARBOSA, P. M.; GRE, J.; PEREIRA, M. C. An Algorithm for Extracting Burned Areas from Time Series of Avhrr Gac Data Applied at a Continental Scale. *Remote Sens. Environ.*, v. 69, n. 3, 1999. DOI: 10.1016/S0034-4257(99)00026-7.

BASTARRIKA, A.; CHUVIECO, E.; MARTÍN, M. P. Mapping Burned Areas from Landsat Tm/ Etm+ Data with a Two-Phase Algorithm: Balancing Omission and Commission Errors. *Remote Sens. Environ.*, v. 115, p. 1003-1012, 2011. DOI: 10.1016/J.Rse.2010.12.005.

BOSCHETTI, L.; FLASSE, S. P.; BRIVIO, P. A. Analysis of the Conflict Between Omission and Commission in Low Spatial Resolution Dichotomic Thematic Products: The Pareto Boundary. *Remote Sens. Environ.*, v. 91, p. 280-292, 2004. DOI: 10.1016/J.Rse.2004.02.015.

BOSCHETTI, L.; ROY, D. P.; JUSTICE, C. O. *International Global Burned Area Satellite Product Validation Protocol Part I* – Production and Standardization of Validation Reference Data. Maryland, Md, Usa: Committee On Earth Observation Satellites, 2009.

BOSCHETTI, L.; ROY, D. P.; JUSTICE, C. O.; HUMBER, M. L. Modis-Landsat Fusion for Large Area 30m Burned Area Mapping. *Remote Sens. Environ.*, v. 161, p. 27-42, 2015. DOI: 10.1016/J.Rse.2015.01.022.

BOWMAN, D. M. J. S.; JOHNSTON, F. H. Wildfire Smoke, Fire Management, and Human Health. *Ecohealth*, v. 2, p. 76-80, 2005. DOI: 10.1007/S10393-004-0149-8.

BOWMAN, D.; BALCH, J.; ARTAXO, P.; BOND, W. J.; COCHRANE, M. A.; D'ANTONIO, C. M.; DEFRIES, R.; JOHNSTON, F. H.; KEELEY, J. E.; KRAWCHUK, M. A.; KULL, C. A.; MACK, M.; MORITZ, M. A.; PYNE, S.; ROOS, C. I.; SCOTT, A. C.; SODHI, N. S.; SWETNAM, T. W. The Human Dimension of Fire Regimes On Earth. *J. Biogeogr.*, v. 38, p. 2223-2236, 2011. DOI: 10.1111/J.1365-2699.2011.02595.X.

BRANDO, P. M.; BALCH, J. K.; NEPSTAD, D. C.; MORTON, D. C.; PUTZ, F. E.; COE, M. T.; SILVERIO, D.; MACEDO, M. N.; DAVIDSON, E. A.; NOBREGA, C. C.; ALENCAR, A.; SOARES-FILHO, B. S. Abrupt Increases in Amazonian Tree Mortality Due to Drought-Fire Interactions. *Proc. Natl. Acad. Sci.*, v. 111, p. 6347-6352, 2014. DOI: 10.1073/Pnas.1305499111.

CAO, X.; CHEN, J.; MATSUSHITA, B.; IMURA, H.; WANG, L. An Automatic Method for Burn Scar Mapping Using Support Vector Machines. *Int. J. Remote Sens.*, v. 30, p. 577-594, 2009. DOI: 10.1080/01431160802220219.

CHEN, Y.; MORTON, D. C.; JIN, Y.; COLLATZ, G. J.; KASIBHATLA, P. S.; VAN DER WERF, G. R.; DEFRIES, R. S.; RANDERSON, J. T. Long-Term Trends and Interannual Variability of Forest, Savanna and Agricultural Fires In South America. *Carbon Manag.*, v. 4, p. 617-638, 2013. DOI: 10.4155/Cmt.13.61.

CHUVIECO, E. Teledetección Ambiental: La Observación de la Tierra Desde El Espacio. *Entorno Geografico*, p. 298-314, 2008.

CHUVIECO, E.; CONGALTON, R. G. Mapping And Inventory Of Forest Fires From Digital Processing of Tm Data Mapping And Inventory of Forest Fires from Digital Processing of Tm Data. *Geocarto Int.*, v. 3, p. 41-53, 1988. DOI: 10.1080/10106048809354180.

CHUVIECO, E.; LIZUNDIA-LOIOLA, J.; PETTINARI, M. L.; RAMO, R.; PADILLA, M.; MOUILLOT, F.; LAURENT, P.; STORM, T.; HEIL, A.; PLUMMER, S. Generation and Analysis of a New Global Burned Area Product Based on Modis 250m Reflectance Bands and Thermal Anomalies. *Earth Syst. Sci.*, Data Discuss 512, p. 1-24, 2018.

DE MENDONÇA, M. J. C.; VERA DIAZ, M. D. C.; NEPSTAD, D.; SEROA DA MOTTA, R.; ALENCAR, A.; GOMES, J. C.; ORTIZ, R. A. The Economic Cost of the Use of Fire in the Amazon. *Ecol. Econ.*, v. 49, p. 89-105, 2004. DOI: 10.1016/J.Ecolecon.2003.11.011.

DIAS, L. C. P.; PIMENTA, F. M.; SANTOS, A. B.; COSTA, M. H.; LADLE, R. J. Patterns of Land Use, Extensification, and Intensification of Brazilian Agriculture. *Glob. Chang. Biol.*, v. 22, p. 2887-2903, 2016. DOI: 10.1111/Gcb.13314.

DWYER, E.; PEREIRA, J. M. C.; GRÉGOIRE, J.-M.; DACAMARA, C. C. Characterization of the Spatio-Temporal Patterns of Global Fire Activity Using Satellite Imagery for the Period. *J. Biogeogr.*, v. 27, p. 57-69, 1992.

EDWARDS, A. C.; MAIER, S. W.; HUTLEY, L. B.; WILLIAMS, R. J.; RUSSELL-SMITH, J. Spectral Analysis of Fire Severity in North Australian Tropical Savannas. *Remote Sens. Environ.*, v. 136, p. 56-65, 2013. DOI: 10.1016/J.Rse.2013.04.013.

FOWLER, C. Human Health Impacts of Forest Fires in the Southern United States: A Literature Review. *J. Ecol. Anthropol.*, v. 7, p. 39-63, 2003. DOI: 10.5038/2162-4593.7.1.3.

FRANÇA, H. *Identificação e mapeamento de cicatrizes de queimadas com imagens AVHRR/NOAA*: aplicações ambientais brasileiras dos satélites NOAA e Tiros-N. São Paulo: Oficina de Textos, 2004.

FURYAEV, V. V. The Use of Aerospace Imagery to Examine and Assess the Consequences of Forest Fires. *Sov. J. Remote Sens.*, v. 4, p. 773-782, 1985.

GIGLIO, L.; BOSCHETTI, L.; ROY, D.; HOFFMAN, A. A.; HUMBER, M. *Collection 6 Modis Burned Area Product User Guide Version 1*. Nasa Version 1., 1-12. Nasa, 2016.

GIGLIO, L.; LOBODA, T.; ROY, D. P.; QUAYLE, B.; JUSTICE, C. O. An Active-Fire Based Burned Area Mapping Algorithm for the Modis Sensor. *Remote Sens. Environ.*, v. 113, p. 408-420, 2009. DOI: 10.1016/J.Rse.2008.10.006.

HARDESTY, J.; MYERS, R.; FULKS, W. Fire, Ecosystems and People: A Preliminary Assessment of Fire as a Global Conservation Issue. *Fire Manag.*, v. 22, p. 78-87, 2005.

HILLGER, D.; KOPP, T.; LEE, T.; LINDSEY, D.; SEAMAN, C.; MILLER, S.; SOLBRIG, J.; KIDDER, S.; BACHMEIER, S.; JASMIN, T.; RINK, T. First-Light Imagery from Suomi Npp VIIRS. *Bull. Am. Meteorol. Soc.*, v. 94, p. 1019-1029, 2013. DOI: 10.1175/Bams-D-12-00097.1.

JOHNSTON, F. H.; HENDERSON, S. B.; CHEN, Y.; RANDERSON, J. T.; MARLIER, M.; DEFRIES, R. S.; KINNEY, P.; BOWMAN, D. M. J. S.; BRAUER, M. Estimated Global Mortality Attributable to Smoke from Landscape Fires. *Environmental Health Perspectives*, v. 120, p. 695-701, 2015. DOI: 10.14288/1.0074716.

KOUTSIAS, N.; KARTERIS, M. Logistic Regression Modelling of Multitemporal Thematic Mapper Data for Burned Area Mapping. *Int. J. Remote Sens.*, v. 19, p. 3499-3514, 1998. DOI: 10.1080/014311698213777.

LAPOLA, D. M.; MARTINELLI, L. A.; PERES, C. A.; OMETTO, J. P. H. B.; FERREIRA, M. E.; NOBRE, C. A.; AGUIAR, A. P. D.; BUSTAMANTE, M. M. C.; CARDOSO, M. F.; COSTA, M. H.; JOLY, C. A.; LEITE, C. C.; MOUTINHO, P.; SAMPAIO, G.; STRASSBURG, B. B. N.; VIEIRA, I. C. G. Pervasive Transition of the Brazilian Land-Use System. *Nat. Clim. Chang.*, v. 4, p. 27-35, 2014. DOI: 10.1038/Nclimate2056.

LIBONATI, R.; DACAMARA, C. C.; PEREIRA, J. M. C.; PERES, L. F. On a New Coordinate System for Improved Discrimination of Vegetation and Burned Areas Using Mir/Nir Information. *Remote Sens. Environ.*, v. 115, p. 1464-1477, 2011. DOI: 10.1016/J.Rse.2011.02.006.

LIBONATI, R.; DACAMARA, C. C.; PEREIRA, J. M. C.; PERES, L. F. Retrieving Middle-Infrared Reflectance for Burned Area Mapping in Tropical Environments Using Modis. *Remote Sens. Environ.*, v. 114, p. 831-843, 2010. DOI: 10.1016/J.Rse.2009.11.018.

LIBONATI, R.; DACAMARA, C.; SETZER, A. W.; MORELLI, F. Spatio-Temporal Variability of Burned Area Over Brazil for the Period 2005-2010 Using Modis Data. In: SIMPÓSIO BRASILEIRO DE SENSORIAMENTO REMOTO, 2015a.

LIBONATI, R.; DACAMARA, C. C.; SETZER, A. W.; MORELLI, F.; MELCHIORI, A. E. An Algorithm for Burned Area Detection in the Brazilian Cerrado Using 4 Mm Modis Imagery. *Remote Sens.*, v. 7, p. 15782-15803, 2015b. DOI: 10.3390/Rs71115782.

LILLESAND, T. M.; KIEFER, R. W. Remote Sensing and Photo Interpretation. New York: John Wiley Sons, 1994.

MARENGO, J. A.; ESPINOZA, J. C. Extreme Seasonal Droughts and Floods in Amazonia: Causes, Trends and Impacts. *Int. J. Climatol.*, v. 36, p. 1033-1050, 2016. DOI: 10.1002/Joc.4420.

MATSON, M.; DOZIER, J. Identification of Subresolution High Temperature Sources Using a Thermal IR Sensor. *Photogramm. Eng. Remote Sensing*, v. 47, p. 1311-1318, 1981.

MELCHIORI, A. E.; SETZER, A. W.; MORELLI, F.; LIBONATI, R.; CÂNDIDO, P. A.; JESUS, S. C. A Landsat-Tm/Oli Algorithm for Burned Areas in the Brazilian Cerrado: Preliminary Results. *Adv. For. Fire Res.*, p. 23-30, 2014.

MILLER, J. D.; THODE, A. E. Quantifying Burn Severity in a Heterogeneous Landscape with a Relative Version of the Delta Normalized Burn Ratio (Dnbr). *Remote Sens. Environ.*, v. 109, p. 66-80, 2007. DOI: 10.1016/J.Rse.2006.12.006.

MILNE, A. K. The Use of Remote Sensing in Mapping and Monitoring Vegetational Change Associated with Bushfire Events in Eastern Australia. *Geocarto Int.*, v. 1, p. 25-32, 1986. DOI: 10.1080/10106048609354022.

MMA – MINISTÉRIO DO MEIO AMBIENTE. *Projeto Cerrado-Jalapão*. MMA; GIZ; KfW, 2021. Disponível em: <http://cerradojalapao.mma.gov.br/projeto>. Acesso em: 27 jun. 2021.

MOUILLOT, F.; SCHULTZ, M. G.; YUE, C.; CADULE, P.; TANSEY, K.; CIAIS, P.; CHUVIECO, E. Ten Years of Global Burned Area Products from Spaceborne Remote Sensing - A Review: Analysis of User Needs and Recommendations for Future Developments. *Int. J. Appl. Earth Obs. Geoinf.*, v. 26, p. 64-79, 2014. DOI: 10.1016/J.Jag.2013.05.014.

NEPSTAD, D.; MCGRATH, D.; STICKLER, C.; ALENCAR, A.; AZEVEDO, A.; SWETTE, B.; BEZERRA, T.; DIGIANO, M.; SHIMADA, J.; DA MOTTA, R. S.; ARMIJO, E.; CASTELLO, L.; BRANDO, P.; HANSEN, M. C.; MCGRATH-HORN, M.; CARVALHO, O.; HESS, L. Slowing Amazon Deforestation Through Public Policy and Interventions in Beef and Soy Supply Chains. *Science*, v. 344, p. 1118-1123, 2014. DOI: 10.1126/Science.1248525.

OLIVA, P.; SCHROEDER, W. Assessment of VIIRS 375 m Active Fire Detection Product for Direct Burned Area Mapping. *Remote Sens. Environ.*, v. 160, p. 144-155, 2015. DOI: 10.1016/J.Rse.2015.01.010.

PADILLA, M.; STEHMAN, S. V.; LITAGO, J.; CHUVIECO, E. Assessing the Temporal Stability of the Accuracy of a Time Series of Burned Area Products. *Remote Sens.*, v. 6, p. 2050-2068, 2014. DOI: 10.3390/Rs6032050.

PANISSET, J. S.; LIBONATI, R.; GOUVEIA, C. M. P.; MACHADO-SILVA, F.; FRANÇA, D. A.; FRANÇA, J. R. A.; PERES, L. F. Contrasting Patterns of Most Extreme Drought Episodes of 2005, 2010 and 2015 in the Amazon Basin. *Int. J. Climatol.*, v. 38, n. 2, 2017. DOI: 10.1002/Joc.5224.

PARKS, S. A. Mapping Day-Of-Burning with Coarse-Resolution Satellite Fire-Detection Data. *Int. J. Wildl. Fire*, v. 23, p. 215-223, 2014. DOI: 10.1071/Wf13138.

PEREIRA, A. A.; TEIXEIRA, F. R.; LIBONATI, R.; MELCHIORI, E. A.; MARCELO, L.; CARVALHO, T. Evaluation of Spectral Indices for Burned Area Identification in Cerrado Using Landsat Tm Data. *Rev. Bras. Cartogr.*, v. 68, p. 1665-1680, 2016.

PEREIRA, A.; PEREIRA, J. M. C.; LIBONATI, R.; OOM, D.; SETZER, A.; MORELLI, F.; MACHADO--SILVA, F.; DE CARVALHO, L. Burned Area Mapping in the Brazilian Savanna Using a

One-Class Support Vector Machine Trained by Active Fires. *Remote Sens.*, v. 9, 1161, 2017. DOI: 10.3390/Rs9111161.

PEREIRA, J. M. C.; SÁ, A. C. L.; SOUSA, A. M. O.; SILVA, J. M. N.; SANTOS, T. N.; CARREIRAS, J. M. B. Spectral Characterisation and Discrimination of Burnt Areas. In: CHUVIECO, E. (Ed.). Remote Sensing Of Large Wildfires. Berlin, Heidelberg: Springer Berlin Heidelberg, 1999. p. 123-138. DOI: 10.1007/978-3-642-60164-4_7.

PEREIRA, M. C.; SETZER, A. W. Spectral Characteristics of Fire Scars In Landsat-5 Tm Images of Amazonia. *Int. J. Remote Sens.*, v. 14, p. 2061-2078, 1993. DOI: 10.1080/01431169308954022.

PINTO, M. M.; LIBONATI, R.; TRIGO, R. M.; TRIGO, I. F.; DACAMARA, C. C. A Deep Learning Approach for Mapping and Dating Burned Areas Using Temporal Sequences of Satellite Images. *ISPRS J. Photogramm. Remote Sens.*, v. 160, p. 260-274, 2020. DOI: 10.1016/J.Isprsjprs.2019.12.014.

PIVELLO, V. R. The Use of Fire in the Cerrado and Amazonian Rainforests of Brazil: Past and Present. *Fire Ecol.*, v. 7, p. 24-39, 2011. DOI: 10.4996/Fireecology.0701024.

PONZONI, F. J.; KUPLICH, T. M.; SHIMABUKURO, Y. E. *Sensoriamento remoto da vegetação*. 2. ed. São Paulo: Oficina de Textos, 2012.

PRICE, O. F.; BRADSTOCK, R. A.; KEELEY, J. E.; SYPHARD, A. D. The Impact of Antecedent Fire Area on Burned Area in Southern California Coastal Ecosystems. *J. Environ. Manage.*, v. 113, p. 301-307, 2012. DOI: 10.1016/J.Jenvman.2012.08.042.

RODRIGUES, J.; SANTOS, F. L.; FRANÇA, D. A.; PEREIRA, A. A.; LIBONATI, R. Validação e refinamento dos produtos de área queimada baseados em dados MODIS para a região do Jalapão/TO. In: SIMPÓSIO BRASILEIRO DE SENSORIAMENTO REMOTO, 2017. p. 6834-6841.

RODRIGUES, J. A.; LIBONATI, R.; PEREIRA, A. A.; NOGUEIRA, J. M. P.; SANTOS, F. L. M.; PERES, L. F.; SANTA ROSA, A.; SCHROEDER, W.; PEREIRA, J. M. C.; GIGLIO, L.; TRIGO, I. F.; SETZER, A. W. How Well Do Global Burned Area Products Represent Fire Patterns in the Brazilian Savannas Biome? An Accuracy Assessment of the Mcd64 Collections. *Int. J. Appl. Earth Obs. Geoinf.*, 78, 2019. DOI: 10.1016/J.Jag.2019.02.010.

ROY, D.; BOSCHETTI, L.; JUSTICE, C.; LU, J. The Collection 5 Modis Burned Area Product – Global Evaluation by Comparison with the Modis Active Fire Product. *Remote Sens. Environ.*, v. 112, 3690-3707, 2008. DOI: 10.1016/J.Rse.2008.05.013.

SANTOS, J. R.; AOKI, H. Monitoramento do Parque Nacional de Brasília através de dados orbitais. In: I SIMPÓSIO BRAS. SENSORIAMENTO REMOTO, 1978.

SANTOS, F. L. M.; LIBONATI, R.; PERES, L. F.; PEREIRA, A. A.; NARCIZO, L. C.; RODRIGUES, J. A.; OOM, D.; PEREIRA, J. M. C.; SCHROEDER, W.; SETZER, A. W. Assessing VIIRS Capabilities to Improve Burned Area Mapping over the Brazilian Cerrado. *Int. J. Remote Sens.*, v. 21, n. 41, 2020.

SCHROEDER, W.; ALENCAR, A.; ARIMA, E. Y.; SETZER, A. W. The Spatial Distribution and Interannual Variability of Fire in Amazonia. *Amaz. Glob. Chang.*, v. 186, p. 61-81, 2013. DOI: 10.1029/2008gm000724.

SEEVERS, M.; JENSEN, P.; DREW, J. V. Satellite for Fire Imagery Range in the Assessing Damage Nebraska Sandhills. *J. Range Manag.*, v. 26, p. 462-463, 1973.

SILVA, J. M. N.; SÁ, A. C. L.; PEREIRA, J. M. C. Comparison of Burned Area Estimates Derived from Spot-Vegetation and Landsat Etm+ Data in Africa: Influence of Spatial Pattern and Vegetation Type. *Remote Sens. Environ.*, v. 96, p. 188-201, 2005. DOI: 10.1016/J.Rse.2005.02.004.

SIMON, M.; PLUMMER, S.; FIERENS, F.; HOELZEMANN, J. J.; ARINO, O. Burnt Area Detection at Global Scale Using Atsr-2: The Globscar Products and Their Qualification. *J. Geophys. Res. D Atmos.*, v. 109, 2004. DOI: 10.1029/2003jd003622.

SMITH, A. M. S.; EITEL, J. U. H.; HUDAK, A. T. Spectral Analysis of Charcoal on Soils: Implications for Wildland Fire Severity Mapping Methods. *Int. J. Wildl. Fire*, v. 19, p. 976-983, 2010. DOI: 10.1071/Wf09057.

SMITH, R. B.; WOODGATE, P. W. Appraisal of Fire Damage and Inventory for Timber Salvage by Remote Sensing in Mountain Ash Forests in Victoria. *Aust. For.*, v. 48, p. 252-263, 1985. DOI: 10.1080/00049158.1985.10674453.

TANSEY, K.; GRÉGOIRE, J. M.; DEFOURNY, P.; LEIGH, R.; PEKEL, J. F.; VAN BOGAERT, E.; BARTHOLOMÉ, E. A New, Global, Multi-Annual (2000-2007) Burnt Area Product At 1 Km Resolution. *Geophys. Res. Lett.*, v. 35, 2008. DOI: 10.1029/2007gl031567.

TANSEY, K.; GRÉGOIRE, J. M.; STROPPIANA, D.; SOUSA, A.; SILVA, J.; PEREIRA, J. M. C.; BOSCHETTI, L.; MAGGI, M.; BRIVIO, P. A.; FRASER, R.; FLASSE, S.; ERSHOV, D.; BINAGHI, E.; GRAETZ, D.; PEDUZZI, P. Vegetation Burning in the Year 2000: Global Burned Area Estimates from Spot Vegetation Data. *J. Geophys. Res. D. Atmos.*, v. 109, 2004. DOI: 10.1029/2003jd003598.

TEN HOEVE, J. E.; REMER, L. A.; CORREIA, A. L.; JACOBSON, M. Z. Recent Shift from Forest to Savanna Burning in the Amazon Basin Observed by Satellite. *Environ. Res. Lett.*, v. 7, 2012. DOI: 10.1088/1748-9326/7/2/024020.

TORRALBO, A. F.; BENITO, P. M. *Landsat and Modis Images for Burned Areas Mapping in Galicia, Spain*. Sweden: Royal Institute of Technology, 2012.

TRIGG, S.; FLASSE, S. An Evaluation of Different Bi-Spectral Spaces for Discriminating Burned Shrub-Savannah. *Int. J. Remote Sens.*, v. 22, p. 2641-2647, 2001.

WARD, D. S.; KLOSTER, S.; MAHOWALD, N. M.; ROGERS, B. M.; RANDERSON, J. T.; HESS, P. G. The Changing Radiative Forcing of Fires: Global Model Estimates for Past, Present and Future. *Atmos. Chem. Phys.*, v. 12, p. 10857-10886, 2012. DOI: 10.5194/Acp-12-10857-2012.

WMO – WORLD METEOROLOGICAL ORGANIZATION. Systematic Observation Requirements for Satellite-Based Data Products for Climate Supplemental Details to the Satellite-based Component of the Implementation Plan for the Global Observing System for Climate in Support of the UNFCCC. GCOS, n. 154, 2011.

ZENG, N.; YOON, J.-H.; MARENGO, J. A.; SUBRAMANIAM, A.; NOBRE, C. A.; MARIOTTI, A.; NEELIN, J. D. Causes and Impacts of the 2005 Amazon Drought. *Environ. Res. Lett.*, v. 3, 014002, 2008. DOI: 10.1088/1748-9326/3/1/014002.

O risco de fogo do CPTEC/Inpe

Alberto Setzer, Guilherme Martins, Flávio Justino, Alex da Silva, Fabiano Morelli, Joana Nogueira, Raffi Agop Sismanoglu

Um passo importante na mitigação dos impactos de queimadas e incêndios florestais é determinar a suscetibilidade que a vegetação possui à queima e à propagação do fogo. Nesse contexto, a modelagem do risco de fogo (RF) tornou-se uma ferramenta útil na avaliação da resiliência ambiental, bem como na análise entre desmatamentos e clima, quando o uso constante e descontrolado do fogo pode levar ecossistemas a ciclos irreversíveis de degradação.

Os modelos meteorológicos mais simples de RF usam somente temperatura e umidade relativa do ar para gerar um índice referente à condição inicial do potencial de combustão da vegetação, como os índices de Angstron, Nesterov, Telicyn e Monte Alegre (Telicyn, 1971; Soares, 1986; Mafalda; Torres; Ribeiro, 2009; Holsten et al., 2013; White, 2013). Por outro lado, há modelos mais complexos, como os desenvolvidos nos Estados Unidos e Canadá (*National Fire Danger Rating System*, NFDRS; *Fire Weather Index*, FWI; *Fire Behavior Prediction System*, FBP), que combinam medições de massa e umidade do material combustível, topografia, condições do tempo e risco de ignição devido à contribuição antropogênica ou natural (Canadian Forestry Service, 1970; Deeming et al., 1972).

Neste capítulo apresentam-se o histórico, os conceitos, os produtos, as aplicações e a análise de acertos do modelo de risco de fogo do Programa Queimadas e Incêndios Florestais (www.inpe.br/queimadas) do Instituto Nacional de Pesquisas Espaciais (Inpe). Sua metodologia situa-se entre a dos índices de risco de fogo mais simples e a dos mais complexos, cujas múltiplas variáveis nem sempre são acuradas.

3.1 Histórico do risco de fogo no Inpe

O RF do Programa Queimadas foi desenvolvido no Centro de Previsão de Tempo e Estudos Climáticos (CPTEC/Inpe) com base na análise da ocorrência de centenas de milhares de queimadas/incêndios detectados por satélites nos principais biomas e tipos de vegetação do País durante as últimas décadas (Setzer et al., 1992; Sismanoglu; Setzer, 2004). Sua primeira versão operacional data de 1999, com resolução espacial de ~55 km. Ela foi desenvolvida dentro das especificações da iniciativa federal Proarco (Ibama, 1998; Vargas Filho, 2001) de contenção de desmatamentos e queimadas no chamado Arco do Desflorestamento no sul da Amazônia, em decorrência do grande incêndio florestal de Roraima no ano anterior. Atualmente, o RF é um dos produtos do Programa Queimadas, que, como descrito no Cap. 1 deste livro, está inserido na Ação 20V9 do MCTIC no atual Plano Plurianual (PPA) do Governo Federal.

Desde sua concepção até a presente versão 11 (Setzer; Sismanoglu; Dos Santos, 2019), o RF passou por diversas modificações, entre elas: melhorias na resolução espacial, sendo executado atualmente a 1 km; aumento do domínio espacial, que inicialmente se limitava apenas à Amazônia e agora engloba toda a América Latina e o Caribe; inclusão na última versão dos efeitos topográfico e latitudinal; e ajuste do valor do RF com a inclusão dos focos de queimadas do satélite de referência do monitoramento. Em relação a um dia qualquer, o RF é gerado para o dia anterior a partir de dados coletados e, em modo previsão, para o dia corrente e para 1, 2, 3, 7 e 14 dias seguintes. Além disso, na sua versão mais recente, criou-se um índice para avaliar o desempenho dessas análises e previsões.

É fundamental destacar que o RF indica apenas o quão propícia a vegetação está para ser queimada do ponto de vista meteorológico, sendo que o fogo, na grande maioria dos casos, é iniciado pelo homem, e não naturalmente, como por raios.

Em três décadas, o RF acompanhou o progresso tecnológico com melhorias associadas a fontes para dados mais confiáveis e à evolução computacional, que possibilitaram o uso de escalas espaciais refinadas, tornando-o um produto mais preciso. O histórico do RF desde 1998 encontra-se resumido em Inpe (2020a).

3.2 O método do risco de fogo

Considera-se a condição potencial de a vegetação ser queimada pelo efeito do comportamento de variáveis meteorológicas, sem referência a como e quando a combustão será iniciada. Seu princípio, baseado na integração de dados climáticos e de uso da terra, é o de que, quanto mais dias sem chuva, maior o risco de queima da vegetação; adicionalmente, são incluídos no cálculo o tipo e o ciclo natural de desfolhamento da vegetação, temperatura máxima e umidade relativa mínima do ar, e elevação e latitude do local – ver Fig. 3.1, com os fatores utilizados no processo. Essa condição, de certa forma, coincide com a noção intuitiva e popular da regra dos "30 com 30": "trinta dias sem chuva e temperatura acima dos 30 graus, com certeza é para queimar; e, com umidade abaixo dos 30% e vento acima dos 30 km/h, nem adianta combater" (Jornal Nacional, 2019). Por outro lado, o RF não modela a propagação das chamas em função de elementos-chave como direção e velocidade do vento; também não inclui variáveis como evapotranspiração e massa e umidade do material combustível, pois elas decorrem da precipitação ou não são coletadas, respectivamente.

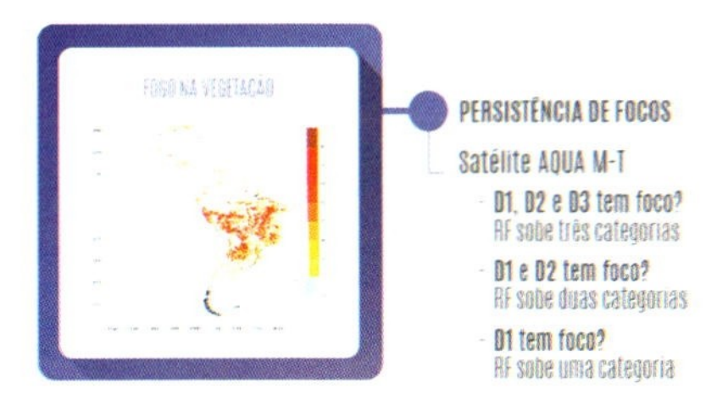

Fig. 3.1 *Fluxograma da geração do risco de fogo*

A seguir, apresentam-se a sequência e as equações do método de cálculo do risco de fogo:

1. Determinar diariamente na grade geográfica de abrangência o valor da precipitação em milímetros (mm dia^{-1}), acumulado durante onze períodos de dias, imediatamente anteriores à data de interesse: 1, 2, 3, 4, 5, 6-10, 11-15, 16-20, 21-60, 61-90 e 91-120 dias.

$$Prec = Prec_{i\ (1\ a\ 11)} \tag{3.1}$$

em que i identifica o período de 1 a 11.

2. Calcular os fatores de precipitação (*fps*), cujos valores variam de 0 a 1 nos 11 períodos, utilizando as funções empíricas exponenciais entre o *fps* e o volume de precipitação em mm ($prec_i$) de cada período, mostradas na Eq. 3.2.

$$\begin{aligned} fp1 &= e^{-0,14 \cdot prec1} \\ fp2 &= e^{-0,07 \cdot (prec2 - prec1)} \\ fp3 &= e^{-0,04 \cdot (prec2 - prec2)} \\ fp4 &= e^{-0,02 \cdot (prec4 - prec2)} \\ fp5 &= e^{-0,02 \cdot (prec5 - prec4)} \\ fp6\text{-}10 &= e^{-0,01 \cdot (prec10 - prec5)} \\ fp11\text{-}15 &= e^{-0,008 \cdot (prec15 - prec10)} \\ fp16\text{-}20 &= e^{-0,004 \cdot (prec20 - prec16)} \\ fp21\text{-}60 &= e^{-0,002 \cdot (prec60 - prec20)} \\ fp61\text{-}90 &= e^{-0,001 \cdot (prec90 - prec60)} \\ fp91\text{-}120 &= e^{-0,0007 \cdot (prec120 - prec90)} \end{aligned} \qquad (3.2)$$

3. Calcular o valor dos dias de secura (PSE), conforme a Eq. 3.3.

$$\mathrm{PSE} = 105 \cdot fp1 \cdot fp2 \cdot fp3 \cdot fp4 \cdot \ldots \cdot fp61\text{-}90 \cdot fp91\text{-}120 \qquad (3.3)$$

4. Determinar o risco básico de fogo (RB) para o tipo de vegetação pertinente entre os sete considerados, com a Eq. 3.4 senoidal.

$$RB_{-(n=1,7)} = \frac{0,8 \cdot \left\{1 + \mathrm{sen}\left[\left(\left(\mathrm{A}_{-n=(1,7)} \cdot \mathrm{PSE}\right) - 90\right) \cdot \left(\frac{2,14}{180}\right)\right]\right\}}{2} \qquad (3.4)$$

5. Calcular o índice de risco potencial de fogo (IRP), incluindo a umidade relativa mínima do ar ($UR_{\text{mín}}$ em %) e a temperatura máxima do ar ($T_{\text{máx}}$ em °C) (Eq. 3.5).

$$\mathrm{IRP} = RB \cdot \left(a \cdot UR_{mín} + b\right) \cdot \left(c \cdot T_{máx} + d\right) \qquad (3.5)$$

em que:

$a = -0{,}006$;

$b = 1{,}3$;

$c = 0{,}02$;

$d = 0{,}4$.

6. Calcular e incluir no RF os fatores latitudinal (FLAT) e topográfico (FELV).

$$\text{FLAT} = (1 + \text{abs}\ (\text{latitude[graus]}) \cdot 0{,}003 \tag{3.6a}$$

$$\text{FELV} = 1 + \text{elevação [metros]} \cdot 0{,}00003 \tag{3.6b}$$

$$\text{RF} = \text{IRP} \cdot \text{FLAT} \cdot \text{FELV} \tag{3.6c}$$

7. Atribuir as categorias dos níveis do risco de fogo conforme a Tab. 3.1.
8. Ajustar os níveis mínimo e baixo em locais com focos detectados.

Tab. 3.1 Categoria de risco de fogo

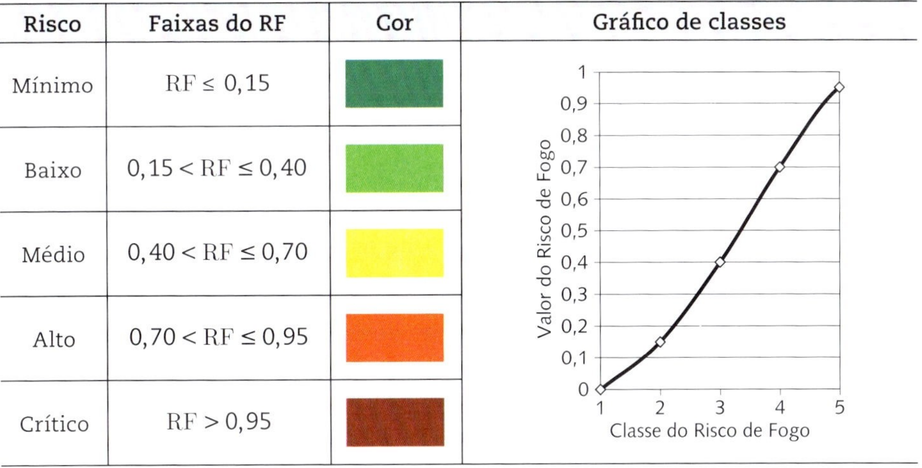

Risco	Faixas do RF	Cor	Gráfico de classes
Mínimo	$RF \leq 0{,}15$		
Baixo	$0{,}15 < RF \leq 0{,}40$		
Médio	$0{,}40 < RF \leq 0{,}70$		
Alto	$0{,}70 < RF \leq 0{,}95$		
Crítico	$RF > 0{,}95$		

Para melhor compreensão do método, na próxima seção são feitas considerações adicionais sobre os fatores da Fig. 3.1 e as equações expostas.

3.2.1 Estimativas de precipitação

Para o cálculo do RF são utilizados dados diários de precipitação (mm dia^{-1}) dos 120 dias anteriores à data de interesse, obtidos na resolução espacial de 10 km a partir das estimativas de precipitação do *Integrated Multi-satellite Retrievals for GPM* (IMERG) (Huffman et al., 2015, 2017), que combinam dados observacionais das estações de superfície com as medidas em micro-ondas dos satélites do programa *Global Precipitation Measurement* (GPM) (Hou et al., 2014). A transferência desses dados é feita em Nasa (s.d.).

3.2.2 Efeito da precipitação – fatores de precipitação

Esses fatores visam reduzir o RF de maneira significativa quando ocorrerem chuvas intensas e próximas ao dia para o qual é calculado o RF, sendo esse efeito diminuído com chuvas mais fracas ou no passado mais distante. Para tanto, consideram-se onze intervalos de dias imediatamente anteriores à data de interesse: 1, 2, 3, 4, 5, 6 a 10, 11 a 15, 16 a 30, 31 a 60, 61 a 90 e 91 a 120 dias, e cada intervalo possui sua própria equação de ajuste – ver o conjunto na Eq. 3.2. Por exemplo, o efeito das equações para o segundo dia e para o período de 11 a 15 dias anteriores à data de cálculo está representado nos gráficos da Fig. 3.2. Com 0 mm de chuva, o RF é multiplicado por 1,0, ou seja, não é alterado; com 20 mm de chuva no dia anterior, o RF é multiplicado pelo fator de ~0,25, enquanto a mesma precipitação acumulada entre 11 e 15 dias antes fará com que o RF seja multiplicado por ~0,85. Dessa forma, incorporam-se a intensidade e o histórico temporal da precipitação nos cálculos, inclusive sazonalmente, uma vez que se considera o passado até 120 dias. Para manter uma sequência coerente, os valores dos expoentes das 11 funções ajustam-se à equação: (expoente do fator) = 0,1399 × (n° dias)$^{-1,14}$.

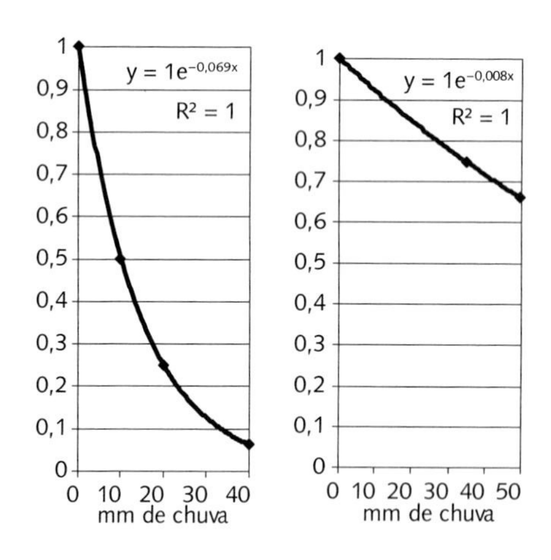

Fig. 3.2 *Exemplo do efeito dos fatores de precipitação para o 2° dia e para o período do 11° ao 15° dia anteriores à data de cálculo do RF. Nota-se que, quanto maior a precipitação (eixo x), menor o fator de redução (eixo y) aplicado ao RF*

3.2.3 Efeito da precipitação – dias de secura

O fundamento dos cálculos do RF está nos dias de secura, ou período de secura (PSE), que é um número hipotético de dias sem nenhuma precipitação durante os últimos 120 anteriores ao dia em análise do RF (Justino et al., 2010; Setzer; Sismanoglu; Dos Santos, 2019). O PSE é calculado pela Eq. 3.3, que multiplica o valor 105 pelos valores de todos os onze fatores de precipitação. Em um extremo, sem qualquer chuva em 120 dias, o PSE será de 105 dias, e esse número é a média do período de 91 a 120 dias; no outro, precipitações significativas implicarão fatores de precipitação próximos a zero, resultando em um PSE mínimo.

3.2.4 Curvas senoidais e o efeito do tipo de vegetação

A Fig. 3.3 ilustra a variação temporal do risco básico de fogo (RB) em função do número de dias de secura (PSE) para sete tipos de vegetação, conforme a constante A de cada tipo na Eq. 3.4. O pressuposto nesse cálculo é que, para um mesmo número de dias sem chuva, uma pastagem (curva vermelha) terá o RB maior e atingirá seu valor máximo antes, quando comparado com uma floresta tropical (curva verde). Optou-se por uma curva senoidal, pois o comportamento fenológico e sazonal da vegetação segue o ciclo senoidal de iluminação e aquecimento solar no planeta. O RB aumenta ao longo do tempo conforme a curva senoidal, e seu valor máximo é igual a 0,8; os 20% restantes permitem acréscimos decorrentes de temperaturas acima de 20 °C e umidades relativas abaixo de 40%.

Tipos de vegetação

Em seu cálculo, o RF considera o tipo de vegetação predominante, cada uma com sua constante própria de flamabilidade. A versão mais atual utiliza o mapa de vegetação composto pela reclassificação dos dados do projeto MapBiomas para o Brasil e os do produto MODIS MCD12Q1 da Nasa para os demais países da América Latina. Os dados de cobertura e uso do solo atuais do MapBiomas Coleção 3.1 (MapBiomas, s.d.) têm informações anuais de 1985 até 2018 e com resolução espacial de 30 m, pois são derivados de informações espectrais das imagens dos satélites Landsat. Já o produto MCD12Q1 Coleção 6 (Giglio et al., 2018) é derivado dos dados do sensor MODIS TERRA e AQUA com 500 m de resolução espacial e série temporal de 2001 a 2018, com a classificação da vegetação do *International Geosphere Biosphere Programme* (IGBP) (Belward; Estes; Kline, 1999), a qual é utilizada no modelo de RF desde sua cria-

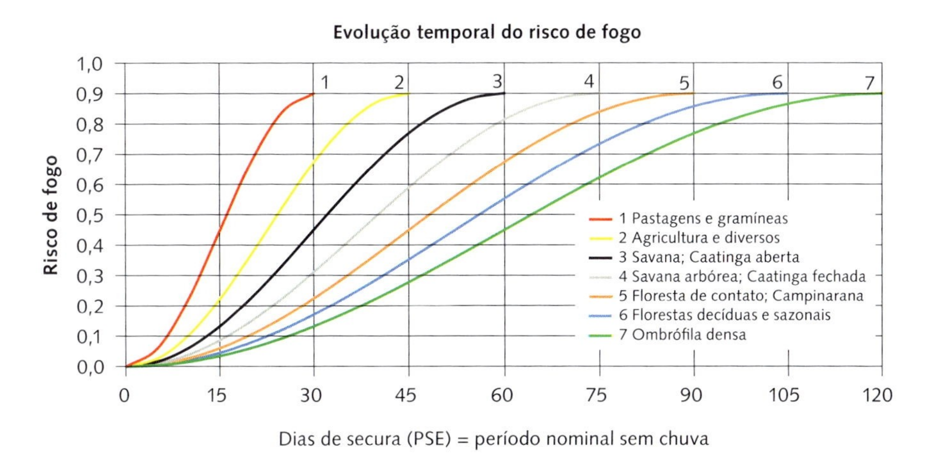

FIG. 3.3 *Evolução temporal do risco de fogo e sua variação senoidal do risco básico em função dos dias de secura (PSE) para as sete classes do mapa de vegetação*

ção. Essa composição apresenta distribuição espacial mais aprimorada dos principais tipos de vegetação vulneráveis ao fogo, especialmente de pastagens e savanas, para o território brasileiro – ver Fig. 3.4. Ademais, nesse contexto, o cálculo do RF considera o mapa de vegetação pertinente ao ano do cálculo.

A Fig. 3.4 ilustra as sete principais classes de vegetação que combinam a classificação mais detalhada dos mapas do IGBP_C6 e do MapBiomas_V3 (Tab. 3.2). Esse é o mapa utilizado atualmente para gerar o produto de risco de fogo sobre a América do Sul na resolução espacial de 1 km.

3.2.5 Efeito da temperatura e umidade relativa do ar

As variáveis meteorológicas temperatura máxima do ar e umidade relativa mínima do ar, no horário das 18 UTC à superfície introduzem ajustes adicionais para o dia de cálculo do RF e para suas previsões com o modelo *Global Forecast System* (GFS) na resolução espacial de 25 km. O risco aumenta para $UR_{mín}$ abaixo de 40% e $T_{máx}$ acima de 20 °C; inversamente, o risco diminui para $UR_{mín}$ acima de 40% e $T_{máx}$ acima de 20 °C. Para simplificar o processamento dos dados meteorológicos, assume-se que esses extremos de umidade e temperatura ocorram às 18 UTC, e não nos horários de suas observações nas estações de superfície. O padrão linear da Eq. 3.5 define esses ajustes.

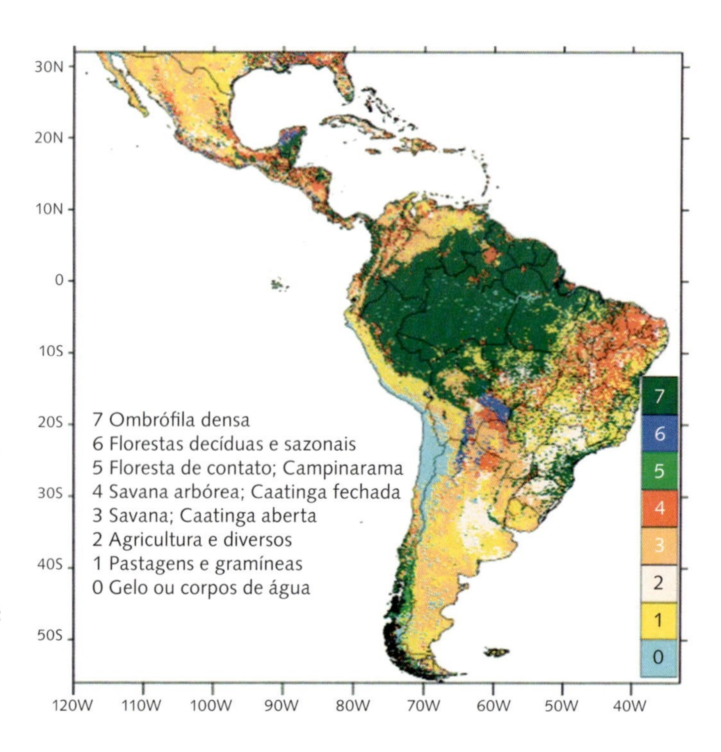

Fig. 3.4 *Mapa de vegetação com resolução de 1 km usado no cálculo do risco de fogo, com os sete principais tipos que agregam classes próximas definidas nos produtos MapBiomas_V3 para o Brasil e IGBP_C6 para o restante da América Latina*

TAB. 3.2 OS SETE TIPOS DE VEGETAÇÃO DO CÁLCULO DO RISCO BÁSICO DE FOGO E SUAS CONSTANTES DE FLAMABILIDADE (A)

Classes de vegetação do IGBP_C6 combinado com o MapBiomas_V3		**Constante de flamabilidade (A)**
0	Gelo ou corpos de água	-x-
1	Pastagens e gramíneas	6,0
2	Agricultura e diversos	4,0
3	Savana; Caatinga aberta	3,0
4	Savana arbórea; Caatinga fechada	2,4
5	Floresta de contato; Campinarana	2,0
6	Florestas decíduas e sazonais	1,72
7	Ombrófilas densas	1,5

Nota: o valor -x- significa que o risco de fogo não será calculado.

3.2.6 Efeito da latitude e elevação

Nas versões anteriores do RF, supunha-se que o efeito da latitude e elevação estava implícito nas classes de vegetação utilizadas. Por exemplo, em uma região acima de 2.500 m, as baixas temperaturas do inverno impedem o crescimento de florestas, ou seja, a classe de vegetação nessa região atinge níveis altos de RF antes que a vegetação em uma floresta tropical. Entretanto, contatou-se que a parametrização do RF apresentava limitações nas faixas extratropicais, devido a diferenças dos padrões de precipitação e temperatura entre as regiões equatoriais e as extratropicais, e que essas limitações foram minimizadas com a introdução da variável latitude (Justino et al., 2010, 2013).

Nesse cenário, como esse modelo de RF possui formulações física e matemática simples, incorporaram-se na versão atual também os efeitos dos fatores latitudinal (FLAT, Eq. 3.6a) e topográfico (FELV, Eq. 3.6b), ambos por meio de ajustes lineares. O passo seguinte no cálculo do RF, com os ajustes desses efeitos, também está na Eq. 3.6c.

3.2.7 Categorias de RF

Em seguida, os valores numéricos do RF, de zero a um, são separados nas cinco classes para apresentação em produtos visuais, conforme os limites mostrados na Tab. 3.1. A opção por essas classes e suas cores segue o padrão de produtos diversos de risco em outros contextos.

3.2.8 Ajuste das classes mínima e baixa para focos detectados

O último ajuste do RF está em considerar a presença de focos de queima de vegetação detectados pelos satélites. A ocorrência desses focos em locais com risco calculado como "mínimo" e "baixo" indica alguma limitação nos pressupostos do modelo, como o uso de dados incorretos de precipitação decorrentes das interpolações dos campos de precipitação. Nesses casos, o valor do risco é elevado para a classe de risco "médio".

3.3 PRODUTOS GERADOS A PARTIR DO RISCO DE FOGO

A partir do RF calculado por meio da Eq. 3.6c, são gerados outros produtos atualizados diariamente, como o Fogograma, que representa a previsão numérica do RF para até cinco dias, com intervalo temporal de seis horas. Esse produto está disponível no endereço <http://www.inpe.br/queimadas/bdqueimadas>, após a seleção do seu ícone na lateral direita e um clique no local de interesse no mapa apresentado. Outra opção de acesso é no endereço <http://www.inpe.br/queimadas/fogograma/plot/fogograma/?lat=-18.085&lon=-57.395>, bastando o usuário substituir as coordenadas geográficas no texto do *link* pelas de seu interesse. Com este último *link*, a previsão do RF pode ser incluída em textos e aplicativos diversos sem passar pelo Portal Queimadas.

A Fig. 3.5 mostra o Fogograma para o dia 2 de agosto de 2021 em um local selecionado, com previsão até 6 de agosto de 2021. Além do RF, são incluídas outras previsões meteorológicas, como a umidade relativa do ar, temperatura do ar, precipitação e direção e velocidade do vento. Esse produto é gerado a partir das previsões do modelo GFS na resolução de 25 km, posteriormente reamostradas em 1 km, e do método de cálculo do RF.

Outro produto derivado do RF é a sua previsão para até três dias (Fig. 3.6) na forma de mapas em resolução espacial de 1 km, com acesso no endereço <http://www.inpe.br/queimadas/portal/risco-de-fogo-meteorologia>. Além disso, os mapas de RF diários desde 2017 estão disponíveis no anuário (http://www.inpe.br/queimadas/portal/outros-produtos/anuario-de-risco-de-fogo/home).

Por último, os mapas diários das previsões de RF em formato .shp são distribuídos na página <http://www.inpe.br/queimadas/portal/risco-de-fogo-meteorologia>, e qualquer usuário pode se cadastrar para receber automaticamente por e-mail relatórios que incluem os mapas de risco e os meteorológicos, configurados individualmente quanto ao conteúdo e região de interesse.

3.4 DESEMPENHO DO RISCO DE FOGO

Para avaliar o desempenho do RF sem o ajuste pelos focos de queimadas, foi desenvolvida uma ferramenta que analisa automática e operacionalmente seu índice de acerto diário nas cinco regiões brasileiras, com base nos focos de queima detectados pelo satélite de referência do Programa Queimadas (AQUA, no presente). Essa análise quantifica a ocorrência e a porcentagem dos focos nas seguintes categorias de nível do RF: "mínimo + baixo", "médio + alto + crítico", "alto + crítico" e "crítico".

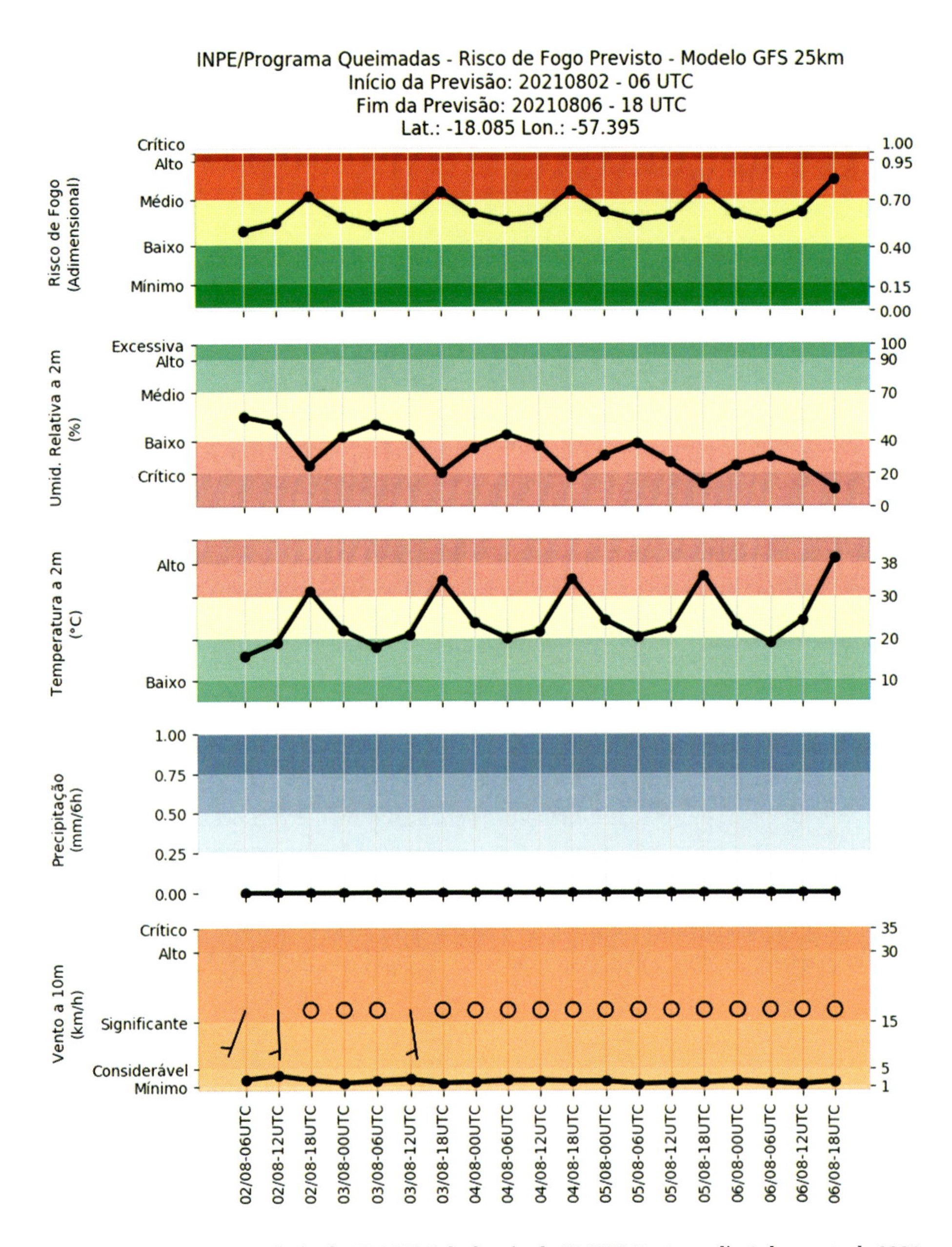

Fig. 3.5 *Fogograma para a latitude 18.085° Sul e longitude 57.395° Oeste no dia 2 de agosto de 2021 e previsão em intervalos de seis horas até o dia 6 de agosto de 2021. Notar que, com a precipitação prevista para início às 12h de 6 de maio, o RF tem redução, passando de alto a médio*

O produto gerado é apresentado em <http://prodwww-queimadas.dgi.inpe.br/analise-risco-fogo> e um exemplo dos índices de acerto encontra-se na Fig. 3.7. Nela, nota-se que, para as 63.024 detecções de queima de vegetação por satélite na

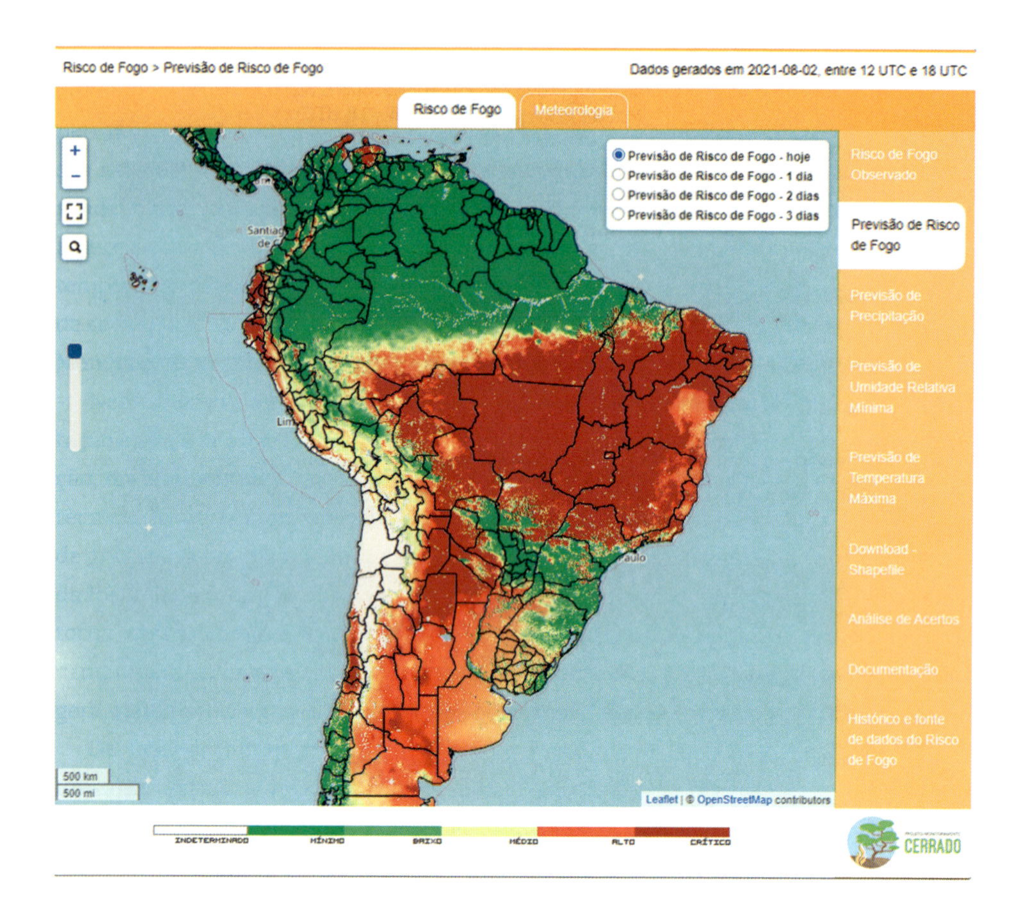

Fig. 3.6 *Previsão do risco de fogo para 2 de agosto de 2021, com acesso à previsão dos dias 3, 4 e 5 de agosto de 2021, indicadas por 1 dia, 2 dias e 3 dias, respectivamente. A resolução espacial é de 1 km, e as previsões são atualizadas diariamente*

Região Centro-Oeste em 2019, 85,4% ocorreram em áreas com RF calculado como crítico, alto e médio, ou seja, indicadores de condições meteorológicas favoráveis ao uso e propagação do fogo; 14,6% dos focos ocorreram em áreas com RF mínimo ou baixo, ou seja, essa foi a limitação do método. Assim sendo, apesar de ter chovido na região de alguns focos, houve alguma razão para a queima que o modelo do RF não considerou, como erro na interpolação dos dados de precipitação ou queima de palha de cana-de-açúcar, o que é possível após poucas horas sem chuva e insolação forte.

3.5 Considerações finais

Desde sua introdução no final da década de 1990, as informações do RF têm sido utilizadas por diferentes órgãos e usuários, governamentais ou não, com o objetivo

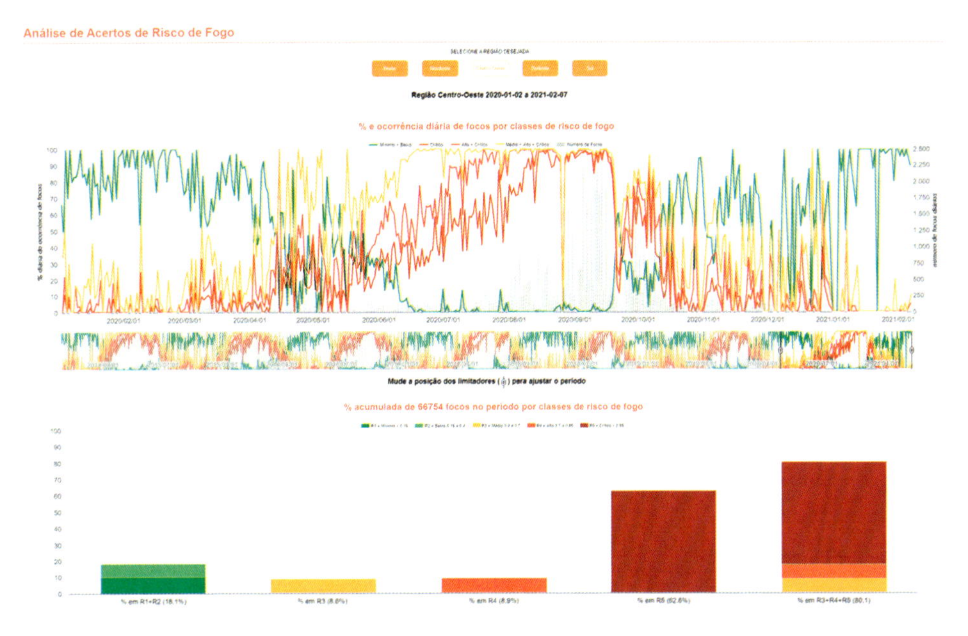

Fig. 3.7 *Exemplo de análise diária automática e operacional para avaliar o desempenho de acertos do risco de fogo. A parte superior mostra, nas colunas, o número de focos detectados diariamente pelo satélite de referência e, nas linhas coloridas, a variação do risco para as quatro categorias de análise ao longo do tempo. A parte inferior traz as porcentagens de coincidência espacial entre o local do foco e a classe de risco nele calculada*

de subsidiar a gestão do uso e controle do fogo na vegetação, em ações de fiscalização e em análises e pesquisas diversas. Destacam-se, entre eles, o PrevFogo/Ibama, ICMBio, Defesa Civil, Corpos de Bombeiros, secretarias estaduais de meio ambiente, mídia, pesquisadores e estudantes em vários níveis e ONGs.

Um exemplo de aplicação encontra-se nas rotinas do Centro Integrado Multiagências de Coordenação Operacional e Federal em Brasília (Ciman, 2020) durante as operações estruturadas para combater os incêndios relevantes; nesses casos, os produtos de RF são incorporados nos boletins (http://www.inpe.br/queimadas/ciman/boletim-riscofogo/) e *briefings* diários (http://www.inpe.br/queimadas/ciman/briefing-meteorologicos/) apresentados nas reuniões diárias entre os integrantes operacionais do Ciman para definição das ações de combate ao fogo. Pela sua abrangência nacional, o RF vem sendo usado na mídia ao esclarecer episódios de impacto das queimadas e incêndios florestais – ver Fig. 3.8.

Além das diversas aplicações do RF na vegetação mencionadas anteriormente, há também o seu uso por meio do aplicativo TerraMA2Q (Inpe, 2020b), uma ferramenta útil no monitoramento ambiental em geral. A título de exemplo, na cidade de São Paulo, em novembro de 2019 foi realizado um evento MundoGEO (2019) que contou com a

Fig. 3.8 *Exemplo de uso do RF na mídia em 12 de julho de 2019 por empresa do setor de meteorologia no início do grave episódio das queimadas e incêndios florestais, com repercussão nacional e internacional*
Fonte: Climatempo Meteorologia (2019).

oficina "Capacitação sobre uso dos dados de risco de incêndios florestais". Na ocasião, foram mostradas aplicações do RF na vegetação utilizando o aplicativo TerraMA2Q para tomadores de decisão de diferentes secretarias de meio ambiente do Brasil.

Além de os produtos serem de acesso contínuo e crescente, sua evolução é permanente. Por exemplo, nos últimos anos o RF incorporou mapas de vegetação mais detalhados e atualizados e focos de queima de vegetação utilizando o satélite de referência AQUA; também passou a incluir opção de cálculo em latitudes extratropicais e no Hemisfério Norte, com variáveis geográficas adicionais. A página de RF no Portal Queimadas do Inpe registra, em média, cinco mil visualizações por mês, e esse número aumenta durante o pico das queimadas nos meses de agosto e setembro.

Outro aspecto relevante a ser mencionado é o interesse e uso operacional do RF em outros países, como Bolívia (FAN, s.d.), Chile (Conaf, 2015), Cuba (Sismanoglu et al., 2011), México (Vega Nieva et al., 2015) etc.

Finalizando, cabe indicar desenvolvimentos e aplicações futuras previstos para o risco de fogo. Ainda em 2021, o RF contará com um complemento para prever o deslocamento de frentes de fogo em tempo real, a partir do monitoramento de focos e do RF. Essa nova ferramenta do Projeto Cerrado (FIP-MCTIC), ainda inexistente no País, está em fase conclusão no Centro de Sensoriamento Remoto do Instituto de Geociências da Universidade Federal de Minas Gerais, com validações feitas para três parques nacionais (CSR, s.d.). Esses resultados, assim como a maioria dos produtos do Programa Queimadas, deverão ter a opção de acesso geral e, especificamente, por equipes de campo em seus telefones celulares e *tablets*, de forma a apoiar em tempo real ações de combate e gestão do fogo.

Além de se adaptar a novas evoluções em Tecnologia de Informática, pretende-se gerar produtos de RF com resoluções espacial de ~30 m e temporal de ~1 dia para áreas de preservação, incorporando as imagens de média resolução dos satélites Landsat e Sentinel. Os efeitos da declividade e orientação azimutal dos terrenos também deverão ser incluídos no método para refinar a qualidade dos produtos gerados. Outro produto planejado é o de severidade prevista para a queima da vegetação, considerando o histórico de cinco anos de queimas e as anomalias climáticas nesse período.

Agradecimentos

A versão atual do RF do Programa Queimadas foi parcialmente financiada pelo Projeto MCTIC-Banco Mundial FIP-FM Cerrado/Inpe-Risco (P143185/TF0A1787), Desenvolvimento de Sistemas de Prevenção de Incêndios Florestais e Monitoramento da Cobertura Vegetal no Cerrado Brasileiro. Sua integração no Programa Queimadas do Inpe foi possível graças ao BNDES-Fundo Amazônia (contrato FUNCATE-BNDES 14.2.0929.1): Monitoramento Ambiental por Satélites no Bioma Amazônia (MAS), Subprojeto 4 – Aprimoramento do Monitoramento de Focos de Queimadas e Incêndios Florestais. O Programa Queimadas é financiado pelo Governo Federal (Ação PPA-20V9).

A. da Silva agradece à Universidade Federal do Oeste do Pará (Ufopa, Portaria nº 594, de 04/03/2015), ao Programa de Pós-Graduação em Meteorologia Aplicada da Universidade Federal de Viçosa e ao Programa Queimadas do Inpe.

F. Justino agradece à Capes-PNPD pela concessão 1671778, à Fundação de Pesquisa de Minas Gerais (FAPEMIG) e ao Conselho Nacional Brasileiro de Desenvolvimento Científico e Tecnológico (CNPq), projeto 418 306181/2016-9.

J. Nogueira e G. Martins foram apoiados pelo Projeto MCTIC-Banco Mundial FIP-FM Cerrado/Inpe, mencionado acima.

Referências bibliográficas

BELWARD, A. S.; ESTES, J. E.; KLINE, K. D. The IGBP-DIS Global 1-km Land-cover Data Set Discover: A Project Overview. *Photogrammetric Engineering and Remote Sensing*, v. 65, n. 9, p. 1013-1020, 1999.

CANADIAN FORESTRY SERVICE. *Canadian Forest Fire Weather Index*. Ottawa: Canadian Forestry Service, 1970. 25 p.

CLIMATEMPO METEOROLOGIA. *Previsão Brasil* – Alto risco de queimadas. [S.l.: s.n.], 2019. 1 vídeo (1min40s). Disponível em: <climatempo.com.br/videos/video/vFJOtar1Cc8>. Acesso em: 12 jul. 2019.

CONAF – CORPORACIÓN NACIONAL FORESTAL. Sistema de Información Territorial (SIT). Mapa de Riesgo de Incendios Florestales. Chile: SIT CONAF, 2015. Disponível em: <https://www.youtube.com/watch?v=zYI8bg4WnBg&feature=youtu.be>. Acesso em: 17 jun. 2020.

CSR – CENTRO DE SENSORIAMENTO REMOTO. *Projeto Monitoramento Cerrado, FIP*. Belo Horizonte, MG: Instituto de Geociências, Universidade Federal de Minas Gerais, [s.d.]. Disponível em: <https://csr.ufmg.br/fipcerrado/>. Acesso em: 18 maio 2020.

DEEMING, J. E.; LANCASTER, J. W.; FOSBERG, M. A.; FURMAN, R. W.; SCHROEDER, M. J. *National Fire-danger Rating System*. U. S. Forecast Service Research, paper RM-84, 1972. 165 p.

FAN – FUNDACIÓN AMIGOS DE LA NATURALEZA. Sistema de Monitoreo y Alerta Temprana de Riesgos de Incendios Forestales (Satrifo). *Fuentes de información*. Bolivia: Satrifo, [s.d.]. Disponível em: <http://incendios.fan-bo.org/Satrifo/fuentes-de-informacion />. Acesso em: 17 jun. 2020.

GIGLIO, L.; BOSCHETTI, L.; ROY, D. P.; HUMBER, M. L.; JUSTICE, C. O. The Collection 6 MODIS Burned Area Mapping Algorithm and Product. *Remote Sensing of Environment*, v. 217, p. 72-85, 2018. ISSN 0034-4257. DOI: 10.1016/j.rse.2018.08.005.

HOLSTEN, A.; DOMINIC, A. R.; COSTA, L.; KROPP, J. P. Evaluation of the Performance of Meteorological Forest Fire Indices for German Federal States. *Forest Ecology and Management*, v. 287, p. 123-131, 2013.

HOU, A. Y.; KAKAR, R. K.; NEECK, S.; AZARBARZIN, A. A.; KUMMEROW, C. D.; KOJIMA, M.; OKI, R.; NAKAMURA, K.; IGUCHI, T. The Global Precipitation Measuring Mission. *Bulletin of the American Meteorological Society*, v. 95, p. 701-722, 2014.

HUFFMAN, G. J.; BOLVIN, D. T.; NELKIN, E. J. *Integrated Multi-satellitE Retrievals for GPM (IMERG) Technical Documentation*. [S.l.]: NASA, 2017. 47 p. Disponível em: <http://pmm.nasa.gov/sites/default/files/document_files/IMERG_doc.pdf>.

HUFFMAN, G.; BOLVIN, D.; BRAITHWAITE, D.; HSU, K.; JOYCE, R.; XIE, P. NASA *Global Precipitation Measurement (GPM) Integrated Multi-SatellitE Retrievals for GPM* (IMERG). Algorithm Theoretical Basis Document (ATBD), Version 4.5. Greenbelt, MD: Nasa, 2015. 20 p. Disponível em: <https://pmm.nasa.gov/sites/default/files/document_files/IMERG_ATBD_V4.5.pdf>.

IBAMA – INSTITUTO BRASILEIRO DO MEIO AMBIENTE E DOS RECURSOS NATURAIS RENOVÁVEIS. *PROARCO*: Programa de Prevenção e Controle às Queimadas e aos Incêndios Florestais no "Arco do Desflorestamento". Brasília: Editora Ibama, 1998. 64 p.

INPE – INSTITUTO NACIONAL DE PESQUISAS ESPACIAIS. *Histórico do risco de fogo utilizado no Programa Queimadas do Inpe*. Inpe, 2020a. Disponível em: <http://queimadas.cptec.inpe.br/~rqueimadas/documentos/historico_fonte_rf.pdf>. Acesso em: 21 maio 2020.

INPE – INSTITUTO NACIONAL DE PESQUISAS ESPACIAIS. *TerraMA2Q – Sistema de Monitoramento e Alertas para Queimadas*. Brasília: Inpe, 2020b. Disponível em: <http://www.inpe.br/queimadas/portal/terrama2q>. Acesso em: 21 maio 2020.

JORNAL NACIONAL. Rede Globo. Edição 09/Jul/2019 (minuto 27:05). Disponível em: <https://globoplay.globo.com/v/7752702/>. Acesso em: 17 jun. 2020. Figura-resumo em <http://queimadas.cptec.inpe.br/~rqueimadas/material3os/20190709_CBombeiros_RegraDos30_JornalNacional.jpg>.

JUSTINO, F.; STORDAL, F.; CLEMENT, A.; COPPOLA, E.; SETZER, A. W.; BRUMATTI, D. Modelling Weather and Climate Related Fire Risk in Africa. *American Journal of Climate Change*, v. 2, p. 209-224, 2013.

JUSTINO, F.; MELO, A. S.; SETZER, A.; SISMANOGLU, R.; SEDIYAMA, G. C.; RIBEIRO, G. A.; MACHADO, J. P.; STERL, A. Greenhouse Gas Induced Changes in the Fire Risk in Brazil in ECHAM5/MPI-OM Coupled Climate Model. *Climatic Changes*, v. 106, p. 285-202, 2010.

MAFALDA, V. G.; TORRES, F. T. P.; RIBEIRO, G. A. Eficiência de índices de perigo de incêndios baseados em elementos climáticos no município de Juiz de Fora-MG. In: XIII SIMPÓSIO BRASILEIRO DE GEOGRAFIA FÍSICA APLICADA, 2009, Viçosa-MG. Viçosa-MG: UFV, 2009. Volume único.

MUNDOGEO. INPE, UFMG e UFG realizam workshop sobre uso de dados em risco de incêndios. *MundoGEO*, 21 out. 2019. Disponível em: <https://mundogeo.com/2019/10/21/inpe-ufmg-e-ufg-realizam-workshop-sobre-uso-de-dados-em-risco-de-incendios>. Acesso em: 21 maio 2020.

NASA – NATIONAL AERONAUTICS AND SPACE ADMINISTRATION. *Global Precipitation Measurement (GPM). Precipitation Data Directory. IMERG data*. United States: Nasa, [s.d.]. Disponível em: <http://gpm.nasa.gov/data-access/downloads/gpm>. Acesso em: 21 maio 2020.

MAPBIOMAS. Projeto *MapBiomas* – Coleção [3.1]. Série Anual de Mapas de Cobertura e Uso de Solo do Brasil. MapBiomas, [s.d.]. Disponível em: <https://mapbiomas.org>. Acesso em: 5 maio 2019.

SETZER, A. W.; SISMANOGLU, R. A.; DOS SANTOS, J. G. M. *Método do cálculo do risco de fogo do programa do Inpe* – versão 11. São José dos Campos: Inpe, 2019. Disponível em: <http://urlib.net/8JMKD3MGP3W34R/3UEDKUB>.

SETZER, A. W. et al. O uso de satélites NOAA na detecção de queimadas no Brasil. *Climanálise*, v. 7, p. 40-52, 1992.

SISMANOGLU, R. A.; SETZER, A. W. Risco de fogo para a vegetação da América do Sul: comparação de duas versões para 2002. In: CONGRESSO BRASILEIRO DE METEOROLOGIA, Fortaleza/CE, Brasil. *Anais*... Fortaleza, 2004.

SISMANOGLU, R. A.; SETZER, A.; LOPES, A. L.; MEJÍAS SEDEÑO, E. Risco de fogo para a vegetação de Cuba: comparação entre duas versões para 2010 utilizando dados do Satélite TRMM e SYNOP. In: XV SBSR – SIMPÓSIO BRASILEIRO DE SENSORIAMENTO REMOTO, Curitiba, PR, 2011. p. 8004-8011.

SOARES, R. V. Comparação entre quatro índices na determinação do grau de perigo de incêndios no município de Rio Branco do Sul – PR. In: CONGRESSO FLORESTAL BRASILEIRO, 5. *Anais*... 1986. p. 31-35.

TELICYN, G. P. Logarithmic Index of Fire Weather Danger for Forests. *Forestry Abstracts*, v. 32, n. 3, p. 515, 1971.

VARGAS FILHO, R. *Controle de incêndios na Amazônia* – experiência do PROARCO. Apresentação de PowerPoint. Proarco; Ibama; MMA, 2001. Disponível em: <http://

queimadas.cptec.inpe.br/~rqueimadas/documentos/2001_Vargas_Fo_Experiencia_Proarco.pdf>. Acesso em: 12 maio 2020.

VEGA NIEVA, D. J.; PABLITO LÓPEZ SERRANO, P. L.; BRISEÑO, J.; LÓPEZ, C.; CORRAL, J.; MONTAÑO, C. C.; ALVARADO CELESTINO, E.; GONZÁLEZ CABÁN, A.; SETZER, A.; CRUZ, I.; RESSL, R.; PÉREZ SALICRUP, D. R.; VILLERS RUÍZ, M. L.; MANILLA, L. M. M.; PELÁEZ, E. J.; VEJA, J. A.; JIMÉNEZ, E. Development of an Operational Fire Danger System for Mexico. In: 6TH INTERNATIONAL FIRE ECOLOGY AND MANAGEMENT CONGRESS, Nov/16-20, 2015, San Antonio, Texas, 2015. Disponível em: <http://forestales.ujed.mx/incendios/incendios/pdf/5-Vegaetal2015-DevelopingaFireDangerSystem-FireEcologyCongressSanAntiono.pdf>. Acesso em: 17 jun. 2020.

WHITE, L. A. S. *Análise espacial e temporal de incêndios florestais para o município de Inhambupe, litoral norte da Bahia*. 2013. 111 p. Dissertação (Mestrado em Ciências) – Programa de Pós-Graduação em Agroecossistemas da Universidade Federal de Sergipe (UFS), 2013.

Detecção de queimadas por satélites geoestacionários e seu uso no Programa Queimadas do Inpe

Alberto Setzer, Paulo Sérgio S. Victorino, Marcus Jorge Bottino

A queima da biomassa causada por ações antrópicas é um dos mais marcantes fatores de perturbação do ecossistema terrestre. Dependendo de sua extensão, localização e duração, o fogo pode modificar significativamente as propriedades da superfície do solo, a química e a qualidade do ar na atmosfera, e influenciar a longo prazo o balanço radiativo do planeta (Bowman et al., 2009; IPCC, 2013). A natureza dinâmica das queimas implica que a observação da Terra a partir do espaço é fundamental para caracterizar sua magnitude, impacto, variabilidade e tendência para uso em monitoramentos e modelos de sistemas terrestres (Van der Werf et al., 2006; Plank; Fuchs; Frey, 2017).

Um sistema capaz de detectar o mais cedo possível onde e quando se inicia a ignição da vegetação e o avanço da frente ativa de fogo deveria trazer redução considerável de danos materiais e sociais. Instrumentos orbitais polares, como o *Advanced Very High Resolution Radiometer* (AVHRR), na década de 1980, o *Moderate Resolution Imaging Spectroradiometer* (MODIS), na década de 2000, ambos com resolução espacial de 1 km, e mais recentemente a nova geração com o imageador de média resolução do sensor *Visible Infrared Imaging Radiometer Suite* (VIIRS), com *pixels* de 375 m, têm sido usados para detectar e investigar os padrões globais e sazonais de queima de biomassa por meio da detecção de paisagem queimada (Dozier, 1981; Setzer; Pereira, 1991; Setzer; Verstraete, 1994; Holben et al., 1996; Kaufman et al., 1998; Lee; Tag, 1990; Giglio et al., 2003; Schroeder et al., 2014).

Como produto derivado, a potência radiativa do fogo também é avaliada a partir das imagens termais, inferindo estimativas da temperatura da combustão, da extensão afetada pelas chamas e das taxas de emissão de gases e aerossóis (Ichoku; Kaufman, 2005; Wooster et al., 2005; Freeborn et al., 2008). Para tanto, são utilizados métodos baseados em medições da radiação térmica emitida pela queima, primeiro para identificar incêndios, e depois para caracterizar as suas principais propriedades, como a taxa de calor/emissão de energia (Riggan et al., 2004; Wooster et al., 2004).

No entanto, a limitada frequência de passagem dos satélites de órbita polar, a cada ~12h, tipicamente usados para fornecer dados de fogo ativo, e a forte variação diurna da presença de fogo implicam que os dados obtidos representam amostras temporais momentâneas da ocorrência e extensão do fogo. O uso de sensores geoestacionários normalmente aumenta a frequência de amostragem temporal em duas ordens de magnitude, quando comparados a satélites polares. Trabalhos como o de Reid et al. (2004) mostram as melhorias preditivas obtidas pela assimilação de detecções geoestacionárias de fogo de alta resolução temporal em modelos de transporte atmosférico de aerossóis.

Os satélites geoestacionários usados para monitorar queimadas e incêndios florestais, tais como *Geostationary Operational Environmental Satellites* (GOES) (Zhang; Kondragunta, 2008), *Meteosat Second Generation* (MSG) (Calle; Casanova; Romo, 2006; Sifakis et al., 2011), *Multifunctional Transport Satellite* (MTSAT) (Hyer et al., 2013; Xu; Zhong, 2017) e *Communication, Ocean and Meteorological Satellite* (COMS) (Kim et al., 2014), usualmente geram imagens do globo (*full disk*) com resolução temporal de 10 a 30 minutos e são parte do *Integrated Global Observing System* (WIGOS), da Organização Mundial de Meteorologia (OMM, 2020).

Os sistemas geoestacionários têm papel importante na detecção de queimadas, pois normalmente maximizam o número de observações sem nuvens de eventos de incêndio, fornecendo assim detalhes sobre o ciclo diurno de fogo. Essas características permitem o acompanhamento da queimada para a emissão de alertas, como é realizado pelo algoritmo de detecção de queimadas do Instituto Nacional de Pesquisas Espaciais (Inpe). Da mesma maneira, infere-se a integração temporal diária da potência radiativa do fogo e estimam-se, portanto, o consumo total de combustível e a emissão de fumaça (Roberts; Wooster; Lagoudakis, 2009; Xu et al., 2010).

Além disso, o uso de satélites geoestacionários para monitoramento de queimadas ainda apresenta outras características favoráveis, tais como a observação hemisférica e a disponibilidade imediata dos dados. Por outro lado, a relativa baixa resolução espacial, comparada à dos satélites de órbita polar, reduz a sensibilidade e o agrupamento de focos. A menor resolução espacial dos satélites geoestacionários na detecção de focos de queimadas, 2 km no melhor dos casos, afeta outros aspectos, como o mascaramento de nuvens, ilustrado por Xu et al. (2010), em que podem ser geradas falsas detecções. Apesar desses pontos negativos, os dados de satélites geoestacionários são usados dentro de vários centros de monitoramento dos focos de queimadas (Roberts; Wooster, 2008; Xu; Zhong, 2017) e sistemas de assimilação de dados, fornecendo estimativas da composição atmosférica e transporte de poluentes do ar (Roberts et al., 2005; Kaiser et al., 2006; Reid et al., 2004; Sofiev et al., 2009).

4.1 Princípios da detecção de focos de queimadas por satélites geoestacionários

4.1.1 A física da detecção de queimadas ativas

As queimadas e incêndios florestais deslocam-se pela vegetação por meio das frentes de fogo. A combustão transforma a biomassa em resíduos particulados, gases e energia radiativa. A energia pode ser registrada pelos sensores nos comprimentos de onda óticos do infravermelho termal dos satélites. O fogo emite radiação sobre uma larga faixa de comprimentos de onda, com pico na região espectral denominada infravermelho médio, especificamente na região de comprimento de onda entre 3,5 μm e 4 μm. A lei da radiação de Planck indica que a emissão radiativa de uma vegetação em chamas pode ser 10.000 vezes mais intensa do que a do ambiente vizinho (Robinson, 1991).

Entretanto, os focos de queima geralmente possuem dimensões reduzidas se comparadas às dimensões do elemento de imagem, ou *pixel*, que atualmente, para os satélites geoestacionários, é da ordem de 2 km (ou 4 km, até a geração anterior) no ponto subsatélite. Dessa forma, a energia radiativa das queimadas acaba sendo diluída junto ao sinal dos constituintes restantes do *pixel*, o que reduz a capacidade de detectar queimadas pequenas ou de pouca intensidade. Uma queimada típica ocasiona aumento na temperatura de brilho do *pixel* em relação à temperatura da superfície.

Com o uso de métodos multicanais nos dados dos sensores geoestacionários, pode-se detectar *pixels* contendo queimadas com frações de fogo em área de *subpixel* da ordem de 10^{-3} (Wooster; Zhukov; Oertel, 2003), dependendo da temperatura do fogo. Entretanto, se as dimensões instantâneas da queimada preencherem uma fração considerável do *pixel*, a temperatura de brilho pode atingir o nível de saturação do sensor no canal do infravermelho médio. Nesse canal, a temperatura radiométrica de saturação varia 320 K a 350 K, conforme as especificações do sensor, e a saturação do sinal compromete a caracterização acurada de medidas da potência radiativa do fogo sobre extensas áreas de queimadas (Xu et al. 2010)., Nesse contexto, cabe ressaltar que pode haver diferença de dezenas ou mesmo centenas de graus entre a temperatura de um alvo à superfície medida por um satélite, radiométrica ou de brilho, e a indicação que um termômetro comum indiciaria no mesmo local – ver Setzer (s.d.).

Contudo, existem outros fatores não relacionados com as queimadas que podem ocasionar aumento ou redução na temperatura de brilho no *pixel*. A observação remota da Terra em geral tem limitações, tais como a obstrução total ou parcial por nuvens, incluindo a formação de pirocúmulos. Além disso, como as queimadas se manifestam tipicamente no período diurno, o aquecimento do solo e a reflexão da energia solar pela superfície, nuvens e corpos de água podem gerar falsas detecções. Outros aspectos pertinentes aos dados de satélite podem interferir na detecção, como as diferenças no posicionamento do campo de visada entre os canais, o posicionamento geométrico das medições e os ruídos na transmissão dos dados.

4.1.2 Métodos de detecção de queimadas ativas

Desde meados da década de 1980 vários algoritmos foram desenvolvidos para detecção de queimadas. Uma primeira classificação dos algoritmos de detecção de queimadas usando dados remotos distingue-se entre aqueles em que a informação provém de um único canal (algoritmos de um canal) e aqueles que utilizam dois ou mais canais (algoritmos multicanais). Em ambos os casos, é essencial o uso da informação na região do infravermelho médio (IVM) do espectro e, em particular, no canal em torno de 3,9 μm, onde o pico de emissão radiativa que caracteriza as queimadas (800-1.500 K) está na faixa de 2 μm a 4 μm e afortunadamente é localizado numa janela atmosférica. No caso dos sistemas multicanais, é comum o uso de um segundo canal na região do infravermelho termal (IVT), no comprimento de onda entre 8 μm e 12 μm, onde a emissão é máxima para corpos de temperatura próxima à da superfície da Terra, como discutido por Dozier (1981).

Os usuais algoritmos multicanais utilizam a banda de 3,9 μm em combinação com a banda de 10,8 μm, disponível na maior parte dos sensores de satélites usados para detecção de queimadas. Em adição, o canal na banda do visível (VIS) é utilizado para detectar *pixels* com cobertura de nuvens e para reduzir os efeitos de reflexão solar da superfície na banda de 3,9 μm. Os algoritmos multicanais podem ainda ser diferenciados por: (i) métodos de multilimiares, baseados na definição (normalmente empírica) de limiares para um teste de decisão (Kaufman; Tucker; Fung, 1990; Pereira; Setzer, 1993; Rauste et al., 1997; Li; Nadon; Cihlar, 2000; entre outros); e (ii) métodos mais elaborados considerando o contexto, o qual explora o forte contraste de temperatura entre o *pixel* com fogo e o seu entorno para calcular estatísticas espaciais (por exemplo, o valor médio e desvio padrão), usualmente utilizados nos sensores de alta resolução (Eva; Flasse, 1996; Flasse; Ceccato, 1996; Fernández; Illera; Casanova, 1997; Boles; Verbyla, 2000).

Os algoritmos de detecção de queimadas por satélites geoestacionários devem ser capazes de operar sobre uma larga faixa de condições de iluminação e cobertura de solo, encontradas no hemisfério de visada ao longo do dia. A identificação de *pixels* com nuvens é uma componente crítica de todos os algoritmos de detecção de queimadas ativas. Durante o dia, a reflexão de nuvens no IVM pode ser erroneamente detectada como queimadas ativas, se as nuvens não forem adequadamente mascaradas. A maior resolução dos atuais satélites geoestacionários propicia aprimoramentos no mascaramento das nuvens. Por exemplo, Roberts e Wooster (2008) utilizaram o produto de máscara de nuvens da EUMETSAT, o *Meteorological Product Extraction Facility* (MPEF), o qual adota um grande número de testes de limiares em vários canais (Saunders; Kriebel, 1988; Lutz et al., 2003) e é suplementado de uma segunda máscara de nuvens, derivada do uso de limiares (definidos em função da cobertura do solo e do ângulo zenital solar) no canal visível de alta resolução do *Spinning Enhanced Visible and Infrared Imager* (SEVIRI).

A sensibilidade do canal IVM para a intensa emissão térmica de uma queimada típica é suficiente para detectar *pixels* com frentes de fogo de dimensões muito inferiores à cobertura do *pixel*, da ordem de 30 m para os sensores de órbita polar e de 100 m para os geoestacionários. Contudo, o uso somente do canal no IVM é problemático nas imagens diurnas, dado que a reflexão especular de corpos de água ou nuvens, ou a emissão térmica de superfícies uniformemente aquecidas, pode resultar em um grande sinal no IVM, o que pode não ser distinguível de verdadeiras queimadas (Zhukov et al., 2006). Portanto, informações adicionais usando testes de outros canais, por exemplo, a diferença da temperatura de brilho IVM-IVT, são utilizadas para eliminar a possibilidade de falsas detecções diurnas.

Os procedimentos usualmente adotados nos algoritmos de limiares são testes aplicados à temperatura de brilho do canal IVM e IVT e à diferença IVM-IVT. Em alguns desses métodos, os limiares são definidos em função do ângulo zenital solar (Roberts; Wooster, 2008; Di Biase; Laneve, 2018) ou por faixas de valores em função da refletância no canal VIS (por exemplo, o algoritmo do Inpe). Após à detecção dos *pixels* pelo critério de limiares, usualmente os algoritmos procuram retirar *pixels* de falsas queimadas por análise de coerência espacial, como um número excessivo de queimadas numa região, e por coerência temporal, como uma mudança abrupta do número de queimadas entre as imagens subsequentes.

4.1.3 Detecção de queimadas por satélites geoestacionários

O primeiro algoritmo de detecção utilizado para os instrumentos dos satélites geoestacionários GOES foi elaborado por Prins e Menzel (1992); posteriormente, diversos outros algoritmos foram elaborados e implementados operacionalmente. Os dados de queimadas ativas são fornecidos por sistemas de vários centros, e novos sistemas estão sendo planejados. A comunidade de usuários tem avançado na combinação de dados desses múltiplos sistemas e nas atividades de validação sistemática. Esforços estão sendo aplicados para gerar um conjunto global de dados de satélites geoestacionários, e projetos de detecção de queimadas e estimativas da taxa de combustão de biomassa foram implementados em diversos centros, com destaque para:

* O sistema *Satellite FIre DEtection* (SFIDE), da Agência Espacial Italiana (ASI), que processa imagens do SEVIRI (Di Biase; Laneve, 2018).
* A EUMETSAT, que fornece em tempo real produtos de detecção de queimadas e estimativas da potência radiativa do fogo com base nos algoritmos descritos em Roberts e Wooster (2008) (LSA SAF; http://landsaf.meteo.pt/).
* O *HighFire Risk Project* da Austrália, que provê mapas em tempo real, gerados por imagens do satélite japonês MTSAT Himawari-8 (Xu; Zhong, 2017) (http://www.highfirerisk.com.au/imr/AUS_H8_05.htm).
* O *Wildfire Automated Biomass Burning Algorithm* (WFABBA), utilizado na produção operacional pela NOAA/NESDIS e que evoluiu do trabalho original de Prins e Menzel (1992). O WFABBA fornece produtos de localização e caracterização de queimadas a partir dos dados do GOES, assim como dos satélites MSG, COMS e MTSAT. Os recentes dados do satélite GOES-R são processados pelo método do *fire detection and characterization algorithm* (FDCA) (http://wfabba.ssec.wisc.edu).
* O Programa Queimadas do Inpe, que fornece produtos de queimadas, como a detecção por satélite e a previsão de risco de fogo para várias instituições e usuários. O programa atualmente processa imagens dos satélites geoestacionários GOES-16 e MGS-03, produzindo dados de focos de queimadas sobre as Américas, África e Europa (http://www.inpe.br/queimadas/bdqueimadas).

4.1.4 Características dos satélites geoestacionários importantes para o Brasil

Os satélites geoestacionários utilizados para detectar queimadas nas Américas são: os norte-americanos da série GOES, a partir do GOES-4, sensor VISSR, lançado em 1980; e os europeus da série MSG, apenas para a parte central e leste do Brasil, a partir do MSG Meteosat-8, sensor SEVIRI, lançado em 2002. Os satélites GOES são de especial interesse para o Brasil, dado que sua cobertura abrange o território nacional em melhores condições de visada. As principais características desses satélites são descritas a seguir.

O atual satélite da série GOES-16 foi projetado para operar em órbita geossíncrona, a ~35.800 km acima do equador, permanecendo estacionário em relação à superfície da Terra. O imageador *Advanced Baseline Imager* (ABI) é o principal instrumento da série GOES-16 para geração de imagens do clima, oceanos e meio ambiente da Terra. É um radiômetro de imagem passiva multicanal, projetado para observar o Hemisfério Ocidental e imagens de área variável, e fornecer informações radiométricas da superfície da Terra, atmosfera e cobertura de nuvens.

O ABI visualiza a Terra com 16 bandas espectrais diferentes entre 0,47 μm e 13,3 μm, incluindo dois canais visíveis, quatro canais infravermelhos próximos e dez canais infravermelhos. Esses diferentes canais são usados por modelos e ferramentas para indicar vários elementos na superfície da Terra ou na atmosfera, como árvores, água, nuvens, umidade, queimadas ou fumaça. Todas as bandas do ABI têm calibração em órbita. O ABI possui alguns modos de varredura, e no seu modo preferencial de operação produz simultaneamente uma imagem de disco completo (Hemisfério Ocidental) a cada dez minutos, uma imagem dos EUA Contíguos (CONUS) a cada cinco minutos e duas imagens menores de mesoescala a cada 60 segundos ou uma a cada 30 segundos para áreas de interesse específico. A resolução espacial no nadir (75,2° W) das imagens coletadas é de 0,5 km ou 1 km nos canais visíveis e de 1 km ou 2 km nos canais infravermelhos (NOAA; Nasa, 2019).

Os satélites MSG transportam o instrumento SEVIRI, que possui um imageador radiométrico de 10-bit, em 11 canais espectrais, localizados entre 0,6 µm e 14 µm. O satélite está posicionado sobre o meridiano de Greenwich e o plano do equador, e faz varreduras do disco terrestre a cada 15 minutos – especificações detalhadas são encontradas em Aminou, Jacquet e Pasternak (1997) e Schmetz et al. (2002). Sobre o ponto subsatélite, a distância espacial de suas medições no canal de detecção de fogo na vegetação centrado em 3,92 µm é de 3 km, e o campo de visada instantâneo (IFOV, em inglês) é de 4,8 km. Sobre o Brasil, devido ao efeito da visada lateral do sensor, essas distâncias devem ser multiplicadas por até três vezes. Os dados SEVIRI (*level* 1.5) são imagens radiometricamente calibradas e geometricamente corrigidas, produzidas pela EUMETSAT para serem usadas na derivação de várias informações geofísicas, tais como os produtos de queimadas.

4.2 O algoritmo de detecção de queimadas utilizado no Inpe

A detecção de queimadas por satélites geoestacionários foi iniciada no Inpe em 1998, processando imagens do satélite GOES-8. Atualmente, o Instituto processa imagens dos satélites geoestacionários GOES-16 e MGS-3, produzindo dados de focos de queimadas com frequência de até 10 minutos, cobrindo as Américas, África e Europa. O Programa Queimadas do Inpe apresenta na internet diversos produtos, entre eles, imagens com a localização dos focos detectados durante período selecionável e tipo de satélite. Na Fig. 4.1 apresenta-se uma comparação da detecção de focos na imagem vespertina do satélite AQUA (Fig. 4.1A) "de referência", com 2.300 focos no Brasil, e do conjunto de todas as imagens GOES-16 (Fig. 4.1B), com 5.546 focos no Brasil, no dia 29 de agosto de 2019, conforme consulta no Banco de Dados de Queimadas. Para todo o ano de 2019, os totais desses dois satélites no País foram, respectivamente, 197.632 e 633.111 focos, evidenciando assim o potencial de mais detecções GOES-16 em relação a um satélite de órbita polar, no que pesa a melhor resolução temporal GOES-16 sobre sua pior resolução espacial em relação ao AQUA.

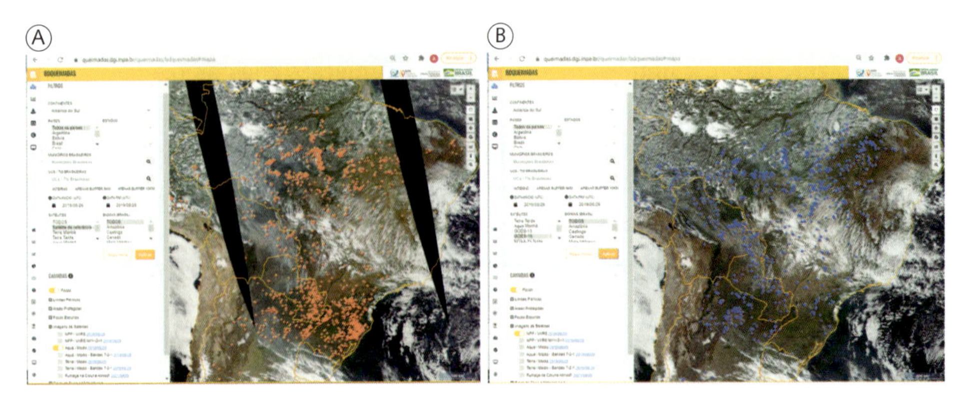

Fig. 4.1 *Comparação da detecção de focos na passagem vespertina do satélite AQUA (A) e no conjunto de imagens GOES-16 (B) no dia 29 de agosto de 2019, com 2.300 e 5.546 focos no Brasil, respectivamente. As faixas escuras sem imageamento e detecção de focos pelo satélite de referência são características do sensor MODIS e se deslocam a cada órbita.*
Fonte: Inpe (2020).

4.2.1 O algoritmo inicial (1998-2020)

O algoritmo teve como objetivo detectar queimadas utilizando um método de multilimiares baseado na informação dos canais IVM, IVT e, durante o dia, também do canal VIS. O algoritmo é o mesmo para as imagens GOES e MSG. Os critérios adotados para identificar os *pixels* de queimadas ativas e a filtragem para eliminar ruídos esporádicos são descritos sucintamente a seguir e, com maiores detalhes, em Setzer e Yoshida (2004).

O princípio básico para identificar focos de queima é o de testes de limiares aplicados à temperatura de brilho no canal IVM, no canal IVT e na diferença IVM-IVT. Os limiares são definidos em função do fator de refletância (R), em três faixas, determinando: (i) nenhuma influência da reflexão solar (R < 3%), restando apenas a emissão da superfície; (ii) pouca influência da radiação solar (3% < R < 12%), em que ainda prevalece a emissão da superfície; e (iii) muita influência pela radiação solar (12% < R < 24%). Para valores de R > 24%, o algoritmo exclui o *pixel*.

Os *pixels* que passaram pelo teste de limiares são então submetidos a outros critérios de filtragem, para eliminar ruídos esporádicos, que podem surgir por motivos como reflexão especular da superfície, falha técnica na recepção e manuseio dos dados, desgaste dos sensores do satélite e eclipses lunares. Os filtros adotados para eliminar os ruídos consideram: (i) número de valores nulos na linha de varredura, onde toda a linha é desconsiderada caso o número de valores nulos do canal VIS seja maior que 3%; (ii) superfícies aquecidas que são identificadas e removidas pela análise da coerência espacial, em que se verifica a homogeneidade das temperaturas de brilho, IVM e IVM-IVT numa grade de 9×9 *pixels* centrada no *pixel* analisado; (iii) efeito de *sunglint* localizado e removido pela análise do fator de refletância numa grade de 3×3 e 21×21 *pixels*, onde o *pixel* analisado é excluído caso o número de *pixels* muito refletivos seja excessivo; e (iv) análise do número de focos detectados efetuada após aplicar os filtros citados acima; são estipulados limites máximos para o número de focos por linha, contíguos numa linha, sobre o mar, no período diurno e no período noturno, descartando-se a imagem caso algum desses limites seja ultrapassado.

4.2.3 O algoritmo atual (2020)

Da mesma forma que no algoritmo anterior, o atual utiliza principalmente a temperatura de brilho no canal de 3,9 µm para a detecção de focos de fogo ativo e efetua filtragens a partir de critérios da geometria de iluminação nos dados de outros canais. A atual versão é mais criteriosa na análise da geometria Sol-*pixel*-sensor e emprega dois canais adicionais (0,86 µm e 7,34 µm) na análise, reduzindo assim mais falsas detecções; o valor em graus das coordenadas geográficas dos *pixels* passou a ser calculado com quatro decimais, e não mais com dois, o que ocasionalmente gerava deslocamento de até 2 km na posição dos focos. O algoritmo é o mesmo para as imagens GOES e MSG.

Há também o benefício dos avanços técnicos do sensor ABI no GOES-16 em relação aos instrumentos anteriores nos satélites da série GOES: resolução temporal de dez minutos em vez de 15 ou 30 minutos; resolução espacial de 500 metros no nadir no canal de 0,64 µm em vez de 1 km; resolução espacial nos canais termais de 2 km no nadir em vez de 4 km; e maiores temperaturas de saturação nos canais termais 4 µm e 11 µm, que passaram de 337 K (~64 °C) a 400 K (~127 °C) e de 330 K (~567 °C) a 378 K (~105 °C), respectivamente. Adicionalmente, existe a possibilidade de acesso a imagens ABI/GOES-16 em provedores na *web*. O código utilizado está na linguagem Python, e não mais em Fortran, portanto, condizente com recursos e rotinas das tendências computacionais atuais.

Para as imagens SEVIRI dos satélites geoestacionários europeus, da série MSG--Meteosat, posicionados aproximadamente nas longitudes de 0° a 10° Leste, a lógica e as equações do algoritmo são basicamente as mesmas, porém adaptadas ao formato digital e às unidades dos dados.

Formato das imagens

Os dados brutos e iniciais do processo de detecção de focos de queima são os arquivos das imagens do sensor ABI (https://www.goes-r.gov/spacesegment/abi.html) no formato NetCDF (*Network Common Data Form*), produzidos e distribuídos pela NOAA, com acesso na *web* (https://docs.opendata.aws/noaa-goes16/cics-readme.html).

Cada arquivo tem entre 25 MB e 500 MB e corresponde a um canal de um horário de imageamento, em unidades físicas como radiância e temperatura, e contém parâmetros de data e horário de aquisição e processamento, tempo de referência de cada linha, geolocalização dos *pixels*, resolução espacial etc. Em seguida, os arquivos são inseridos na grade de georreferenciamento gerada por meio do aplicativo CSPP Geo da NOAA (https://cimss.ssec.wisc.edu/csppgeo), para depois serem convertidos no formato binário. Nesse ponto, o algoritmo inicia o processamento do conjunto dos cinco canais necessários para a detecção dos *pixels* com queima de vegetação.

*Geometria Sol-*pixel*-sensor*

A principal limitação da detecção de focos de queima está na reflexão solar especular (portanto, diurna), a partir da superfície terrestre, por corpos d'água como oceanos, lagos e rios, e por solos expostos refletivos. Dependendo do ângulo de reflexão solar de um *pixel*, o sensor termal no canal 4 µm indica altas temperaturas também para reflexos (Setzer; Verstraete, 1994), e não apenas quando existe matéria em combustão; essa condição é conhecida em inglês pelo termo *sunglint*. A Fig. 4.2, com a foto tirada na Estação Espacial Internacional (*International Space Station*, ISS) a ~400 km de altitude em 25 de agosto de 2019, apresenta uma mancha clara na região marítima da costa em Santos (SP), que é o reflexo solar; os rios Paranapanema, Tietê e Paraná também aparecem nitidamente, com cor brilhante pelo reflexo solar devido à geometria Sol-alvo-câmera fotográfica na ocasião. (Outra feição interessante, que chamou a atenção dos astronautas na ocasião, é a camada de fumaça sobre a região dos estados MS, GO e MT, decorrente do episódio de queimas descontroladas à época na Amazônia e Cerrado.)

A Fig. 4.3 contém parte da imagem GOES-16 das 14h UTC, também de 25 de agosto de 2019, na qual se nota a mancha de reflexo solar no oceano ao norte das Guianas e do Suriname, resultante da geometria Sol-oceano-GOES-16 na ocasião. Os detalhes C e D mostram o reflexo no reservatório Brokopondo, e, nessa situação, um algoritmo que não considerasse a reflexão iria identificar milhares de falsos *pixels* com queimadas tanto no oceano como no continente. Ao sul, em território boliviano do Pantanal, essa mesma imagem identificou um grande incêndio, captando tanto sua extensa frente de fogo como a fumaça emitida – ver detalhe B. Essa configuração exemplifica a destreza necessária no algoritmo de detecção de focos, com capacidade de, em uma mesma imagem, eliminar falsas detecções e manter as identificações corretas. Esse evento no Pantanal, que teve duração de várias semanas, foi monitorado pelo Programa Queimadas (ver <http://queimadas.cptec.inpe.br/~rqueimadas/ExemplosValidacao/2019_exemplosvalida_INPE_Queimadas/20190822_Exemplo_Queimadas&Plumas_Leste-Bolivia.jpg>).

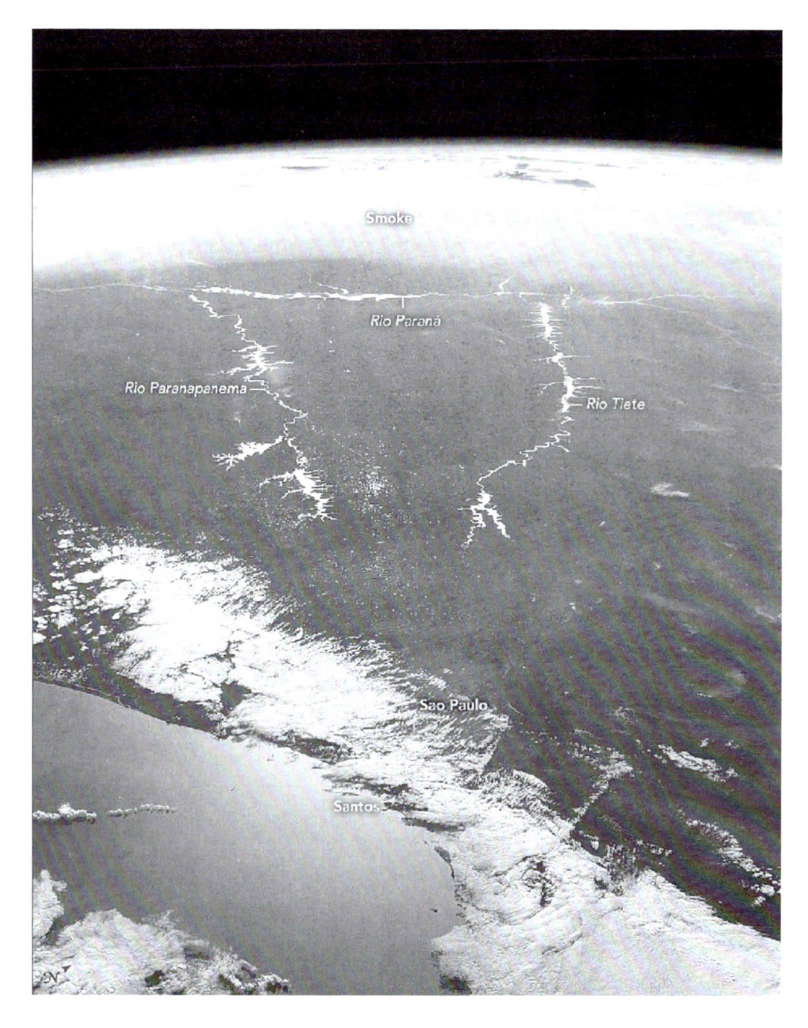

Fig. 4.2 *Foto tirada da Estação Espacial Internacional (ISS) evidenciando o reflexo solar* (sunglint) *no oceano, a partir de Santos, e nos rios Paranapanema, Paraná e Tietê*
Fonte: M. Justin Wilkinson, Nasa Earth Observatory.

Na Fig. 4.4, em 22 de dezembro de 2019, 12h UTC, observa-se o reflexo solar afetando a imagem GOES-16 desde o oceano a leste da Bahia até o Rio São Francisco, o qual aparece excessivamente claro. No detalhe da Fig. 4.4B, veem-se dois focos detectados, apesar de a região estar contaminada por reflexo solar, e no detalhe da Fig. 4.4C estão as detecções na mesma região feitas por outros satélites, confirmando a ocorrência de queima de vegetação no local. Este último caso retrata a capacidade que o algoritmo deve ter para, em áreas próximas, eliminar falsas detecções e, ao mesmo tempo, extrair o máximo de detecções válidas possíveis.

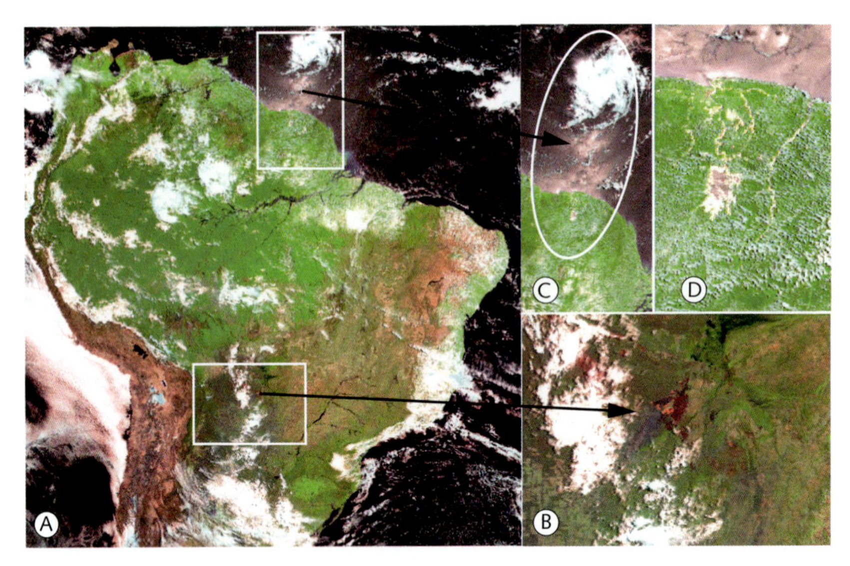

FIG. 4.3 *(A) Imagem do sensor ABI/GOES-16 com a combinação de canais RGB_632 em 25 de agosto de 2019, 14h UTC, com destaques (B) à queimada no Pantanal, (C) ao sunglint no oceano e (D) ao reflexo no reservatório de Brokopondo*

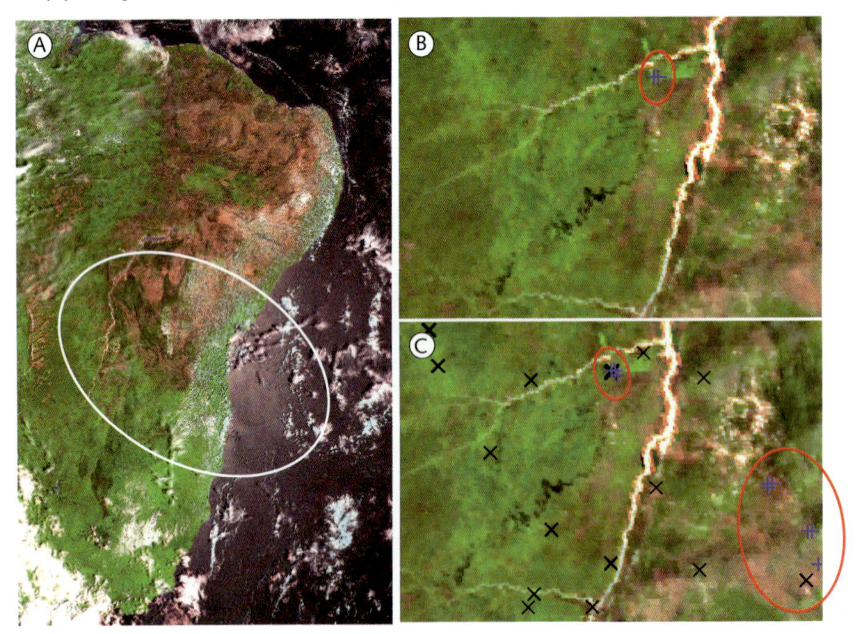

FIG. 4.4 *Imagem do sensor ABI/GOES-16 com a combinação de canais RGB_632 em 22 de dezembro de 2019, 12h UTC, apresentando o efeito sunglint (A) sobre a região leste do Brasil e o oceano adjacente, com (B) detalhe do reflexo sobre o Rio São Francisco; nele, tem-se a posição dos focos GOES-16 no horário de 12:54 UTC do mesmo dia, próximos ao rio realçado pelo sunglint. No recorte (C), observam-se os focos GOES-16 detectados no decorrer do dia, em marcas azuis, e, em marcas pretas, os focos dos satélites AQUA, TERRA, S-NPP e NOAA-20 detectados no mesmo período*

Assim, o algoritmo deve evitar o efeito da reflexão solar, que induz a identificação de falsos focos de queima em um contexto dado pela geometria Sol-alvo-sensor, a qual, para todos os locais, muda a cada imagem, a cada hora, a cada dia. No algoritmo, o cálculo desse ângulo de reflexão solar é feito considerando as elevações zenital do sol e a do satélite, e a diferença entre os azimutes geográficos do satélite e do Sol para o *pixel* de interesse no instante do seu imageamento. O valor desse ângulo permite discriminar possíveis reflexos em um cone de restrição do ângulo de reflexão, distinto para cada *pixel* da imagem e dado pela Eq. 4.1 (Kells; Kern; Bland, 1940), cujos elementos estão indicados na Fig. 4.5:

$$\Delta\sigma = arccos = (\text{sen}\ \phi_1 + \text{sen}\ \phi_2 + \cos\phi_1 \cos\phi_2 \cos(\Delta\lambda)) \tag{4.1}$$

em que:

$\Delta\sigma$ = ângulo de reflexão solar entre o Sol e o satélite no local do *pixel*;

ϕ_1 e λ_1 = latitude e longitude do Sol;

ϕ_2 e λ_2 = latitude e longitude do satélite.

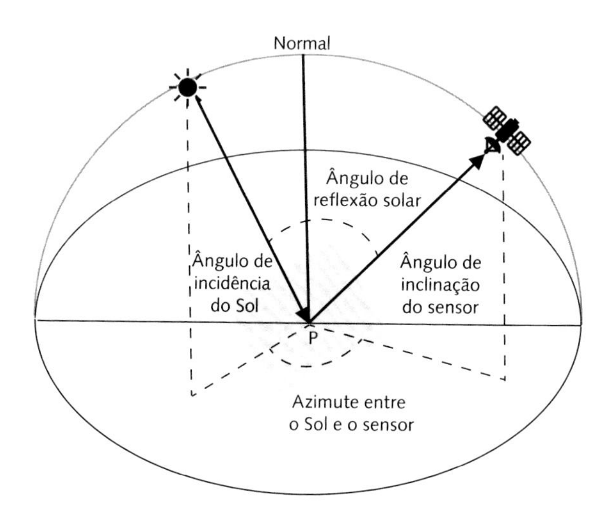

Fig. 4.5 *Elementos envolvidos no cálculo do ângulo de reflexão solar para um* pixel *P de interesse, considerando a geometria espacial entre as posições do satélite e do Sol*
Fonte: adaptado de Warren et al. (2019).

Para um *pixel* detectado inicialmente como contendo fogo em seu interior, os valores de sua aceitação pela geometria Sol-*pixel*-satélite são: ângulo de reflexão solar de no mínimo 20° e diferença entre os azimutes do Sol e do satélite fora do intervalo de 165° a 195° graus. Em uma percepção conceitual simplificada, esse método introduz uma abordagem empírica, deduzida da análise de estudos de casos críticos em imagens, que incorpora o efeito do cálculo da refletância bidirecional.

Limiares de detecção

Cinco dos 16 canais ABI/GOES-16 são empregados na identificação dos focos de queima, sendo a banda 7 (4 µm) a mais relevante, pois é sua temperatura que define os *pixels* com possível matéria em combustão. Já as bandas 2 (0,64 µm, vermelho), 3 (0,86 µm, infravermelho próximo), 10 (7,3 µm, termal médio) e 14 (11,2 µm, termal) são empregadas para controle de qualidade visando eliminar falsas detecções, adicionais ao controle do ângulo de reflexão solar.

Por exemplo, se um *pixel* supostamente de queimada indicar temperatura no canal de 11 µm próxima à do canal de 4 µm, ele será desconsiderado, uma vez que a alta temperatura no canal de 11 µm pode resultar de aquecimento solar da superfície. Pela Lei de Wien, corpos com temperaturas de algumas dezenas de graus Celsius emitem mais energia na faixa de comprimento de onda próximo a 11 µm, enquanto corpos com centenas de graus Celsius têm seu pico de emissão de energia em 4 µm.

As bandas 2 e 3 indicam a energia solar refletida e, assim, podem identificar reflexos solares em locais não eliminados pelo filtro do ângulo de reflexão solar, como reflexos de ondas devidos ao vento em corpos d'água, de encostas nevadas de montanhas etc. Por fim, o canal do comprimento de onda central de 7,3 µm auxilia a eliminar áreas já queimadas e cobertas por cinzas, que ocasionalmente são detectadas pelo canal na faixa espectral de 4 µm, conforme constatado no passado pelo monitoramento do Programa Queimadas.

Esse tipo de filtragem para aceitação ou rejeição de um possível *pixel* indicando queima de vegetação é feito por meio de equações empíricas obtidas para as bandas do ABI/GOES a partir da análise individual das características espectrais de centenas de focos de queima nas imagens. As seguintes equações foram definidas para especificar os limiares de corte e são usadas pelo algoritmo:

$$\text{Banda 2: } \text{Lim}_{\text{–RadB2}} < 6{,}5 \cdot \log \Delta\sigma + 24{,}2 \text{W m}^{-2}\,\text{sr}^{-1}\,\text{um}^{-1} \tag{4.2}$$

$$\text{Banda 3: } \text{Lim}_{\text{–RadB3}} < 19{,}3 \cdot e^{(\Delta\sigma \cdot 0{,}0215)}\,\text{W m}^{-2}\,\text{sr}^{-1}\,\text{um}^{-1} \tag{4.3}$$

$$\text{Banda 7: } \text{Lim}_{\text{–TempB7}} > 26{,}8 \cdot \Delta\sigma^{0{,}12}\,\text{K} \tag{4.4}$$

$$\text{Banda 10: } \text{Lim}_{\text{–TempB10}} > 265 \cdot e^{(\Delta\sigma \cdot -0{,}00195)}\,\text{K} \tag{4.5}$$

$$\text{Banda 14: } \text{Lim}_{\text{–DifTemp(B7-B14)}} > 17\,\text{K} \tag{4.6}$$

Produtos gerados

Os produtos no novo algoritmo são basicamente os mesmos da versão anterior e atendem necessidades de usuários identificadas ao longo dos anos com o uso aplicado dos focos e também do Programa Queimadas do Inpe, incluindo o BDQueimadas. Internamente, para cada imagem processada é gerado um arquivo no formato CSV dos focos identificados, especificando linha e coluna, tamanho do *pixel*, coordenadas geográficas, data e horário UTC, ângulos de elevação do satélite e do Sol, ângulo de reflexão solar, diferença dos azimutes solar e do satélite, radiância dos canais 2 e 3, e temperatura de brilho dos canais 7, 10 e 14. A partir do arquivo CSV, são gerados novos arquivos segundo os formatos solicitados por usuários externos e para o BDQueimadas.

4.3 Comparação da detecção por satélites de órbitas geoestacionária e polar

Os satélites em órbita polar possuem a vantagem de melhor resolução espacial, em comparação aos geoestacionários, quando consideramos, por exemplo, os satélites de última geração S-NPP e NOAA-20, que usam o sensor VIIRS, de resolução nominal de 375 metros, e também o sensor MODIS dos satélites TERRA e AQUA de duas décadas atrás, de resolução nominal de 1 km. Porém, quanto à resolução temporal, a vantagem é dos satélites geoestacionários, que, no caso do sensor ABI/GOES-16, é de 10 minutos, podendo inclusive ser de um minuto em modo de operação especial, em regiões específicas; já nos satélites polares, a detecção de focos tem intervalo de 12 horas entre duas imagens consecutivas para o mesmo local. Dessa forma, por um lado os novos satélites polares detectam muito mais focos em uma imagem, devido à sua melhor resolução espacial, e, por outro, os geoestacionários têm continuidade temporal excelente. A Fig. 4.6 ilustra a distribuição dos 602 mil focos detectados no mês de outubro de 2019 no Brasil pelos nove satélites diferentes usados no monitoramento do Inpe à época; escolheu-se esse mês devido aos incêndios descontrolados no Pantanal e aos muitos casos que ocorreram em outras regiões do País. Nota-se que 69% das detecções foram feitas pelo sensor VIIRS dos satélites polares S-NPP e NOAA-20, e que o ABI/GOES-16 detectou 15,6% dos focos; já os sensores MODIS do TERRA e AQUA, em suas passagens diurnas e noturnas, detectaram apenas 8,3% dos focos. O sensor AVHRR, projetado na década de 1980 e ainda em uso nos satélites polares da série NOAA e MetOp, detectou quantias irrisórias de focos em comparação com os novos sensores. Já o MSG-03, geoestacionário sobre a longitude 0°, devido à sua maior distância em relação ao Brasil e ao fato de não observar a parte oeste do País, detecta apenas incêndios de grande dimensão.

4.3.1 Congruência das detecções geoestacionária e polar

A seguir, comparam-se resultados das detecções de focos com os dois tipos de satélites, de órbitas geoestacionária e polar, com base em imagens ABI/GOES-16, MODIS/TERRA e AQUA, e VIIRS/S-NPP e NOAA20. O método pressupõe coincidências temporal e espacial aproximadas dos focos. Como os *pixels* dos focos dos sensores VIIRS, MODIS e ABI têm tamanhos nominais de 375 metros, 1 km e 2 km, respectivamente, a acurácia do acerto de um foco deve considerar essas diferenças. Para tanto, em vez de representar um foco por um ponto, utilizou-se um quadrado tangenciando internamente um círculo com diâmetro igual a 1 km nos *pixels* VIIRS e MODIS e 2 km nos *pixels* ABI, ou seja, com áreas de 1 km^2 e 4 km^2, respectivamente. Havendo congruência dos quadrados para *pixels* originários de sensores diferentes, considera-se que detectaram o mesmo foco e, se não houver congruência, que houve discrepância entre as detecções.

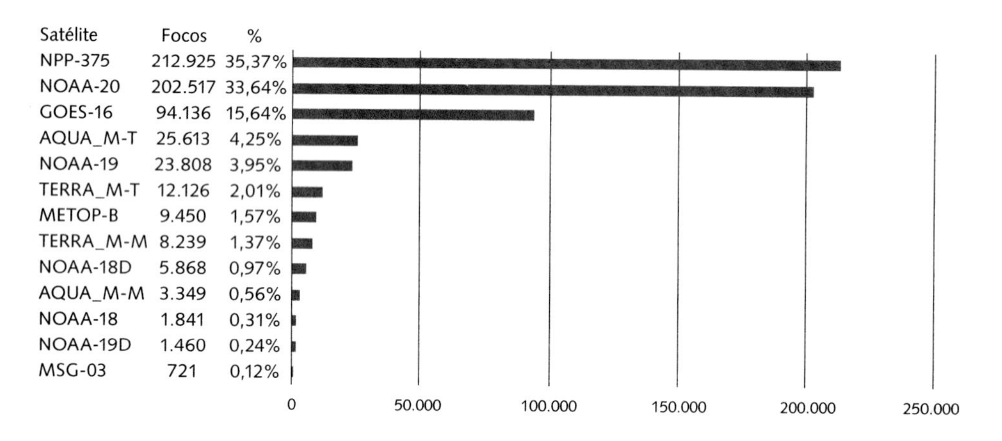

Fig. 4.6 *Comparativo da quantidade de focos detectados pelos nove satélites do Programa Queimadas do Inpe no território brasileiro durante o mês de outubro de 2019. Alguns nomes aparecem duas vezes para separar as detecções diurnas das noturnas*
Fonte: Inpe (2020).

No entanto, é importante observar que existem situações com sobreposição geográfica dos polígonos que representam focos dos satélites polares no intervalo de 24 h. Quando isso ocorrer, a área composta pela união desses polígonos é considerada como um único evento geográfico a ser comparado com os focos do satélite geoestacionário. A abordagem também é aplicada quando há sobreposição espacial dos polígonos que representam os focos observados pelo satélite geoestacionário no intervalo de um dia. Deve-se considerar ainda que as imagens GOES-16 são obtidas a cada 10 minutos e que entre imagens consecutivas dos satélites polares podem decorrer nove horas sem detecções, por exemplo, entre ~11-20h UTC e 2-11h UTC, sendo que no período vespertino o uso do fogo é sempre mais frequente. Além disso, os diferentes ângulos de visada de satélites distintos para um mesmo local costumam ser variados, estando, assim, sujeitos à interferência distinta de pequenas nuvens.

Nesse contexto, a comparação entre satélites para as detecções de fogo é passível de dificuldades imprevisíveis e insolúveis.

Exemplificando a comparação entre as detecções de focos com os satélites em órbita polar e as do GOES-16 geoestacionário, são apresentados na Tab. 4.1 os resultados para o mês de outubro de 2019 no território brasileiro. Nesse período, foram identificados 467.233 focos pelos sensores VIIRS e MODIS, conforme o Banco de Dados de Queimadas do Programa Queimadas (BDQ). Pelo algoritmo 1998-2020, foram detectados 94.168 focos GOES-16, dos quais 50.073 (53%) são congruentes com os focos dos sensores VIIRS e MODIS, com base no processo de comparação descrito anteriormente. Com a nova versão de 2021 do algoritmo, foram detectados 384.182 focos GOES-16, e em 245.538 (64%) deles houve congruência com os focos VIIRS e MODIS. A Fig. 4.7 mostra um recorte da comparação entre os focos dos sensores em órbita polar e os focos identificados nos algoritmos de 1998 e 2020.

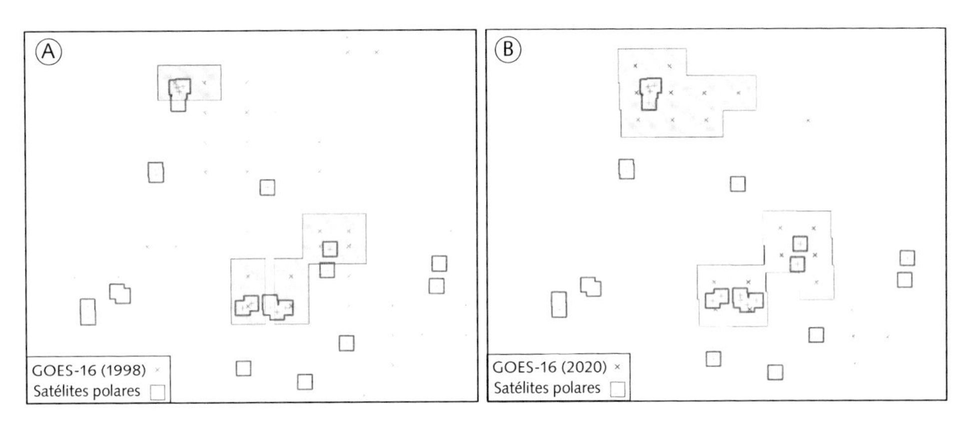

Fig. 4.7 *Exemplo da análise de congruência entre focos dos satélites em órbitas polares e os identificados pelos algoritmos de (A) 1998 e (B) 2020 para o sensor ABI/GOES-16 geoestacionário, durante o mês de outubro de 2019. Nos polígonos amarelos estão os conjuntos de focos GOES-16 que coincidem geográfica e temporalmente com os focos de satélites polares. A área tem cerca de 900 km² e fica na divisa entre MA e PI*

De particular interesse é a comparação de algoritmos para detecções noturnas por satélites diferentes, isso porque os algoritmos noturnos são os mais simples, em geral utilizando apenas os altos valores de temperatura na banda de 4 µm. A princípio, as detecções noturnas de focos são todas corretas. Como mostrado na Tab. 4.1, no caso noturno houve aumento de 132% no número de *pixels* de queima detectados com o novo algoritmo, acompanhado de aumento de 2% no número de acertos e de 3% no número de omissões, sendo que o número de eventuais erros de comissão, falsos positivos, caiu em 2%. O uso do termo "eventuais erros" deve-se ao fato de que na realidade eles não ocorreram, e sim resultaram das limitações de horário e de visada já indicadas anteriormente.

No período diurno, o novo algoritmo detectou 375% a mais de focos, com aumento da taxa de acerto em 18%, redução das omissões em 3% e aumento do número de eventuais erros em 18% – este último valor, conforme explicado, não tem como ser validado apenas usando dados de focos de satélites distintos.

Tab. 4.1 Comparação entre as detecções de focos no território brasileiro com os satélites em órbita polar (TERRA, AQUA, S-NPP e NOAA-20) e as do GOES-16 geoestacionário usando o algoritmo original e o novo para o mês de outubro de 2019

Algoritmo de 1998	Novo algoritmo de 2021	Diferença (2021-1998)
BDQ – 22h~10h UTC, noite	22h~10h UTC, noite	Noite
Focos polares: 117.392	Focos polares: 117.392	
Focos GOES-16: 24.107	Focos GOES-16: 56.000	31.893 (132%)
Número de acertos: 20.726 (86%)	Número de acertos: 49.118 (88%)	2%
Número de omissões: 19.603 (17%)	Número de omissões: 4.060 (20%)	3%
Número de comissões: 3.381 (14%)	Número de comissões: 6.882 (12%)	–2%
BDQ – 10h~22h UTC, dia	10h~22h UTC, dia	Dia
Focos polares: 346.776	Focos polares: 346.776	
Focos GOES-16: 68.723	Focos GOES-16: 326.124	257.419 (375%)
Número de acertos: 29.200 (42%)	Número de acertos: 194.719 (60%)	18%
Número de omissões: 94.564 (27%)	Número de omissões: 103.519 (30%)	3%
Número de comissões: 39.523 (58%)	Número de comissões: 131.405 (40%)	–18%
BDQ – dia + noite	Dia + noite	Dia + noite
Focos polares: 467.233	Focos polares: 467.233	
Focos GOES-16: 94.168	Focos GOES-16: 384.182	290.013 (308%)
Número de acertos: 50.073 (53%)	Número de acertos: 245.538 (64%)	11%
Número de omissões: 119.338 (26%)	Número de omissões: 118.206 (25%)	–1%
Número de comissões: 44.095 (47%)	Número de comissões: 138.644 (36%)	–11%

Nota: Como parte dos procedimentos normais para assegurar a qualidade dos dados de focos, no BDQueimadas, no período desses dados, foram eliminados manualmente/visualmente 7.377 focos GOES-16 por suspeita de falsa detecção. Essa condição favorece ainda mais os resultados do novo algoritmo, que não passaram por nenhuma remoção de dados.

O método do novo algoritmo foi desenvolvido a partir de estudo empírico baseado na comparação dinâmica dentro de cada cena, *pixel* a *pixel*, estabelecendo um aspecto prático de correlação de detecções. Essa correlação foi obtida a partir da comparação da matriz de *pixels* formada por cada banda empregada, com a interferência da reflexão solar que varia dinamicamente. Tal reflexão pode ser comparada com a medida de radiância do satélite, de maneira que cada foco, em cada banda, é identificado como sendo um distúrbio que se destaca entre os *pixels* vizinhos.

Trata-se de um fator dinâmico medido com base na posição do *pixel* na imagem, que pode ser correlacionada com a posição relativa formada pelo plano definido pelo Sol, o *pixel* de interesse e o sensor ABI do satélite. Essa lógica pode ser comparada à função de distribuição bidirecional de refletância (do inglês BRDF), que define como a luz é refletida em uma superfície opaca.

4.4 Considerações finais

Quanto à resolução temporal, os atuais satélites meteorológicos geoestacionários apresentam o intervalo ideal de dez minutos, que, sob controle manual do satélite, pode ser de dois minutos em regiões de interesse particular; em comparação, os primeiros satélites da série ATS na década de 1960 geravam imagens a cada 30 minutos. Da mesma forma, os 16 canais de imageamento do sensor ABI no GOES-16, e em particular o de número 7 centrado em 3,9 µm, atendem os algoritmos de detecção de focos de queima de vegetação.

Entretanto, pelo fato de os satélites estarem a ~36 mil km acima da superfície, a resolução espacial dos *pixels* termais no sensor ABI foi definida em 2 km no nadir. Em comparação com os satélites de órbita polar a ~800 km de altitude, e como a energia de uma fonte se dissipa com o quadrado da distância, para um mesmo foco de queima a energia que chega ao sensor ABI é ~2.000 vezes menor do que a medida pelo VIIRS do NOAA-20 em seus *pixels* de 375 m. Assim, existe a dificuldade técnica de melhorar a resolução espacial dos sensores geoestacionários com telescópios de maior abertura e detectores mais sensíveis.

De qualquer forma, o monitoramento geoestacionário de focos vem se aprimorando, assim como os algoritmos de detecção de fogo. O Programa Queimadas do Inpe optou por desenvolver seu próprio algoritmo para o monitoramento geoestacionário, ao constatar que os produtos operacionais existentes na NOAA e da EUMETSAT apresentavam/apresentam taxas de erros incompatíveis com seu uso. Este capítulo reflete a evolução do trabalho, e a nova versão do algoritmo de 2021 aqui discutida melhora significativamente a qualidade dos produtos distribuídos aos usuários.

Agradecimentos

Agradecemos às seguintes instituições por seu apoio e financiamento: DEFRA-UK/Banco Mundial, Projeto Plataforma Monitoramento TerraMA2Q, TF-18566-BR; BNDES-Fundo Amazônia, Portal do Monitoramento Queimadas (Contrato Funcate-BNDES 14.2.0929.1); MCTIC-Banco Mundial, Projeto FIP-FM Cerrado/Inpe “Risco” (P143185/TF0A1787); MCTIC-PPA-Ação 20V9-2; CNPq (processos 305159/2018-6 e 441971/2018-0); e Fapesp (processos 2015/01389-4 e 2015/50454-3).

Referências bibliográficas

AMINOU, D. M. A.; JACQUET, B.; PASTERNAK, F. Characteristics of the Meteosat Second Generation (MSG) Radiometer/Imager: SEVIRI. In: SPIE. *Proc.*... Europto Series, v. 3221, p. 19-31, 1997.

BOLES, H. S.; VERBYLA, D. L. Comparison of Three AVHRR-Based Fire Detection Algorithms for Interior Alaska. Remote Sens. *Environ.*, v. 72, p. 1-16, 2000.

BOWMAN, D. M.; BALCH, J. K.; ARTAXO, P.; BOND, W. J.; CARLSON, J. M.; COCHRANE, M. A. et al. Fire in the earth system. *Science*, v. 324, n. 5926, p. 481-484, 2009.

CALLE, A.; CASANOVA, J.; ROMO, A. Fire Detection and Monitoring Using MSG Spinning Enhanced Visible and Infrared Imager (SEVIRI) Data. *Journal of Geophysical Research: Biogeosciences*, v. 111, G4, 2006. DOI: 10.1029/2005JG000116.

DI BIASE, V.; LANEVE, G. Geostationary Sensor Based Forest Fire Detection and Monitoring: An Improved Version of the SFIDE Algorithm. *Remote Sensing*, v. 10, n. 741, 2018. DOI: 10.3390/rs10050741.

DOZIER, J. A Method for Satellite Identification of Surface Temperature Fields of Subpixel Resolution. *Remote Sensing of Environment*, v. 11, p. 221-229, 1981.

EVA, H.; FLASSE, S. Contextual and Multiple-Threshold Algorithms for Regional Active Fire Detection with AVHRR. *Remote Sens. Rev.*, v. 14, p. 333-351, 1996.

FERNÁNDEZ, A.; ILLERA, P.; CASANOVA, J. L. Automatic Mapping of Surfaces Affected by Forest Fires in Spain Using AVHRR NDVI Composite Image Data. *Remote Sens. Environ.*, v. 60, p. 153-162, 1997.

FLASSE, S. P.; CECCATO, P. A Contextual Algorithm for AVHRR Fire Detection. *Int. J. Remote Sens.*, v. 17, p. 419-424, 1996.

FREEBORN, P. H.; WOOSTER, M. J.; HAO, W. M.; RYAN, C. A.; NORDGREN, B. L.; BAKER, S. P. et al. Relationships Between Energy Release, Fuel Mass Loss, and Trace Gas and Aerosol Emissions During Laboratory Biomass Fires. *Journal of Geophysical Research*, v. 113, D1, D01102, 2008.

GIGLIO, L.; DESCLOITRES, J.; JUSTICE, C. O.; KAUFMAN, Y. J. An Enhanced Contextual Fire Detection Algorithm for MODIS. *Remote Sensing of Environment*, v. 87, n. 2/3, p. 273-282, 2003.

HOLBEN, B. N.; SETZER, A. W.; ECK, T. F.; PEREIRA, A.; SLUTSKE, I. Effect of Dry-Season Biomass Burning on Amazon Basin Aerosol Concentrations and Optical Properties, 1992-1994. *J. of Geophysical Research*, v. 101, n. D14, 19, 465-19, 481, 1996.

HYER, E. J.; REID, J. S.; PRINS, E. M.; HOFFMAN, J. P.; SCHMIDT, C. C.; MIETTINEN, J. I.; GIGLIO, L. Patterns of Fire Activity over Indonesia and Malaysia from Polar and Geostationary Satellite Observations. *Atmospheric Research*, v. 122, p. 504-519, 2013. DOI: 10.1016/j.atmosres.2012.06.011.

ICHOKU, C.; KAUFMAN, Y. J. A Method to Derive Smoke Emission Rates from MODIS Fire Radiative Energy Measurements. *IEEE Transactions on Geoscience and Remote Sensing*, v. 43, n. 11, p. 2636-2649, 2005.

INPE – INSTITUTO NACIONAL DE PESQUISAS ESPACIAIS. *BDQueimadas*. Inpe, 2020. Disponível em: <http://www.inpe.br/queimadas/bdqueimadas>.

IPCC – INTERGOVERNMENTAL PANEL ON CLIMATE CHANGE. *Climate Change 2013*: The Physical Science Basis. Contribution of Working Group I to the Fifth Assessment Report of the Intergovernmental Panel on Climate Change. [STOCKER, T. F.; QIN, D.; PLATTNER, G.-K.; TIGNOR, M.; ALLEN, S. K.; BOSCHUNG, J.; NAUELS, A.; XIA, Y.; BEX, V.; MIDGLEY, P. M. (Ed.)]. Cambridge, United Kingdom; New York, NY, USA: Cambridge University Press, 2013. 1535 p.

KAISER, J. W.; SCHULTZ, M. G.; GREGOIRE, J. M.; TEXTOR, C.; SOFIEV, M.; BARTHOLOME, E.; LEROY, M.; ENGELEN, R. J.; HOLLINGSWORTH, A. Observation Requirements for Global Biomass Burning Emission Monitoring, in: *Proceedings of the 2006 EUMETSAT Meteorological SatelliteConference*, 2006.

KAUFMAN, Y. J.; TUCKER, C. J.; FUNG, I. Remote Sensing of Biomass Burning in the Tropics. *J. Geophys. Res.*, v. 95, p. 9895-9939, 1990.

KAUFMAN, Y. J.; JUSTICE, C. O.; FLYNN, L. P.; KENDALL, J. D.; PRINS, E. M.; GIGLIO, L.; WARD, D. E.; MENZEL, W. P.; SETZER, A. W. Potential Global Fire Monitoring from EOS-MODIS. *Journal of Geophysical Research*, v. 103, D24, p. 32215-32238, 1998.

KELLS, L. M.; KERN, W. F.; BLAND, J. R. *Plane and Spherical Trigonometry*. New York; London, McGraw Hill Book Company Inc., 1940. p. 323-326. Disponível em: <https://archive.org/details/planeandspherica031803mbp>.

KIM, G.; KIM, D. S.; PARK, K. W.; CHO, J.; HAN, K. S.; LEE, Y. W. Detecting Wildfires with the Korean Geostationary Meteorological Satellite. *Remote Sensing Letters*, v. 5, n. 1, p. 19-26, 2014. DOI:10.1080/2150704X.2013.862602.

LEE, T. F.; TAG, P. M. Improved Detection of Hotspots Using the AVHRR 3.7-μm Channel. *Bulletin of the American Meteorological Society*, v. 71, p. 1722-1730, 1990.

LI, Z.; NADON, S.; CIHLAR, J. Satellite-Based Detection of Canadian Boreal Forest Fires: Development and Application of the Algorithm. *Int. J. Remote Sens.*, v. 21, p. 3057-3069, 2000.

LUTZ, H.-J.; GUSTAFSSON, J. B.; VALENZUELA-LEYENDA, R. Scenes and Cloud Analysis from Meteosat Second Generation (MSG). In: *Proc*... EUMETSAT Meteorol. Satell. Conf. EUM P39, Weimar, Germany, 2003. p. 311-318.

NOAA – NATIONAL OCEANIC AND ATMOSPHERIC ADMINISTRATION; NASA – NATIONAL AERONAUTICS AND SPACE ADMINISTRATION. GOES-R Series Data Book. Greenbelt, Maryland: NOAA; NASA, 2019. Disponível em: <https://www.goes-r.gov/downloads/resources/documents/GOES-RSeriesDataBook.pdf>.

OMM – ORGANIZAÇÃO MUNDIAL DE METEOROLOGIA. OSCAR – Observing Systems Capability Analysis and Review Tool. OMM, 2020. Disponível em: <https://space.oscar.wmo.int/satellites>. Acesso em: 31 dez. 2020.

PEREIRA, M. C.; SETZER, A. W. Spectral Characteristics of Deforestation Fires in NOAA/AVHRR Images. *Int. J. Remote Sens.*, v. 14, p. 583-597, 1993.

PLANK, S.; FUCHS, E.-M.; FREY, C. A Fully Automatic Instantaneous Fire Hotspot Detection Processor Based on AVHRR Imagery—a Timeline Thematic Processor. *Remote Sensing*, v. 9, n. 30, 2017. DOI: 10.3390/rs9010030.

PRINS, E. M.; MENZEL, W. P. Geostationary Satellite Detection of Bio Mass Burning in South America. *International Journal of Remote Sensing*, v. 13, n. 15, p. 2783-2799, 1992. DOI: 10.1080/01431169208904081.

RAUSTE, Y.; HERLAND, E.; FRELANDER, H.; SONI, K.; KUOREMAKI, T.; ROUKARI, A. Satellite-Based Forest Fire Detection for Fire Control in Boreal Forests. *Int. J. Remote Sens.*, v. 18, p. 2641-2656, 1997.

REID, J. S.; PRINS, E. M.; WESTPHAL, D. L.; SCHMIDT, C. C.; RICHARDSON, K. A.; CHRISTOPHER, S. A.; ECK, T. F.; REID, E. A.; CURTIS, C. A.; HOFFMAN, J. P. Real-Time Monitoring of South American Smoke Particle Emissions and Transport Using a Coupled Remote Sensing/Box-Model Approach. *Geophys. Res. Lett.*, v. 31, n. 6, L06107, 2004. DOI: 10.1029/2003GL018845.

RIGGAN, P. J.; LOCKWOOD, R. N.; TISSELL, R. G.; BRASS, J. A.; PEREIRA, J. A. R.; MIRANDA, H. S.; MIRANDA, A. C.; CAMPOS, T.; HIGGINS, R. Remote Measurement of Wildfire

Energy and Carbon Flux from Wildfires in Brazil. *Ecological Applications*, v. 14, n. 3, p. 855-872, 2004.

ROBERTS, G. J.; WOOSTER, M. J. Fire Detection and Fire Characterization Over Africa Using Meteosat SEVIRI. *IEEE Trans. Geosci. Remote Sens.*, v. 46, p. 1200-1218, 2008.

ROBERTS, G.; WOOSTER, M. J.; LAGOUDAKIS, E. Annual and Diurnal African Biomass Burning Temporal Dynamics. *Biogeosciences*, v. 6, p. 849-866, 2009.

ROBERTS, G.; WOOSTER, M. J.; PERRY, G. L. W.; DRAKE, N.; REBELO, L.-M.; DIPOTSO, F. Retrieval of Biomass Combustion Rates and Totals from Fire Radiative Power Observations: Application to Southern Africa Using Geostationary SEVIRI Imagery. *Journal of Geophysical Research*, v. 110, D21111, 2005.

ROBINSON, J. M. Fire from Space: Global Fire Evaluation Using Infrared Remote Sensing. *Int. J. Remote Sens.*, v. 12, p. 3-24, 1991.

SAUNDERS, R. W.; KRIEBEL, K. T. An Improved Method for Detecting Clear Sky and Cloudy Radiances from AVHRR Data. *Int. J. Remote Sens.*, v. 9, n. 1, p. 123-150, 1988.

SCHMETZ, J.; PILI, P.; TJEMKES, S.; JUST, D.; KERKMANN, K.; ROTA, S.; RATIER, A. An Introduction to Meteosat Second Generation (MSG). *Bull. Am. Meteorol. Soc.*, v. 83, p. 977-992, 2002.

SCHROEDER, W.; OLIVA, P.; GIGLIO, L.; CSISZAR, I. A. The New VIIRS 375 m Active Fire Detection Data Product: Algorithm Description and Initial Assessment. *Remote Sens. Environ.*, v. 143, p. 85-96, 2014.

SETZER, A. Qual o princípio físico da detecção de queimadas? Perguntas Frequentes. Programa Queimadas. Inpe, [s.d.]. Disponível em: <http://www.inpe.br/queimadas/portal/informacoes/principio_fisico_detecta_queimadas.pdf>. Acesso em: 31 dez. 2020.

SETZER, A. W.; PEREIRA, M. C. Amazonia Biomass Burnings in 1987 and an Estimate of their Tropospheric Emissions. *Ambio*, v. 20, n. 1, p. 19-22, 1991.

SETZER, A. W.; VERSTRAETE, M. M. Fire and Glint in AVHRR's Channel 3: A Possible Reason for the Non-Saturation Mystery. *International Journal of Remote Sensing*, v. 15, p. 711-718, 1994.

SETZER, A.; YOSHIDA, M. *Detecção de Queimadas nas Imagens do Satélite Geoestacionário GOES-12*. Versão 3.4, 17 jan. 2004. Disponível em: <http://queimadas.cptec.inpe.br/~rqueimadas/documentos/relat_goes12_3_4.htm>. Acesso em: 31 dez. 2020.

SIFAKIS, N. I.; IOSSIFIDIS, C.; KONTOES, C.; KERAMITSOGLOU, I. Wildfire Detection and Tracking over Greece Using MSG-SEVIRI Satellite Data. *Remote Sensing*, v. 3, n. 3, p. 524-538, 2011. DOI: 10.3390/rs3030524.

SOFIEV, M.; VANKEVICH, R.; LOTJONEN, M.; PRANK, M.; PETUKHOV, V.; ERMAKOVA, T.; KOSKINEN, J.; KUKKONEN, J. An Operational System for the Assimilation of the Satellite Information on Wild-Land Fires for the Needs of Air Quality Modelling and Forecasting. *Atmos. Chem. Phys.*, v. 9, p. 6833-6847, 2009. DOI: 10.5194/acp-9-6833-2009.

VAN DER WERF, G. R.; RANDERSON, J. T.; GIGLIO, L.; COLLATZ, G. J.; KASIBHATLA, P. S. Interannual Variability in Global Biomass Burning Emission from 1997 to 2004. *Atmospheric Chemistry and Physics*, v. 6, p. 3423-3441, 2006.

WARREN, T. J.; BOWLES N. E.; DONALDSON, H. K.; BANDFIELD, J. L. Modeling the Angular Dependence of Emissivity of Randomly Rough Surfaces. *Journal of Geophysical Research: Planets*, v. 124, n. 2, p. 585-601, first published 21 Jan. 2019. DOI: 10.1029/2018JE005840.

WOOSTER, M. J.; ZHUKOV, B.; OERTEL, D. Fire Radiative Energy for Quantitative Study of Biomass Burning: Derivation from the BIRD Experimental Satellite and Comparison to MODIS Fire Products. *Remote Sens. Environ.*, v. 86, p. 83-107, 2003.

WOOSTER, M. J.; PERRY, G.; ZUKOV, B.; OERTEL, D. Biomass Burning Emissions Inventories: Modelling and Remote Sensing of Fire Intensity and Biomass Combustion Rates. In: KELLY, R.; DRAKE, N.; BARR, S. (Ed.). *Spatial Modelling of the Terrestrial Environment*. Hoboken, N. J.: John Wiley, 2004. p. 175-196.

WOOSTER, M.; ROBERTS, G.; PERRY, G. L. W.; KAUFMAN, Y. J. Retrieval of Biomass Combustion Rates and Totals from Fire Radiative Power Observations: FRP Derivation and Calibration Relationships Between Biomass Consumption and Fire Radiative Energy Release. *Journal of Geophysical Research Atmospheres*, v. 110, n. D24, Dec. 2005. DOI: 10.1029/2005JD006318.

XU, G.; ZHONG, X. Real-Time Wildfire Detection and Tracking in Australia Using Geostationary Satellite: Himawari-8. *Remote Sensing Letters*, v. 8, n. 11, p. 1052-1061, 2017. DOI: 10.1080/2150704X.2017.1350303.

XU, W.; WOOSTER, M. J.; ROBERTS, G.; FREEBORN, P. New GOES Imager Algorithms for Cloud and Active Fire Detection and Fire Radiative Power Assessment across North, South and Central America. *Remote Sensing of Environment*, v. 114, p. 1876-1895, 2010.

ZHANG, X.; KONDRAGUNTA, S. Temporal and Spatial Variability in Biomass Burned Areas across the USA Derived from the GOES Fire Product. *Remote Sensing of Environment*, v. 112, n. 6, p. 2886-2897, 2008. DOI: 10.1016/j.rse.2008.02.006.

ZHUKOV, B.; LORENZ, E.; OERTEL, D.; WOOSTER, M. J.; ROBERTS, G. Spaceborne Detection and Characterization of Fires During the Bi-Spectral Infrared Detection (BIRD) Experimental Small Satellite Mission (2001-2004). *Remote Sens. Environ.*, v. 100, n. 1, p. 29-51, 2006.

5

Relação entre queimadas e relâmpagos no Parque Nacional das Emas

Vanúcia Schumacher, Alberto Setzer

A história do regime de fogo tem um papel importante na evolução e adaptação do ecossistema de savana, a exemplo do Cerrado brasileiro, contribuindo para sua biodiversidade (Coutinho, 1990; Vicentini, 1999; Durigan; Ratter, 2016).

Embora o fogo seja parte integrante e fundamental na manutenção do Cerrado, seu uso intenso, frequente e descontrolado nas últimas décadas, em associação com as práticas de desmatamento, expansão e atividades agrícolas, prejudicou a integridade ecológica do bioma (Miranda et al., 2004). Muitos dos incêndios se propagam fora de controle sobre unidades de conservação, gerando danos ao clima e aos ecossistemas naturais, além de causar doenças respiratórias, perdas de vidas humanas e bens materiais (Fonseca; Alves; Aguiar, 2019). Neste capítulo, os termos *queimada* e *incêndio* são utilizados como sinônimos, embora de maneira geral incêndio se refira a fogo descontrolado e/ou que cause prejuízos.

A ocorrência de queimadas é quase sempre associada à interação do homem com o meio ambiente e depende de vários fatores além da fonte de ignição, como tipo de vegetação, volume de biomassa, condições topográficas e meteorológicas (Ye et al., 2017). No entanto, queimadas naturais, provocadas por raios, também ocorrem e têm sido reconhecidas em diversos lugares do mundo como uma das principais causas de incêndios florestais (Pineda; Montanyà; Van der Velde, 2014; Abdollahi; Dewan; Hassan, 2019).

Alguns estudos procuraram identificar a ocorrência de queimadas de causa natural no Parque Nacional das Emas (PNE), considerado um dos principais ecossistemas de conservação do Cerrado brasileiro e reconhecido ao longo da história como propenso ao fogo (França; Ramos-Neto; Setzer, 2007). Ramos-Neto e Pivello (2000), usando observação direta no campo, identificaram como naturais 89% das queimadas entre 1995 a 1999 – 75% delas ocorreram durante a estação chuvosa e foram extintas rapidamente, seguidas por precipitação, atingindo menos de 500 hectares; e 25% ocorreram durante a estação seca, atingindo, contudo, áreas maiores em comparação com incêndios por raios na estação chuvosa. França et al. (2004) identificaram 13 casos de queimadas naturais no PNE durante a estação chuvosa de outubro de 2002 a março de 2003, as quais, mediante análise de imagens de satélites, coincidiram com o local de 1% do total de relâmpagos no parque, no mesmo período. Pereira e França (2005) relataram 14 outros casos durante a estação chuvosa entre outubro de 2003 a abril de 2004, também mapeando cicatrizes em imagens, porém sem analisar raios.

Esses resultados, embora escassos e com metodologias distintas, reforçam a importância e necessidade de identificar esses eventos no monitoramento e manejo de fogo e de contribuir para a orientação de políticas nas áreas de conservação do Cerrado. Nesse contexto, o objetivo deste capítulo é investigar de forma mais abrangente a relação entre queimadas e relâmpagos no PNE durante o período de 2015 a 2019. Procurou-se quantificar em escalas anuais e mensais os possíveis casos de queimadas naturais por meio da detecção de focos de queima por sensoriamento remoto e das características espaçotemporais de relâmpagos nuvem-solo e relâmpagos secos.

5.1 Materiais e métodos

5.1.1 Área de estudo

O Parque Nacional das Emas (PNE) é uma das maiores unidades de conservação federais do Cerrado brasileiro, administrado pelo Instituto Chico Mendes de Conservação da Biodiversidade (ICMBio; https://www.icmbio.gov.br). Criado em janeiro de 1961, foi declarado Patrimônio Natural da Humanidade pela Unesco em 2001 e abrange uma área superior a 132 mil hectares nos municípios de Mineiros e Chapadão do Céu, no Estado de Goiás (GO), e uma pequena parte no município de Costa Rica, no Estado do Mato Grosso do Sul (MS), na Região Centro-Oeste do Brasil, dentro do retângulo dado por 17°49'-18°28' S e 52°39'-53°10' W (Fig. 5.1 – p. 126).

O PNE é uma das mais importantes áreas de proteção da flora e fauna do Cerrado, com relevo característico de chapada, variando entre 800 m e 900 m de altitude, e vegetação predominante de Cerrado, campos limpos e sujos. Sua classificação climática Köppen é tropical úmido com a sazonalidade bem definida, ou seja, verão chuvoso e inverno seco, com precipitação média anual entre 1.200 mm e 2.000 mm, distribuídos entre os meses de outubro a março, e temperatura média anual entre 22 °C e 24 °C (Ramos-Neto; Pivello, 2000).

O PNE apresenta um longo histórico de queimadas ou incêndios de grandes extensões, caracterizado por três períodos distintos, de acordo com as causas de recorrência do fogo. Em resumo, as queimadas anteriores a 1984 eram frequentes em decorrência do manejo de pastagens com fogo, devido à presença da agropecuária na área de preservação. A frequência de queimas de grande proporção, comuns em intervalos de cerca de três anos, se estendeu até 1994, ano marcado por um grande incêndio que, devido às falhas de manejo e de prevenção do fogo na época, atingiu toda a extensão do PNE. A partir dessa data, o intervalo entre grandes eventos aumentou para cerca de cinco a sete anos, por causa do manejo de fogo por meio de aceiros, o que reduziu o acúmulo de biomassa seca disponível para a queima (Ibama, 2006; França; Ramos-Neto; Setzer, 2007; Da Silva; Batalha, 2008; Silva et al., 2011).

Embora políticas de supressão de fogo tenham sido implementadas, o PNE ainda registra grandes eventos de queimadas, como os ocorridos em 2005 e 2010, que atingiram cerca de 40% e 90% de sua área total, respectivamente. A origem desses eventos geralmente é associada à prática agropecuária nas vizinhanças do PNE ou ao descontrole no uso dos aceiros. No entanto, por relatos e pela resposta dinâmica de ocorrência de fogo tanto no período seco quanto no chuvoso em diferentes áreas do PNE, sabe-se que parte das queimadas também ocorre por causa natural, no caso, em consequência de relâmpagos, embora essa condição seja pouco documentada (Ramos-Neto; Pivello, 2000).

5.1.2 Dados e métodos

Neste estudo foram utilizados dados de descarga elétrica atmosférica do tipo relâmpagos nuvem-solo (NS), que são caracterizados por descargas elétricas que tocam o solo. Esses dados, referentes ao período de 2015 a 2019, contêm informações sobre a hora, localização com acurácia entre 400 m a 900 m, pico de corrente e polaridade dos relâmpagos, e foram coletados pelo Sistema Brasileiro de Detecção de Descargas Atmosféricas (BrasilDAT, 2020), operado pelo Grupo de Eletricidade Atmosférica do Inpe (Elat; disponível em <www.inpe.br/webelat/homepage>). Maiores detalhes sobre a rede de sensores podem ser encontrados em Naccarato et al. (2016) e Pinto Jr. e Pinto (2018). A distribuição dos sensores para o Estado de Goiás é mostrada na Fig. 5.1.

Dados diários de precipitação foram obtidos do *Global Precipitation Measurement* (GPM) e do *Integrated Multi-satellite Retrievals for GPM* (IMERG) (Huffman et al., 2019; mais informações em <https://pmm.nasa.gov/data-access/downloads/gpm>), com 10 km de resolução espacial para o período de 2015 a 2019; em seguida, foram interpolados para 1 km, na mesma definição dos dados de relâmpagos. Esses dados foram analisados para selecionar, dentre os relâmpagos NS, os secos (*dry lightning*), isto é, relâmpagos que atingem o solo sob nenhuma ou pouca precipitação. O limiar de 2,5 mm/dia foi estabelecido na classificação desses casos, em concordância com diversos trabalhos (Nauslar; Brown; Wallmann, 2008; Abatzoglou et al., 2016; Dowdy, 2020).

Também foram utilizados dados de precipitação da estação meteorológica automática Jataí-A016/GO (17°55'25.039" S; 51°43'2.881" W), do Instituto Nacional de Meteorologia (INMET), aproximadamente a 125 km a leste do centro do PNE, entre 2015 a 2019.

Já dados diários de focos de queima de vegetação detectados entre 2015 e 2019 foram obtidos da plataforma do Programa Queimadas do Instituto Nacional de Pesquisas Espaciais (Inpe, 2020) e analisados com o número de relâmpagos NS e secos correspondentes aos focos. Os dados de focos são provenientes apenas do sensor *Visible Infrared Imaging Radiometer Suite* (VIIRS), a bordo do satélite *Suomi National Polar-orbiting Partnership* (S-NPP), com resolução espacial de 375 m (NPP_375). Neste trabalho, denomina-se foco o *pixel* da imagem em cujo interior houve detecção de fogo. Os dados de relâmpagos NS, relâmpagos secos e focos de queimadas foram distribuídos e contabilizados em uma grade regular com resolução horizontal de 1 km × 1 km.

5.2 Resultados

5.2.1 Distribuição espacial anual e sazonal de relâmpagos e queimadas

A distribuição espacial da densidade do total de relâmpagos NS e secos e do total de focos de queima no PNE durante o período de 2015 a 2019 é mostrada na Fig. 5.2. As regiões de maior atividade elétrica associada aos relâmpagos NS ocorrem no sudoeste e na parte central do PNE, com valores máximos entre 7 a 9 raios km^{-2} ano^{-1}. Em geral, a ocorrência de relâmpagos secos é bem distribuída no PNE, cobrindo cerca de 68% da extensão durante o período 2015-2019, principalmente nas regiões sudoeste e central-norte (Fig. 5.2B). Os máximos de densidade total de relâmpagos secos ocorrem nas mesmas regiões dos relâmpagos NS, na faixa de 3 a 6 raios km^{-2} ano^{-1}, com exceção da região central, que apresenta o valor máximo de 9 raios km^{-2} ano^{-1}. A predominância de queimadas no PNE durante esse período de cinco anos ocorre na região central-norte, com o acumulado de 6 focos km^{-2} ano^{-1}. Regiões de queimas também são observadas nas porções sudoeste e sudeste do PNE, abrangendo cerca de 14% do parque.

A Fig. 5.3A mostra que a distribuição do ciclo anual de relâmpagos NS tem sazonalidade bem definida, com predominância no período chuvoso entre outubro e março e redução no período seco entre abril e setembro. Comportamento semelhante é demonstrado pela distribuição de relâmpagos secos, porém o mês de transição (setembro) se destaca tanto na distribuição espacial quanto na de densidade (Fig. 5.3B).

Por outro lado, a distribuição anual de ocorrência de queimadas mostra concentração de casos nos meses de julho, setembro e outubro, enquanto os meses de maio, agosto e dezembro apresentam menor distribuição, com variação entre 1 a 3 focos (Fig. 5.3C). Embora a maior densidade de focos ocorra no final da estação seca, notam-se queimadas também durante a estação chuvosa, que coincidem com o período de maior ocorrência de relâmpagos no PNE; destaca-se também o predomínio de relâmpagos secos e focos de queimadas no mês de setembro.

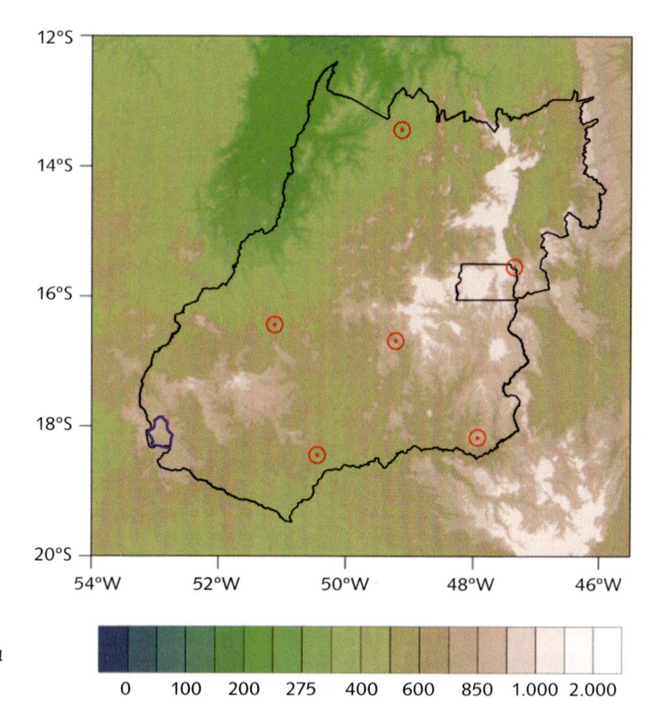

Fig. 5.1 *Localização dos sensores (marcadores vermelhos) da rede BrasilDAT na região do Parque Nacional das Emas (contorno em azul) a sudoeste do Estado de Goiás, Brasil; a escala de cores indica a elevação topográfica na região*

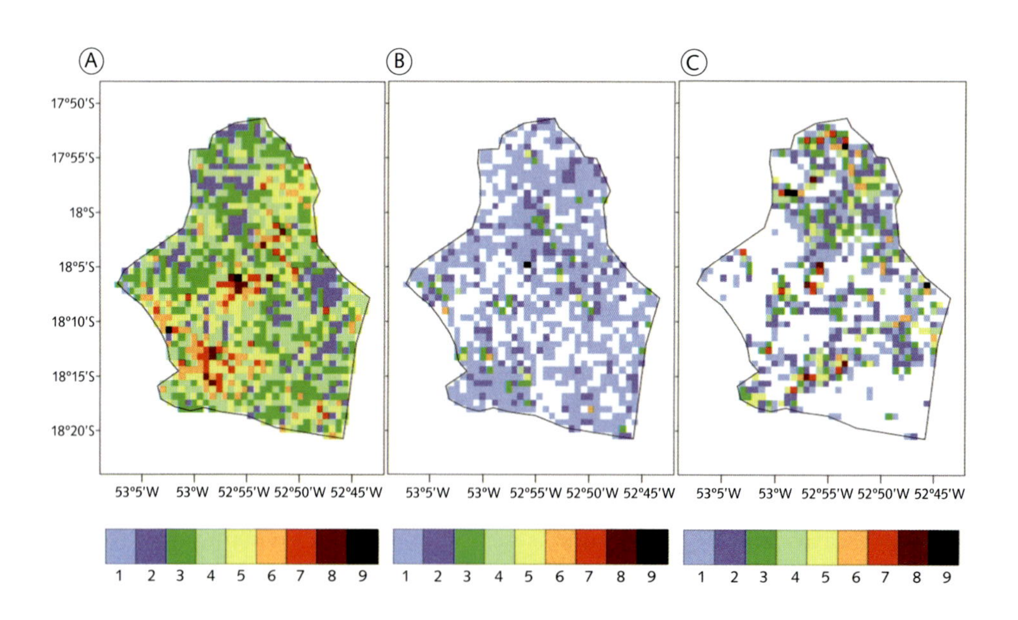

Fig. 5.2 *Densidade média por km^{-2} ano^{-1} dos totais anuais de ocorrências no Parque Nacional das Emas entre 2015 e 2019 de: (A) relâmpagos nuvem-solo; (B) relâmpagos secos; e (C) focos de queimadas. A densidade é indicada pelos nove níveis na barra de cores*

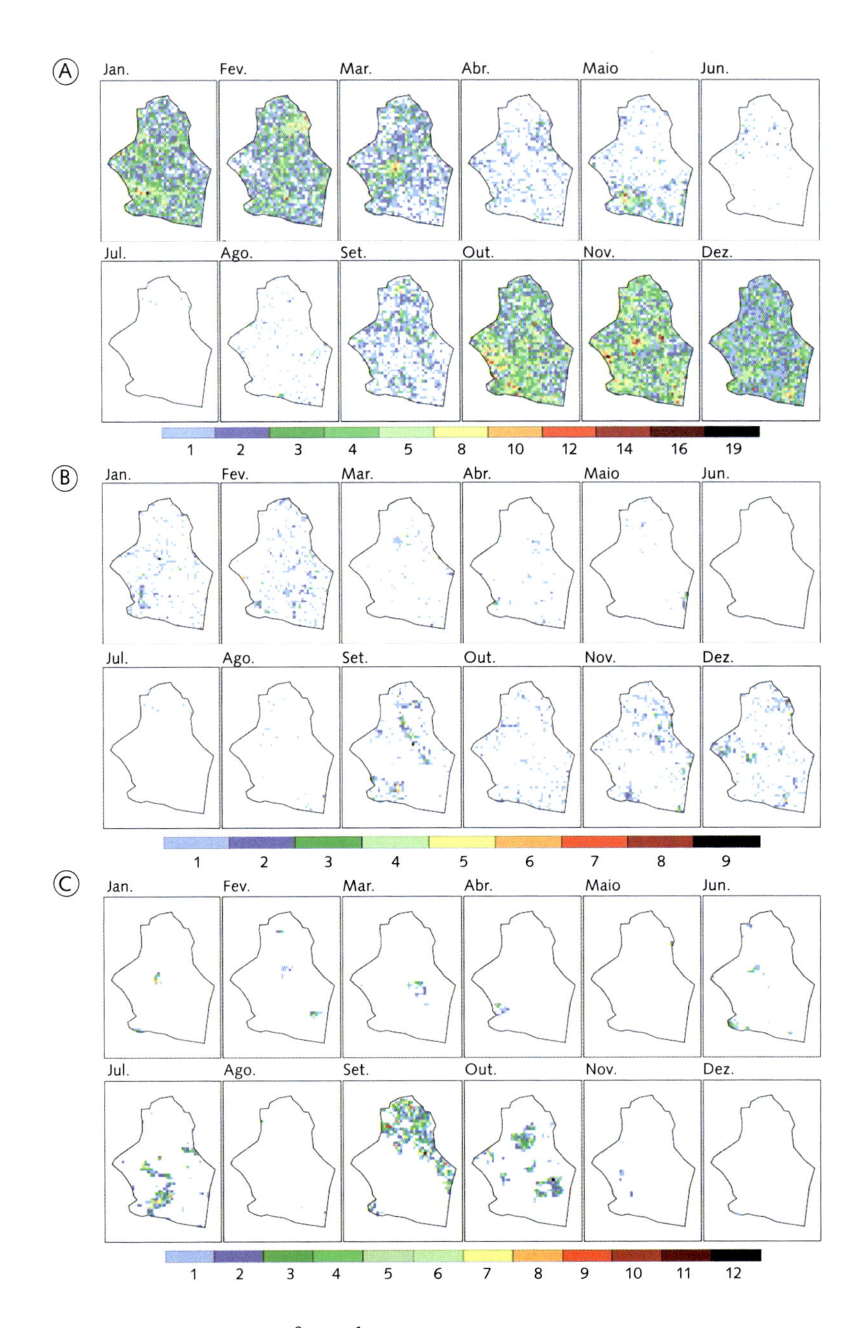

Fig. 5.3 *Densidade média por km^{-2} mês^{-1} dos totais mensais de ocorrências no Parque Nacional das Emas entre 2015 e 2019 de: (A) relâmpagos nuvem-solo; (B) relâmpagos secos; e (C) focos de queimadas. A densidade é indicada pelos 12 níveis na barra de cores*

5.2.2 Frequência de relâmpagos e queimadas

A Fig. 5.4 mostra as variações interanual e mensal do número de dias com relâmpagos NS e secos e focos de queimadas no período de 2015 a 2019 no PNE. No caso de vários relâmpagos ou focos ocorrendo no mesmo *pixel* em um único dia, atribuiu-se contagem unitária. A distribuição de precipitação também é analisada (Fig. 5.4D,H) considerando os dados diários do IMERG durante o período de estudo e por toda a extensão do PNE e dados diários observados referentes à estação automática Jataí-A016/GO, entre 2015 a 2019.

Na Fig. 5.4A observa-se a distribuição quase uniforme dos relâmpagos NS, estando os maiores valores em 2015, com 137 dias, e em 2019, com 141 dias, e os menores, nos anos intervalados 2016 e 2018, que registraram 96 e 97 dias, respectivamente. A maior frequência de relâmpagos secos ocorre nos anos de 2016, com 48 dias, e 2019, com 54 dias (Fig. 5.4B). É importante destacar o aumento de dias com relâmpagos NS e secos durante o ano de 2019, correspondendo a 38% e 15% do total anual, respectivamente.

Em geral, há maior número de dias com relâmpagos NS e secos negativos (Figs. 5.4A,B), e esses resultados concordam com diversos estudos sobre a polaridade dos relâmpagos no Brasil (Pinto et al., 2009). Do total de 612 dias com relâmpagos NS no PNE durante o período considerado, 567 dias (~93%) são negativos e apenas 45 dias (~8%) são positivos, enquanto os relâmpagos secos respondem a um total de 203 dias, sendo 186 dias (92%) negativos e 17 dias (8%) positivos.

A frequência anual de queimadas no PNE (Fig. 5.4C) mostra pequena diminuição do número de dias com focos entre 2015 e 2017, e um aumento gradual, principalmente no ano de 2019, com mais de 30 dias com focos. De modo geral, a frequência de focos não apresenta correspondência direta com o aumento de dias de relâmpagos NS ou secos, exceto no ano de 2019, com aumento considerável em ambos, queimadas e relâmpagos.

O ano de 2019 também foi marcado pela diminuição do acumulado de precipitação, notado tanto nos dados IMERG quanto nos dados observados (Fig. 5.4D). De fato, em 2019 o número de relâmpagos NS e secos, negativos e positivos, foi maior em comparação aos outros anos. A relação entre o acumulado de precipitação e a ocorrência de dias com relâmpagos secos mostra concordância em relação aos dados do IMERG em todos os anos, ou seja, menor acumulado de precipitação com maior ocorrência de relâmpagos secos (Fig. 5.4B,D). Por outro lado, essa correspondência não é identificada com a frequência de relâmpagos NS e focos de queimadas durante os anos entre 2015 e 2018. O efeito da topografia e a presença de aerossóis de queimadas podem ter relação com a distribuição e a frequência de relâmpagos (Fernandes et al., 2006; Bourscheidt et al., 2009; Paulucci et al., 2019); todavia, investigar essa relação foge do escopo deste trabalho.

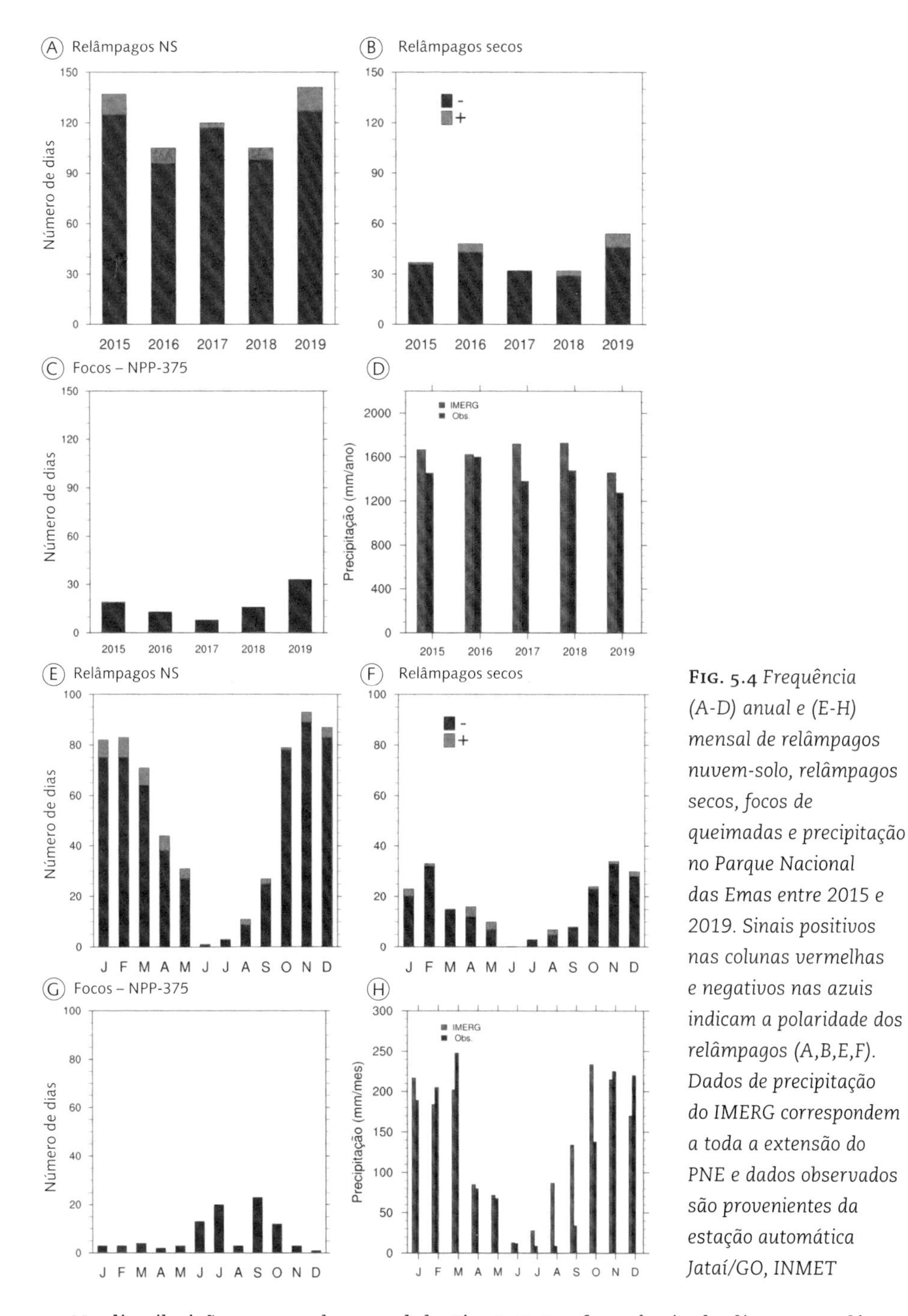

Fig. 5.4 *Frequência (A-D) anual e (E-H) mensal de relâmpagos nuvem-solo, relâmpagos secos, focos de queimadas e precipitação no Parque Nacional das Emas entre 2015 e 2019. Sinais positivos nas colunas vermelhas e negativos nas azuis indicam a polaridade dos relâmpagos (A,B,E,F). Dados de precipitação do IMERG correspondem a toda a extensão do PNE e dados observados são provenientes da estação automática Jataí/GO, INMET*

Na distribuição temporal mensal da Fig. 5.4E,F, a frequência de dias com relâmpagos NS e secos segue o mesmo padrão da distribuição espacial, com mais ocorrências no período chuvoso e máximo em novembro, ultrapassando 90 dias neste mês para os cinco anos (2015-2019) no caso dos relâmpagos NS e 30 dias para os secos. Maior frequência de relâmpagos NS positivos ocorre de janeiro a abril; por outro lado, nenhum registro é observado durante os meses de junho e julho (Fig. 5.4E). Os relâmpagos secos positivos ocorrem em menor frequência, e nenhuma ocorrência é observada durante os meses de março, junho, julho e setembro.

A Fig. 5.4G mostra a frequência mensal de queimadas no PNE, e a maior ocorrência é notada nos meses de junho, julho, setembro e outubro. Embora a frequência de queimadas seja inversamente proporcional à de relâmpagos, focos são registrados durante todos os meses, inclusive nos meses mais chuvosos, e com maior frequência de relâmpagos, como já mostrado na distribuição espacial. Assim como na frequência anual, a ocorrência de queimadas não responde linearmente ao acumulado de precipitação, exceto nos meses de junho e julho (Fig. 5.4H). Por outro lado, o aumento de dias com queimadas nos meses de setembro e outubro ocorre ao mesmo tempo que o aumento de relâmpagos após a estação seca e o início da estação chuvosa.

5.2.3 Relação entre relâmpagos e queimadas

Após análise da distribuição e frequência de relâmpagos NS e secos e queimadas no PNE, investiga-se a relação entre esses eventos. A Fig. 5.5 mostra a distribuição espacial de focos de queimadas correspondente a relâmpagos NS (NFR) e a relâmpagos secos (NFRS). Essa correspondência indica a ocorrência simultânea de relâmpagos NS e secos e focos de queimadas no mesmo *pixel*, e, a partir dessa relação, pode-se quantificar os casos de queimadas relacionados a relâmpagos no PNE.

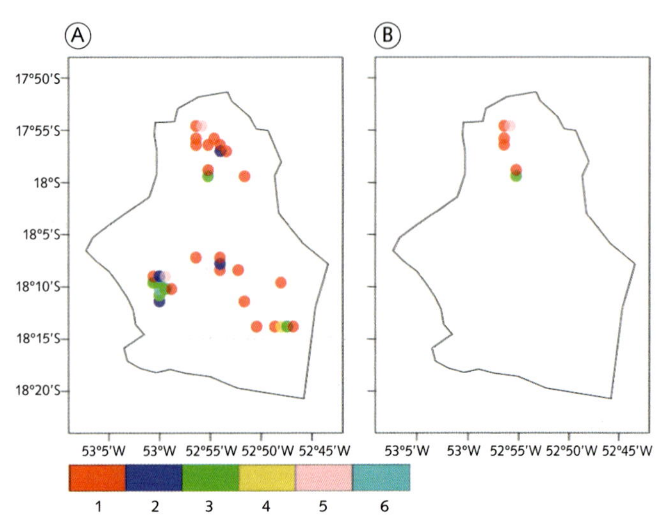

Fig. 5.5 *Distribuição espacial de (A) relâmpagos nuvem-solo correspondentes aos pixels de focos de queimadas (NFR) e (B) relâmpagos secos correspondentes aos pixels de focos de queimadas (NFRS) no Parque Nacional das Emas entre 2015 e 2019, com resolução espacial de 1 km. O número de casos é indicado pelos seis níveis na barra de cores*

Como esperado, a distribuição espacial de NFR apresenta mais ocorrências que a de NFRS, predominando nas regiões norte e centro-sul do PNE, e variando de 1 a 6 raios km^{-2}. Por outro lado, a distribuição de NFRS concentra-se apenas na região norte do PNE, entre 1 a 5 raios km^{-2}, a qual coincide com o acumulado mensal de queimadas e alta densidade de relâmpagos secos durante o mês de setembro (ver Fig. 5.3).

O total de 36 ocorrências de NFR responde a 6% do total de focos de queimadas e 3% do total de relâmpagos NS no PNE durante 2015 a 2019. Pela distribuição anual, tem-se aumento de 1% dos casos de NFR em 2019, os quais correspondem a 8% do total de focos de queimadas ocorridos durante o ano de 2019 no PNE, enquanto no ano de 2015 representam menos de 1% e, em 2017 e 2018, cerca de 7% (Fig. 5.6A).

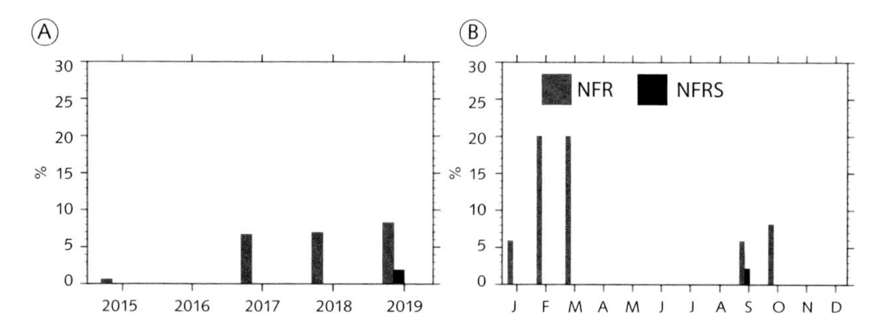

Fig. 5.6 *Porcentagem do número de casos de (A) relâmpagos nuvem-solo correspondentes aos* pixels *de focos de queimadas (NFR) e (B) relâmpagos secos correspondentes aos* pixels *de focos de queimadas (NFRS) em relação ao total de focos de queimadas no Parque Nacional das Emas*

Maior proporção entre NFR e focos é notada durante fevereiro e março, correspondendo a quase 20% das queimadas nesses meses (Fig. 5.6B), enquanto a maior frequência de NFR ocorre entre setembro e outubro (não mostrado). Ramos-Neto e Pivello (2000) também registraram maior incidência de queimadas por raios durante fevereiro e setembro, identificando que as queimas durante a estação seca apresentam maior poder destrutivo.

Por outro lado, os casos de NFRS são registrados apenas no ano de 2019, representando 2% do total de focos de queimadas ocorrido em setembro daquele ano (Fig. 5.5B). É importante destacar que o número de focos pode estar relacionado a eventos consecutivos, ou seja, o foco pode ter se iniciado a partir de uma ignição por relâmpagos secos e persistido por mais de um dia, sensibilizando vários *pixels*, o que leva a uma porcentagem mais baixa dessa relação.

Relâmpagos negativos são associados com a maioria dos casos de NFR e NFRS, com exceção de dois casos positivos registrados em 2019; contudo, a média diária é negativa. Esse resultado chama a atenção porque alguns trabalhos indicam a hipótese de ocorrências de queimadas associadas a relâmpagos positivos (Wotton; Martell, 2005; Chen et al., 2015; Moris et al., 2020); no entanto, estudos recentes também mostram maior frequência de queimadas associadas a relâmpagos negativos na porção oeste e continental dos Estados Unidos (Schultz et al., 2019; MacNamara; Schultz; Fuelberg, 2020). Sendo assim, a polaridade deve variar a depender do local.

Do total de 36 casos referentes ao NFR, oito datas podem estar relacionadas à ocorrência de queimadas naturais no PNE para o período de estudo: 09/2015, 10/2017, 03/2018, 01/2019, 02/2019, 09/2019 e 10/2019; já o NFRS está relacionado a apenas uma data adicional, 2 de setembro de 2019. De fato, aconteceu um grande incêndio atingindo cerca de 6 mil hectares do PNE nessa data, noticiada como sendo de origem natural – por raios (Lopes, 2019) – e também confirmada pelo ICMBio (2020). Em relação aos casos de NFR, apenas o caso em 2018 não confere com os registros do ICMBio, e três outros casos (setembro de 2015 e fevereiro de 2019) parecem ter sido registrados com um atraso de um a quatro dias em relação ao início da queimada por relâmpago, verificado pelo cruzamento de informações do ICMBio e focos de calor por satélite.

Em geral, esses resultados são alinhados com registros anteriores encontrados no PNE, embora com menor quantificação de casos quando comparados diretamente. Ramos-Neto e Pivello (2000) mapearam em campo 40 casos de queimadas naturais em quatro anos, enquanto neste trabalho quantificamos 36 em cinco anos. Medeiros e Fiedler (2003) contabilizaram, via informações do Ibama, cerca de 38 casos de queimadas por raios no Parque Nacional da Serra da Canastra (MG), durante o período de 1987 a 2001 (44% do total de 87 incêndios). França et al. (2004) e Pereira e França (2005) encontraram entre 13 e 14 casos durante cada período da estação chuvosa abrangendo outubro de 2002 a abril de 2003 e outubro de 2003 a abril de 2004; neste trabalho quantificamos o total de 22 casos ocorrendo durante a estação chuvosa entre 2015 a 2019.

Contudo, existem algumas limitações do método utilizado nessa quantificação, como ignições decorrentes de relâmpagos que não são detectadas pelo sensor do satélite devido à presença de nuvens, queimadas de pequena duração, abrangência pequena da área queimada ou supressão do fogo logo após a ignição. Considerando essas limitações, as quantificações podem ser ainda maiores do que as obtidas. Além disso, erros ou falta de registros sobre as ocorrências de queimadas por causa natural para melhor validar os resultados impõem limitação na análise. Ainda, o limiar de precipitação utilizado para classificar os relâmpagos NS em secos pode não corresponder adequadamente à região. Isso é claramente observado pela diferença de casos entre NFR e NFRS, destacando-se as ocorrências de queimadas naturais com limiares de precipitação maiores que 2,5 mm/dia.

5.3 Considerações finais

O presente estudo avaliou a distribuição espaçotemporal de relâmpagos NS, secos e focos de queimadas no PNE durante o período de 2015 a 2019. Também investigou com dados de sensoriamento remoto a relação entre relâmpagos e a ocorrência de queimadas. De modo geral, esses resultados ilustram e quantificam as possíveis ocorrências de queimadas de origem natural, usando a classificação de relâmpagos NS e secos.

A distribuição de relâmpagos NS e secos apresenta forte influência da sazonalidade, com maior ocorrência durante o período chuvoso, entre outubro e março. A distribuição de densidade total de relâmpagos NS e secos ocorre principalmente nas regiões sudoeste e central do PNE, enquanto a maior concentração de focos de queimadas está na porção norte e sudoeste, com acumulado anual de 9 raios/focos km^{-2} ano^{-1}.

O período de máxima ocorrência de focos de queimadas ocorre na estação seca e no início da estação chuvosa, em junho, julho, setembro e outubro, e estes dois últimos meses coincidem com alta frequência e densidade de relâmpagos NS e secos. A incidência diária de relâmpagos NS e secos indica 92% deles com polaridade negativa durante o período de estudo.

Usando uma combinação simultânea de ocorrências de relâmpagos e focos de queimadas no mesmo *pixel*, obteve-se um total de 36 casos de queimadas por relâmpagos NS e apenas seis casos em relação aos relâmpagos secos durante 2015 a 2019. Esses resultados indicam maior ocorrência de queimadas por raios com precipitação acima de 2,5 mm/dia. Todos os casos foram associados com relâmpagos negativos. Do total de casos quantificados, oito datas identificadas foram associadas à incidência de relâmpagos NS e um caso a relâmpago seco; a maioria dos casos quantificados corresponde aos registros como causa natural pelo ICMBio.

Essas quantificações de queimadas por relâmpagos no PNE são compatíveis com os totais de casos registrados por Ramos-Neto e Pivello (2000), com o total de 40 casos entre 1995 e 1999. Desse modo, o total de 36 casos entre 2015 e 2019 indica que o manejo de fogo no PNE mantém equilíbrio na frequência de queimadas de causa natural, com a possível eficiência do manejo por aceiros para a diminuição de material combustível.

Em conclusão, este trabalho analisa de maneira inovadora a relação entre a ocorrência de relâmpagos e os focos de queimadas obtidos automaticamente no PNE, e indica que essa relação pode ser usada no reconhecimento de queimadas naturais, abrindo nova perspectiva de pesquisas na área. Além de permitir monitoramento rotineiro entre raios e focos de queima de vegetação, essa técnica poderá ser considerada na previsão de risco de fogo por relâmpagos, beneficiando o manejo do fogo em áreas de conservação, tais como o PNE.

Agradecimentos

Agradecemos ao Projeto MCTIC-Banco Mundial FIP-FM Cerrado/Inpe-Risco (P143185/TF0A1787), Desenvolvimento de Sistemas de Prevenção de Incêndios Florestais e Monitoramento da Cobertura Vegetal no Cerrado Brasileiro. Somos gratos a João Paulo Morita, coordenador de Prevenção e Combate a Incêndios do ICMBio, pelas informações sobre ocorrências de queimadas por raios, ao Dr. Kleber Naccarato do Inpe-CCST-Elat pelos dados de descarga elétrica da BrasilDAT, e ao Dr. Marcelo Saba do Inpe-CCST-Elat pelos comentários e sugestões.

Referências bibliográficas

ABATZOGLOU, J. T.; KOLDEN, C. A.; BALCH, J. K.; BRADLEY, B. A. Controls on Interannual Variability in Lightning-Caused Fire Activity in the Western US. *Environ. Res. Lett.*, v. 11, 2016.

ABDOLLAHI, M.; DEWAN, A.; HASSAN, Q. K. Applicability of Remote Sensing-Based Vegetation Water Content in Modeling Lightning-Caused Forest Fire Occurrences. *ISPRS Int. J. Geo-Information*, v. 8, n. 1, 2019.

BOURSCHEIDT V.; PINTO, O.; NACCARATO, K. P.; PINTO, I. R. C. A. The Influence of Topography on the Cloud-To-Ground Lightning Density in South Brazil. *Atmos. Res.*, v. 91, p. 508-513, 2009.

BRASILDAT – SISTEMA BRASILEIRO DE DETECÇÃO DE DESCARGAS ATMOSFÉRICAS. *Mapa de raios em tempo real*. ELAT, 2020. <http://www.inpe.br/webelat/homepage/>. Dados solicitados e recebidos em 28 fev. 2020.

CHEN, F.; DU, Y.; NIU, S.; ZHAO, J. Modeling Forest Lightning Fire Occurrence in the Daxinganling Mountains of Northeastern China with MAXENT. *Forests*, v. 6, p. 1422-1438, 2015.

COUTINHO, L. M. Fire in the Ecology of Brasilian Cerrado. In: GOLDAMMER, J. G. (Ed.). *Fire in the Tropical Biota*: Ecological Processes and Global Challenges. Ecological Studies. Berlin: Springer-Verlang, 1990. p. 82-105.

DA SILVA, D. M.; BATALHA, M. A. Soil-Vegetation Relationships in Cerrados under Different Fire Frequencies. *Plant Soil*, v. 311, p. 87-96, 2008.

DOWDY, A. J. Climatology of Thunderstorms, Convective Rainfall and Dry Lightning Environments in Australia. *Clim. Dyn.*, v. 54, p. 3041-3052, 2020.

DURIGAN, G.; RATTER, J. A. The Need for a Consistent Fire Policy for Cerrado Conservation. *J. Appl. Ecol.*, v. 53, p. 11-15, 2016.

FERNANDES, W. A.; PINTO, I. R. C. A.; PINTO, O.; LONGO, K. M.; FREITAS, S. R. New Findings about the Influence of Smoke from Fires on the Cloud-to-Ground Lightning Characteristics in the Amazon Region. *Geophys. Res. Lett.*, v. 33, p. 4-7, 2006. Disponível em: < http://www.inpe.br/webelat/docs/artigos/Fernandes_ua_GRL_2006.pdf>.

FONSECA, M. G.; ALVES, L. M.; AGUIAR, A. P. D. et al. Effects of Climate and Land-Use Change Scenarios on Fire Probability during the 21st Century in the Brazilian Amazon. *Glob. Chang. Biol.*, v. 25, p. 2931-2946, 2019.

FRANÇA, H.; PEREIRA, A.; PINTO, J. R. O.; FERNANDES, W. A.; GOMEZ, R. P. S. Ocorrências de raios e queimadas naturais no Parque Nacional de Emas, GO, na estação chuvosa de 2002-2003. In: CONGRESSO BRASILEIRO DE UNIDADES DE CONSERVAÇÃO., Curitiba. *Anais*... v. 1, 2004. p. 417-425.

FRANÇA, H.; RAMOS-NETO, M. B.; SETZER, A. *O fogo no Parque Nacional das Emas*. MMA, 2007. 140 p. (Série Biodiversidade, v. 27.)

HUFFMAN, G. J.; BOLVIN, D. T.; NELKIN, E. J.; TAN, J. *Integrated Multi-Satellite Retrievals for GPM (IMERG) Technical Documentation*. IMERG Tech Document. Nasa, 9 Sep. 2019. p. 71. Disponível em: <https://gpm.nasa.gov/data/directory>.

IBAMA – INSTITUTO BRASILEIRO DO MEIO AMBIENTE E DOS RECURSOS NATURAIS RENOVÁVEIS. *Plano de Manejo do Parque Nacional das Emas*. Brasília: Ibama, 2006). Disponível em: <http://www.ibama.gov.br/phocadownload/prevfogo/planos_operativos/15-parque_nacional_emas-go.pdf>. Acesso em: 5 mar. 2020.

ICMBIO – INSTITUTO CHICO MENDES DE CONSERVAÇÃO DA BIODIVERSIDADE. Comunicação pessoal via e-mail, 5 mar. 2020.

INPE – INSTITUTO NACIONAL DE PESQUISAS ESPACIAIS. *Programa Queimadas do Instituto Nacional de Pesquisas Espaciais*. Inpe, 2020. Disponível em: <https://queimadas.dgi.inpe.br/queimadas/portal >. Acesso em: 5 jan. 2020.

LOPES, L. Parque Nacional das Emas tem mais de 6 mil hectares destruídos pelo fogo. *G1*, Goiás, 3 set. 2019. Disponível em: <https://g1.globo.com/go/goias/noticia/2019/09/03/parque-nacional-das-emas-tem-mais-de-6-mil-hectares-destruidos-pelo-fogo.ghtml>. Acesso em: 27 maio 2020.

MACNAMARA, B. R.; SCHULTZ, C. J.; FUELBERG, H. E. Flash Characteristics and Precipitation Metrics of Western U.S. Lightning-Initiated Wildfires from 2017. *Fire*, v. 3, n. 5, 2020.

MEDEIROS, M. B.; FIEDLER, N. C. Incêndios florestais no Parque Nacional da Serra da Canastra: desafios para a conservação da biodiversidade. *Ciência Florestal*, St. Maria, v. 14, p. 157-168, 2003.

MIRANDA, H. S. et al. Queimadas de Cerrado: caracterização e impactos. In: AGUIAR, L. M. S.; CAMARGO, A. J. A. (Eds.). *Cerrado*: ecologia e caracterização. Planaltina: Embrapa Cerrados, 2004. p. 69-123.

MORIS, J. V.; CONEDERA, M.; NISI, L. et al. Lightning-Caused Fires in the Alps: Identifying the Igniting Strokes. *Agric. For Meteorol.*, v. 290, 107990, 2020.

NACCARATO, K. P.; SANTOS, W. A.; CARRETERO, M. A. et al. Total Lightning Flash Detection from Space A CubeSat Approach. In: 24TH INT. LIGHT DETECT CONF., 7., 2016.

NAUSLAR, N.; BROWN, R.; WALLMANN, D. A Forecast Procedure for Dry Lightning Potential. *AmsConfexCom*, v. 1, p. 200-214, 2008.

PAULUCCI, T. B.; FRANÇA, G. B.; LIBONATI, R.; RAMOS, A. M. Long-Term Spatial-Temporal Characterization of Cloud-to-Ground Lightning in the Metropolitan Region of Rio de Janeiro. *Pure Appl. Geophys.*, v. 176, p. 5161-5175, 2019.

PEREIRA, A.; FRANÇA, H. Identificação de queimadas naturais ocorridas no período chuvoso de 2003-2004 no Parque Nacional das Emas, Brasil, por meio de imagens dos sensores do satélite CBERS-2. In: XII SIMPÓSIO BRAS. SENSORIAMENTO REMOTO, 3245-3252, 2005.

PINEDA, N.; MONTANYÀ, J.; VAN DER VELDE, O. A. Characteristics of Lightning Related to Wildfire Ignitions in Catalonia. *Atmos. Res.*, 135-136:380-387, 2014.

PINTO JR., O.; PINTO, I. R. C. A. BrasilDAT Dataset: Combining Data from Different Lightning Locating Systems to Obtain More Precise Lightning Information. In: 25TH INT. LIGHT DETECT CONF.; 7TH INT. LIGHT METEOROL. CONF., Florida, USA, March 12-1 2018.

PINTO JR., O.; PINTO, I. R. C. A.; DE CAMPOS, D. R.; NACCARATO, K. P. Climatology of Large Peak Current Cloud-to-Ground Lightning Flashes in Southeastern Brazil. *Journal of Geophysical Research*: Atmospheres, v. 114, D16, 2009.

RAMOS-NETO, M. B.; PIVELLO, V. R. Lightning Fires in a Brazilian Savanna National Park: Rethinking Management Strategies. *Environ. Manage.*, v. 26, p. 675-684, 2000.

SCHULTZ, C. J.; NAUSLAR, N. J.; WACHTER, J. B. et al. Spatial, Temporal and Electrical Characteristics of Lightning in Reported Lightning-Initiated Wildfire Events. *Fire*, v. 2, n. 18, 2019.

SILVA, D. M. da; LOIOLA, P. de P.; ROSATTI, N. B. et al. Os efeitos dos regimes de fogo sobre a vegetação de cerrado no Parque Nacional das Emas, GO: considerações para a conservação da diversidade. *Biodiversidade Bras.*, v. 1, p. 26-39, 2011.

VICENTINI, K. R. F. *História do Fogo no Cerrado*: uma análise palinológica. 1999. Tese (Doutorado em Ecologia) – Universidade de Brasília, UnB, Brasília, 1999.

WOTTON, B. M.; MARTELL, D. L. A Lightning Fire Occurrence Model for Ontario. *Can. J. For Res.*, v. 35, p. 1389-1401, 2005.

YE, T.; WANG, Y.; GUO, Z.; LI, Y. Factor Contribution to Fire Occurrence, Size, & Burn Probability in a Subtropical Coniferous Forest in East China. *PLoS One*, v. 12, p. 1-18, 2017.

Queima de vegetação em áreas protegidas na Caatinga (2000-2012)

Alberto W. Setzer, Silvia Cristina de Jesus, Fabiano Morelli, Luis E. Maurano, Pedro A. Lagden de Souza

A Caatinga abrange uma área de 844.500 km² (IBGE, 2021) e cobre parte dos Estados da Bahia, Ceará, Maranhão, Pernambuco, Paraíba, Piauí, Rio Grande do Norte, Sergipe e Minas Gerais – ver Fig. 6.1A. Suas maiores extensões de áreas protegidas (APs) estão na Bahia (19.810 km²), Piauí (18.000 km²) e Ceará (9.500 km²), sendo que o Piauí é o Estado com maior porcentual desse bioma em relação à extensão estadual (11%) – ver mais detalhes na Tab. 6.1. As áreas protegidas abrangem 30 territórios indígenas (TIs), 28 unidades de conservação estaduais (UCEs) e 15 unidades de conservação federais (UCFs), os quais cobrem 2.210 km², 16.580 km² e 34.940 km², respectivamente, num total de 53.160 km², ou 6,4% da extensão original do bioma, dos quais 590 km² são de sobreposição entre algumas delas (ISA, 2021; ICMBio, 2021; IBGE, 2021; Brasil, 2012b). Nesses valores não estão consideradas reservas particulares do patrimônio natural (RPPNs) e áreas municipais de proteção, que correspondem a ~1.000 km², ou seja, cerca de 0,1% da Caatinga (Maciel, 2010).

O domínio da Caatinga apresenta índices pluviométricos que variam de 250 mm a 900 mm anuais, sendo que em sua maior parte chove menos de 750 mm anuais, concentrados e distribuídos irregularmente no período de novembro a junho; já a temperatura média anual varia em torno de 26 °C. Climaticamente, segundo a classificação Köppen-Geiger, predomina o tipo BSh semiárido quente, com regiões de Aw savânico (Briggs; Smithson, 1986); conforme Nimer (1989), o padrão é tropical quente semiárido, com períodos de seca variando de 6 a 11 meses.

Associada aos períodos de estiagem prolongados e aos aspectos antrópicos do uso do fogo na agropecuária e nos desmatamentos, a ocorrência de queimadas e incêndios florestais é marcante na Caatinga. A Fig. 6.1B mostra a distribuição espacial da densidade de focos de queima de vegetação no bioma para o ano de 2012, com 16.522 detecções pelo satélite de referência (SR) e 74.595 por todos os satélites utilizados no monitoramento do Inpe (Inpe, 2020a, 2020b). Em comparações espaciais e temporais, utiliza-se apenas o SR.

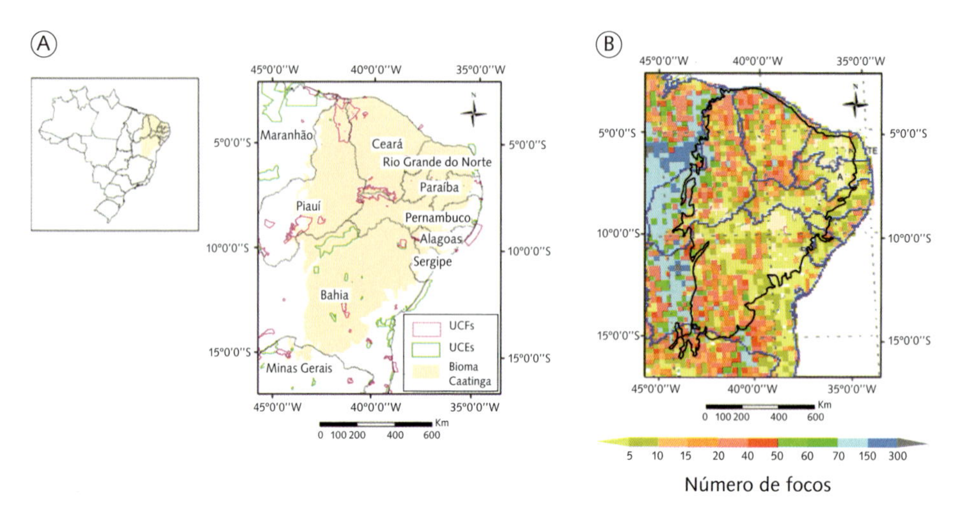

Fig. 6.1 *(A) Abrangência do bioma Caatinga e localização de suas áreas protegidas (ISA, 2021; ICMBio, 2021; IBGE, 2021) e (B) densidade de focos de queima em 2012, em grade de 25 × 25 km (Inpe, 2020b)*

Tab. 6.1 Resumo dos principais resultados da comparação de ocorrência de focos de queimas em áreas protegidas na Caatinga no período de janeiro de 2000 a dezembro de 2012

	AL	BA	CE	MA	MG	PB	PE	PI	RN	SE	Total
Área do Estado (km^2)	27.771	564.717	148.832	331.974	586.539	56.465	98.302	251.539	52.803	21.909	2.140.851
Área de Caatinga (km^2)	12.999	300.932	148.823	3.750	11.094	51.376	81.131	158.085	49.693	10.024	827.908
AP no Estado (km^2)	536	32.498	9.507	81.030	21.108	477	5.759	27.944	544	235	179.638
AP de Caatinga (km^2)	240	19.809	9.499	97	175	4	5.215	18.001	20	99	53.159
% AP na Caatinga	2%	7%	6%	3%	2%	0%	6%	11%	0%	1%	6,40%
Nº APs na Caatinga	7	24	16	2	4	2	12	8	3	2	73*
Área de Caatinga não protegida (km^2)	12.759	281.123	139.324	3.653	10.919	51.372	75.916	140.084	49.673	9.925	774.749

Tab. 6.1 (Continuação)

	AL	BA	CE	MA	MG	PB	PE	PI	RN	SE	Total
Total de focos nas APs – SR	24	2.582	5.176	42	64	-	1.633	5.547	1	-	15.069
N° APs com focos – SR	3	15	14	2	4	-	11	8	1	-	53*
% APs com focos – SR	43%	63%	88%	100%	100%	0%	92%	100%	33%	0%	73% *
Total de focos nas APs – todos os satélites	105	11.067	17.907	364	280	2	7.009	22.474	3	28	59.239
N° APs com focos – todos os satélites	4	20	15	2	4	1	11	8	1	2	63*
% APs com focos – todos os satélites	57%	83%	94%	100%	100%	50%	92%	100%	33%	100%	84% *
Total de focos na Caatinga – SR	211	15.335	16.507	2.313	856	2.698	4.942	21.016	1.434	223	65.535
Total de focos na Caatinga – todos os satélites	7.012	241.060	253.283	7.436	15.169	40.227	65.626	238.480	22.442	4.593	895.328

AP = área protegida; SR = satélite de referência.
**Os valores totais diferem da soma dos valores estaduais, pois algumas APs abrangem mais de um Estado.*

A Fig. 6.2 mostra, para o período 2000-2012, a variação temporal mensal da média, do máximo e do mínimo de focos de queima na Caatinga segundo o SR, juntamente com os totais de precipitação para um local típico. Nessa figura, nota-se que o fogo ocorre com maior frequência no período de estiagem, de agosto a novembro, quando não há incidência de relâmpagos e, portanto, decorrendo essencialmente de ações antrópicas – acidentais ou intencionais. A Fig. 6.3 (p. 138) ilustra a distinção entre períodos úmidos e de estiagem na Caatinga; considera-se ainda que a intensidade dos ventos contribui para a propagação do fogo e a maior extensão das áreas queimadas. O fogo na vegetação é uma das principais causas de perturbações ambientais, sendo necessárias décadas para a regeneração das comunidades biológicas atingidas; em particular, o fogo de origem antrópica, em épocas e com recorrência não naturais, compromete a estrutura dos ecossistemas (Sampaio et al., 1998).

As áreas protegidas devem preservar os ecossistemas naturais, restringindo atividades antrópicas. Algumas UCs na Caatinga possuem plano de manejo de fogo

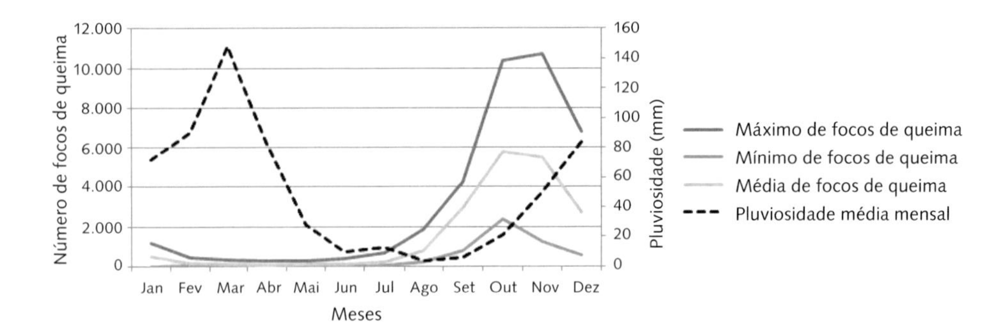

Fig. 6.2 *Valores de mínimo, máximo e média mensais de focos de queima no bioma Caatinga conforme o SR, no período de 2000 a 2012 (Inpe, 2020b), e pluviosidade média mensal do município de Petrolina (PE) (9,38° S, 48,48° W, período: 1961-1990) (Embrapa, 2014)*

(Ibama, 2006a, 2006b, 2006c; ICMBio, 2007), o que, entretanto, não tem impedido que quase anualmente elas sejam afetadas por incêndios significativos. Adicionalmente, inexistem levantamentos espaciais e temporais do impacto do fogo nessas áreas, e o que se constata com dados de satélites de baixa resolução espacial (1 km), como mostrado na Fig. 6.1B, é que tais áreas são afetadas intensamente pelo fogo.

Nesse contexto, este capítulo tem por objetivo quantificar espacial e temporalmente a ocorrência de fogo nas Ucs e TIs da Caatinga, usando detecções com satélites, e compará-la com a situação nas áreas não protegidas desse bioma. O período estudado (2000 a 2012) inclui anos de estiagem mais intensa e também a implementação de planos de manejo de fogo em UCs e o crescimento de projetos agropecuários nas áreas não protegidas, criando uma conjuntura dinâmica e diversificada para análise dos resultados e das políticas de preservação ambiental. Os resultados apresentados podem subsidiar futuras políticas de gestão do uso do fogo mais eficientes do que as atuais.

6.1 Dados e resultados

Os arquivos vetoriais com os limites das UCEs e UCFs e dos TIs foram fornecidos pelo Instituto Chico Mendes de Conservação da Biodiversidade (ICMBio, 2021) e pelo Instituto Socioambiental (ISA, 2021), e os limites das ecorregiões e dos Estados brasileiros são os do Instituto Brasileiro de Geografia e Estatística (IBGE, 2021).

Foram três as categorias de UCs consideradas (Brasil, 2000): (i) uso sustentável, com 17.800 km² (69%), compreendendo floresta nacional (FLONA), área de proteção ambiental (APA), área de significante interesse ecológico (ARIE) e reserva extrativista (RESEX); (ii) proteção integral, com 8.090 km² (31%), para estação ecológica (ESEC), monumento natural (MONAT), parque nacional (PARNA), parque estadual (PES), reserva biológica (REBIO) e reserva ecológica (RESEC); (iii) de "combustão espontânea" da vegetação, popular no folclore e sem registros confiáveis, que contraria as leis da física.

A ocorrência dos focos de queima nas APs está detalhada na Tab. 6.2. A comparação do número de focos em áreas de tamanhos diferentes também foi feita pela densidade deles, em "focos por 10^3 km^2", ou seja, considerando a extensão das APs. A Fig. 6.5A mostra as variações anuais da densidade de focos da série do SR em TIs, UCEs, UCFs e áreas não protegidas, cabendo notar que são semelhantes às dos focos na Fig. 6.4. Todas as curvas referentes às áreas protegidas têm variação crescente, sendo esperado que áreas protegidas sejam menos impactadas pelo fogo antrópico.

Entre 2005 e 2009, a extensão de áreas protegidas no bioma aumentou em ~30.500 km^2, correspondendo a 57% do total protegido de 53.160 km^2 em 2012 (Brasil, 2011b). Em 11 dos 13 anos estudados, a densidade de focos de queima em UCFs foi superior à de áreas não protegidas, provavelmente porque 98% da extensão das UCFs de uso sustentável estão em APAs, onde são permitidas atividades humanas, dentro do conceito de "proteger a diversidade biológica, disciplinar o processo de ocupação e assegurar a sustentabilidade do uso dos recursos naturais" (Brasil, 2000); em outras palavras, essas áreas deveriam conciliar a presença humana e seus interesses econômicos com a conservação dos recursos naturais. Apesar disso, os dados indicam que a população nas APAs utiliza o fogo constantemente para a limpeza de terrenos ou em atividades agropastoris, em desacordo com a legislação vigente, e com mais frequência que nas áreas não protegidas. Essa interpretação condiz com o aumento de áreas protegidas no período, mantidos a tradição e o controle ineficiente do uso do fogo na vegetação.

Espera-se que a densidade de focos de queima em UCs de uso sustentável seja maior do que a de unidades de proteção integral, o que de modo geral ocorre na Caatinga, como mostra a Fig. 6.5B. Comparando a variação ao longo do tempo da densidade de focos SR em UCs de proteção integral e de uso sustentável com a de áreas não protegidas, o controle do fogo na primeira categoria se mostra mais eficaz. De acordo com a Fig. 6.5B, em 2008 houve uma exceção, quando a densidade de focos em UCs de proteção integral foi superior à das ANPs. Esse fato é explicado como decorrente dos três grandes incêndios de origem antrópica no Parque Nacional da Chapada Diamantina (BA), que nos meses de outubro e novembro consumiram 637 km^2, ou seja, 42% de sua área (Mesquita et al., 2011). Esses incêndios foram detectados por 230 focos SR em todo o ano, com 182 deles (79%) em novembro, e por 1.568 focos de todos os satélites, com 1.312 deles (84%) em novembro. Ainda segundo Mesquita et al. (2011), esse evento foi associado ao déficit hídrico na região e à remoção do gado bovino, que resultou no acúmulo de biomassa combustível.

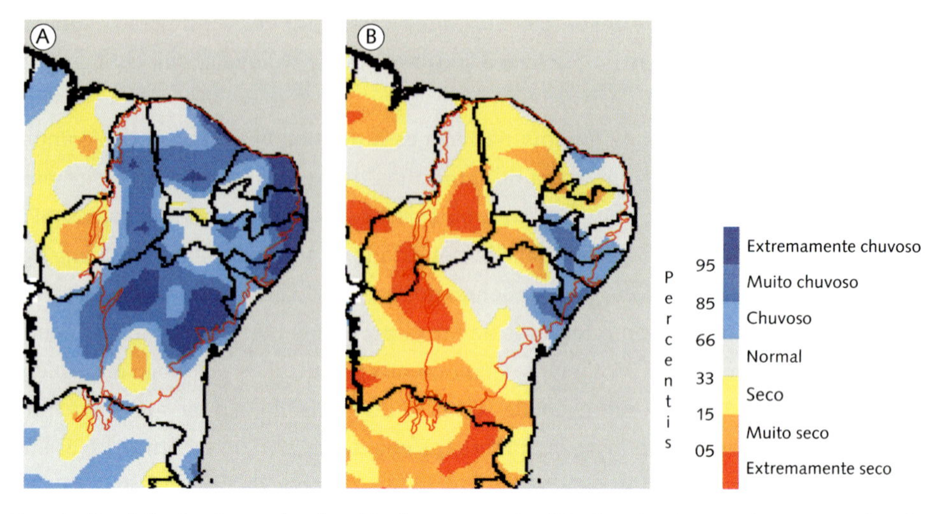

Fig. 6.3 *Precipitação observada, classificada por quantis: (A) trimestre de setembro a novembro de 2000; (B) trimestre de setembro a novembro de 2003*
Fonte: Inmet (s.d.).

Tab. 6.2 Ocorrência anual de focos de queimas em áreas protegidas (satélite de referência)

Ano	Número de focos de queima, satélite de referência						
	TIs	UCEs	UCFs	Total APs*	Posição	ANPs	Posição
2000	1	91	338	430	13ª	8.331	13ª
2001	10	226	790	1.026	11ª	17.583	6ª
2002	7	141	1.243	1.391	4ª	23.190	3ª
2003	16	186	1.337	1.539	2ª	30.487	1ª
2004	8	137	1.383	1.542	1ª	25.195	2ª
2005	16	83	1.141	1.240	7ª	21.304	4ª
2006	7	34	666	707	12ª	11.202	12ª
2007	32	164	868	1.064	9ª	17.407	8ª
2008	25	174	1.051	1.250	6ª	15.999	9ª
2009	20	118	932	1.070	8ª	13.651	11ª
2010	35	222	1.254	1.511	3ª	17.587	5ª
2011	33	213	796	1.042	10ª	17.563	7ª
2012	30	294	1.014	1.338	5ª	15.189	10ª
Total	240	2.083	12.827	15.150	–	234.688	–

AP = área protegida; ANP = área não protegida.
**O total de focos na coluna AP difere da soma dos valores das colunas TIs, UCEs e UCFs, pois há casos de sobreposição entre elas.*

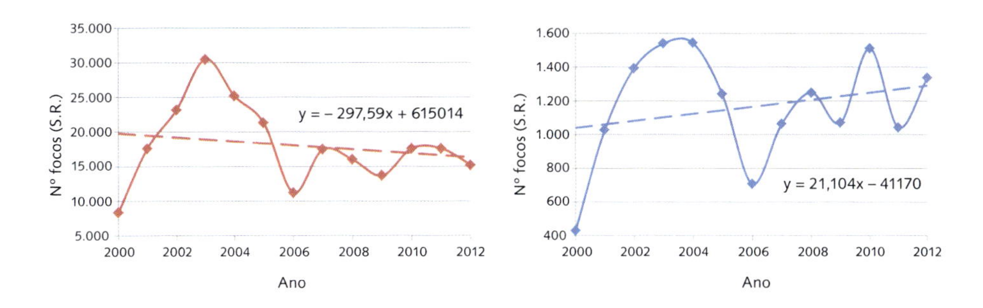

Fig. 6.4 *Variação anual do total de focos de queima na Caatinga detectados pelo SR, com máximo no período 2002-2004, em: (A) áreas não protegidas da Caatinga e (B) áreas protegidas*

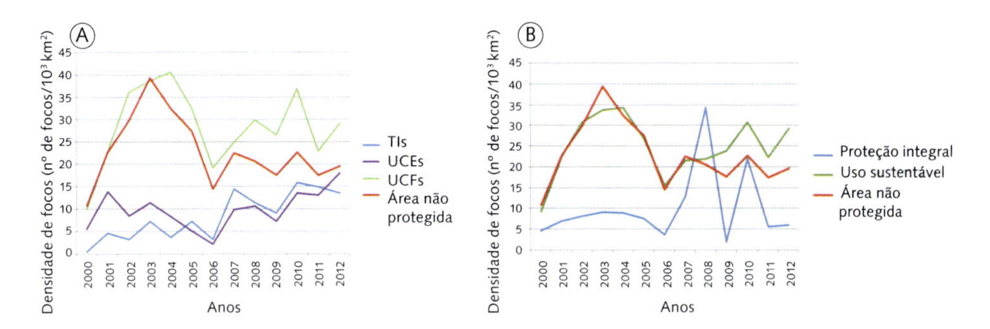

Fig. 6.5 *Variação da densidade de focos de queima no período 2000-2012, em: (A) TIs, UCEs, UCFs e áreas não protegidas e (B) UCFs de proteção integral e uso sustentável. Dados do satélite de referência. Nota-se que, conforme as linhas verdes, as UCFs quase sempre apresentam maior densidade de focos de queima*

As curvas das médias mensais de ocorrência de focos do SR em todo o bioma e nas áreas protegidas são apresentadas na Fig. 6.6. As UCEs e UCFs têm padrões sazonais de ocorrência de fogo semelhantes aos de todo o bioma entre os meses de julho e setembro; por outro lado, apesar do baixo número de focos, o período de maior ocorrência em territórios indígenas é mais extenso e tardio, de agosto a fevereiro. Esses dados devem ser interpretados no contexto climático da precipitação regional, com a estiagem dominando nos meses de abril a novembro (Embrapa, 2014). Em particular, os TIs apresentaram uma ordem de magnitude a menos de casos que as UCEs, e duas a menos que as UCFs, e, pelo fato de o número médio mensal de focos ser abaixo de cinco, os dados dos TIs podem não ser representativos quanto à sazonalidade.

Uma das dificuldades de gestão do fogo em áreas protegidas resulta da sobreposição entre UCs de uso da terra sustentável com duas UCs de proteção integral: (i) entre a APA e o PARNA Cavernas do Peruaçu, localizados na zona de tran-

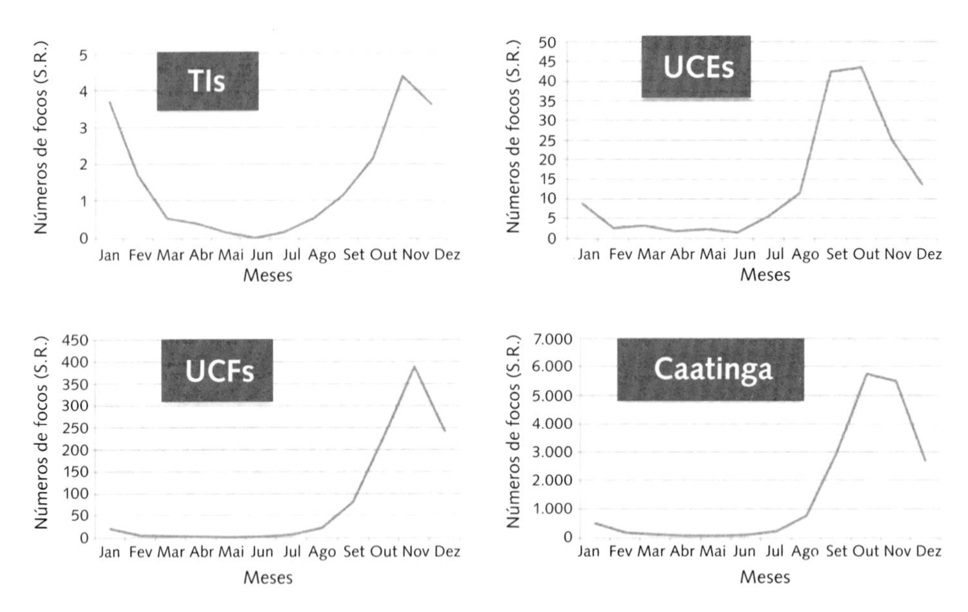

FIG. 6.6 *Média mensal da ocorrência de focos de queima nas APs e em todo o bioma Caatinga no período 2000-2012, conforme o satélite de referência*

sição para o bioma Cerrado, com 32 km² de sobreposição no bioma Caatinga, que correspondem a 70% da APA e a 73% do PARNA; e (ii) do PARNA de Sete Cidades (PI), com 63 km², totalmente inserido na APA Serra da Ibiapaba. A Fig. 6.7 ilustra essas áreas de sobreposição. No entorno do PARNA de Sete Cidades, há propriedades agrícolas com cultura de subsistência e pecuária extensiva, com uso do fogo para renovação de pastagens (Ibama, 2005).

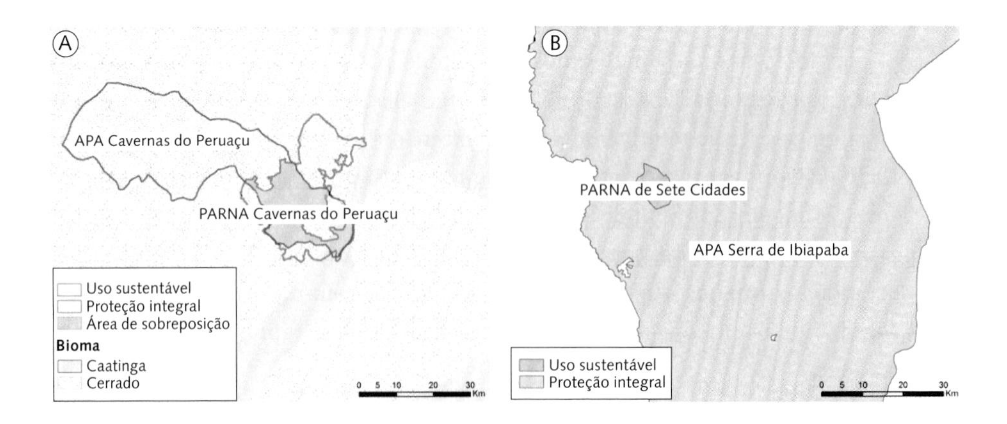

FIG. 6.7 *Casos de sobreposição entre UCs de uso sustentável e de proteção integral: (A) APA e PARNA Cavernas do Peruaçu, e (B) PARNA de Sete Cidades e APA Serra da Ibiapaba*

6.1.1 Unidades de Conservação Federais (UCFs)

Todos os Estados que abrangem o bioma Caatinga têm áreas protegidas em UCFs, e a Tab. 6.3 mostra os principais resultados da ocorrência de focos de queima de vegetação nessas áreas no período de 2000 a 2012. Não foram detectados focos (todos os satélites) nas seguintes UCFs de uso sustentável: FLONA de Açu (RN), com 2 km²; RESEX de Batoque (CE), com 6 km²; e RESEX Prainha do Canto Verde (CE), com 6 km². Nas UCFs de proteção integral, apenas a REBIO de Serra Negra (PI), com 6 km², não registrou focos. Os Estados de Pernambuco e Sergipe não apresentaram focos SR em suas UCFs no período, o que é interpretado como resultante da pequena superfície protegida, de 1 km² e 65 km², respectivamente. No Ceará, nota-se aumento de focos até 2004 e uma tendência de redução desde então. Um caso notável é o da APA Delta do Parnaíba, nos Estados de Ceará, Maranhão e Piauí, que a partir de 2006 teve aumento de quase dez vezes nas detecções anuais de focos. Documentos do ICMBio e buscas bibliográficas não indicaram possíveis razões.

Os PARNAs da Chapada Diamantina (BA) e da Serra das Confusões (PI) apresentaram focos de queima em todos os anos do período, com máximo em 2008 (230 focos, SR) e 2010 (109 focos, SR), respectivamente – ver Tab. 6.4. Este último está localizado em região de ecótono, na transição entre Caatinga e Cerrado. As APAs abrangem 99% dos 11.878 focos SR em UCFs de uso sustentável no período de estudo, com pico de 1.357 focos em 2004. As grandes extensões e as finalidades dessa categoria de UC, que não são restritivas quanto ao uso do solo, explicam parcialmente a alta ocorrência de focos nela constatada.

O Ministério do Meio Ambiente e o PrevFogo/Ibama elaboraram o Plano de Prevenção e Combate aos Incêndios da ESEC de Aiuaba/CE (Ibama, 2006a) e do PARNA da Serra da Capivara/PI (Ibama, 2006c). Essas unidades não apresentaram focos SR a partir de 2006, ano da divulgação do documento. Por outro lado, o mesmo tipo de documento foi elaborado para o PARNA Cavernas do Peruaçu/MG (Ibama, 2006b), que apresentou 21 focos SR em 2010, um número muito superior à média de oito focos por ano. Essa unidade está localizada na transição entre a Caatinga e o Cerrado e sofre interferência das ocorrências de fogo do bioma adjacente. O ano de 2010 foi representativo, com ocorrência muito acima da média de focos de queima nos 175 km² de Caatinga protegida no complexo APA-PARNA Cavernas do Peruaçu, de 40 focos SR detectados nesse complexo, total anual que correspondeu a 25% do que foi detectado nos 13 anos do período de estudo.

De acordo com o Sistema Nacional de Unidades de Conservação (SNUC) (Brasil, 2000), a zona de amortecimento é "o entorno de uma unidade de conservação, onde as atividades humanas estão sujeitas a normas e restrições específicas, com o propósito de minimizar os impactos negativos sobre a unidade". A extensão que

Tab. 6.3 Principais resultados sobre a ocorrência de focos de queima nas UCFs

	AL	BA	CE	MA	MG	PB	PE	PI	RN	SE	Total
Área das UCFs (km²)	114	2.836	9.739	53	91	1	4.026	17.999	13	65	34.939
Número UCFs	1	5	10	1	2	1	4	7	2	1	28
% Área protegida na Caatinga em UCFs	1%	1%	7%	1%	1%	0%	5%	11%	0%	1%	4%
Quantidade de UCFs com focos (SR)	1	3	9	1	2	–	3	7	1	–	22
% UCFs com focos (SR)	100%	60%	90%	100%	100%	0%	75%	100%	50%	0%	79%
Quantidade de UCFs com focos (todos os satélites)	1	5	10	1	2	1	3	7	1	1	25
% UCFs com focos (todos os satélites)	100%	100%	100%	100%	100%	100%	75%	100%	50%	100%	89%
Focos SR											
2000	–	15	112	–	2	–	50	159	–	–	338
2001	–	27	344	3	4	–	64	348	–	–	790
2002	–	18	560	–	4	–	112	549	–	–	1.243
2003	6	23	648	–	1	–	141	518	–	–	1.337
2004	–	26	672	–	5	–	113	581	–	–	1.397
2005	–	39	510	–	–	–	90	501	–	–	1.141
2006	–	17	352	1	6	–	50	240	–	–	666
2007	1	68	270	–	1	–	170	358	–	–	868
2008	–	237	314	1	–	–	140	359	–	–	1.051
2009	–	9	371	1	–	–	132	419	–	–	932
2010	–	19	357	2	40	–	166	670	–	–	1.254
2011	–	13	286	6	–	–	142	349	–	–	796
2012	–	39	375	5	2	–	101	492	–	–	1014
Total de focos (SR) – 2000-2012	7	550	5.171	19	65	–	1.471	5.543	1	–	12.827
Total de focos (todos os satélites) –2000-2012	29	3.049	17.745	107	158	2	6.397	22.403	3	21	49.914

TAB. 6.4 OCORRÊNCIA DE FOCOS DE QUEIMA POR ÁREA DE PROTEÇÃO NA CAATINGA NO PERÍODO 2000-2012, CONFORME O SATÉLITE DE REFERÊNCIA

Nome da AP	*Área (km²)	00	01	02	03	04	05	06	07	08	09	10	11	12	Total
UCs federais															
APA Cavernas do Peruaçu (MG)	46	1	1	2	1	2	–	3	–	–	–	19	–	1	30
APA Chapada do Araripe (CE, PE, PI)	9.723	183	388	544	670	616	484	320	321	240	282	359	284	285	4.976
APA Delta do Parnaíba (CE, MA, PI)	652	–	7	10	6	12	2	1	80	64	82	74	63	97	498
APA Serra da Ibiapaba (CE, PI)	16.153	111	334	619	582	690	587	309	372	471	539	620	384	575	6.193
APA Serra da Meruoca (CE)	294	1	1	3	6	5	13	6	3	11	13	26	29	13	130
ESEC do Castanhão (CE)	126	1	–	–	1	1	–	–	–	–	2	1	3	–	9
ESEC do Seridó (RN)	11	–	–	–	–	–	1	–	–	–	–	–	–	–	1
ESEC de Aiuaba (CE)	117	1	3	9	11	5	2	–	–	–	–	–	–	–	31
ESEC Raso da Catarina (BA)	1.048	–	–	–	1	–	5	7	16	7	–	6	10	1	53
FLONA Contendas do Sincorá (BA)	112	4	–	8	–	–	–	1	–	–	–	–	–	2	15
FLONA de Negreiros (PE)	30	–	–	–	–	–	–	–	–	1	–	–	–	–	1
FLONA de Palmares (PI)	2	1	–	–	1	–	2	1	–	–	–	–	–	–	5
FLONA do Araripe-Apodi (CE)	383	4	4	10	6	9	1	–	2	–	–	1	–	–	37
MN do Rio São Francisco (AL)	2	–	–	–	6	–	–	–	1	–	–	–	–	–	7
PARNA de Ubajara (CE)	63	–	3	8	6	14	5	5	1	1	2	5	1	–	51
PARNA Cavernas do Peruaçu (MG)	44	1	3	2	–	3	–	3	1	–	–	21	–	1	35
PARNA da Chapada Diamantina (BA)	1.521	11	27	10	23	26	34	9	52	230	9	13	3	36	482

Tab. 6.4 (Continuação)

Nome da AP	*Área (km²)	00	01	02	03	04	05	06	07	08	09	10	11	12	Total
UCs federais															
PARNA da Serra da Capivara (PI)	918	–	4	4	3	1	1	–	–	–	–	–	–	–	13
PARNA da Serra das Confusões (PI)	2.586	18	10	13	13	10	4	1	19	21	3	109	18	3	242
PARNA de Jericoacoara (CE)	65	–	4	–	1	–	–	–	–	–	–	–	–	–	5
PARNA de Sete Cidades (PI)	63	1	–	1	1	3	–	–	–	–	–	–	–	–	6
PARNA do Catimbau (PE)	623	–	1	–	–	–	–	–	–	5	–	–	1	–	7
UCs estaduais															
APA Marimbus/ Iraquara(BA)	1.279	18	20	20	29	45	20	7	39	59	28	15	17	49	366
APA Serra Branca/Raso da Catarina(BA)	677	1	1	–	6	1	–	2	19	20	8	9	4	35	106
APA da Cachoeira do Urubu (PI)	55	–	1	–	2	3	1	–	2	–	–	–	1	–	10
APA da Foz do Rio das Preguiças (MA)	88	1	4	–	1	–	–	1	2	1	3	11	5	6	35
APA da Lagoa Itaparica (BA)	761	3	15	1	32	1	1	1	19	13	2	9	8	13	118
APA da Serra do Barbado (BA)	634	1	–	–	2	6	2	–	17	32	6	9	25	26	126
APA do Lago de Sobradinho (BA)	12.336	64	183	103	105	70	50	18	50	34	71	149	144	162	1.203
ARIE Nascentes do Rio de Contas(BA)	48	–	–	1	–	7	–	1	2	–	–	16	–	–	27
ARIE Serra do Orobó (BA)	72	–	2	–	4	–	–	2		1	–	–	–	1	10
MONAT da Cachoeira do Ferro Doido (BA)	4	–	–	–	–	–	–	–	1	–	–	–	–	–	1
PES Morro do Chapéu (BA)	485	1	–	5	5	4	3	–	13	14	–	4	7	1	57
PES da Mata Seca (MG)	111	1	–	11	–	–	6	2	–	–	–	–	2	1	23
PES das Sete Passagens (BA)	28	1	–	–	–	–	–	–	–	–	–	–	–	–	1

Tab. 6.4 (Continuação)

Nome da AP	*Área (km²)	00	01	02	03	04	05	06	07	08	09	10	11	12	Total
Territórios indígenas															
TI Atikum (PE)	152	–	–	–	1	–	3	–	5	1	6	6	6	2	30
TI Córrego João Pereira (CE)	33	–	–	–	–	–	–	–	–	2	1	5	–	4	12
TI Entre Serras (PE)	76	–	–	–	2	–	–	–	2	–	–	1	–	3	8
TI Fulni-ô (PE)	117	–	–	1	8	–	–	–	–	1	–	–	3	1	14
TI Kambiwá (PE)	313	–	–	2	1	2	–	1	9	1	1	11	2	5	35
TI Kapinawá (PE)	123	–	–	–	–	1	–	–	–	–	1	2	–	1	5
TI Kariri--Xokó (AL)	41	–	–	–	1	–	5	–	5	–	–	–	2	3	16
TI Kiriri (BA)	125	–	1	–	–	2	–	–	–	–	–	–	–	–	3
TI Lagoa Encantada (CE)	17	–	–	–	–	–	1	–	–	–	–	–	–	–	1
TI Massacará (BA)	75	–	2	–	–	–	2	–	1	5	–	1	–	–	11
TI Pankararu (PE)	84	–	1	–	1	–	–	–	–	–	–	–	1	–	3
TI Pitaguary (CE)	17	–	1	–	–	–	–	–	–	1	–	1	–	–	3
TI Tapeba (CE)	46	–	1	–	–	–	2	–	7	3	–	2	–	5	20
TI Tremembé de Almofala (CE)	45	–	–	–	–	2	–	–	–	3	–	–	–	1	6
TI Truká (PE)	43	–	1	–	–	–	–	2	1	–	–	–	–	–	4
TI Xakriabá Rancharia (MG)	5	1	–	–	–	–	1	–	–	–	–	–	1	2	5
TI Xucuru (PE)	273	–	3	3	2	1	2	4	2	8	11	6	18	3	63
TI Xukuru--Kariri (AL)	67	–	–	1	–	–	–	–	–	–	–	–	–	–	1

As áreas referem-se ao Estado indicado quando as APs ultrapassam limites estaduais.

define o entorno das áreas protegidas é de até dez mil metros a partir do perímetro da unidade de conservação (UC) (Conama, 1990) e desempenha efeitos positivos como uma barreira que protege a UC, limitando impactos humanos indiretos e impedindo a dispersão de animais e plantas indesejáveis, doenças e fogo (Perelló et al., 2012). Entretanto, é bastante comum observar a ocorrência de focos de queima às margens de UCs.

A Fig. 6.8 apresenta imagens Landsat-5/TM, adquiridas em 7 de julho e 25 de setembro de 2010, que cobrem o PARNA da Serra das Confusões (PI). Nelas é possível observar cicatrizes de queimadas de grandes extensões (manchas escuras na cena de 25 de setembro) na Caatinga e no Cerrado. No período mencionado, foram 169 focos de queima (todos os satélites) dentro dos limites do parque na área do bioma Caatinga. No interior dessa UCF foram detectados de 1 a 19 focos de queima durante o período de análise, exceto no ano de 2010, em que foram detectados 109 focos SR.

As grandes extensões de queimadas em UCs podem ser explicadas pelo arranjo espacial dos componentes da paisagem que têm grande influência no comportamento do fogo. De modo geral, paisagens que ainda não foram intensamente antropizadas são mais homogêneas, favorecendo a dispersão de chamas e resultando em queimadas maiores (Magalhães, 2011). Analisando em conjunto as Fig. 6.8A,B, nota-se a coincidência dos focos de fogo ativo detectados com as áreas queimadas, o que ilustra a relação entre focos e área queimada e valida o sistema do Inpe. Detalhes adicionais desse tipo de validação encontram-se em Jesus, Setzer e Morelli (2011).

A Fig. 6.9 mostra imagens Resourcesat/LISS3, adquiridas em 5 de agosto e 22 de setembro de 2010 que cobrem o PARNA das Sete Cidades (PI), envolto pela APA Serra da Ibiapaba. Na cena de 22 de setembro, as manchas escuras a sudeste do parque representam as cicatrizes de queimadas próximas ao seu perímetro. Não houve detecção de focos de queima (todos os satélites) no interior dessa unidade no período mencionado, mas há ocorrências a aproximadamente dois quilômetros de distância do parque. Os focos de queima (todos os satélites) no entorno dos PARNAs de Sete Cidades e da Serra das Confusões, detectados no período entre as datas de imageamento, estão identificados nas Figs. 6.8C e 6.9C.

6.1.2 Unidades de Conservação Estaduais (UCEs)

A Tab. 6.5 mostra os principais resultados da ocorrência de focos de queima em UCEs no período de 2000 a 2012.

O Estado com maior número e percentual de área protegida em UCEs na Caatinga é a Bahia, com 16.300 km². As unidades PES do Cabugy (RN), com 6 km², e RESEC

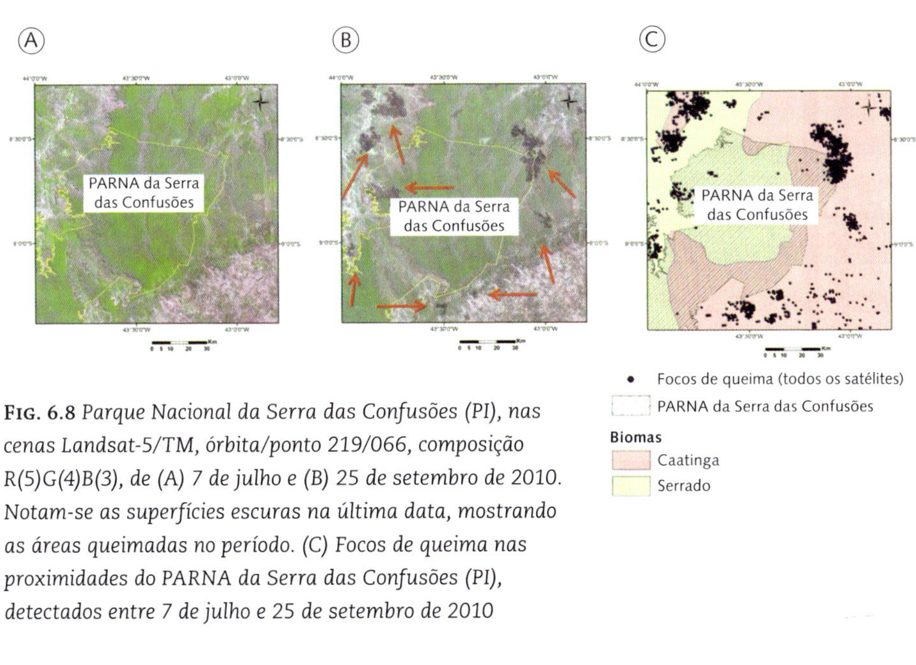

Fig. 6.8 *Parque Nacional da Serra das Confusões (PI), nas cenas Landsat-5/TM, órbita/ponto 219/066, composição R(5)G(4)B(3), de (A) 7 de julho e (B) 25 de setembro de 2010. Notam-se as superfícies escuras na última data, mostrando as áreas queimadas no período. (C) Focos de queima nas proximidades do PARNA da Serra das Confusões (PI), detectados entre 7 de julho e 25 de setembro de 2010*

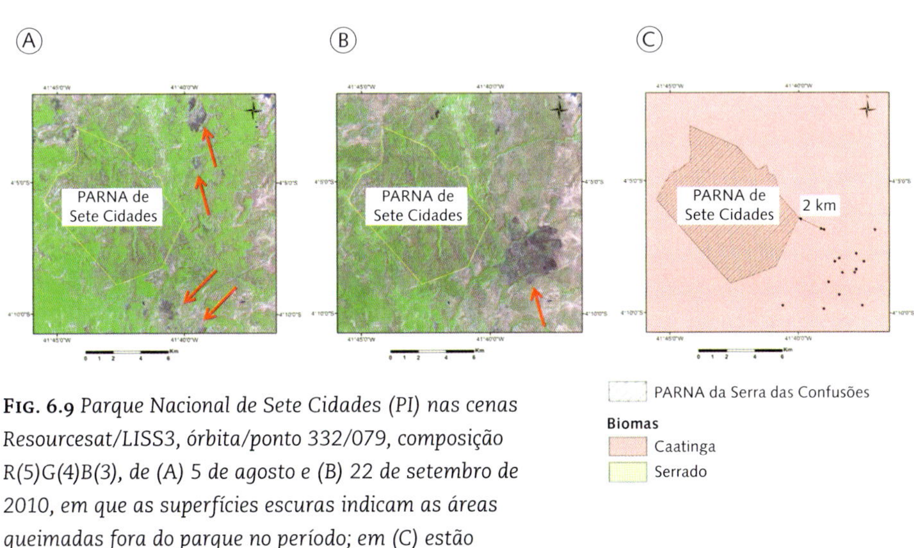

Fig. 6.9 *Parque Nacional de Sete Cidades (PI) nas cenas Resourcesat/LISS3, órbita/ponto 332/079, composição R(5)G(4)B(3), de (A) 5 de agosto e (B) 22 de setembro de 2010, em que as superfícies escuras indicam as áreas queimadas fora do parque no período; em (C) estão assinalados os focos detectados por todos os satélites no mesmo período*

da Mata do Pau Ferro (PB), com 2 km², não apresentaram focos de queima (todos os satélites) durante todo o período de estudo. O PES das Sete Passagens (BA), com 28 km², e o MONAT da Cachoeira do Ferro Doido (BA), com 4 km², apresentaram apenas um foco de queima cada, detectados em 2000 e 2007, respectivamente. As UCEs de

Tab. 6.5 Principais resultados sobre a ocorrência de focos de queima em UCEs

	AL	BA	CE	MA	MG	PB	PE	PI	RN	SE	Total
Área das UCEs (km²)	–	16.314	–	87	111	2	–	55	6	–	16.587
Número de UCEs	–	10	–	1	1	1	–	1	1	–	15
% Área protegida na Caatinga em UCEs	–	5%	–	2%	1%	0%	–	0%	0%	–	2%
Quantidade de UCEs com focos (SR)	–	10	–	1	1	–	–	1	-	–	13
% UCEs com focos (SR)	–	100%	–	100%	100%	0%	–	100%	0%	–	87%
Quantidade de UCEs com focos (todos os satélites)	–	10	–	1	1	–	–	1	–	–	15
% UCEs com focos (todos os satélites)	–	100%	–	100%	100%	0%	0%	100%	0%	–	100%
Focos SR											
2000	–	89	–	1	1	–	–	–	–	–	91
2001	–	221	–	4	–	–	–	1	–	–	226
2002	–	130	–	–	11	–	–	–	–	–	141
2003	–	183	–	1	–	–	–	2	–	–	186
2004	–	134	–	–	–	–	–	3	–	–	137
2005	–	76	–	–	6	–	–	1	–	–	83
2006	–	31	–	1	2	–	–	–	–	–	34
2007	–	160	–	2	–	–	–	2	–	–	164
2008	–	173	–	1	–	–	–	–	–	–	174
2009	–	115	–	3	–	–	–	–	–	–	118
2010	–	211	–	11	–	–	–	–	–	–	222
2011	–	205	–	5	2	–	–	1	–	–	213
2012	–	287	–	6	1	–	–	–	–	–	294
Total Focos (SR) – 2000-2012	–	2.015	–	35	23	–	–	10	–	–	2.083
Total de focos (todos os satélites) - 2000-2012	–	7.920	–	255	104	–	–	70	–	–	8.349

uso sustentável da APA da Cachoeira do Urubu (PI), com 55 km², e ARIE Serra do Orobó (BA), com 72 km², foram as menos atingidas pelo fogo entre os anos de 2000 e 2012, com no máximo quatro focos de queima (todos os satélites) por ano.

Em número de ocorrências, a APA do Lago de Sobradinho (BA), com 12.340 km^2, foi a UCE com mais focos de queima da Caatinga, com 348 focos de queima (todos os satélites) entre agosto e novembro de 2012 (ver Fig. 6.10).

6.1.3 Territórios Indígenas (TIs)

Os 2.210 km^2 protegidos em TIs na Caatinga são inferiores a 1% do bioma, sendo que as maiores extensões estão nos Estados de Pernambuco (1.180 km^2) e Bahia (700 km^2). Em função disso, o número anual de focos por TI é pequeno se comparado ao ocorrido em UCs. A Tab. 6.6 mostra os principais resultados sobre a detecção de focos de queima em TIs no período de 2000 a 2012.

A Fig. 6.11 mostra imagens Resourcesat/LISS3, adquiridas em 28 de fevereiro, 23 de março e 16 de abril de 2012, que cobrem a TI Kambiwá (PE), sendo possível verificar a variação das cicatrizes (manchas magentas mais escuras) ao longo do tempo e sua coincidência com os focos de fogo ativo detectados.

As reservas indígenas (RIs) Fazenda Canto (AL), com 3 km^2, Nova Rodelas (BA), com 3 km^2, Riacho Bento (BA), com 3 km^2, e Tuxá de Inajá (AL), com 11 km^2, e as terras indígenas (TIs) Ibotirama (BA), com 2 km^2, Mata da Cafurna (AL), com 1 km^2, e Quixaba (BA), com 5 km^2, não apresentaram focos (todos os satélites) no período de análise. As TIs Entre Serras (PE), com 76 km^2, Kapinawá (PE), com 123 km^2, Kiriri (BA), com 125 km^2, Lagoa Encantada (CE), com 17 km^2, Pankararé (BA), com 291 km^2, Pitaguary (CE), com 17 km^2, Truká (PE), com 43 km^2, Xakriabá Rancharia (MG), com 5 km^2, e Xukuri-Kariri (AL), com 67 km^2, apresentaram até dois focos por ano (todos os satélites). Por fim, as TIs Kambiwá (PE), com 313 km^2, e Xucuru (PE), com 273 km^2, as duas maiores da Caatinga, foram as mais atingidas, respectivamente com máximos de 11 focos em 2010 e 18 focos SR em 2011.

6.2 Conclusões

No período de análise, de 2000 a 2012, houve na Caatinga tendência de aumento no número e na densidade dos focos de queima de vegetação detectados nas áreas protegidas (APs). Quantitativamente, as ocorrências aumentaram em até quase quatro vezes entre anos úmidos e de estiagem intensa, e apresentaram um ciclo de quatro anos, que integra tanto o fator climático como o de acúmulo de biomassa combustível, o que criou condições para megaincêndios, como em 2003-2004, 2008 e 2010. O fogo nas áreas não protegidas (ANPs) teve comportamento similar nas detecções, porém as UCFs, em seus 35.000 km^2, superaram as ANPs quanto à densidade de focos, evidenciando assim que as UCFs não cumprem com sua função dentro do SNUC. Nos 17.000 km^2 de UCEs, a densidade de focos é cerca de metade da observada nas UCFs, porém ainda é expressiva e pode igualar-se à das ANPs, como ocorreu em 2012, indicando descontrole do fogo nessas UCEs.

Fig. 6.10 *Focos de queima (todos os satélites) detectados na APA do Lago de Sobradinho (BA), entre os meses de agosto e novembro de 2012*

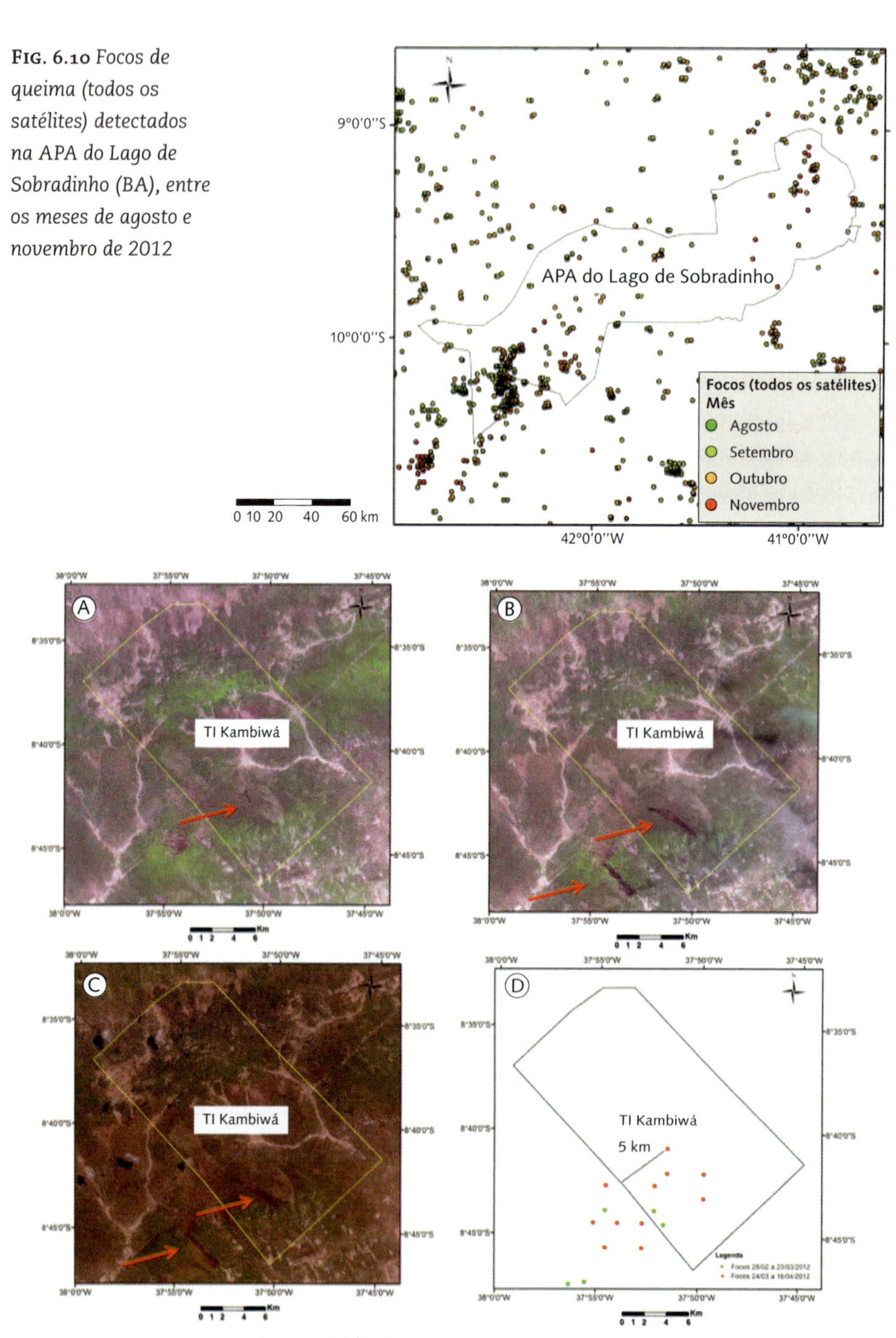

Fig. 6.11 *Cenas Resourcesat/LISS3, órbita/ponto 336/082, composição R(5)G(4)B(3), de (A) 28 de fevereiro, (B) 23 de março e (C) 16 de abril de 2012 mostrando a TI Kambiwá (PE). As setas vermelhas indicam as cicatrizes de queima identificadas no período. Em (D) estão representados os focos de queimas (todos os satélites) no seu entorno, no período entre a aquisição das cenas*

Tab. 6.6 Principais resultados sobre a ocorrência de focos de queima em TIs

	AL	BA	CE	MA	MG	PB	PE	PI	RN	SE	Total
Área das TIs (km^2)	129	702	157	–	-	–	1.182	–	–	33	2.208
Número de TIs	6	9	5	–	1	–	8	–	–	1	30
% Área protegida na Caatinga em TIs	1%	1%	1%	–	0%	0%	1%	0%	0%	1%	1%
Quantidade de TIs com focos (SR)	2	2	5	–	1	–	8	–	–	–	18
% TIs com focos (SR)	33%	22%	100%	–	100%	–	100%	–	–	0%	60%
Quantidade de TIs com focos (todos os satélites)	3	5	5	–	1	–	8	–	–	1	23
% TIs com focos (todos os satélites)	50%	56%	100%	–	100%	–	100%	–	–	100%	77%
Focos SR											
2000	–	–	–	–	1	–	–	–	–	–	1
2001	–	3	2	–	–	–	5	–	–	–	10
2002	1	–	–	–	–	–	6	–	–	–	7
2003	1	–	–	–	–	–	15	–	–	–	16
2004	–	2	2	–	–	–	4	–	–	–	8
2005	5	2	3	–	1	–	5	–	–	–	16
2006	–	–	–	–	–	–	7	–	–	–	7
2007	5	1	7	–	–	–	19	–	–	–	32
2008	–	5	9	–	–	–	11	–	–	–	25
2009	–	–	1	–	–	–	19	–	–	–	20
2010	–	1	8	–	–	–	26	–	–	–	35
2011	2	–	–	–	1	–	30	–	–	–	33
2012	3	–	10	–	2	–	15	–	–	–	30
Total de focos (SR) – 2000-2012	17	14	42	–	5	–	162	–	–	–	240
Total de focos (todos os satélites) – 2000-2012	76	80	160	–	18	–	610	–	–	7	951

A maior parte das UCFs de uso sustentável (98%) é constituída por APAs, que são áreas menos restritivas quanto ao uso do solo. Nas UCs de proteção integral, apenas no ano de 2008 a densidade de focos de queima foi maior do que em áreas não protegidas. Quanto aos 30 TIs da Caatinga, com seu total de 2.200 km² (ou 0,3% do bioma e 4,3% de APs), eles foram os menos afetados pelo fogo, ao se considerarem tanto o número como a densidade de focos, tratando-se em geral de pequenas áreas.

O fogo de origem antrópica na vegetação durante longos períodos de estiagem, que se propaga com facilidade na vegetação seca, e com período de recorrência anual, deve ser diferenciado do de origem natural, causado por raios, nos períodos chuvosos e de transição, e que afeta extensões limitadas e com intervalo de alguns anos. O estudo de focos aqui apresentado mostra que o fogo se concentra nos meses mais secos, sendo, portanto, antrópico, em contravenção ao Código Florestal e prejudicando ao máximo o ecossistema.

Iniciativas recentes têm sido elaboradas no Ministério do Meio Ambiente (MMA) para proteção da Caatinga, como o PPCaatinga (Brasil, 2011a), a serem implementadas em conjunto com o novo Código Florestal (Brasil, 2012a), o qual determina que "o Governo Federal deverá estabelecer uma Política Nacional de Manejo e Controle de Queimadas, Prevenção e Combate aos Incêndios Florestais". Este trabalho confirma a necessidade urgente de gestão do fogo no bioma Caatinga, principalmente nas APs, de modo a efetivar seus planos operativos de prevenção e combate aos incêndios. Conforme os resultados apresentados, há anos se dispõe de um instrumento prático para monitorar o uso descontrolado e ilegal do fogo na vegetação.

Agradecimentos

Os autores agradecem às bolsas CNPq PCI-Inpe-CCST 301787/2013-1 e AP-309765/2011-0, ao Programa de Monitoramento e Risco de Queimadas/Incêndios do MCTI-Inpe e MMA (Ação 20V9, PPA 2036) e ao Instituto Socioambiental (ISA) pela sua base de áreas protegidas.

Referências bibliográficas

BRASIL. Lei nº 9.985, de 18 de julho de 2000. Regulamenta o art. 225, § 1º, incisos I, II, III e VII da Constituição Federal, institui o Sistema Nacional de Unidades de Conservação da Natureza e dá outras providências. *Diário Oficial da União*: Brasília, 19 jul. 2000.

BRASIL. Lei nº 12.651, de 25 de maio de 2012. Dispõe sobre a proteção da vegetação nativa; altera as Leis nos 6.938, de 31 de agosto de 1981, 9.393, de 19 de dezembro de 1996, e 11.428, de 22 de dezembro de 2006; revoga as Leis nos 4.771, de 15 de setembro de 1965, e 7.754, de 14 de abril de 1989, e a Medida Provisória nº 2.166-67, de 24 de agosto de 2001; e dá outras providências. *Diário Oficial da União*: Brasília, 28 maio 2012a.

BRASIL. Ministério do Meio Ambiente. CNUC – Cadastro Nacional de Unidades de Conservação. Brasília: MMA, 2012b. Disponível em: <https://antigo.mma.gov.br/areas-protegidas/cadastro-nacional-de-ucs/itemlist/category/130-cadastro-nacional-de-uc-s.html>. Acesso em: 1° jul. 2014.

BRASIL. Ministério do Meio Ambiente. *Plano de ação para prevenção e controle do desmatamento e das queimadas*: Cerrado. Brasília: MMA, 2011a. 200 p. Disponível em: <http://www.mma.gov.br/estruturas/201/_arquivos/ppcerrado_201.pdf>. Acesso em: 1° jun. 2013.

BRASIL. Ministério do Meio Ambiente. Secretaria de Biodiversidade e Florestas. *Quarto relatório nacional para a convenção sobre diversidade biológica*: Brasil. Brasília: MMA, 2011b. 248 p. (Série Biodiversidade, 38).

BRIGGS, D. J.; SMITHSON, P. *Fundamentals of Physical Geography*. Rowman & Littlefield, 1986. 539 p.

CONAMA – CONSELHO NACIONAL DO MEIO AMBIENTE. Resolução Conama n° 13, de 6 de dezembro de 1990. *Diário Oficial União: Brasília*, 28 dez. 1990.

EMBRAPA – EMPRESA BRASILEIRA DE PESQUISA AGROPECUÁRIA. Monitoramento por Satélite. Embrapa, 2014. Disponível em: <http://www.bdclima.cnpm.embrapa.br/resultados/index.php>. Acesso em: 1° jul. 2014.

IBAMA – INSTITUTO BRASILEIRO DO MEIO AMBIENTE E DOS RECURSOS NATURAIS RENOVÁVEIS. *Plano operativo de prevenção e combate aos incêndios florestais da Estação Ecológica de Aiuaba*. Aiuaba/CE: Ibama, 2006a. Disponível em: <http://www.ibama.gov.br/phocadownload/prevfogo/planos_operativos/10-estacao_ecologica_de_aiuaba-ce.pdf>. Acesso em: 1° jul. 2013.

IBAMA – INSTITUTO BRASILEIRO DO MEIO AMBIENTE E DOS RECURSOS NATURAIS RENOVÁVEIS. Plano operativo de prevenção e combate aos incêndios florestais no *Parque Nacional Cavernas do Peruaçu*. Itacarambi/MG: Ibama, 2006c. Disponível em: <https://www.ibama.gov.br/phocadownload/prevfogo/planos_operativos/19-parque_nacional_cavernas_peruacu-mg.pdf> . Acesso em: 1° jul. 2013.

IBAMA – INSTITUTO BRASILEIRO DO MEIO AMBIENTE E DOS RECURSOS NATURAIS RENOVÁVEIS. Plano operativo de prevenção e combate aos incêndios florestais do Parque Nacional da Serra da Capivara. São Raimundo Nonato/PI: Ibama, 2006c. Disponível em: <https://www.ibama.gov.br/phocadownload/prevfogo/planos_operativos/plano_operativo_parque_nacional_da_serra_da_capivara.pdf>. Acesso em: 1° jul. 2013.

IBAMA – INSTITUTO BRASILEIRO DO MEIO AMBIENTE E DOS RECURSOS NATURAIS RENOVÁVEIS. *Plano operativo de prevenção e combate aos incêndios do Parque Nacional de Sete Cidades* – PI. Piracuruca: Ibama, 2005. Disponível em: <https://www.ibama.gov.br/phocadownload/prevfogo/planos_operativos/38-parque_nacional_sete_cidades-pi.pdf>. Acesso em: 1° ago. 2014.

IBGE – INSTITUTO BRASILEIRO DE GEOGRAFIA E ESTATÍSTICA. Território. Brasil em Síntese, IBGE, 2021. Disponível em: <https://brasilemsintese.ibge.gov.br/territorio.html>. Acesso em: 28 ago. 2021.

ICMBIO – INSTITUTO CHICO MENDES DE CONSERVAÇÃO DA BIODIVERSIDADE. *Plano de Manejo do Parque Nacional da Chapada Diamantina*: Versão preliminar – documento de trabalho. Parte I. ICMBio, 2007. Disponível em: <http://www.icmbio.gov.br/portal/images/stories/imgs-unidades-coservacao/PARNA_chapada_diamantina.pdf>. Acesso em: 1° jun. 2013.

ICMBIO – INSTITUTO CHICO MENDES DE CONSERVAÇÃO DA BIODIVERSIDADE. *Unidades de Conservação Brasileiras*. Brasília: ICMBio, 2021. Disponível em: <www.icmbio.gov.br>. Acesso em: 1° fev. 2014.

INMET – INSTITUTO NACIONAL DE METEOROLOGIA. *Anomalias de Precipitação*. Inmet, [s.d.]. Disponível em: <http://www.inmet.gov.br/portal/index.php?r=clima/quantis2>. Acesso em: 1° set. 2014.

INPE – INSTITUTO NACIONAL DE PESQUISAS ESPACIAIS. *Banco de Dados de Queimadas*. Brasília: Inpe, 2020a. <https://queimadas.dgi.inpe.br/queimadas/bdqueimadas>. Acesso em: 28 ago. 2021.

INPE – INSTITUTO NACIONAL DE PESQUISAS ESPACIAIS. *Monitoramento de Queimadas*. Brasília: Inpe, 2020b. Disponível em: <http://www.inpe.br/queimadas>. Acesso em: 28 ago. 2021.

ISA – INSTITUTO SOCIOAMBIENTAL. *Territórios Indígenas*. ISA, 2021. Disponível em: <www.socioambiental.org>. Acesso em: 1° mar. 2012.

JESUS, S. C.; SETZER, A. W.; MORELLI, F. Validação de focos de queimadas no Cerrado em imagens TM/Landsat-5. In: XV SIMPÓSIO BRASILEIRO DE SENSORIAMENTO REMOTO, 2011. *Anais*... 2011.

MACIEL, B. A. Unidades de Conservação no bioma Caatinga. In: GARIGLIO, M. A.; CAIO, E. V. S. B.; CESTARO, L. A.; KAGEYAMA, P. Y. (Org.). *Uso sustentável e conservação dos recursos florestais da Caatinga*. Brasília: Serviço Florestal Brasileiro, 2010. 367 p. p. 76-81.

MAGALHÃES, S. R. *Análise do comportamento do fogo em diferentes períodos e configurações da paisagem da Freguesia de Deilão* – Portugal. 2011. 47 p. Dissertação (Mestrado em Ciência Florestal) – Universidade Federal de Viçosa, 2011.

MESQUITA, F. W.; LIMA, N. R. G.; GONÇALVES, C. N.; BERLINCK, C. N.; LINTOMEN, B. S. Histórico dos incêndios na vegetação do Parque Nacional da Chapada Diamantina, entre 1973 e abril de 2010, com base em imagens Landsat. Biodiversidade Brasileira, v. 1, n. 2, p. 228-246, 2011.

NIMER, E. *Climatologia do Brasil*. [S. l.]: Instituto Brasileiro de Geografia e Estatística, 1989. 421 p.

PERELLÓ, L. F. C.; GUADAGNIN, D. L.; MALTCHIK, L.; SANTOS, J. E. Ecological, Legal, and Methodological Principles for Planning Buffer Zones. *Natureza & Conservação*, v. 10, n. 1, p. 3-11, 2012.

SAMPAIO, E. V. S. B.; ARAÚJO, E. L.; SALCEDO, I. H.; TIESSEN, H. Regeneração da vegetação de caatinga após corte e queima, em Serra Talhada, PE. *Pesquisa Agropecuária Brasileira*, v. 33, p. 621-632, 1998.

A degradação florestal causada por queimadas: métodos e aplicações na Amazônia

Egidio Arai, Andeise Cerqueira Dutra,
Kaio Allan Cruz Gasparini, Valdete Duarte, Yosio Edemir Shimabukuro

As taxas de desmatamento em florestas tropicais e seus efeitos negativos têm sido amplamente evidenciados nas últimas décadas (Inpe, 2008; Tyukavina et al., 2017). Entretanto, embora o desmatamento seja a principal força destrutiva (Asner et al., 2005), outros distúrbios, como o corte seletivo e o fogo, têm avançado em frequência e extensão nas áreas florestadas (Asner et al., 2005; Aragão et al., 2008, 2014).

Na Amazônia Legal, estima-se que 9% da área total afetada por distúrbios florestais em florestas primárias foi acometida pelo fogo, sendo que, junto ao corte seletivo e ao desmatamento em florestas não primárias, representa uma área estimada de 53% da perda bruta de cobertura florestal e de 26% a 35% da perda total de carbono acima do solo entre 2000 e 2013 (Tyukavina et al., 2017). Esses distúrbios tornam-se, assim, uma das principais causas de degradação florestal e emissões de carbono na Amazônia, além de induzirem mudanças na estrutura florestal, na composição de espécies e nos estoques de biomassa e de favorecerem a conversão ao desmatamento (Watson et al., 2018; Barlow et al., 2016; Davidson et al., 2012; Numata et al., 2010) (Fig. 7.1).

No que concerne às relações entre o fogo e a degradação florestal, é importante destacar que historicamente o fogo tem sido a ferramenta principal em uma gama de atividades humanas (Earl; Simmonds, 2018; Piromal et al., 2008), sem ser confiável, pois pode sair do controle e causar incêndios desenfreados em florestas (Bowman et al., 2009). Assim, a frequência e a intensidade de queimadas em florestas não diminuíram, sendo observada a tendência de aumento de 1,4% ano^{-1} das áreas queimadas na América do Sul; as perspectivas de degradação geradas por esse fenômeno continuam sendo risco crescente em várias regiões (Davidson et al., 2012; Andela et al., 2017). Além disso, a falha em combater o uso do fogo pode desencorajar políticas governamentais (Aragão; Shimabukuro, 2010) para a redução de emissões de gases de efeito estufa provenientes do desmatamento e da degradação florestal (REDD+), no âmbito da Convenção-Quadro das Nações Unidas sobre Mudança do Clima (UNFCCC, 2011).

Há de se considerar também a recente preocupação atrelada ao aumento na frequência e intensidade das secas por anomalias climáticas de precipitação (Aragão et al., 2008; Marengo et al., 2011), que atingiram 8%, 16% e 46% da extensão do bioma Amazônia entre 2004-2005, 2009-2010 e 2015-2016, respectivamente (Anderson et al., 2018). Por sua vez, eventos extremos de seca favorecem o processo de estresse hídrico na vegetação, contribuindo para a incursão do fogo ao interior das florestas (Aragão et al. 2007). Tais evidências demonstram que a ocorrência, o regime e a extensão da degradação florestal causada pelo fogo requerem monitoramento e avaliação constantes (Hirschmugl et al., 2017).

Diante desse contexto, estimativas de áreas queimadas têm sido amplamente realizadas utilizando técnicas de sensoriamento remoto (Shimabukuro et al., 2009). Entretanto, avaliar e realizar o monitoramento operacional da degradação florestal é mais desafiador do que apenas mapear a mudança da área florestal (Hirschmugl et al., 2017). Embora o Brasil tenha realizado grandes progressos nos últimos anos para diminuir sua taxa de desmatamento, com redução de ~35% entre 2004 e 2019 (de 27.800 km² para 9.800 km²) (Inpe, 2020b), outros fatores de degradação florestal nem sempre são explicitamente considerados nas estimativas relacionadas às atividades de desmatamento (Achard et al., 2014).

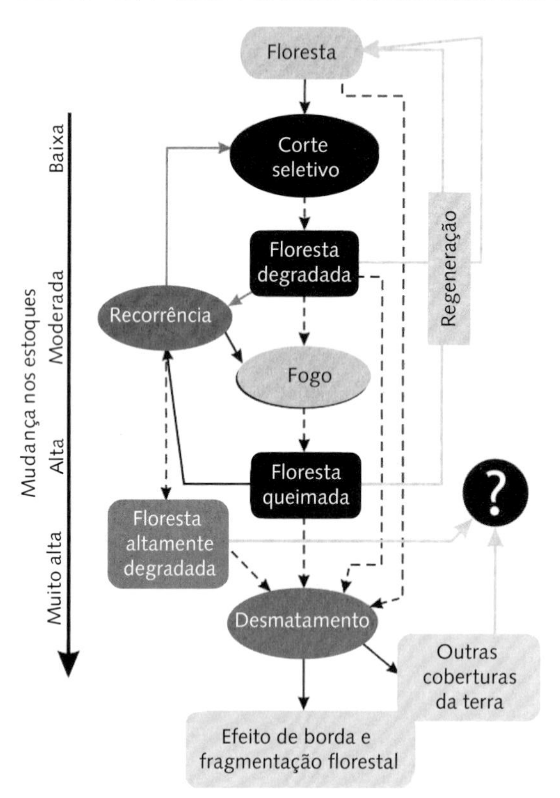

Fig. 7.1 *Processo de degradação florestal associada ao desmatamento comumente encontrado na Amazônia brasileira*
Fonte: Souza Jr. et al. (2013).

Antes de apresentar um panorama com ênfase nos processos de mapeamento da degradação florestal na Amazônia, é necessário estabelecer uma definição para o termo aqui apresentado. Embora para nível nacional ainda não tenha sido contemplado o conceito consolidado e oficial de degradação florestal (MMA, 2017), para este capítulo a degradação florestal será adotada como uma perturbação a longo prazo em áreas florestais (Simula, 2009), ou seja, enquanto o desmatamento está associado à conversão da floresta para outros usos da terra, a degradação está relacionada à combinação de distúrbios gerados na floresta pela exploração seletiva e pelo fogo (Asner, 2009; Souza Jr. et al., 2013) que possam ser detectados por imagens de sensores remotos.

Portanto, este capítulo tem como objetivo fornecer uma síntese sobre o estudo da degradação florestal causada pelo fogo e apontar métodos e produtos atualmente utilizados para mapeamento em escala regional. Apresentam-se também dois exemplos de aplicações, ressaltando as limitações e os desafios enfrentados para estabelecer uma metodologia confiável e abrangente no mapeamento da degradação florestal causada pelo fogo na Amazônia. Assim, este capítulo está subdividido em: (i) métodos para mapeamento de queimadas e incêndios florestais utilizando sensores de média e moderada resoluções espaciais; (ii) panorama conceitual para o monitoramento operacional da degradação florestal; (iii) implicações e desafios para o mapeamento da degradação florestal causada pelo fogo; e (iv) mapeamento da degradação florestal pelo fogo: aplicações na Amazônia. Com isso, espera-se contribuir no contexto das políticas governamentais com informações relevantes na adoção de estratégias preventivas, de monitoramento e das estimativas de degradação florestal.

7.1 Métodos para mapeamento de queimadas e incêndios florestais utilizando sensores de média e moderada resoluções espaciais

O mapeamento de queimadas na Amazônia tem sido desenvolvido pelos pesquisadores do Instituto Nacional de Pesquisas Espaciais (Inpe) nos últimos anos, por meio de aplicação de técnicas de processamento digital de imagens (PDI) em imagens advindas de sensores de média resolução espacial, como os da série Landsat (*Thematic Mapper*, TM; *Enhanced Thematic Mapper Plus*, ETM+; *Operational Land Imager*, OLI) (Shimabukuro et al., 2014; Shimabukuro et al., 2019) e em imagens de baixa e moderada resolução espacial, provenientes do sensor MODIS (*Moderate Resolution Imaging Spectroradiometer*), a bordo das plataformas TERRA e AQUA (Anderson et al., 2005; Shimabukuro et al., 2009; Anderson et al., 2015; Inpe, 2020c).

A metodologia empregada em parte desses trabalhos citados é baseada na utilização das imagens-fração sombra, oriundas da aplicação do modelo linear de mistura espectral (MLME). O MLME parte do princípio de que o *pixel* é formado pela mistura espectral de diversos componentes, e que esses componentes contribuem percentualmente para o todo, ou seja, cada *pixel* contém informações sobre a proporção e a resposta espectral de cada componente da mistura. Os componentes comumente encontrados na superfície terrestre são solo, sombra/água e vegetação (Shimabukuro; Smith, 1991). Para a aplicação do modelo, necessita-se da obtenção de *pixels* puros, chamados de *endmembers* – *pixels* que possuem menor ou nenhuma influência de outros alvos –, e uma das abordagens mais comumente empregadas é a aquisição de *endmembers* a partir das respostas espectrais dos componentes disponíveis na própria imagem em estudo (Shimabukuro; Ponzoni, 2017). Assim, admitindo que as respostas espectrais de cada componente sejam conhecidas, então as suas proporções podem ser estimadas. O modelo linear de mistura espectral pode ser representado na imagem de acordo com a Eq. 7.1.

$$\rho_i = \sum\left(a_{ij} x_{j1}\right) + \varepsilon_i \tag{7.1}$$

em que:
ρ_i = reflectância média espectral na banda espectral i;
a_{ij} = resposta espectral da componente j da mistura na banda espectral i;
x_j = proporção componente j em um *pixel*;
ε_i = erro na banda espectral i;
i = 1, n (número de bandas espectrais utilizadas);
j = 1, m (número de componentes considerados).

A Eq. 7.1 é resolvida para cada *pixel* da imagem, obtendo-se as proporções de seus componentes. Dessa forma, obtém-se uma imagem-fração para cada *endmember* considerado no *pixel*, que representa a sua proporção nos dados originais. A solução mais comum para resolver as equações lineares é por meio da técnica de mínimos quadrados, com as restrições de que os valores da proporção devem ser não negativos e o somatório, igual a um ou 100% (Shimabukuro; Smith, 1991). As imagens-fração são representadas pela variação de brilho nas imagens geradas, portanto, os *pixels* com maior brilho apresentam maior percentual do *endmember* na respectiva imagem-fração (Fig. 7.2). Dessa maneira, o modelo linear de mistura espectral não é um classificador temático, mas proporciona a redução de dados, além de realçar as informações contidas no *pixel* para diversas aplicações (Shimabukuro; Ponzoni, 2017).

No caso do mapeamento de queimadas, o *endmember* que melhor representa os alvos de cicatrizes de queimada são os *pixels* de água com baixa influência de sedimentos, pois a água, bem como as regiões de cicatrizes de fogo, absorve a maior parte

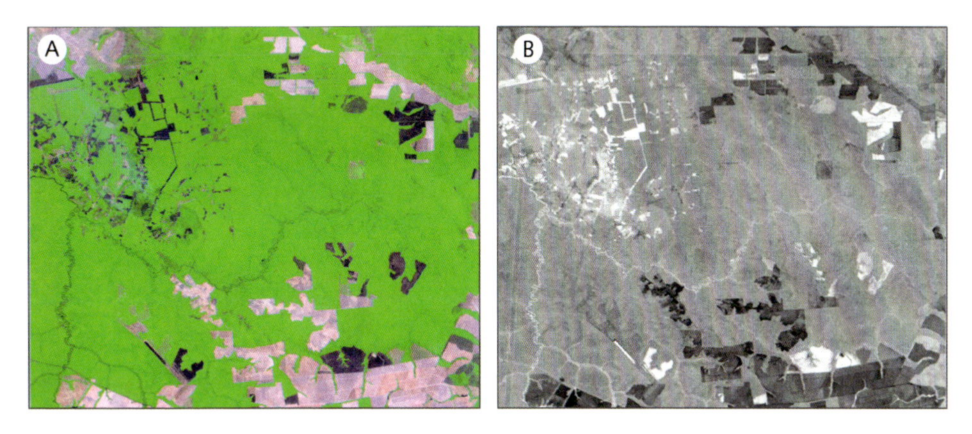

Fig. 7.2 *Parte de imagem Landsat/TM da órbita/ponto (226/069) em composição colorida R5G4B3, apresentando (A) áreas queimadas em cor escura e (B) imagem-fração sombra com pixels de maior brilho realçando as áreas queimadas no município Tabaporã (MT)*

da energia eletromagnética, apresentando baixa reflectância nas bandas espectrais consideradas (Shimabukuro; Ponzoni, 2017).

A partir da imagem-fração sombra, aplica-se um algoritmo de segmentação de imagem, criando objetos com semelhança espectral, de forma a delinear espacialmente os limites de diferentes alvos. Assim, o algoritmo de segmentação de imagem faz a separação da cicatriz de queimada dos demais alvos devido à alta diferença de brilho que alvos de baixa reflectância possuem na imagem-fração sombra.

Na Fig. 7.3 são apresentados de modo didático e conceitual os passos metodológicos de mapeamento de cicatrizes de queimada. Após a segmentação, o passo

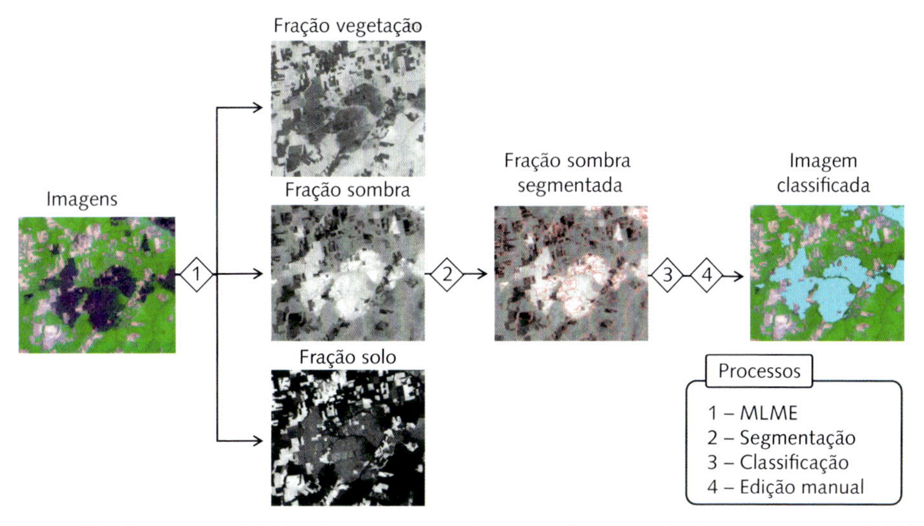

Fig. 7.3 *Abordagem metodológica de mapeamento de queimadas por meio de processamento digital de imagens de sensores remotos*

seguinte é a classificação da imagem utilizando o método de classificação não supervisionada nos segmentos obtidos na etapa anterior. Em seguida, as classes correspondentes ao tema queimada são associadas à legenda previamente definida. Por fim, uma edição manual dos possíveis erros de omissão e inclusão que podem ocorrer na etapa de classificação automática é realizada para produzir o mapa de áreas queimadas com boa acurácia.

No Brasil, além dos mapeamentos de cicatrizes de queimadas realizados com a análise da fração-sombra derivada do modelo linear de mistura espectral, outros métodos também têm sido avaliados em função do potencial na utilização de detecção de queimadas e avaliação da severidade do fogo, como o índice de queima normalizada (*Normalized Burn Ratio*, NBR). O índice NBR utiliza a combinação de faixas espectrais que apresentam melhor constraste entre uma vegetação fotossinteticamente saudável e uma vegetação queimada, observando a diminuição da reflectância no infravermelho próximo e o aumento da reflectância no infravermelho médio em situações de queimada (Koutsias; Karteris, 1998; Key; Benson, 1999) (Eq. 7.2). Assim, a partir da análise multitemporal com dados pré- e pós-fogo, é possível também detectar e determinar a severidade do fogo na vegetação (Eq. 7.3).

$$NBR = \frac{\rho_{NIR} - \rho_{SWIR}}{\rho_{NIR} + \rho_{SWIR}} \tag{7.2}$$

$$\Delta r\text{NBR} = \left[\left(\frac{\rho_{NIR} - \rho_{SWIR}}{\rho_{NIR} + \rho_{SWIR}} \right)_{pré\text{-}fogo} - \left(\frac{\rho_{NIR} - \rho_{SWIR}}{\rho_{NIR} + \rho_{SWIR}} \right)_{pós\text{-}fogo} \right] \tag{7.3}$$

em que:

$\Delta rNBR$ = variação de NBR;

ρNIR = reflectância espectral do infravermelho próximo do sensor utilizado;

$\rho SWIR$ = reflectância espectral do infravermelho médio do sensor utilizado.

Como exemplo de aplicação, o Programa de Monitoramento de Queimadas do Inpe (Inpe, 2020d), realizado operacionalmente desde 1998, utiliza o índice NBR para mapear área queimada no bioma Cerrado. O produto é gerado de modo automático em resolução espacial padrão de 30 metros (Melchiori, 2014) e disponibilizado a partir do ano de 2001.

Comparativamente, ambos os métodos aqui apresentados (MLME e NBR) para detecção de queimadas em áreas florestadas da Amazônia apresentam desempenho semelhante no reconhecimento de grandes áreas, obtendo o percentual de 94% de acurácia, como demonstrado por Vedovato et al. (2015). Entretanto, considerando pequenos fragmentos florestais, o MLME apresentou desempenho superior ao índice

NBR, com acurácia de 83% e 76% respectivamente, apesar do decréscimo em ambos os métodos quando utilizadas imagens provenientes do sensor OLI/Landsat-8 nesses pequenos fragmentos.

Em geral, as técnicas de sensoriamento remoto desenvolvidas para mapear florestas degradadas por queimadas variam principalmente em relação a dois fatores: o produto utilizado para processamento e o número de imagens utilizadas (Quintano et al., 2006). Assim, os métodos aqui apresentados permitem tanto a detecção de alterações em imagens de média resolução espacial como o monitoramento da degradação utilizando séries temporais em imagens de baixa resolução temporal.

7.2 Panorama conceitual para o monitoramento operacional da degradação florestal

O monitoramento da floresta amazônica está consolidado no âmbito do Programa de Monitoramento do Desmatamento da Floresta Amazônica Brasileira por Satélite (Prodes) desde o final da década de 1980 (Inpe, 2008). O monitoramento é realizado com o objetivo de detectar alterações marcantes na floresta, conhecidas como corte raso. No entanto, atividades de degradação nas florestas, tais como queimadas e exploração seletiva, não são contempladas. Para preencher essa lacuna, uma solução utilizada pelos pesquisadores do Inpe foi estabelecer o Projeto DEGRAD.

O DEGRAD identifica e mapeia, em tempo quase real, as áreas em que ocorre degradação florestal, utilizando técnicas de realce em imagens orbitais, o MLME e elementos básicos (textura, forma e contexto) aplicados às imagens provenientes dos satélites IRS (*Indian Remote Sensing Satellite*) e CBERS (*Satélite Sino-Brasileiro de Recursos Terrestres*) (Inpe, 2020a, 2020d). No entanto, somente a partir de 2019 os dados disponíveis passaram a diferenciar os agentes de degradação, como incêndio e exploração seletiva da madeira.

Esses dois tipos de degradação florestal, corte seletivo da madeira e incêndio florestal, possuem dinâmicas diferentes e merecem atenção distinta no que tange ao estudo ecológico. Com isso, existe a necessidade de aplicar diferentes técnicas e abordagens para mapeamento dos diferentes tipos de degradação florestal.

Atualmente, para o mapeamento de queimadas, as abordagens baseadas em objetos (segmentos) são as mais efetivas e utilizadas (Shimabukuro et al., 2014; Melchiori, 2014), pois consideram também a forma e textura dos objetos em relação à vizinhança, além das suas informações espectrais. Com isso, Sertel e Alganci (2016) reportaram a acurácia de 0,93% na classificação baseada em objetos e de 0,74% quando comparada àquela baseada em *pixel*. Considerando o mapeamento de exploração seletiva, as abordagens baseadas em *pixel* são as mais utilizadas, visto que o tamanho dos pátios e carreadores utilizados para o arraste das árvores cortadas tende a ser menor que o tamanho de um *pixel* dos sensores Landsat, por exemplo (Shimabukuro et al., 2014; Shimabukuro et al., 2015; Grecchi et al., 2017).

No entanto, para o estabelecimento de um sistema de monitoramento operacional da degradação florestal, saber a *priori* quais são efetivamente as áreas de floresta e não floresta é essencial para a correta detecção das áreas de degradação florestal em ambos os tipos (corte seletivo e fogo) (Shimabukuro et al., 2014). Dessa maneira, os dados de cobertura vegetal, como os disponibilizados pelo Prodes e GFC (*Global Forest Change* – Hansen et al., 2013), por exemplo, podem ser utilizados como uma máscara para identificar se a degradação está ocorrendo na floresta ou em áreas não florestadas. No entanto, uma eventual limitação desses produtos é a seleção do ano-base em que o usuário deseja mapear a degradação, e, assim, se o usuário deseja utilizar um produto referente aos anos anteriores aos já existentes, deverá obter sua própria máscara de floresta/não floresta.

Um diagrama conceitual do mapeamento anual da degradação florestal é apresentado no fluxograma da Fig. 7.4. Inicialmente, a partir da escolha do ano-base no qual se deseja quantificar as áreas de degradação, realiza-se o mapeamento por meio de processamentos digitais de imagem (PDI) da máscara de floresta/não floresta. Posteriormente, também utilizando técnicas de PDI, são obtidos os mapas das cicatrizes de áreas queimadas para os anos de interesse. Por fim, com a combinação de ambos os mapas obtidos anteriormente, é possível mapear a degradação florestal anual ocasionada por queimadas.

Exemplificando o método para obtenção de uma máscara de floresta e não floresta, Grecchi et al. (2017) utilizaram o algoritmo *multiresolution segmentation* (Baatz; Shäpe, 2000), cujos limiares de 10, 0,8 e 0,2 foram aplicados aos parâmetros de escala, forma e

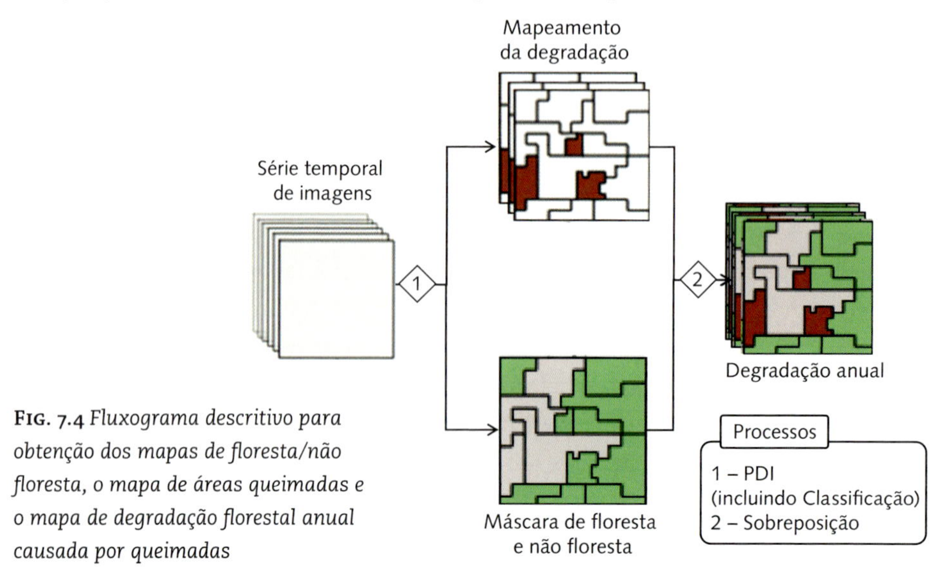

FIG. 7.4 *Fluxograma descritivo para obtenção dos mapas de floresta/não floresta, o mapa de áreas queimadas e o mapa de degradação florestal anual causada por queimadas*

compacidade, respectivamente, nas bandas 3, 4, 5 das imagens do sensor TM a bordo do satélite Landsat-5, com a finalidade de obter segmentos. Após o processo de segmentação, os autores utilizaram critérios de classificação, como proporção das frações de solo e sombra e vegetação contidas no *pixel*, objetivando a separação das classes floresta e não floresta. Por outro lado, Shimabukuro et al. (2014) utilizaram dados do Prodes como máscara de floresta/não floresta para auxiliar no mapeamento de áreas de degradação em uma região ao norte do Estado do Mato Grosso no ano de 2002, com as imagens ETM+/Landsat-7 de órbita/ponto 227/068 (que contempla os municípios do Estado do Mato Grosso: Tabaporã, Porto dos Gaúchos, Itanhangá, Ipiranga do Norte e parte de outros), e encontraram 206 km² de queimadas em áreas não florestadas e 253 km² em áreas de floresta.

Em relação ao produto de floresta e não floresta (*Tree Canopy Cover 2000*, GFC) desenvolvido por Hansen et al. (2013), a abordagem consistiu em mapear as florestas pantropicais do planeta com a utilização de tecnologia de computação em nuvem na plataforma Google Earth Engine (Gorelick et al., 2017). Os autores processaram imagens de sensores do Landsat adquiridas entre os anos 2000 e 2012 e documentaram diversas informações, como perda e ganho de florestas, além do produto de cobertura florestal para o ano 2000 (*Tree Canopy Cover 2000*) – um arquivo *raster* no qual o valor de cada pixel pode variar de 0 a 100, representando a porcentagem de cobertura florestal no ano 2000, ou seja, o *pixel* que contém o valor 0 indica que não há cobertura florestal, enquanto no valor 100 o *pixel* apresenta total cobertura florestal. Assim, para estabelecer a máscara de floresta/não floresta, o usuário deve decidir o seu próprio limiar de corte para as aplicações posteriores.

A escolha dos limiares, no entanto, pode impactar na quantificação dos distúrbios florestais e, consequentemente, nas estimativas das emissões de carbono, visto que limiares reduzidos podem superestimar a cobertura florestal, especialmente dentro das formações savânicas (Gasparini et al., 2019). Em trabalho recente, Taubert et al. (2018) utilizaram limiares de florestas a partir de 30% de cobertura, enquanto Shimabukuro et al. (2017) estabeleceram a área de floresta a partir de 50% de cobertura do *pixel* e Wagner et al. (2017) consideraram como floresta os *pixels* acima de 80% de cobertura. Já para Gasparini et al. (2019), os limiares de 80% e 85% para os dados da *Tree Canopy Cover 2000* corresponderam melhor aos dados de cobertura florestal do Prodes em todo o Estado do Mato Grosso.

7.3 Implicações e desafios para o mapeamento da degradação florestal causada por queimadas

Como foi discutido, existem diversos métodos para mapeamento e detecção de áreas queimadas, seja por interpretação visual ou por alternativas mais complexas, como o uso de regressões, modelo linear de mistura espectral (Shimabukuro; Smith, 1991) e Δ*rNBR* (Koutsias; Karteris, 1998; Key; Benson, 1999). As incertezas relacionadas à detecção e ao monitoramento das áreas queimadas têm sido discutidas na literatura em relação às possíveis causas desses erros (Anderson et al., 2005).

Inicialmente, as estimativas de áreas queimadas utilizando produtos de baixa resolução espacial, como o AVHRR (*Advanced Very High Resolution Radiometer*), se tornaram uma das alternativas mais utilizadas para detecção do número de focos de calor (indicativos de fogo ativo), dada a sua alta resolução temporal. Entretanto, os focos detectados pelas faixas espectrais do termal, como a banda 3 (3.550-3.930 nm), geravam superestimativas de áreas queimadas devido ao baixo limiar da banda, confundindo com a resposta espectral de fogos ativos e provocando incertezas nas estimativas de área queimada (Piromal et al., 2008; Anderson et al., 2005; Pereira; Setzer, 1996).

Para o sensor MODIS, cujas características foram melhoradas em relação ao sensor AVHRR devido à melhor resolução espectral e radiométrica (Justice et al., 2002), Anderson et al. (2005) avaliaram o comportamento espectral das cicatrizes de áreas queimadas nas imagens de reflectâncias diárias e em composições mensais do sensor. O resultado obtido demonstrou que as imagens-fração sombra, derivadas do MLME para os mosaicos mensais do produto MOD13A1, apresentaram maior amplitude e variação dos valores quando comparadas aos produtos de imagens de reflectância diárias do próprio sensor (MOD09), indicando, assim, maior potencial para este último e uma maior limitação do produto MOD13A1 para caracterização espectral das áreas recém-queimadas.

Enquanto isso, Piromal et al. (2008) utilizaram o algoritmo de detecção de queimadas do produto MOD14 (MODIS) para o período de junho e julho de 2004 no Estado do Mato Grosso. As imagens do sensor TM/Landsat-5 foram utilizadas como verdade terrestre para discriminar as cicatrizes de fogo detectadas na imagem – classificação de área queimada –, para posterior avaliação dos resultados de foco de calor obtidos com o MOD14. Os resultados obtidos demonstraram que o algoritmo de detecção de focos de calor utilizado pelo produto MOD14 subestimou o *pixel* classificado como área queimada quando o tamanho do foco de calor foi inferior ao tamanho do *pixel* das imagens MODIS (100 ha), sendo mais indicado para detectar queimadas com áreas próximas ao tamanho do *pixel*.

Em trabalho recente para o Cerrado brasileiro, Rodrigues et al. (2019) avaliaram a precisão do produto MCD64/MODIS coleção 6 (resolução espacial de 500 metros) utilizando dados de referência provenientes do sensor OLI/Landsat-8, da coleção anterior (5.1) do MCD64/MODIS, e focos ativos do sensor VIIRS (*Radiometer Visible Infrared Imaging Suite*) a bordo do satélite Suomi-NPP (*Suomi-National Polar-orbiting*

Partnership). Com isso, o estudo demonstrou o aumento de 21% das áreas queimadas detectadas pela versão atual do produto quando comparado à sua versão anterior, além da redução do erro de omissão (90% da área analisada), aumento dos acertos (61%) e alto coeficiente de correlação com focos ativos de calor (r = 0,74).

Outros métodos utilizando sensores de média resolução espacial da família de satélites Landsat TM, ETM+ e OLI têm possibilitado o aumento da exatidão nas estimativas de áreas queimadas, por apresentarem melhor resolução espacial quando comparados aos sensores MODIS e AVHRR (Lombardi, 2003). Entretanto, é importante destacar que a degradação florestal de muito baixa intensidade nem sempre é efetivamente monitorada com o emprego de apenas imagens Landsat. Nesse sentido, os dois satélites da missão Sentinel-2A e B, lançados respectivamente em 2015 e 2017 pela Agência Espacial Europeia (*European Space Agency*, ESA), podem trazer grandes avanços para a detecção e o monitoramento de queimadas em florestas. Os dados fornecem observações ópticas com tempo de revisita combinada de cinco dias e resoluções espaciais de 10 m, 20 m e 60 m entre as faixas espectrais (Drusch et al., 2012) abrangidas pelo sensor.

Comparativamente, Roy et al. (2019) apontam que utilizar os produtos provenientes do sensor MODIS apresenta ganho temporal (~3 dias), mesmo quando comparado a técnicas que utilizam a combinação de imagens Sentinel-2A e Landsat-8 para o mapeamento de queimadas. Porém, espacialmente, os dois últimos sensores citados capturam mais detalhes do que o produto MODIS, com estimativas sistematicamente maiores (por exemplo, 112,454 km² e 65,170 km², respectivamente, para a área de estudo).

Assim, utilizar imagens de resolução espacial cada vez mais detalhadas apresenta-se como uma alternativa potencial para melhor detecção e mapeamento dos distúrbios florestais (Souza Jr. et al., 2013; Asner, 2009). Entretanto, o uso desses produtos pode ser limitado pela menor frequência de revisita e ainda mais afetado pela incidência de nuvens (Zhu; Woodcock, 2014; Asner, 2001), além de apresentar custo e tempo de processamento mais elevados (Hirschmugl et al., 2017), quando comparado ao dos produtos de moderada e baixa resolução espacial.

Desse modo, o conhecimento sobre as incertezas associadas aos produtos e às metodologias utilizadas para o mapeamento da degradação florestal por queimada é imprescindível, pois auxilia no desenvolvimento de novas tecnologias e procedimentos que visem fornecer estimativas mais precisas. Assim, muitos trabalhos têm permitido uma maior compreensão da dinâmica do fogo e da degradação em florestas tropicais utilizando produtos MODIS e Landsat (TM, ETM+, OLI) nas últimas décadas. Entre as aplicações em escala global e nacional, podemos citar alguns dos programas que fornecem informações espacializadas e/ou quantitativas sobre áreas queimadas no contexto geral, ou seja, não apenas incluídas áreas florestadas na Amazônia: Copernicus, da Comissão Europeia; Landsat Burned Area, da USGS; MCD64A1, da Nasa; e o Programa Queimadas, do Inpe (Quadro 7.1).

O produto Copernicus Burnt Area, gerenciado pela Comissão Europeia, é obtido a partir dos dados do sensor PROBA-V com um algoritmo que capta a diminuição na reflectância nos comprimentos de onda do infravermelho próximo. Essa redução é obtida por meio de um índice temporal de reflectância da imagem atual e reflectância média calculada de imagens anteriores à atual. As áreas identificadas são agregadas em composições de dez dias (Copernicus, 2020).

Entre os produtos citados, gerados por agências internacionais, o Landsat Burned Area da *United States Geological Survey* (USGS) é distribuído em média resolução espacial. Ele foi projetado para identificar áreas queimadas e áreas com probabilidade de queimadas utilizando dados de reflectância da superfície e temperatura de brilho das imagens provenientes dos sensores Landsat (4 a 8). Esse produto é distribuído somente para os Estados Unidos, incluindo o Alasca e o Havaí (USGS, 2018).

A *National Aeronautics and Space Administration* (Nasa) produz dois produtos de áreas queimadas, um proveniente do sensor MODIS a bordo dos satélites TERRA e AQUA (MCD64A1) e outro do sensor VIIRS a bordo do satélite Suomi-NPP (SNP64A1). O produto MCD64A1 é mensal, global, e utiliza imagens de reflectância da superfície, acopladas a observações de focos ativos de queima. O algoritmo utiliza o índice de

Quadro 7.1 Visão geral dos produtos de área queimada em escala global e nacional

Agência	Produto	Sensor	Resolução espacial	Período
European Commission	Copernicus Burnt Area	PROBA-V	1 km/300 m	2014-atual
USGS	Landsat Burned Area	Landsat (4, 5, 7 e 8)	30 m	1984-atual
Nasa MODIS Land Science Team	MCD64A1	MODIS	500 m	2000-atual
Nasa VIIRS Science Team	VIIRS Burned Area	VIIRS	500 m	2014-2018
Inpe	Programa Queimadas	MODIS/ Landsat-8/OLI	1 km/30 m	2005-atual/ 2000-atual

vegetação derivado das bandas de reflectância no infravermelho médio (centradas em 1.240 nm e 2.130 nm) para criar limites dinâmicos (Giglio et al., 2015). Já o produto SNP64A1 destina-se a substituir o produto MCD64A1, sendo gerado com o mesmo método MCD64A1 (Giglio et al., 2017).

Nacionalmente, o monitoramento de área queimada realizado pelo Inpe gera dois produtos de área queimada: baixa e média resolução espacial. O produto diário de baixa resolução espacial (1 km) é criado a partir das imagens diárias do sensor MODIS a bordo dos satélites AQUA e TERRA, utilizando reflectância no infravermelho médio, que cobre a maior parte da América do Sul. O produto de média resolução espacial (30 m) é gerado quinzenalmente, em sua maioria, a partir de imagens dos sensores OLI/Landsat-8, MUX/CBERS e LISS/RESOURCESAT para o bioma Cerrado (Inpe, 2020d).

Nota-se que existem dados coletados por sensores com radar disponíveis sem custo, que permitem seu uso nos mapeamentos dos distúrbios florestais. Entretanto, para este capítulo, esses dados não serão considerados devido a diferenças de processamento e análise quando comparados aos dos sensores ópticos.

7.4 Mapeamento da degradação florestal por queimada: aplicações na Amazônia

Neste tópico encontram-se trabalhos realizados na Amazônia para a detecção e o mapeamento de degradação florestal ocasionada por queimadas, baseados na metodologia citada neste capítulo, em especial para os Estados do Acre no ano de 2005 e Mato Grosso no ano de 2010 (Fig. 7.5).

7.4.1 Estado do Acre

Em 2005, um desastre ambiental ocorreu no Estado do Acre entre meados de julho e outubro, resultando em poluição por fumaça. Devido à prolongada estação seca e a incêndios florestais de causas antrópicas, o desastre afetou mais de 400.000 pessoas e 50 milhões de dólares em perdas econômicas diretas, contabilizando também as regiões afetadas do Peru e da Bolívia (Brown et al., 2006).

Assim, para estimar as áreas florestais afetadas por queimadas desse referido ano, Shimabukuro et al. (2009) obtiveram a classificação de áreas queimadas em floresta a partir do produto de reflectância da superfície MOD09 (sensor MODIS), com resolução espacial de 250 m nas datas 5, 12 e 21 de setembro de 2005, e composição das bandas espectrais do vermelho (centrada em 640 nm), infravermelho próximo (centrada em 858 nm) e infravermelho médio (centrada em 1.640 nm).

Esse trabalho aplicou o MLME ao produto MOD09, seguido da segmentação das imagens-fração sombra e da utilização de um algoritmo de classificação não

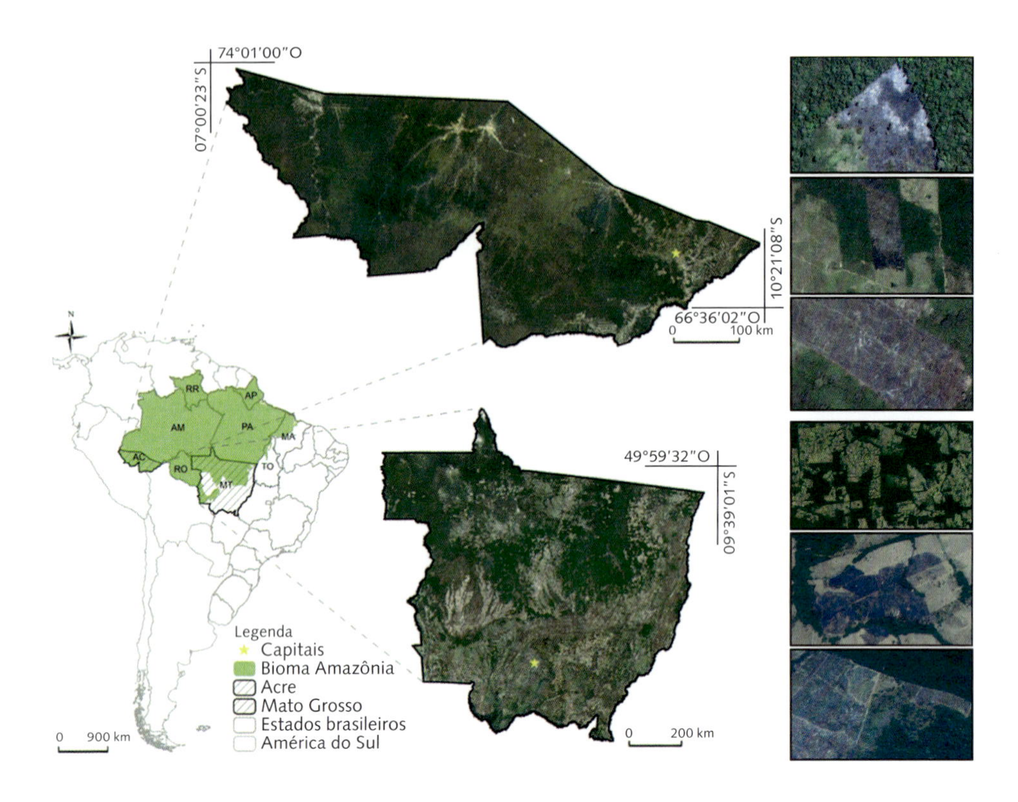

Fig. 7.5 *Localização dos Estados do Acre e Mato Grosso e exemplos de queimadas em floresta em ambos os estados*
Fonte: Esri (www.esri.com), DigitalGlobe (www.maxar.com) e Google Earth (https://www.google.com.br/earth).

supervisionado, como ilustrado nos tópicos anteriores. Por fim, um procedimento de edição manual das imagens foi realizado para minimizar os erros de classificação automática. Para a validação dos resultados obtidos (Fig. 7.6), foram utilizadas as imagens de média resolução espacial do TM/Landsat-5 e CCD/CBERS-2, associadas às informações de campo.

Os resultados das análises indicaram a ocorrência de 6.500 km² de área queimada no Estado do Acre. Desse total, 3.700 km² corresponderam às áreas previamente desmatadas, onde a atividade da queima é prática tradicional para a limpeza do terreno na implantação de cultivos agrícolas ou pastagens. Os 2.800 km² restantes foram relatados como áreas florestadas degradadas por queimada.

Resultados semelhantes no Estado do Acre foram estimados por Brown et al. (2006) utilizando as imagens TM/Landsat-5, CCD/CBERS-2 e detalhado dado de campo para o mesmo período. De acordo com os autores, a baixa umidade relativa do ar, ventos fortes, alta temperatura e ausência de chuvas contribuíram para a queima de

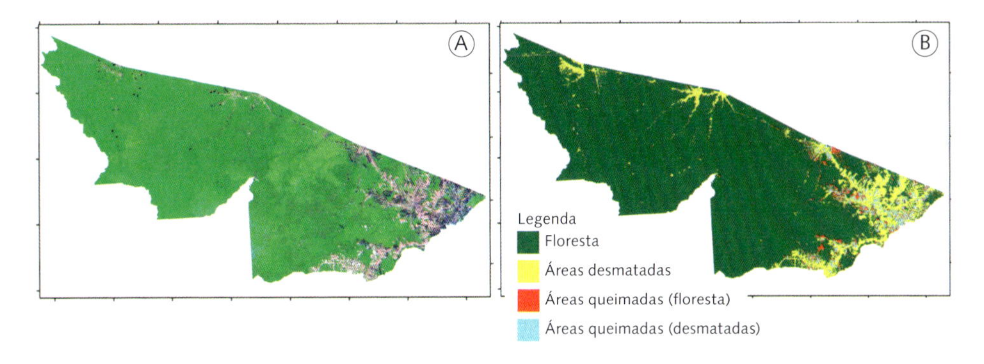

Fig. 7.6 *(A) Composição colorida (R6G2B1) do mosaico MODIS baseado nos valores mais elevados da proporção da imagem-fração sombra e (B) classificação da cobertura da terra utilizando o método proposto baseado em dados multitemporais do sensor MODIS TERRA/AQUA*

~2.670 km² de áreas florestais. Tais resultados evidenciam a consistência das estimativas realizadas com os produtos MODIS.

7.4.2 Estado do Mato Grosso

O Mato Grosso tem sido objeto de diversos estudos relacionados à sua alta taxa de alteração da cobertura florestal pela conversão em agricultura, por processos de desmatamento, corte seletivo e queimadas (Anderson et al., 2005; Inpe, 2008; Piromal et al., 2008; Shimabukuro et al., 2015, 2017; Miettinen et al., 2016). De acordo com os dados do Prodes, o Estado apresenta taxa de desmatamento acumulado (1988-2019) de aproximadamente 16% do território, ou seja, 146 km² da área total do Estado. Em termos de área degradada, Mato Grosso também ocupa a segunda posição no *ranking* na Amazônia Legal, atingindo cerca de 2.000 km² entre o período de 2019 a 2020 (Assis et al., 2019; Inpe, 2020c).

Quanto à detecção de fogo, o Estado é um dos destaques no que refere ao número de focos de calor ativos detectados. Entre 1998 e 2020, foram detectados em média 40.000 focos ativos, representando aproximadamente 27% da média total observada para a Amazônia Legal (Inpe, 2020d). Além disso, os números de focos costumam variar de acordo com os meses do ano, sendo que o período entre junho e novembro, caracterizado pela menor taxa de precipitação, apresenta o pico de detecções.

Propondo estimar a extensão de florestas degradadas causadas por queimadas no Mato Grosso, Shimabukuro et al. (2017) utilizaram método semiautomático baseado nas imagens-fração sombra do MLME derivadas do sensor TM, como proposto anteriormente, considerando que as imagens-fração sombra destacam áreas de baixa reflectância e que estas correspondem a áreas queimadas (Fig. 7.7). Com a metodologia

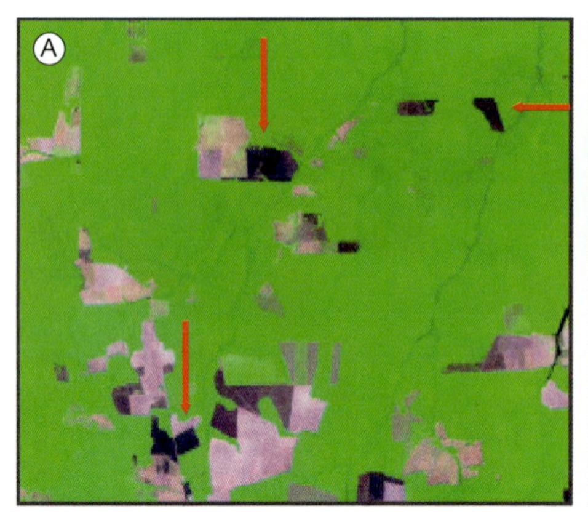

FIG. 7.7 *(A) Composição colorida da imagem TM (R5G4B3) exibindo área queimada em cor escura (baixa reflectância) e (B) a correspondente imagem-fração sombra destacando áreas queimadas em* pixels *de maior brilho*

proposta, os autores estimaram que, do total das áreas queimadas identificadas em 2010 durante a estação seca, 22,63 mil km² (32%) foram identificados em áreas florestadas, atingindo o total de 70,31 mil km² ao incluir as ocorrências no bioma Cerrado e as áreas desmatadas anteriormente (2001 a 2010) (Fig. 7.8).

Para o mesmo ano de estudo, considerado extremamente seco, Shimabukuro et al. (2015) propuseram um método de classificação semiautomática baseada em objeto e amostras sistemáticas de 20 × 20 km, ou seja, quando o processo de obtenção das amostras é realizado sistematicamente a partir de um intervalo fixo após a primeira amostra ter sido selecionada aleatoriamente, em imagens de média resolução do TM/Landsat-5, associadas ao produto MYD14/MODIS de focos ativos de queima. Além disso, para fins comparativos, foi utilizado o mapeamento de áreas queimadas com o mesmo conjunto de dados empregado por Shimabukuro et al. (2017) para toda a imagem.

A metodologia baseada em amostragem sistemática obteve a estimativa total de 66,36 km² de áreas queimadas, evidenciando uma variação de 6% em relação ao resultado do mapeamento obtido por Shimabukuro et al. (2017) utilizando todas as imagens TM/Landsat-5 que cobrem o Estado do Mato Grosso. Esse resultado é explicado pela distribuição espacial das áreas queimadas, visto que a utilização de amostras pode acarretar um viés nas estimativas. Entretanto, os autores destacaram que o método apresenta as vantagens de facilidade de implementação e rapidez na obtenção dos resultados, tornando-se uma alternativa para estudos em escala regional.

7.5 CONSIDERAÇÕES FINAIS

Distúrbios em florestas tropicais, como o corte seletivo e fogo, têm recebido atenção no contexto das recentes negociações e relatórios de políticas de redução das emis-

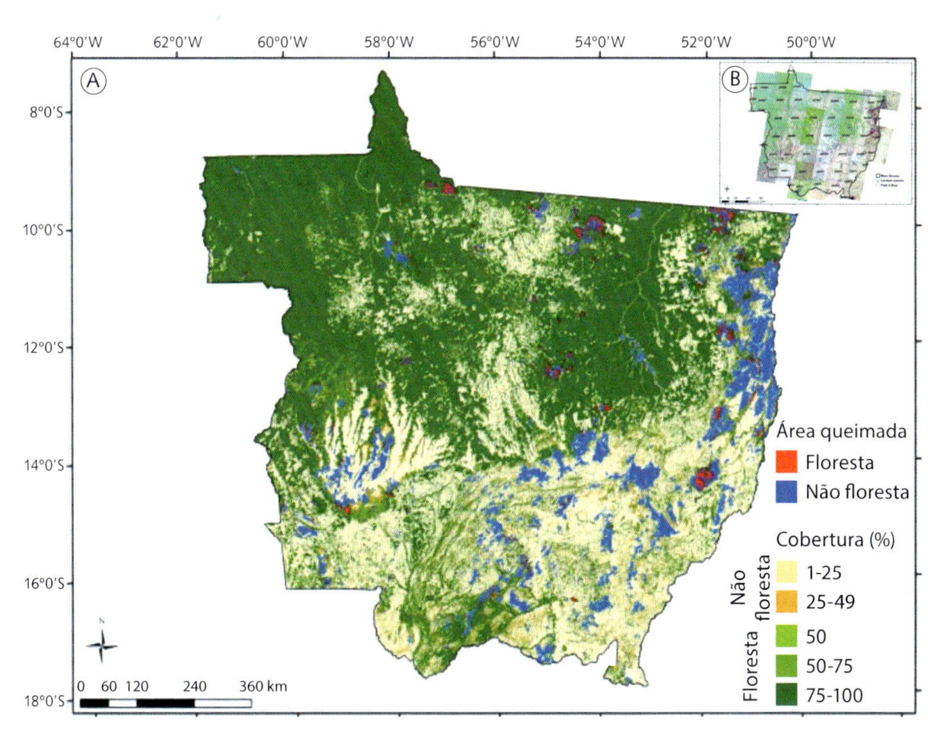

FIG. 7.8 *(A) Classificação utilizando o método proposto e (B) mosaico de imagens Landsat-5/TM para o Mato Grosso, utilizado como conjunto de dados*

sões de gases de efeito estufa (REDD+); porém, compreender sua dinâmica e estabelecer estratégias para detecção, monitoramento e quantificação da degradação têm sido um desafio, especialmente quando não há uma definição oficial do termo *degradação* adotado no Brasil.

O DEGRAD é um exemplo de esforço para o monitoramento de degradação florestal da Amazônia brasileira e recentemente incluiu a separação dos fatores degradantes como queimada e exploração seletiva, os quais, por sua vez, apresentam diferentes dinâmicas na floresta. Diante desse contexto, surge o questionamento: qual caminho seguir em relação ao desenvolvimento de métodos operacionais abrangentes e confiáveis para o monitoramento de distúrbios florestais na Amazônia baseados em sensoriamento remoto?

Os dados apresentados neste capítulo evidenciam que as imagens-fração sombra derivadas do modelo linear de mistura espectral em imagens de moderada e média resolução espacial foram e continuam sendo ferramentas importantes para automatizar a detecção de florestas degradadas por queimada. Da mesma forma, os produtos gerados por sensores orbitais de média e moderada resoluções espaciais (MODIS, constelação Landsat) apresentam vantagens e desvantagens quanto à sua operacionalização em escala regional.

Nesse contexto, é importante ressaltar que todos os métodos e produtos disponíveis apresentam incertezas e erros associados a estimativas, e as discussões aqui levantadas possibilitam difundir as informações e o conhecimento adquirido de aplicações passadas, de forma a permitir o preenchimento de lacunas e o aprimoramento de uma metodologia confiável e abrangente no monitoramento da degradação florestal causada por queimadas.

Dessa maneira, espera-se que este trabalho possa subsidiar estratégias preventivas e de monitoramento da degradação florestal causada pelo fogo. Em especial, essas informações podem auxiliar no contexto das recentes discussões sobre as políticas governamentais para a redução das emissões de gases de efeito estufa.

Referências bibliográficas

ACHARD, F.; BEUCHLE, R.; MAYAUX, P.; STIBIG, H. J.; BODART, C.; BRINK, A.; CARBONI, S.; DESCLÉE, B.; DONNAY, F.; EVA, H. D.; LUPI, A.; RASI, R.; SELIGER, R.; SIMONETTI, D. Determination of Tropical Deforestation Rates and Related Carbon Losses from 1990 to 2010. *Global Change Biology*, v. 20, n. 8, p. 2540-2554, 2014.

ANDELA, N.; MORTON, D. C.; GIGLIO, L.; CHEN, Y.; VAN DER WERF, G. R.; KASIBHATLA, P. S.; DEFRIES, R. S.; COLLATZ, G. J.; HANTSON, S.; KLOSTER, S.; BACHELET, D.; FORREST, M.; LASSLOP, G.; LI, F.; MANGEON, S.; MELTON, J. R.; YUE, C.; RANDERSON, J. T. A Human-Driven Decline in Global Burned Area. *Science*, v. 356, n. 6345, p. 1356-1362, 2017.

ANDERSON, L. O.; ARAGÃO, L. E. O. C. de; LIMA, A. de; SHIMABUKURO, Y. E. Detecção de cicatrizes de áreas queimadas baseada no modelo linear de mistura espectral e imagens índice de vegetação utilizando dados multitemporais do sensor modis/terra no estado do mato grosso, amazônia brasileira. *Acta Amazonica*, v. 35, n. 4, p. 445-456, 2005.

ANDERSON, L. O.; ARAGÃO, L. E. O. C.; GLOOR, M.; ARAI, E.; ADAMI, M.; SAATCHI, S. S.; MALHI, Y.; SHIMABUKURO, Y. E.; BARLOW, J.; BERENGUER, E.; DUARTE, V. Disentangling the Contribution of Multiple Land Covers to Fire-Mediated Carbon Emissions in Amazonia during the 2010 Drought. *Global Biogeochemical Cycles*, v. 29, n. 10, p. 1739-1753, 2015.

ANDERSON, L. O.; RIBEIRO NETO, G.; CUNHA, A. P.; FONSECA, M. G.; MOURA, Y. M.; DALAGNOL, R.; WAGNER, F. H.; ARAGÃO, L. E. O. E. C. Vulnerability of Amazonian Forests to Repeated Droughts. *Philosophical Transactions of the Royal Society B*, 373, p.20170411, 2018. DOI: 10.1098/rstb.2017.0411.

ARAGÃO, L. E. O. C.; SHIMABUKURO, Y. E. The Incidence of Fire in Amazonian Forests with Implications for REDD. *Science*, v. 328, n. 5983, p. 1275-1278, 2010.

ARAGÃO, L. E. O. C.; MALHI, Y.; ROMAN-CUESTA, R. M.; SAATCHI, S.; ANDERSON, L. O.; SHIMABUKURO, Y. E. Spatial Patterns and Fire Response of Recent Amazonian Droughts. *Geophysical Research Letters*, v. 34, n. 7, 2007.

ARAGÃO, L. E. O.; MALHI, Y.; BARBIER, N.; LIMA, A.; SHIMABUKURO, Y.; ANDERSON, L.; SAATCHI, S. Interactions Between Rainfall, Deforestation and Fires During Recent Years in the Brazilian Amazonia. *Philosophical Transactions of the Royal Society: Biological Sciences*, v. 363, n. 1498, p. 1779-1785, 2008.

ARAGÃO, L. E. O.; POULTER, B.; BARLOW, J. B.; ANDERSON, L. O.; MALHI, Y.; SAATCHI, S.; PHILLIPS, O. L.; GLOOR, E. Environmental Change and the Carbon Balance of Amazonian Forests. *Biological Reviews*, v. 89, n. 4, p. 913-931, 2014.

ASNER, G. P. Automated Mapping of Tropical Deforestation and Forest Degradation: Claslite. *Journal of Applied Remote Sensing*, v. 3, n. 1, p. 033543, 2009.

ASNER, G. P. Cloud Cover in Landsat Observations of the Brazilian Amazon. *International Journal of Remote Sensing*, v. 22, n. 18, p. 3855-3862, 2001.

ASNER, G. P.; KNAPP, D. E.; BROADBENT, E. N.; OLIVEIRA, P. J. C.; KELLER, M.; SILVA, J. N. Selective Logging in the Brazilian Amazon. Science, v. 310, n. October, p. 480-482, 2005.

ASSIS, L. F. F. G.; FERREIRA, K. R.; VINHAS, L.; MAURANO, L.; ALMEIDA, C.; CARVALHO, A.; RODRIGUES, J.; MACIEL, A.; CAMARGO, C. TerraBrasilis: A Spatial Data Analytics Infrastructure for Large-Scale Thematic Mapping. *ISPRS International Journal of Geo-Information*, v. 8, n. 513, 2019.

BAATZ, M; SCHÄPE, A. Multiresolution Segmentation: An Optimization Approach for High Quality Multi-Scale Image Segmentation. In: ANGEWANDTE GEOGRAPHISCHE INFORMATIONSVERARBEITUNG XII, p. 12-23, 2000.

BARLOW, J.; LENNOX, G. D.; FERREIRA, J.; BERENGUER, E.; LEES, A. C.; MAC NALLY, R., THOMSON, J. R.; DE BARROS FERRAZ, S. F.; LOUZADA, J.; OLIVEIRA, V. H. F.; PARRY, L. Anthropogenic Disturbance in Tropical Forests can Double Biodiversity Loss from Deforestation. *Nature*, v. 535, n. 7610, p. 144, 2016.

BOWMAN, D. M.; BALCH, J. K.; ARTAXO, P.; BOND, W. J.; CARLSON, J. M.; COCHRANE, M. A.; D'ANTONIO, C. M.; DEFRIES, R. S.; DOYLE, J. C.; HARRISON, S. P.; JOHNSTON, F. H. Fire in the Earth System. *Science*, v. 324, n. 5926, p. 481-484, 2009.

BROWN, I. F.; SCHROEDER, W.; SETZER, A.; MALDONADO, M.; PANTOJA, N.; DUARTE, A.; MARENGO, J. Monitoring Fires in Southwestern Amazonian Rain Forests. *EOS Transactions*, 87, p. 253-259, 2006.

COPERNICUS. Burnt Area. USA: Copernicus Global Land Service, 2020. Disponível em: <https://land.copernicus.eu/global/products/ba>. Acesso em: mar. 2020.

DAVIDSON, E. A.; DE ARAÜJO, A. C.; ARTAXO, P.; BALCH, J. K.; BROWN, I. F.; MERCEDES, M. M.; COE, M. T.; DEFRIES, R. S.; KELLER, M.; LONGO, M.; MUNGER, J. W.; SCHROEDER, W.; SOARES-FILHO, B. S.; SOUZA, C. M.; WOFSY, S. C. The Amazon Basin in Transition. *Nature*, v. 481, n. 7381, p. 321-328, 2012.

DRUSCH, M.; DEL BELLO, U.; CARLIER, S.; COLIN, O.; FERNANDEZ, V.; GASCON, F.; HOERSCH, B.; ISOLA, C.; LABERINTI, P.; MARTIMORT, P.; MEYGRET, A. Sentinel-2: ESA's Optical High-Resolution Mission for GMES Operational Services. *Remote Sensing of Environment*, v. 120, p.25-36, 2012.

EARL, N.; SIMMONDS, I. Spatial and Temporal Variability and Trends in 2001-2016 Global Fire Activity. *Journal of Geophysical Research: Atmospheres*, v. 123, n. 5, p. 2524-2536, 2018.

GASPARINI, K. A. C.; SILVA JUNIOR, C. H. L.; SHIMABUKURO, Y. E.; ARAI, E., SILVA; C. A.; MARSHALL, P. L. Determining a Threshold to Delimit the Amazonian Forests from the Tree Canopy Cover 2000 GFC Data. *Sensors*, v. 19, n. 22, 5020, 2019.

GIGLIO, L.; BOSCHETTI, L.; ROY, D.; JUSTICE, C. Algorithm Theoretical Basis Document (ATBD) for NASA VIIRS Burned Area Product. *NASA VIIRS Science Team*, jul. 2017. Disponível em: <https://viirsland.gsfc.nasa.gov/PDF/ATBD_VIIRS_Burned_Area_1.2.pdf>. Acesso em: 27 mar. 2020.

GIGLIO, L.; JUSTICE, C.; BOSCHETTI, L.; ROY, D. *MCD64A1 MODIS/Terra+Aqua Burned Area Monthly L3 Global 500m SIN Grid V006*. Land Processes DAAC, NASA EOSDIS, 2015. Disponível em: <https://doi.org/10.5067/MODIS/MCD64A1.006>. Acesso em: 27 mar. 2020.

GORELICK, N.; HANCHER, M.; DIXON, M.; ILYUSHCHENKO, S.; THAU, D.; MOORE, R. Google Earth Engine: Planetary-Scale geospatial analysis for everyone. *Remote Sensing of Environment*, v. 202, p. 18-27, 2017.

GRECCHI, R. C.; BEUCHLE, R.; SHIMABUKURO, Y. E.; ARAGÃO, L. E. O. C.; ARAI, E.; SIMONETTI, D.; ACHARD, F. An Integrated Remote Sensing and GIS Approach for Monitoring Areas Affected by Selective Logging: A Case Study in Northern Mato Grosso, Brazilian Amazon. *IEEE Journal of Selected Topics in Applied Earth Observations and Remote Sensing*, v. 61, p. 70-80, 2017.

HANSEN, M. C.; POTAPOV, P. V.; MOORE, R.; HANCHER, M.; TURUBANOVA, S. A. A.; TYUKAVINA, A.; THAU, D.; STEHMAN, S. V.; GOETZ, S. J.; LOVELAND, T. R.; KOMMAREDDY, A. High-Resolution Global Maps of 21st-Century Forest Cover Change. *Science*, v. 342, n. 6160, p. 850-853, 2013.

HIRSCHMUGL, M.; GALLAUN, H.; DEES, M.; DATTA, P.; DEUTSCHER, J.; KOUTSIAS, N.; SCHARDT, M. Methods for Mapping Forest Disturbance and Degradation from Optical Earth Observation Data: A Review. *Current Forestry Reports*, v. 3, n. 1, p. 32-45, 2017.

INPE – INSTITUTO NACIONAL DE PESQUISAS ESPACIAIS. *Monitoramento da cobertura florestal da Amazônia por satélites*: sistemas PRODES, DETER, DEGRAD e queimadas 2007-2008. Brasília: Inpe, 2008.

INPE – INSTITUTO NACIONAL DE PESQUISAS ESPACIAIS. Coordenação Geral de Observação da Terra. DETER e DETER INTENSO. Brasília: Inpe, 2020a. Disponível em: <http://www.obt.inpe.br/OBT/assuntos/programas/amazonia/deter>. Acesso em: 10 mar. 2020.

INPE – INSTITUTO NACIONAL DE PESQUISAS ESPACIAIS. Coordenação Geral de Observação da Terra. Programa de Monitoramento da Amazônia e Demais Biomas. *Amazônia Legal – PRODES (Desmatamento)*. Brasília: Inpe, 2020b. Disponível em: <http://terrabrasilis.dpi.inpe.br/downloads/>. Acesso em: 10 mar. 2020.

INPE – INSTITUTO NACIONAL DE PESQUISAS ESPACIAIS. Mapa de área queimada. Brasília: Inpe, 2020c. Disponível em: <http://queimadas.dgi.inpe.br/queimadas/aq1km/>. Acesso em: 10 mar. 2020.

INPE – INSTITUTO NACIONAL DE PESQUISAS ESPACIAIS. *Portal do Monitoramento de Queimadas e Incêndios*. Brasília: Inpe, 2020d. Disponível em: <http://www.inpe.br/queimadas>. Acesso em: 4 jul. 2020.

JUSTICE, C. O.; GIGLIO, B.; KORONTZI, S.; OWENS, J.; MORISETTE, J. T.; ROY, D. P.; DESCLOITRES, J.; ALLEAUME, S.; PETITCOLIN, F.; KAUFMAN, Y. The MODIS Fire Products. *Remote Sensing of Environment*, v. 83, p. 244-262, 2002.

KEY, C. H.; BENSON, N. C. Measuring and Remote Sensing of Burn Severity. In: JOINT FIRE SCIENCE CONFERENCE AND WORKSHOP, II, 15-17 June 1999, Boise, Idaho. *Proceedings*... 1999. p. 284.

KOUTSIAS, N.; KARTERIS, M. Logistic Regression Modelling of Multitemporal Thematic Mapper Data for Burned Area Mapping. *International Journal of Remote Sensing*, v. 19, p. 3499-3514, 1998.

LOMBARDI, R. J. R. *Estudo da recorrência de queimadas e permanência de cicatrizes do fogo em áreas selecionadas do cerrado brasileiro, utilizando imagens TM/LANDSAT*. Dissertação (Mestrado em Sensoriamento Remoto) – Instituto Nacional de Pesquisas Espaciais. São Jose dos Campos, INPE-12663-TDI/1006, 2003. 172 p.

MARENGO, J. A.; TOMASELLA, J.; ALVES, L. M.; SOARES, W. R.; RODRIGUEZ, D. A. The Drought of 2010 in the Context of Historical Droughts in the Amazon Region. *Geophysical Research Letters*, v. 38, L12703, 2011.

MELCHIORI, A. E. *Algoritmo digital automático para estimar áreas queimadas em imagens de média resolução da região do Jalapão*. Relatório de Atividades GIZ. São José dos Campos: Inpe, jan. 2014. Disponível em: <http://queimadas.cptec.inpe.br/~rqueimadas/Projeto_MMA_GIZ/20140116_relatorio01_TdR_GIZ_Emiliano_Melchiori.pdf>. Acesso em: 8 out. 2021.

MIETTINEN, J.; SHIMABUKURO, Y. E.; BEUCHLE, R.; GRECCHI, R. C.; GOMEZ, M. V.; SIMONETTI, D.; ACHARD, F. On the Extent of Fire-Induced Forest Degradation in Mato Grosso, Brazilian Amazon, in 2000, 2005 and 2010. *International Journal of Wildland Fire*, v. 25, n. 2, p. 129-136, 2016.

MMA – MINISTÉRIO DO MEIO AMBIENTE. Degradação e restauração florestal em debate na Argentina. MMA, 17 ago. 2017. Disponível em: <http://redd.mma.gov.br/pt/noticias-principais/824-degradacao-florestal-e-restauracao-em-debate-na-argentina>. Acesso em: 8 out. 2021.

NUMATA, I.; COCHRANE, M. A.; ROBERTS, D. A.; SOARES, J. V.; SOUZA, C. M.; SALES, M. H. Biomass Collapse and Carbon Emissions from Forest Fragmentation in the Brazilian Amazon. *Journal of Geophysical Research: Biogeosciences*, v. 115, n. 3, 2010.

PEREIRA, A. C.; SETZER, A. W. Comparison of Fire in Savannas using AVHRR´s Channel 3 and TM Images. *International Journal of Remote Sensing*, v. 17, n. 10, p. 1925-1937, 1996.

PIROMAL, R. A. S.; RIVERA-LOMBARDI, R. J.; SHIMABUKURO, Y. E.; FORMAGGIO, A. R.; KRUG, T. Utilização de dados modis para a detecção de queimadas na amazônia. *Acta amazônica*, v. 38, n. 1, p. 77-84, 2008.

QUINTANO, C.; FERNÁNDEZ-MANSO, A.; FERNÁNDEZ-MANSO, O.; SHIMABUKURO, Y. E. Mapping Burned Areas in Mediterranean Countries using Spectral Mixture Analysis from a Uni-Temporal Perspective. *International Journal of Remote Sensing*, v. 27, n. 4, p. 645-662, 2006.

RODRIGUES, J.; LIBONATI, R.; PEREIRA, A.; NOGUEIRA, J.; SANTOS, F., PERES, L., ROSA, A.; SCHROEDER, W.; PEREIRA, J. M.; GIGLIO, L.; TRIGO, I.; SETZER, A. Interrelations of MCD64 Burned Area and Land Use Patterns in the Cerrado. *Geophysical Research Abstracts*, v. 21, 2019.

ROY, D. P.; HUANG, H.; BOSCHETTI, L.; GIGLIO, L.; YAN, L.; ZHANG, H. H.; LI, Z. Landsat-8 and Sentinel-2 Burned Area Mapping: A Combined Sensor Multi-Temporal Change Detection Approach. *Remote Sensing of Environment*, v. 231, 111-254, 2019.

SERTEL, E.; ALGANCI, U. Comparison of Pixel and Object-Based Classification for Burned Area Mapping using SPOT-6 Images. *Geomatics, Natural Hazards and Risk*, v. 7, n. 4, p. 1198-1206, 2016.

SHIMABUKURO, Y. E.; PONZONI, F. J. *Mistura espectral*: modelo linear e aplicações. São Paulo: Oficina de Textos, 2017.

SHIMABUKURO, Y. E.; SMITH, J. A. The Least-Square Mixing Models to Generate Fraction Images Derived from Remote Sensing Multispectral Data. *IEEE Transactions on Geoscience and Remote Sensing*, v. 29, n. 1, p. 16-20, 1991.

SHIMABUKURO, Y. E.; BEUCHLE, R.; GRECCHI, R. C.; ACHARD, F. Assessment of Forest Degradation in Brazilian Amazon due to Selective Logging and Fires Using Time Series of Fraction Images Derived from Landsat ETM+ Images. *Remote Sensing Letters*, v. 5, n. 9, p. 773-782, 2014.

SHIMABUKURO, Y. E.; ARAI, E.; ANDERSON, L. O.; ARAGÃO, L. E. O. C.; DUARTE, V. Mapping Degraded Forest Areas Caused by Fires During the Year 2010 in Mato Grosso State, Brazilian Legal Amazon Using Landsat-5 TM Fraction Images. *Revista Brasileira de Cartografia*, v. 69, n. 1, p. 23-32, 2017.

SHIMABUKURO, Y. E.; MIETTINEN, J.; BEUCHLE, R.; GRECCHI, R. C.; SIMONETTI, D.; ACHARD, F. Estimating Burned Area in Mato Grosso, Brazil, Using an Object-Based Classification Method on a Systematic Sample of Medium Resolution Satellite Images. *IEEE Journal of Selected Topics in Applied Earth Observations and Remote Sensing*, v. 8, n. 9, p. 4502-4508, set. 2015.

SHIMABUKURO, Y. E.; ARAI, E.; DUARTE, V.; JORGE, A.; SANTOS, E. G. D.; GASPARINI, K. A. C.; DUTRA, A. C. Monitoring Deforestation and Forest Degradation Using Multi-Temporal Fraction Images Derived from Landsat Sensor Data in the Brazilian Amazon. *International Journal of Remote Sensing*, v. 40, n. 14, p. 5475-5496, 2019. DOI: 10.1080/01431161.2019.1579943.

SHIMABUKURO, Y. E.; DUARTE, V.; ARAI, E.; FREITAS, R. M.; LIMA, A.; VALERIANO, D. M.; BROWN, I. F.; MALDONADO, M. L. R. Fraction Images Derived from Terra MODIS Data for Mapping Burnt Areas in Brazilian Amazonia. *International Journal of Remote Sensing*, v. 30, n. 6, p. 1537-1546, 2009.

SIMULA, M. Towards Defining Forest Degradation: Comparing Analysis of Existing Definitions. *Forest Resources Assessment Working Paper*, n. 154. Food and Agriculture Organization of the United Nations, 2009. 59 p.

SOUZA JR., C. M.; SIQUEIRA, J. V.; SALES, M. H.; FONSECA, A. V.; RIBEIRO, J. G.; NUMATA, I.; COCHRANE, M. A.; BARBER, C. P.; ROBERTS, D. A.; BARLOW, J. Ten-Year Landsat Classification of Deforestation and Forest Degradation in the Brazilian Amazon. *Remote Sensing*, v. 5, n. 11, p. 5493-5513, 2013.

TAUBERT, F.; FISCHER, R.; GROENEVELD, J.; LEHMANN, S.; MÜLLER, M. S.; RÖDIG, E.; WIEGAND, T.; HUTH, A. Global Patterns of Tropical Forest Fragmentation. *Nature*, v. 554, n. 7693, p. 519-522, 2018.

TYUKAVINA, A.; HANSEN, M. C.; POTAPOV, P. V.; STEHMAN, S. V.; SMITH-RODRIGUEZ, K.; OKPA, C.; AGUILAR, R. Types and Rates of Forest Disturbance in Brazilian Legal Amazon, 2000-2013. *Science*, v. 3, n. 4, 2017.

UNFCCC – UNITED NATIONS FRAMEWORK CONVENTION ON CLIMATE CHANGE. Outcome of the Work of the Ad Hoc Working Group on Long-Term Cooperative Action under the Convention [-/CP.17]. UNFCCC, 2011. Disponível em: <https://unfccc.int/documents/7606>. Acesso em: 8 out. 2021.

USGS – UNITED STATES GEOLOGICAL SURVEY. *Landsat Burned Area Product Guide*. USA: USGS, 2018. Disponível em: <https://www.usgs.gov/land-resources/nli/landsat/landsat-burned-area?qt-science_support_page_related_con=1#qt-science_support_page_related_con>. Acesso em: 27 mar. 2020.

VEDOVATO, L. B.; JACON, A. D.; PESSÔA, A. C. M.; LIMA, A.; ARAGÃO, L. E. O. C. Detection of Burned Forests in Amazonia Using the Normalized Burn Ratio (NBR) and Linear Spectral Mixture Model from Landsat 8 Images. In: XVII SIMPÓSIO BRASILEIRO DE SENSORIAMENTO REMOTO (SBSR). *Anais*... João Pessoa, Brasil, 2015.

WAGNER, F. H.; HÉRAULT, B.; ROSSI, V.; HILKER, T.; MAEDA, E. E.; SANCHEZ, A.; LYAPUSTIN, A. I.; GALVÃO, L. S.; WANG, Y.; ARAGÃO, L. E. Climate Drivers of the Amazon Forest Greening. *PLOS ONE*, v. 12, n. 7, 2017.

WATSON, J. E.; EVANS, T.; VENTER, O.; WILLIAMS, B.; TULLOCH, A.; STEWART, C.; THOMPSON, I.; RAY, J. C.; MURRAY, K.; SALAZAR, A.; MCALPINE, C. The Exceptional Value of Intact Forest Ecosystems. *Nature Ecology & Evolution*, p. 1, 2018.

ZHU, Z.; WOODCOCK, C. E. Automated Cloud, Cloud Shadow, and Snow Detection in Multitemporal Landsat Data: An Algorithm Designed Specifically for Monitoring Land Cover Change. *Remote Sensing of Environment*, v. 152, p. 217-234, 2014.

Padrões e impactos dos incêndios florestais nos biomas brasileiros

Wesley Augusto Campanharo, Alana Kasahara Neves, Aline Pontes Lopes, Andeise Cerqueira Dutra, Debora Cristina Cantador Scalioni, Vinicius Peripato Borges Pereira, Liana Anderson, Luiz E. O. C. Aragão

O fogo é um fator de risco para a vida, saúde e atividades econômicas dos seres humanos e modifica processos ecossistêmicos, como os ciclos biogeoquímicos e o clima, em várias partes do planeta (Bowman et al., 2009; Earl; Simmonds, 2018). Apesar do declínio global de áreas queimadas observado nos últimos anos, uma tendência inversa é observada em regiões com formações florestais de dossel fechado, devido à intensificação da agricultura (Andela et al., 2017). Esse é um fato preocupante, pois alguns modelos climáticos desenvolvidos pelo *Intergovernmental Panel on Climate Change* (IPCC) indicam tendências negativas na chuva para os trópicos no final do século XXI (Marengo et al., 2009; Settele et al., 2014), causando aumento na frequência e intensidade das secas nessas regiões. Com esse cenário, existe uma tendência de as queimadas agrícolas permearem cada vez mais as áreas florestadas, evoluindo para incêndios descontrolados que causam a degradação dos estoques de carbono e da biodiversidade florestal. O conhecimento detalhado dos padrões de incêndios florestais no Brasil é, portanto, fundamental para que os impactos negativos dos incêndios nas populações e ecossistemas possam ser evitados (Aragão et al., 2008).

O entendimento do efeito combinado da influência antropogênica com as variações climáticas na frequência do fogo em florestas requer a análise e o monitoramento de longo prazo dos incêndios florestais, abrangendo grandes extensões territoriais. Esse monitoramento permite a compreensão dos principais fatores que impulsionam os padrões temporais e espaciais do fogo, o que possibilita a previsão de ocorrência e impactos desses eventos (Earl; Simmonds, 2018).

O aumento da pressão internacional para a redução das emissões de gases de efeito estufa (GEE), como o dióxido de carbono (CO_2) (UNFCCC, 2011), vem contribuindo para o estabelecimento de políticas governamentais visando ao controle do desmatamento, especialmente na Amazônia (Nepstad et al., 2014; Mello; Artaxo, 2017).

Essas iniciativas, em parte, podem minimizar a incidência de queimadas. Entretanto, em âmbito nacional, a efetividade do impacto dessas ações na redução de queimadas ainda é pouco avaliada, tornando-se um dos principais desafios socioambientais enfrentados atualmente (Morello et al., 2017).

O Brasil é pioneiro no monitoramento de queimadas na Amazônia e mantém desde 1980 um programa operacional de monitoramento por satélite desenvolvido pelos pesquisadores do Instituto Nacional de Pesquisas Espaciais (Inpe, 2008, 2017). Esse programa, denominado "Queimadas" (http://www.inpe.br/queimadas/portal), apresenta em seu portal múltiplas informações sobre o tema (ver Cap. 1 deste livro) e ao longo das últimas décadas tem contribuído para melhor compreendermos as causas e impactos do fogo. Esse conhecimento tem permitido a criação de planos de prevenção e combate mais eficientes, baseados na análise da frequência e dos fatores que impulsionam as queimadas (Fonseca; Ribeiro, 2003; Pereira; Silva, 2016).

Diante desse contexto, este capítulo fornece uma visão geral sobre padrões, causas e consequências dos incêndios florestais nos seis biomas brasileiros: Amazônia, Caatinga, Cerrado, Mata Atlântica, Pampa e Pantanal. Uma abordagem espaçotemporal entre 2003 e 2016 foi realizada para caracterizar a extensão e a recorrência das áreas afetadas por incêndios florestais. Para entender as causas dos padrões observados, foram testadas as relações entre as áreas afetadas por incêndios, as anomalias de precipitação e os diferentes padrões de uso e cobertura da terra. Por fim, foram estimadas as emissões potenciais de CO_2 e discutidas as consequências e impactos dos incêndios florestais no contexto social, econômico e ambiental. Espera-se que este capítulo não apenas forneça informações sobre a dinâmica do fogo em florestas, como também ressalte os seus impactos e a necessidade da aplicação de medidas preventivas, sobretudo para os biomas Amazônia e Cerrado.

8.1 Padrões espaçotemporais dos incêndios florestais

Durante o período de 2003 a 2016, os incêndios florestais e suas recorrências (número de ocorrências para a mesma área, consecutivas ou não) ocorreram em sua maioria no bioma Cerrado. Ambas as métricas apresentaram a segunda e terceira posição para os biomas Amazônia e Caatinga, respectivamente (Fig. 8.1). Sendo o segundo maior bioma brasileiro, com uma área de aproximadamente 204,5 milhões de hectares, o Cerrado apresentou mais de 16 milhões de hectares queimados uma única vez no período estudado, aproximadamente 7,8% da sua área total. Somando-se a esse valor, foram quantificados mais de 15 milhões de hectares que apresentaram duas ou mais ocorrências de incêndios florestais. É importante ressaltar que esses valores foram observados somente em formações florestais naturais e/ou plantadas e em formações arbóreas savânicas (Quadro 8.1) (MapBiomas, 2018).

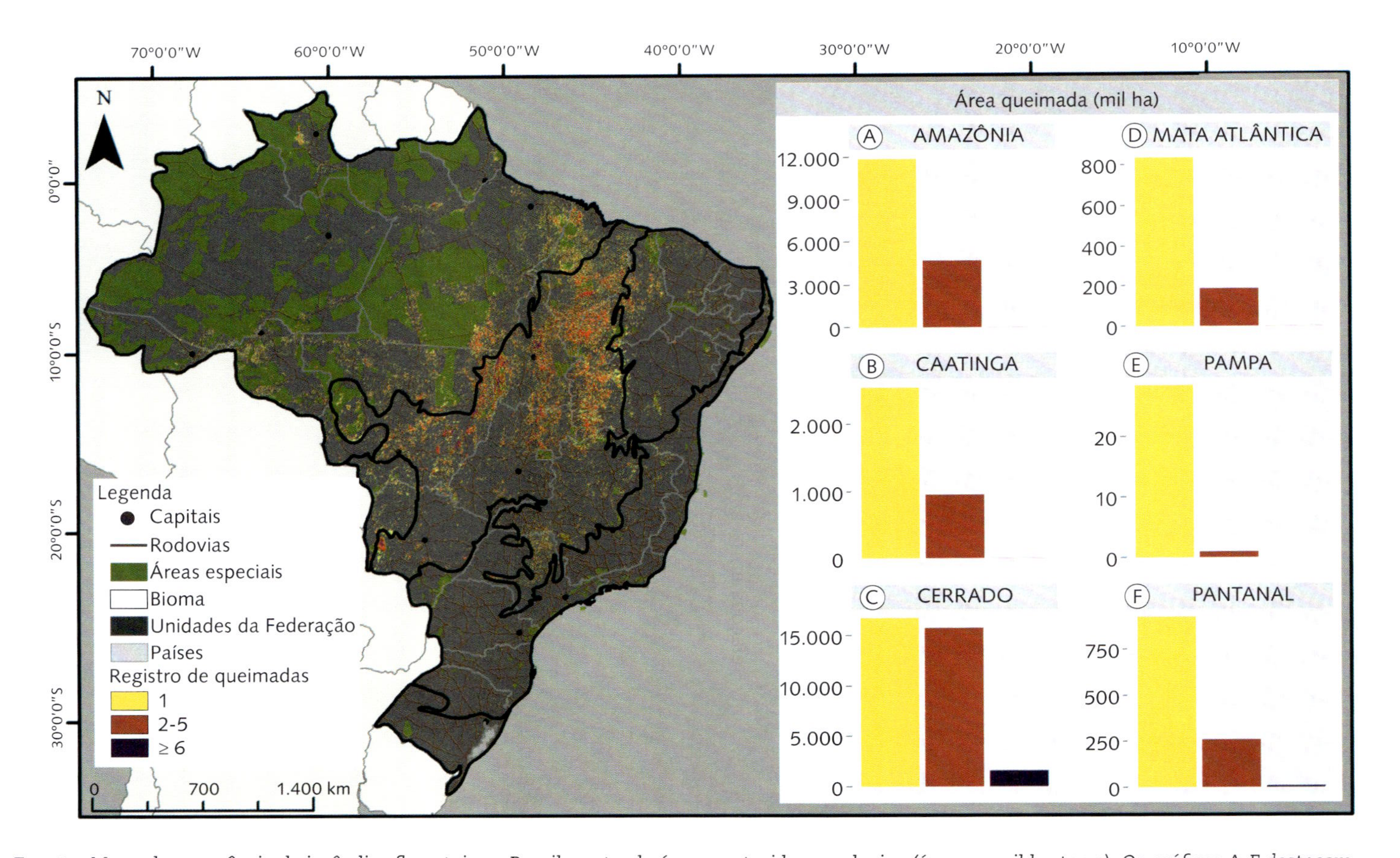

FIG. 8.1 *Mapa de recorrência de incêndios florestais no Brasil, contendo áreas protegidas e rodovias (área em mil hectares). Os gráficos A-F destacam a área afetada por uma ou mais recorrências em cada bioma. As cores das barras correspondem às mesmas classes apresentadas no mapa*

Quadro 8.1 Descrição da classe floresta do MapBiomas para cada bioma e suas fitofisionomias

Bioma/tema	Classe nível 1	Classe nível 2	Classe nível 3	Descrição
Amazônia (4.212.742 km²)	Floresta	Florestas naturais	Formações florestais	Floresta ombrófila densa, floresta estacional sempre-verde, campinarana, floresta ombrófila aberta, floresta estacional semidecidual, floresta estacional decidual e savana arborizada
Caatinga (862.818 km²)	Floresta	Florestas naturais	Formações florestais	Tipos de vegetação com predomínio de dossel contínuo: savana estépica florestada, floresta estacional semidecidual e decidual
	Floresta	Florestas naturais	Formações savânicas	Tipos de vegetação com predomínio de espécies de dossel semicontínuo: savana estépica arborizada e savana arborizada
Cerrado (1.983.017 km²)	Floresta	Florestas naturais	Formações florestais	Tipos de vegetação com predominância de espécies arbóreas, com formação de dossel contínuo (mata ciliar, mata de galeria, mata seca e cerradão), além de florestas estacionais semideciduais
	Floresta	Florestas naturais	Formações savânicas	Formações savânicas com estratos arbóreo e arbustivo-herbáceo definidos: cerrado sentido restrito (cerrado denso, cerrado típico, cerrado ralo e cerrado rupestre) e parque de cerrado
Mata Atlântica (1.107.419 km²)	Floresta	Florestas naturais	Formações florestais	Floresta ombrófila densa, aberta e mista e floresta estacional semidecidual, floresta estacional decidual e formação pioneira arbórea
	Floresta	Florestas naturais	Formações savânicas	Savanas, savanas-estépicas florestadas e arborizadas
Pampa (193.836 km²)	Floresta	Florestas naturais	Formações florestais	Vegetação com predomínio de espécies arbóreas, com dossel contínuo. Inclui as tipologias florestais: ombrófila, decidual e semidecidual e parte das formações pioneiras

Quadro 8.1 (Continuação)

Bioma/tema	Classe nível 1	Classe nível 2	Classe nível 3	Descrição
Pantanal (150.988 km²)	Floresta	Florestas naturais	Formações florestais	Árvores altas e arbustos no estrato inferior: floresta estacional decidual e semidecidual, savana florestada, savana-estépica florestada, savana-estépica parque com floresta de galeria, formações pioneiras e formações pioneiras com influência fluvial e/ou lacustre
	Floresta	Florestas naturais	Formações savânicas	Espécies arbóreas de pequeno porte, distribuídas de forma esparsa e dispostas em meio à vegetação contínua de porte arbustivo e herbáceo. A vegetação herbácea se mistura com arbustos eretos e decumbentes: floresta estacional/pioneira, savana arborizada, savana-parque com floresta de galeria, savana gramíneo-lenhosa com floresta de galeria, savana-estépica florestada, savana-estépica arborizada, savana-estépica gramíneo-lenhosa com floresta de galeria, savana-parque, savana-estépica, savana gramíneo-lenhosa
Agricultura	Floresta	Florestas plantadas	–	Espécies arbóreas plantadas para fins comerciais (por exemplo, eucalipto, pínus, araucária)
Zona costeira	Floresta	Florestas naturais	Formações florestais	Floresta ombrófila densa, floresta estacional sempre-verde, campinarana, floresta ombrófila aberta, floresta estacional semidecidual, floresta estacional decidual, savana arborizada

Nota: as áreas de cada bioma, entre parênteses, seguem a delimitação de 2019 do Instituto Brasileiro de Geografia e Estatística (IBGE).
Fonte: adaptado de MapBiomas (2018).

Além do Cerrado, o Pantanal também apresentou áreas de recorrência superiores a seis observações (Fig. 8.1F), apesar da expressiva diferença em termos de área queimada entre os dois biomas. Foram observados mais de 875 mil hectares queimados pelo menos uma vez no bioma Pantanal, com adição de aproximadamente 250 mil hectares queimados mais de uma vez. O Pantanal brasileiro possui uma área de aproximadamente 15 milhões de hectares, e o total de área queimada observada nesse bioma corresponde a cerca de 7,5% de sua extensão total.

Na Amazônia, que possui a segunda maior área queimada entre os biomas (Fig. 8.1A), a ocorrência de incêndios florestais apresenta-se associada à região do Arco do Desmatamento. Entretanto, sabe-se que o produto utilizado (MCD64A1) subestima queimadas ocorridas em sub-bosque florestal, uma vez que Giglio et al. (2009) observaram a subestimação de até 41% da área queimada em sub-bosque em florestas densas africanas. Portanto, com base nesse estudo, considera-se que as extensões das áreas florestais queimadas apresentadas neste capítulo tendem a ser subestimadas, principalmente nos biomas com maior densidade de vegetação, como a Amazônia e Mata Atlântica. No bioma Mata Atlântica, foram observados cerca de 800 mil hectares de área queimada, e menos de 200 mil hectares apresentaram recorrência de queimadas. Além dos biomas já mencionados, a Caatinga também obteve expressiva área queimada durante o período, a qual atingiu aproximadamente 2,5 milhões de hectares (Fig. 8.1B). Observa-se ainda que a superfície que teve de dois a cinco casos de recorrência de incêndios foi menor que metade da superfície com apenas uma queima.

No Pampa e na Mata Atlântica, os incêndios florestais identificados representam menos de 0,1% das áreas totais desses biomas (Fig. 8.2). Identificando a representatividade das áreas queimadas em relação às áreas totais dos demais biomas e a sazonalidade das ocorrências, nota-se que a vegetação queimada representa até 14,5% do Cerrado e 4,6%, 1,0% e 1,1% do Pantanal, da Caatinga e da Amazônia, respectivamente (Fig. 8.2).

Para todos os biomas, exceto o Pampa, a sazonalidade das queimadas é evidente e as ocorrências são próximas a ou durante os períodos secos, mas não se restringem a eles. Avaliando as áreas queimadas por mês e ano na Caatinga (Fig. 8.2B), nota-se que as maiores áreas ocorrem principalmente entre os meses de agosto e outubro, caracterizados pelo período de estiagem. Destaca-se o mês de setembro, por apresentar o maior número de cicatrizes de áreas queimadas para a maioria dos anos estudados, havendo uma diminuição em meados de outubro.

O período da estação seca no Cerrado inicia-se nos meses de abril e maio e estende-se até setembro e outubro. De acordo com Miranda, Neto e Neves (2010), os incêndios naturais nesse bioma ocorrem predominantemente durante a estação chuvosa, de outubro a abril, e há ocorrências também nos meses de transição, setembro e maio. As maiores extensões de áreas queimadas nesse bioma ocorreram entre os meses de julho e novembro (Fig. 8.2C), o que reforça o fato de que as queimadas no Brasil são principalmente ocasionadas por ações antrópicas, já que a maioria dos casos no Cerrado ocorreu fora do período esperado para eventos naturais.

Na Amazônia, além dos três anos extremamente secos (2005, 2010 e 2015), os anos de 2003 e 2004 também apresentaram extensões de florestas queimadas acima da média. Esses elevados valores permaneceram em 2005 e foram reduzidos em 2006 (Fig. 8.2A), mas em 2007 foi registrado o valor máximo de florestas queimadas

(~3,5 milhões de hectares). Desde então, as queimadas florestais se estabilizaram em cerca de um milhão de hectares anualmente, exceto em 2010 e 2015. Entre 1998 e 2004, as queimadas na Amazônia possuíam uma relação linear significativa com coeficiente de determinação $r^2 = 0,84$ no que diz respeito às taxas de desmatamento anual (Aragão et al., 2008). No entanto, recentemente foi demonstrado um desacoplamento entre o fogo e o desmatamento na Amazônia, associando grandes incêndios com o processo de uso do fogo para o manejo de áreas agropecuárias e o seu descontrole durante períodos de secas extremas (Aragão et al. 2018).

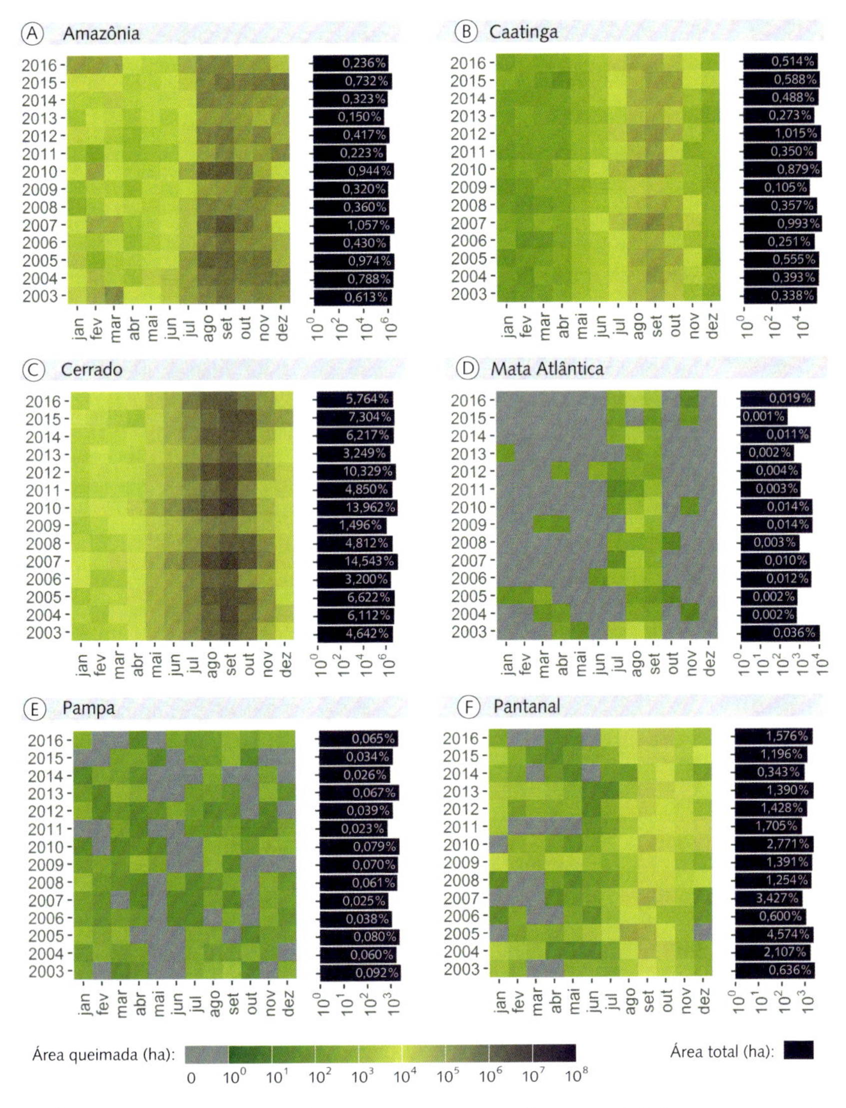

Fig. 8.2 *Área queimada mensal em florestas, entre os anos de 2003 e 2016, e suas respectivas representatividades de área*

Boxe 8.1 Qualificação de florestas queimadas utilizando o produto Modis MCD64A1-v6

Para a identificação de áreas queimadas, foi utilizado o produto MCD64A1-v6, do sensor *Moderate Resolution Imaging Spectroradiometer* (MODIS TERRA e AQUA), que possui periodicidade mensal e resolução espacial de 500 m, juntamente com observações de focos ativos na resolução de 1 km². O algoritmo avalia a mudança temporal de um índice de vegetação derivado de duas bandas da região do infravermelho de ondas curtas (bandas 5 e 7) das imagens de reflectância de superfície (Giglio et al., 2015). O produto MCD64A1-v6 prioriza a redução dos erros de comissão, mas, ao mesmo tempo, induz a um aumento dos erros de omissão (Rodrigues et al., 2017, 2019).

Torna-se importante ressaltar que ainda existe uma variação muito grande na quantificação de área queimada entre os diferentes produtos disponíveis. Essa variação é resultado das diferentes resoluções temporais e espaciais dos sensores utilizados, além das faixas do espectro eletromagnético e suas combinações utilizadas na detecção de área queimada. Uma comparação da área total queimada em cada bioma detectada no produto MCD64A1-v6 com a encontrada nos produtos de área queimada (AQ1km) do Programa Queimadas do Inpe (2020) indicou que o produto MCD64A1-v6 apresenta totais de área de 25% a 90% menores que os do produto AQ1km do Inpe. Essa diferença é esperada, já que o produto MCD64A1-v6 tende a subestimar a área queimada, enquanto o produto AQ1km tende a superestimá-la.

A delimitação das áreas florestais é proveniente do mapeamento do projeto MapBiomas (2018), baseado em um modelo de mistura espectral aplicado sobre mosaicos de imagens Landsat, cujas imagens-fração (solo, vegetação fotossintética, vegetação não fotossintética e sombra) derivadas são empregadas para gerar o índice NDFI (*normalized difference fraction index*) (Souza Jr.; Roberts; Cochrane, 2005). Esse índice é combinado com modelos de árvores de decisão empíricas para originar os mapeamentos.

Para este trabalho, o incêndio florestal foi considerado como abrangendo todas as queimadas que ocorreram em áreas definidas como floresta. Para tanto, realizou-se um filtro no mapeamento do projeto MapBiomas para se obter apenas a classe floresta (nível 1, Quadro 8.1), que posteriormente foi reamostrada para a resolução espacial do produto de área queimada, possibilitando, assim, o pareamento anual (2003 a 2016) e a posterior interseção dos produtos.

8.2 Causas dos incêndios florestais

Para que o fogo ocorra, é necessária a existência conjunta de três fatores: material combustível (biomassa), material comburente (O_2) e fonte de ignição (Moritz et al., 2005). Nos trópicos, as principais fontes de ignição são majoritariamente relacionadas com a presença humana (Alencar; Nepstad; Diaz, 2006; Aragão et al., 2008; Lima et al., 2012). Com frequências muito inferiores, as fontes de ignição também podem estar associadas a descargas elétricas atmosféricas (França; Ramos-Neto; Setzer, 2007). Entretanto, esses fatores não são suficientes para determinar a ocorrência e o regime de incêndios florestais, já que condições climáticas de curto a longo prazo também são essenciais para ignição e propagação do fogo (Moritz et al., 2005; Aragão et al., 2018). O clima local exerce um papel fundamental no controle de umidade da biomassa, que necessariamente deve conter níveis baixos de água para permitir a combustão e o espalhamento do fogo (Balch et al., 2015; Brando et al., 2016). O conteúdo de água do material combustível é diretamente relacionado com a precipitação local e a umidade relativa do ar (Boddy, 1983). Assim, a ocorrência, o regime e a extensão dos incêndios florestais envolvem complexas interações de causas antrópicas e naturais (França; Ramos-Neto; Setzer, 2007). Visando demonstrar algumas dessas relações causais em grande escala, nesta seção são apresentados resultados da evolução temporal dos incêndios florestais nos seis biomas brasileiros e de como eles se relacionam com a precipitação pluviométrica e o uso e cobertura da terra nessas regiões. Essas duas variáveis representaram, respectivamente, os fatores climáticos e antropogênicos determinantes no processo de queima dos ecossistemas terrestres.

Boxe 8.2 Análise das relações entre incêndios florestais, chuva e uso da terra

Para analisar as interações entre incêndios florestais e chuva, foram empregados os dados de precipitação acumulada (mm/mês), registrados por sensores a bordo do satélite *Tropical Rainfall Measuring Mission* (produto TRMM 3B43-v7) (Nasa, 2011), e os dados de evapotranspiração (mm/mês), gerados a partir do modelo de superfície terrestre NOAH do projeto *Global Land Data Assimilation System* (produto GLDAS_NOAH025_M-v2.1) (Rodell et al., 2004). Ambos os produtos possuem a resolução espacial de 0,25° (aproximadamente 27,5 × 27,5 km).

O produto TRMM 3B43-v7 foi validado de acordo com os dados de estações meteorológicas (Franchito et al., 2009; Anderson; Aragão; Arai, 2013; Almeida et al., 2015; Santos et al., 2015), indicando que as estimativas apresentam correlação nos biomas Amazônia, de $r > 0,71$, e Cerrado, de $r > 0,77$, sendo amplamente utilizadas para estimar os padrões e anomalias de chuva (Espinoza et al., 2014). Entretanto, os dados podem apresentar subestimativas em períodos de elevadas chuvas e superestimativas em períodos de pouca chuva, embora apresentem tendência de aumento da acurácia em áreas de maior pluviosidade. A partir desses dados, foi calculada a média mensal da precipitação para cada bioma (mm/mês) e para cada célula de resolução 0,25°.

Apesar de ser um dos melhores produtos de evapotranspiração disponíveis atualmente, o GLDAS_NOAH025 em geral superestima a magnitude dos eventos de seca (Sörensson; Ruscica, 2017). Além disso, esse produto apresenta incertezas, sobretudo na região amazônica, onde os mecanismos que regulam a evapotranspiração ainda não são bem compreendidos (Sörensson; Ruscica, 2017). Esses dados foram usados juntamente com os dados de precipitação para calcular o déficit hídrico acumulado para cada célula de resolução em cada mês da série temporal. O cálculo adotado é similar ao de Aragão et al. (2007, 2018), porém aqui foram utilizados diretamente os valores mensais. Assim, uma determinada célula de resolução estará em déficit hídrico enquanto a precipitação acumulada em um certo mês for menor que a evapotranspiração daquele mês somada ao déficit hídrico do mês anterior. O déficit hídrico acumulado é um bom indicador de estresse hídrico induzido por condições meteorológicas (Aragão et al., 2018), sendo uma forma genérica e simplificada de analisar o déficit hídrico em grande escala.

Finalmente, tanto a média mensal da precipitação quanto o déficit hídrico acumulado foram analisados segundo sua anomalia mensal para cada célula de resolução, sendo que a anomalia mensal da precipitação também foi analisada para a totalidade da área de cada bioma. A anomalia mensal é calculada subtraindo o valor de cada mês pela média dos valores daquele mesmo mês em toda a série temporal e, depois, normalizando pelo desvio padrão dos mesmos valores médios (Aragão et al., 2007). A utilização de um valor único dessas variáveis climatológicas pode generalizar a caracterização de regiões extensas e heterogêneas, como o bioma Amazônia, sendo indicada a análise por agrupamento de regiões com padrões climáticos similares (Anderson et al., 2018). Contudo, essa análise por região ainda é capaz de indicar padrões temporais anômalos dentro dos biomas.

Para analisar as interações entre incêndios florestais e uso da terra, foram utilizadas as classes floresta e agricultura/pecuária dos mapas anuais de uso e cobertura do solo do projeto MapBiomas – níveis 1 e 2 da legenda. Tanto a área anualmente ocupada por agropecuária e floresta quanto a área atingida por incêndios florestais (apresentada na seção 8.1 deste capítulo) foram calculadas para cada célula de resolução 0,25°. Em seguida, para cada intervalo de proporção de cobertura de agropecuária e floresta por célula foram calculados a média e o desvio padrão da área florestal atingida por incêndios.

Para os biomas Amazônia e Cerrado, existe uma relação de decaimento exponencial do número de polígonos de queima com o aumento da precipitação (Barbosa; Fearnside, 2005; Aragão et al. 2008; Freire et al., 2015). A Fig. 8.3 mostra que essa relação também pode ser estabelecida para o bioma Caatinga, mas não é evidente para os demais biomas. O ponto de maior mudança de comportamento nessas curvas (intersecção das linhas tracejadas na Fig. 8.3) indica o limiar de chuva no qual a vegetação seca a ponto de sustentar a ocorrência e a propagação de um incêndio. Esse ponto corresponde, aproximadamente, ao valor de evapotranspiração da vegetação. Assim, quando a chuva é menor que a evapotranspiração, a vegetação começa um processo de estresse hídrico que favorece seu secamento, o qual atinge um limiar favorável à incursão do fogo para o interior das florestas (Aragão et al. 2007).

Grandes incêndios florestais normalmente estão associados a períodos de secas intensas e prolongadas que podem ser detectadas pela análise das anomalias de precipitação (Aragão et al., 2018). Na Amazônia, por exemplo, persistentes anomalias negativas de precipitação foram identificadas durante as secas de 2010 e 2015 (Fig. 8.4A). Esses anos foram marcados pela ocorrência de incêndios em extensas áreas florestais da Amazônia (32.600 km² em 2010 e 25.000 km² em 2015) (Fig. 8.2A), muito superiores aos dos anos adjacentes. Padrões similares foram observados por Anderson et al. (2018) para os anos considerados secos entre 1982 e 2016, na análise de sete regiões no bioma identificadas pela variação do início da estação seca.

No bioma Cerrado, os dois anos com maior ocorrência de incêndios foram 2007 e 2010, em que respectivamente 124.100 km² e 117.700 km² de toda a área do bioma foram afetados (Fig. 8.2C). O ano de 2007 apresentou um longo período com anomalias negativas de precipitação, porém essa condição não foi expressiva em 2010 (Fig. 8.4B). Particularmente, o ano de 2009 foi muito mais úmido que a média, com anomalias positivas de precipitação atingindo 2σ (desvio padrão) (Fig. 8.4B). Esse padrão pode ser resultado do seguinte processo: (i) a precipitação superior à média de longo prazo

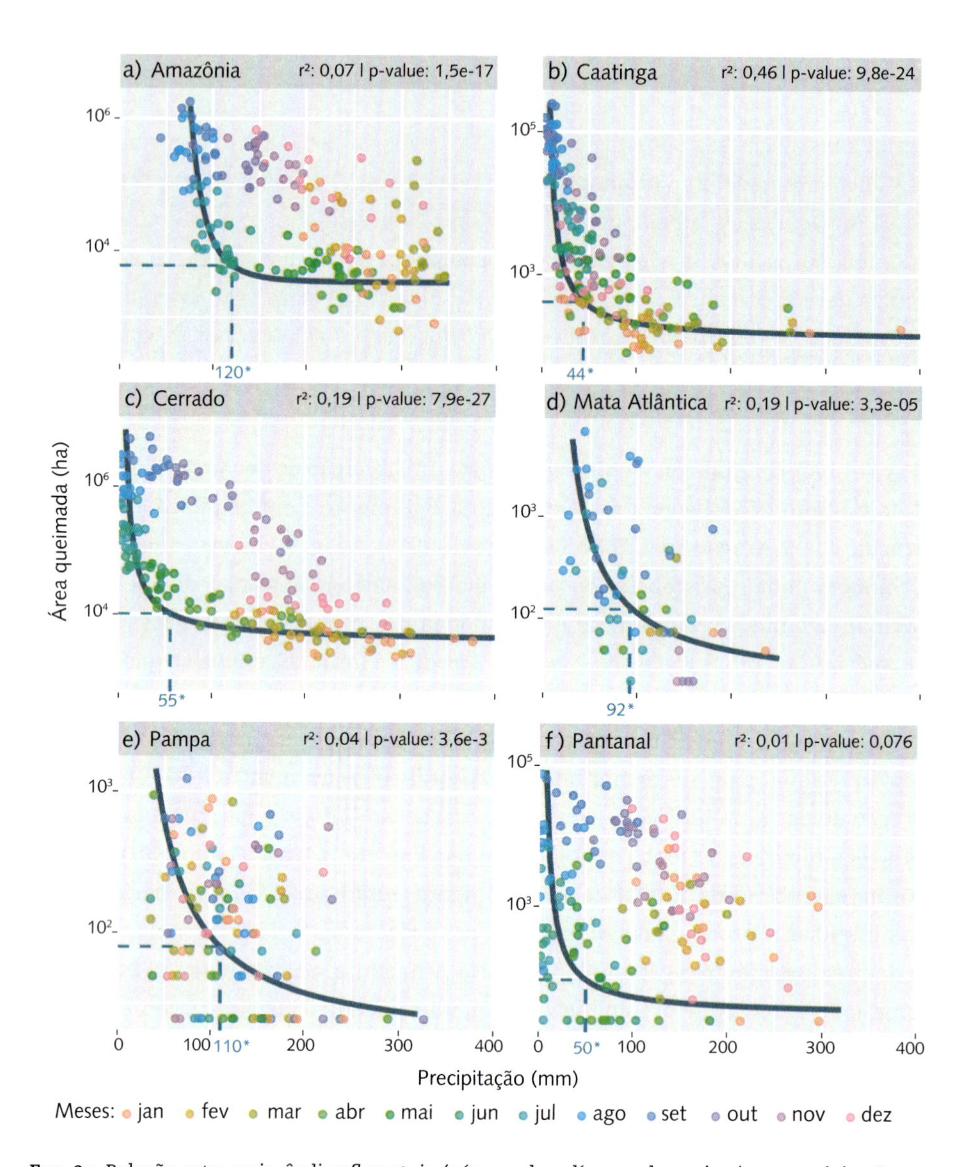

Fig. 8.3 *Relação entre os incêndios florestais (número de polígonos de queima) e a precipitação média mensal (mm/mês) nos seis biomas brasileiros. As linhas tracejadas indicam o ponto de maior mudança de comportamento na curva*

em 2009, especialmente no período de estiagem, favoreceu a maior produtividade da vegetação, ou seja, uma maior produção de biomassa (material combustível); (ii) o maior volume de chuva também contribuiu para a menor ocorrência de queimadas em 2009, quando foi verificada a menor extensão de área queimada de toda a série temporal analisada (12.600 km²). Esses dois fatores acarretaram uma redução do consumo por incêndios da biomassa produzida, aumentando o acúmulo de combus-

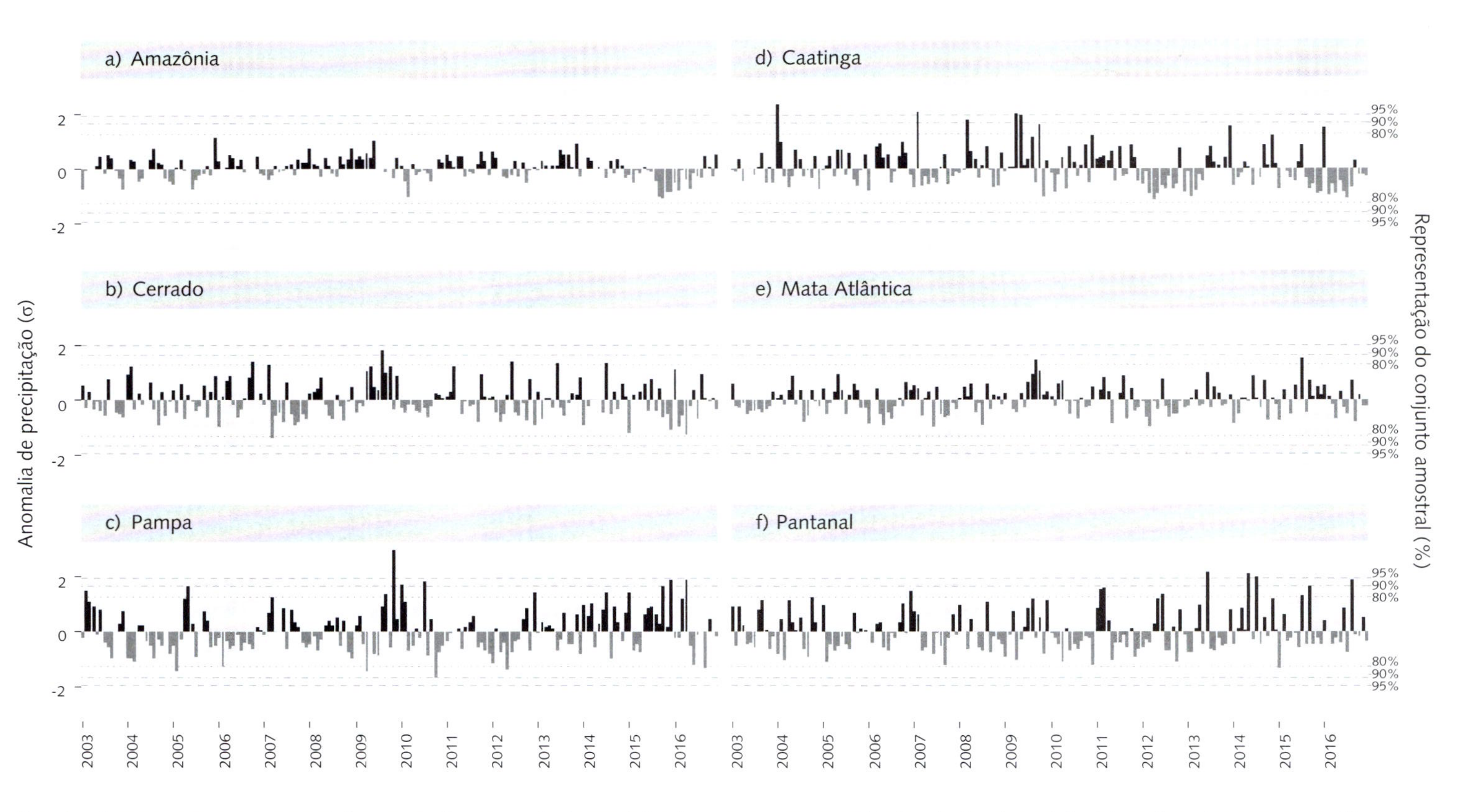

Fig. 8.4 *Comportamento temporal das anomalias mensais de precipitação, expressas em unidades de desvio padrão (σ), registradas com os satélites TRMM dentro dos limites dos seis biomas brasileiros. Essas anomalias indicam como a precipitação média de cada mês (mm/mês), em toda a área de cada bioma, se comporta em relação à média daquele mesmo mês em toda a série temporal de 2003 a 2016. As linhas pontilhadas indicam os limites dos intervalos de confiança de 80%, 90% e 95%*

tível para o próximo ano. Consequentemente, com o início da estação seca em 2010, quando a precipitação se tornou menor que 50 mm $mês^{-1}$, as queimadas aumentaram exponencialmente (Fig. 8.3C). Dessa forma, no ano de 2010, a combinação entre as anomalias negativas de precipitação e o acúmulo de combustível devido ao elevado crescimento da vegetação e baixo consumo de matéria orgânica pelas queimadas em 2009 gerou um dos maiores eventos de incêndios florestais registrados no bioma Cerrado.

Essa relação entre a ocorrência dos incêndios florestais e a alternância de longos períodos chuvosos e secos pode ser estendida para regiões de vegetação mais seca e de baixa biomassa (Meyn et al., 2007; Balch et al., 2008), como a Caatinga, um bioma de características savânicas, assim como o Cerrado. Na Caatinga, essa relação se mostrou presente nos anos de 2006/2007, 2009/2010 e 2011/2012 (Fig. 8.4D). Em 2006, 2009 e 2011, a Caatinga apresentou considerável predominância de anomalias positivas de precipitação, quando possivelmente foi formada a biomassa consumida pelos incêndios em 2007, 2010 e 2012, anos subsequentes que apresentaram longos períodos com anomalias negativas de precipitação. Esses três anos foram os de maior extensão de área queimada: 5.000 km^2, 4.700 km^2 e 3.400 km^2, respectivamente (Fig. 8.2B).

Entretanto, é importante destacar que essa relação não é válida para regiões úmidas e de elevada biomassa (Meyn et al., 2007), conforme o caso do bioma Amazônia. Como esse bioma já possui grande quantidade de biomassa acumulada, não é necessário que o ano anterior seja chuvoso para que um evento extremo de seca cause aumento na ocorrência de incêndios florestais.

Ao se comparar a espacialização dos incêndios florestais (Fig. 8.1) com o somatório do número de meses que apresentou anomalia positiva de precipitação e o número de meses com déficit hídrico (Fig. 8.5), é perceptível que muitos incêndios florestais foram detectados em regiões que apresentaram muitos meses de anomalia de déficit hídrico, principalmente na região do Cerrado (Fig. 8.5B). Entretanto, as áreas de maior recorrência estão relacionadas com a maior ocorrência de anomalias positivas (chuva), como na porção norte do Cerrado, incluindo os Estados de Tocantins, Maranhão, Piauí e o oeste da Bahia (Fig. 8.5A). Esses meses de chuva acima da média tendem a contribuir para a recuperação da biomassa e, consequentemente, propiciar a recorrência dos incêndios em anos subsequentes.

A ausência de um único padrão, indicada por mais requeimas em períodos mais chuvosos em algumas regiões, evidencia a influência de fatores antrópicos no uso do fogo, como queimas em áreas de agricultura e pastagens, a partir das quais o fogo pode escapar e atingir áreas florestais.

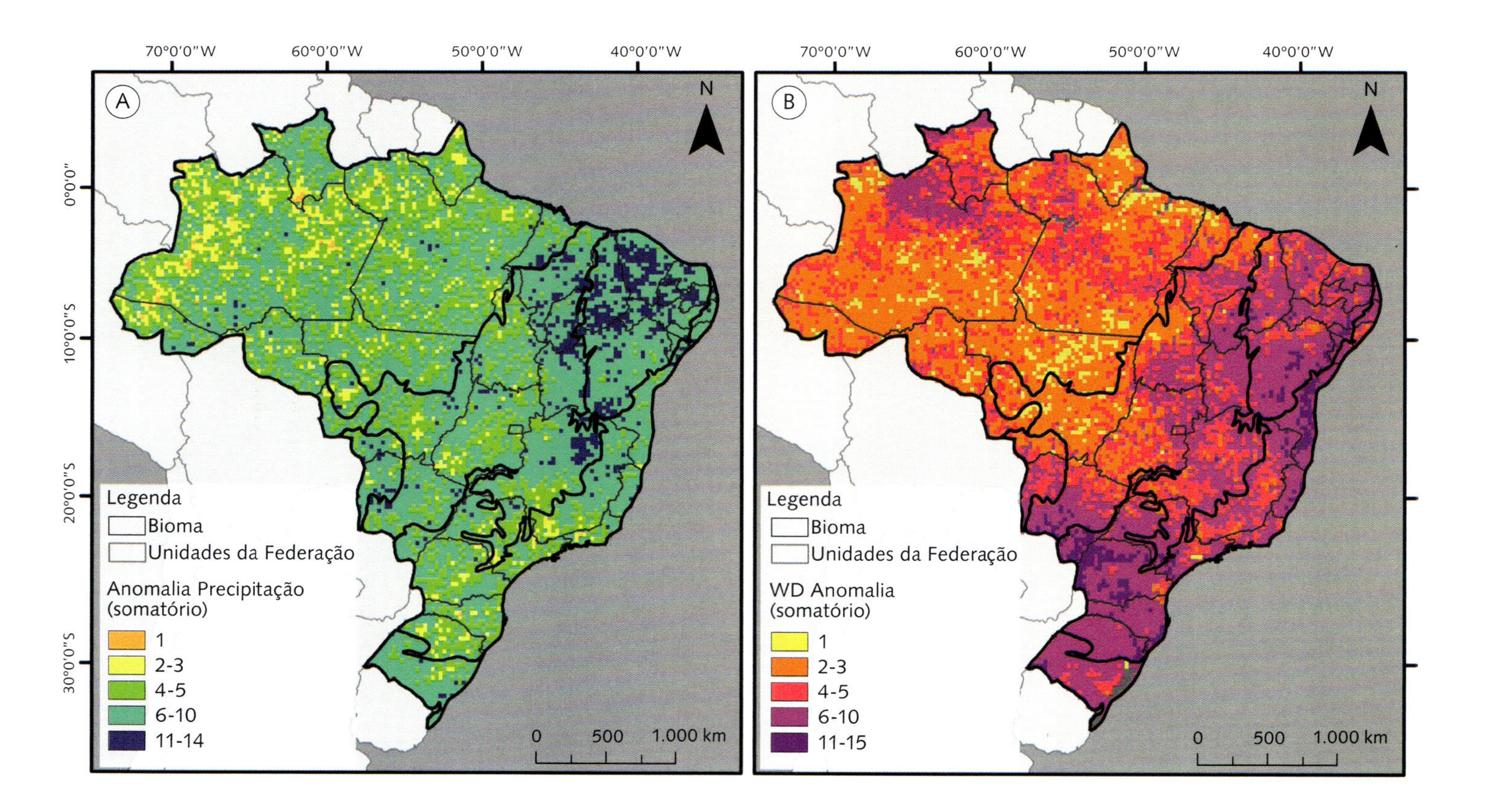

Fig. 8.5 *Espacialização do somatório do número de meses na série temporal (2003-2016) em que cada célula de 0,25° apresentou (A) anomalia positiva de precipitação e (B) anomalia de déficit hídrico acumulado, a 95% de confiança. Os valores de anomalia aqui utilizados indicam como a precipitação (mm/mês) e o déficit hídrico (mm/mês) de cada mês e em cada célula espacial (0,25°) se comportaram em relação à média mensal do mesmo mês, entre 2003 e 2016*

Diante disso, visando avaliar a influência do meio antrópico, a proporção de área atingida por incêndios em cada célula foi analisada segundo a sua proporção de cobertura de agropecuária e floresta (*vide* Boxe 8.2). Essa análise mostra que, de modo geral, a quantidade de incêndios florestais diminui com o aumento da proporção de agropecuária na célula, exceto na Amazônia (Fig. 8.6). Nos biomas analisados, a redução dos incêndios com o aumento da área agrícola indica intensificação do processo produtivo (Aragão; Shimabukuro, 2010; Andela et al., 2017). A agricultura de grande escala tende a empregar alternativas tecnológicas em substituição ao uso do fogo na agroindústria. Por outro lado, o aumento da proporção de incêndios florestais nas células ocupadas com até aproximadamente 40% de agropecuária na Amazônia indica o uso do fogo como instrumento utilizado no manejo das atividades produtivas nesse bioma.

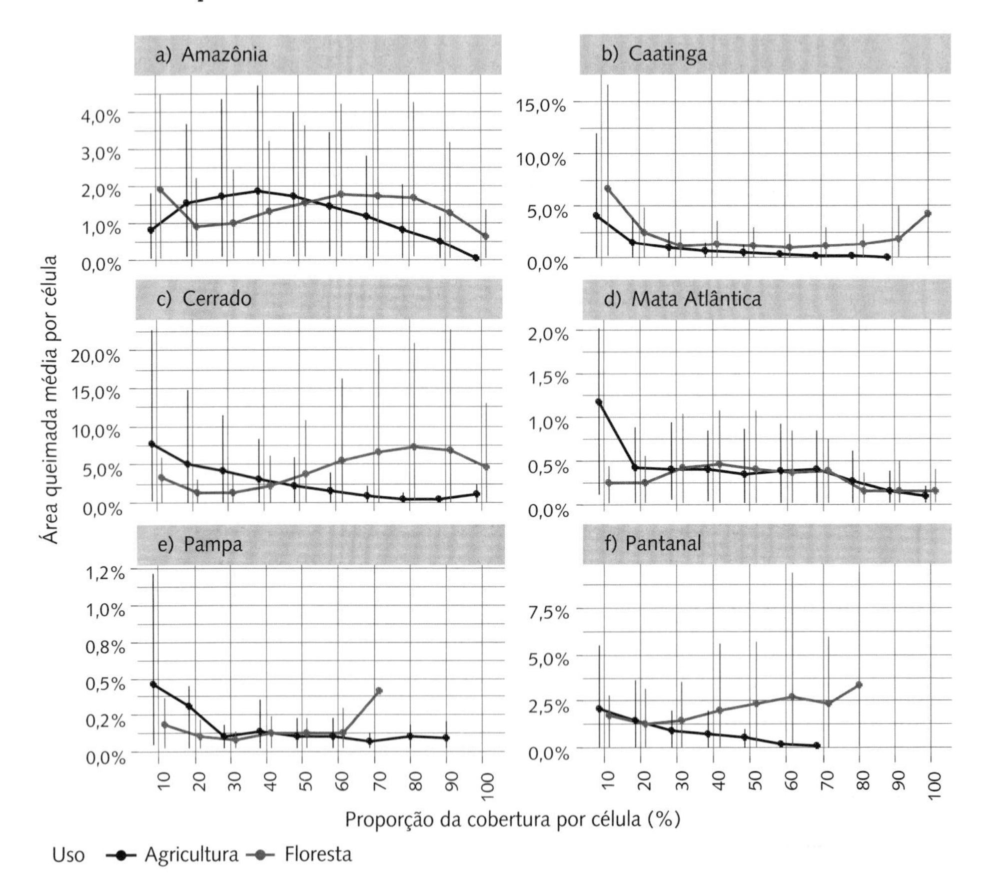

Fig. 8.6 *Variação da proporção média anual de área florestal queimada (%) de acordo com a proporção (%) de agropecuária (amarelo) e floresta (verde) nas células espaciais de 0,25° nos seis biomas brasileiros. As linhas verticais indicam o desvio padrão da proporção anual de floresta queimada nas células*

Outro padrão claro, nos biomas Amazônia, Cerrado e Pantanal, consiste no aumento da quantidade de incêndios florestais nas células com 60% a 80% de cobertura florestal. Isso indica que há maior suscetibilidade da floresta quando há outros usos e coberturas limítrofes, geralmente associados com feições do meio antrópico, como cidades, rodovias, hidrovias e as próprias áreas agrícolas. Nessas áreas limítrofes, a floresta geralmente é alterada e/ou degradada e apresenta efeito de borda (Cochrane; Laurance, 2002; Silva Júnior et al., 2018), com vegetações de estaturas menores (Almeida et al., 2017) e consequentemente com sub-bosque mais seco e vulnerável ao fogo (Brando et al., 2014; Balch et al., 2015). Esse comportamento, porém, não foi identificado na Caatinga, na Mata Atlântica e no Pampa, os quais também não apresentaram relações claras entre o número de polígonos de queima e a precipitação (Fig. 8.3). É possível que isso seja decorrente da reduzida extensão de florestas nesses biomas e também de uma provável maior disponibilidade e acessibilidade das brigadas de incêndio.

Entretanto, para o bioma Amazônia (Fig. 8.6A), o final da curva da proporção de florestas (90% a 100%) é diferente da curva dos biomas Caatinga e Pantanal, assemelhando-se à do bioma Mata Atlântica (Fig. 8.6D). Isso pode ser explicado com base no argumento apresentado anteriormente: nos biomas mais densos e de maior biomassa, o aumento da proporção de floresta tende a reduzir a ocorrência dos incêndios, devido ao aumento da umidade e à redução da temperatura e insolação do sub-bosque, ou seja, por causa das suas condições microclimáticas mais amenas desfavoráveis ao espalhamento do fogo. Já em biomas mais secos, como a Caatinga, o aumento da extensão florestal representa mais biomassa/combustível disponível para queima, uma vez que o clima dessas regiões já é regularmente seco e favorável ao fogo.

8.3 Consequências dos incêndios florestais

Tanto a queima em formações florestais quanto a sua recorrência podem trazer consequências negativas de âmbito social, econômico e ambiental. O uso do fogo por atividades antrópicas permite a conversão de áreas florestais em terras agrícolas e pastoris, com o propósito de, a curto prazo, promover a produtividade agrícola e o crescimento de gramíneas de maior rendimento para a pecuária (Crutzen; Andreae, 1990). Entretanto, a predominância do uso de fogo na agricultura e na manutenção de pastagens, por exemplo, pode implicar a queima descontrolada e atingir áreas de formação florestal (Cardoso et al., 2003).

No que se refere à recorrência de incêndios florestais, um dos problemas associados aos impactos ambientais em áreas florestais é a maior probabilidade de recorrência de incêndios mais severos nos anos posteriores ao primeiro fogo. Isso porque há abertura de clareiras devida à mortalidade das árvores, o que aumenta a quantidade de combustível favorável à queima e a incidência de radiação solar. As queimadas repetidas causam empobrecimento da biodiversidade nos ecossistemas florestais (Nasi et al., 2002) e, mesmo quando devidas a causas naturais, podem diminuir a altura e o diâmetro da vegetação em novas rebrotas (Medeiros; Miranda, 2005). Assim, a reincidência de incêndios florestais pode levar a mudanças drásticas na estrutura e composição da floresta, gerando uma sequência de efeitos transformadores da composição das espécies após cada evento de fogo (Barlow; Peres, 2008).

Quanto aos efeitos de regeneração pós-fogo, observa-se que a maioria das espécies da Caatinga rebrota após queima, sendo essa resposta progressivamente reduzida quanto maiores a intensidade e a frequência do fogo. Além disso, os efeitos da queima na área basal, densidade e biomassa podem persistir por anos (Sampaio et al., 1998). Já na Amazônia, algumas espécies podem apresentar acentuado crescimento em diâmetro pós-fogo. Contudo, a taxa de mortalidade da comunidade afetada pelo fogo aumenta ao longo do tempo, causando uma progressiva perda de biomassa que pode persistir por mais de 30 anos (Silva et al., 2018).

Como já discutido, as queimadas em florestas também podem ocorrer naturalmente e ser parte integrante de alguns ecossistemas. No Cerrado, o fogo é considerado um importante fator na evolução de sua vegetação, cuja mudança de estrutura ao longo do tempo favoreceu espécies herbáceas em detrimento de espécies arbóreas (Simon et al., 2009; Filgueiras; Oliveira; Marquis, 2002), e adaptações fisiológicas e morfológicas ao fogo são observadas em sua vegetação (Pivello, 2011; Klink; Machado, 2005). Por exemplo, algumas espécies têm indução da floração e produção de frutos e sementes estimuladas pela presença do fogo (Cirne; Miranda, 2008), e, para proteger os tecidos internos das altas temperaturas, a vegetação desse bioma possui tipicamente uma casca espessa nos galhos e troncos (Moreira; Pausas, 2012; Pivello, 2011). Nesse sentido, Abreu et al. (2017) afirmam que a supressão do fogo natural poderá acarretar consequências negativas para espécies que são dependentes diretas dele e, assim, que a ocorrência de queimadas em sua frequência natural não deve ser prejudicial para a comunidade vegetal de um determinado bioma.

Os incêndios florestais também trazem consequências para a fauna: grandes frugívoros e pássaros insetívoros de sub-bosque podem apresentar alta sensibilidade a mudanças na floresta (Barlow; Peres, 2004; Barlow et al., 2016). Como consequência de curto prazo, o fogo em áreas florestais acarreta o empobrecimento da fauna vertebrada devido à mortalidade dos animais, destacando-se a mortalidade provocada por asfixia ou lesões fatais por queimaduras em animais de baixa mobilidade. O fogo ocasiona também efeitos indiretos de longo prazo, como perda de hábitat, abrigo e alimentos (Nasi et al., 2002; Peres; Barlow; Haugaasen, 2003), além de lesões e cicatrizes induzidas pelo fogo que podem permanecer durante anos após a ocorrência de incêndios (Barlow; Peres, 2004).

O desmatamento e os períodos de seca podem amplificar os efeitos causados pelas queimadas nos três âmbitos citados. Aragão et al. (2018) observaram que mudanças nos padrões climáticos na Amazônia, associadas ao aquecimento dos Oceanos Atlântico e Pacífico Tropicais, causam a diminuição da precipitação média e, consequentemente, aumentam os déficits hídricos. Esse déficit hídrico intensificado durante a estação seca atua negativamente nos sistemas florestais, provocando a mortalidade de árvores e ressecamento do sub-bosque e liteira (Phillips et al., 2009). Dessa forma, a associação entre o clima mais seco e a disponibilidade de combustível produz um ambiente propenso ao fogo. Nesse contexto, a incidência de incêndios de causas antrópicas que ocorrem na estação seca possui maior potencial danoso para a vegetação, uma vez que eles geralmente são mais intensos e atingem grandes áreas (Gomes; Miranda; Bustamante, 2018).

Durante o processo de queima, também há a liberação de gases-traço, como o gás carbônico (CO_2), o metano (CH_4), o monóxido de carbono (CO) e o óxido nitroso (N_2O), que podem contribuir para o desequilíbrio climático e biogeoquímico do planeta (Fearnside, 2002). Nota-se que o CO_2 pode ser reincorporado à floresta nativa pelo processo fotossintético, mas essa função ecológica da floresta é reduzida devido ao processo de degradação que afeta todos os biomas brasileiros. O CH_4, que na atmosfera corresponde a apenas 1% do total de CO_2, possui potencial radiativo 25 vezes maior que o CO_2 e não pode ser reincorporado pela vegetação (Freitas et al., 2005).

A Fig. 8.7 apresenta as estimativas de emissão de CO_2 equivalente associadas a incêndios nas áreas florestais dos seis biomas brasileiros no período analisado (*vide* Boxe 8.3), em conjunto com as estimativas brasileiras oficiais de emissões disponíveis no Sistema de Registro Nacional de Emissões (Sirene) (MCTIC, 2017). As estimativas do Sirene não contemplam as emissões por incêndios florestais aqui estimadas, limitando-se às de mudança de uso do solo. Portanto, as estimativas de CO_2 equivalente apresentadas neste capítulo devem ser somadas às estimativas do Sirene para emissão total por desmatamento (mudança de cobertura) e degradação florestal pelo fogo.

O Cerrado e a Amazônia são os biomas que apresentam maior emissão de CO_2 equivalente. Na Amazônia, até o ano de 2008 as taxas de emissão anuais foram elevadas quando comparadas às dos outros anos. Após esse ano, a queda nas taxas de emissão esteve atrelada a políticas governamentais para redução do desmatamento, como a implantação do Plano de Ação para Prevenção e Controle do Desmatamento na Amazônia Legal (PPCDAm) (Mello; Artaxo, 2017), a Moratória da Soja, que

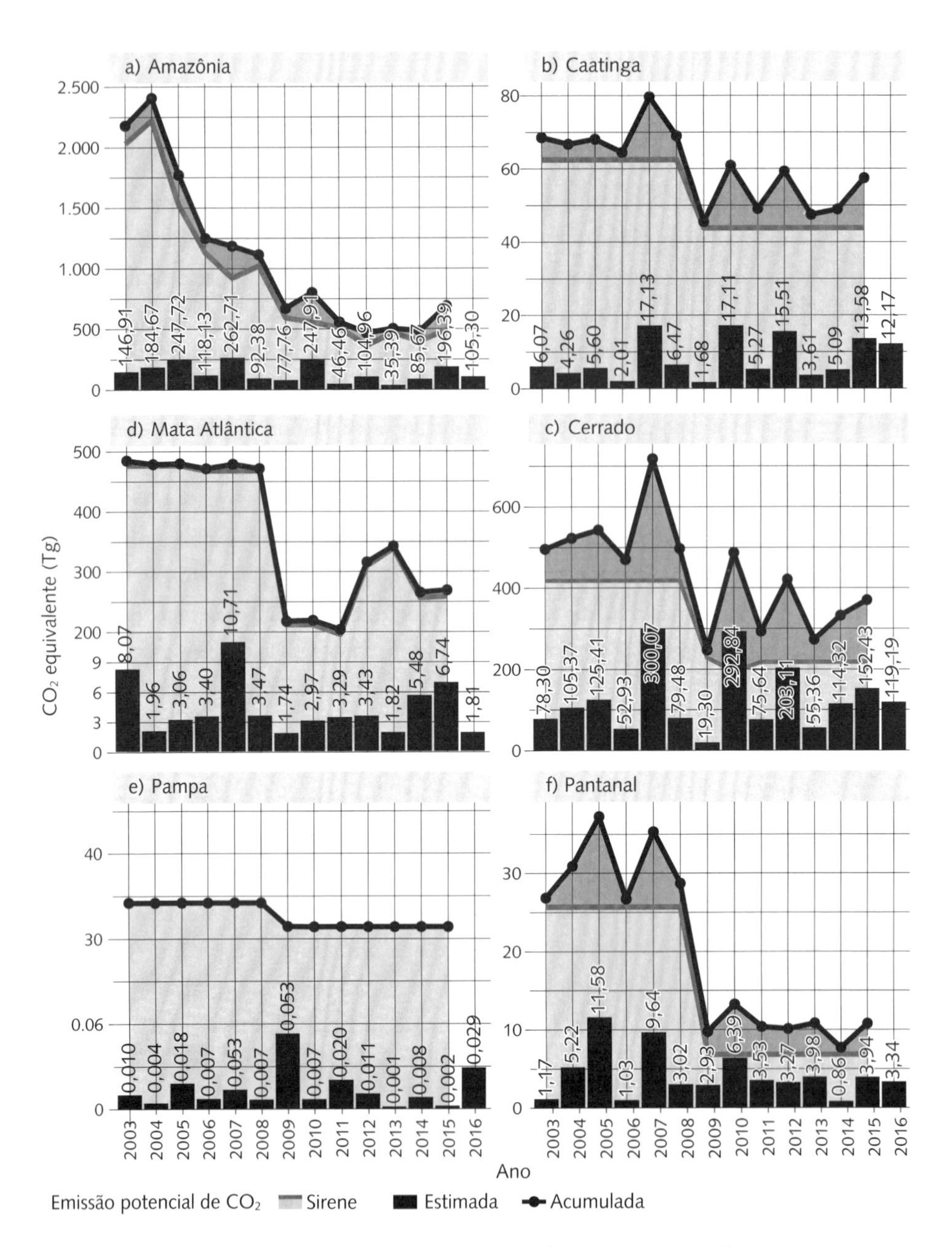

FIG. 8.7 *Emissão comprometida (potencial) de CO_2 equivalente para os anos de 2003 a 2016 nos biomas brasileiros. As emissões totais incluem os valores estimados por incêndios florestais, mais os valores do Sirene/MCTIC. As barras vermelhas indicam as estimativas de emissão por incêndios florestais, a área azul indica as estimativas provenientes do Sirene e o valor acumulado das duas estimativas está representado pela linha vermelha. Para os dados do Sirene, excetuando-se a Amazônia, as linhas horizontais refletem a ausência de dados específicos, com a repetição do último valor calculado*

Boxe 8.3 Quantificação da emissão potencial de CO_2 equivalente proveniente de incêndios florestais

Os dados apresentados neste boxe resultam de uma análise em quatro etapas, em que: (i) somou-se toda a biomassa dentro de cada área queimada (por bioma), tomando como base o mapeamento de biomassa de Baccini et al. (2012); (ii) converteram-se os resultados para hectares, obtendo-se o valor de biomassa/hectare; (iii) aplicou-se a Eq. 8.1 para biomassa perdida (Anderson et al., 2015); e (iv) aplicou-se fator de 50% para conversão de biomassa para carbono (Anderson et al., 2015).

$$Bf = 0{,}7084 \cdot Bi \tag{8.1}$$

em que Bf é a biomassa viva acima do solo depois da queima (mg ha^{-1}) e Bi é a biomassa inicial acima do solo.

O Sistema de Registro Nacional de Emissões (Sirene) é um instrumento oficial de divulgação dos resultados do relatório de emissões de GEE, oficializado pelo Decreto nº 9.172/2017 (MCTIC, 2017). Na sua quarta edição, o relatório apresenta a estimativa atualizada de emissões brutas de CO_2 de 1990 a 2015, ocasionadas por mudanças de uso da terra e florestas. A metodologia empregada no relatório para esse subsetor basicamente contabiliza a emissão derivada do desmatamento no bioma, tendo sido utilizados: taxas anuais do Prodes para a Amazônia; informações do III Inventário Florestal (MCTIC, 2015), atualizadas até 2015 com dados do Programa de Monitoramento do Desmatamento dos Biomas Brasileiros por Satélites (PMDBBS) (MMA, s.d.), para o Cerrado; valores reportados até 2015 pela Fundação SOS Mata Atlântica (Inpe, 2015) para a Mata Atlântica; e replicação dos últimos dados de desmatamento fornecidos pelo III Inventário Florestal (MCTIC, 2015) para os biomas Caatinga, Pantanal e Pampa.

teve por objetivo inibir a comercialização ou financiamento da soja oriunda de áreas desmatadas após julho de 2008 na Amazônia, e também a Moratória da Carne, que teve por iniciativa a exclusão de pecuaristas que desmataram após outubro de 2009 e que faziam parte da cadeia de abastecimento de grandes empresas processadoras de carne bovina (Nepstad et al., 2014).

Enquanto a Amazônia apresentou queda na emissão do CO_2 equivalente a partir de 2008, o Cerrado aumentou suas taxas nesse período. Isso pode ser um indício de que as políticas adotadas para redução do desmatamento foram eficientes no primeiro bioma, porém favoreceram o avanço e a pressão em direção ao Cerrado. Nesse sentido, é importante evidenciar que uma nova e importante fronteira agrícola em partes dos Estados do Maranhão, Tocantins, Piauí e Bahia (acrônimo MATOPIBA) se tornou uma das maiores expansões agropecuárias brasileiras (Almagro et al., 2017; Withers et al., 2018), compreendendo principalmente o bioma Cerrado. Além disso, o Novo Código Florestal Brasileiro, conforme a Lei n° 12.651/2012, exige um percentual de conservação mínimo de 20% de reserva legal em imóveis rurais localizados fora da Amazônia Legal (Brasil, 2012), criando novos mecanismos para impedir a conversão total das florestas em plantações agrícolas, especialmente no Cerrado e Caatinga (Soares-Filho et al., 2014; Stefanes et al., 2018). Esses dois biomas, juntamente com a Mata Atlântica, o Pantanal e o Pampa, apresentam um nível de proteção abaixo dos 17% recomendados pela 10ª Convenção sobre Diversidade Biológica, na qual o Brasil é signatário (Santos; Trevisan, 2009; Brasil, 2013; Soares-Filho et al., 2014; Pacheco; Neves; Fernandes, 2018).

Apenas no ano de 2010 a taxa de emissão de CO_2 na Amazônia aumentou novamente, o que pode ser explicado pela seca extrema que ocorreu naquele ano (Gatti et al., 2014). Aragão et al. (2013) demonstram que nesses eventos há mais queimadas por unidade de área desmatada, indicando a queima de materiais provenientes de outras fontes, como a queima de sub-bosque.

A Caatinga foi o terceiro bioma com as taxas mais elevadas de emissão de CO_2, variando entre aproximadamente 2 Tg CO_2 Eq. em 2009 a 18 Tg CO_2 Eq. em 2010. A Mata Atlântica apresentou menor variação no período de estudo, e apenas nos anos de 2003 e 2007 houve valores mais elevados, atingindo aproximadamente 8 Tg CO_2 Eq. e 13 Tg CO_2 Eq.

Considerando os valores médios de emissões de CO_2 para o período analisado, os incêndios florestais estudados neste trabalho acrescentam às estimativas de emissões nacionais (Sirene/MCTIC) cerca de 41%, 28%, 16%, 15%, 1% e 0,04% para os biomas Cerrado, Pantanal, Caatinga, Amazônia, Mata Atlântica e Pampa, respectivamente. As estimativas oficiais são conservadoras, principalmente no que tange a incêndios florestais, já que suas emissões não são contempladas no inventário nacional. Contudo, os incêndios florestais podem se configurar mais relevantes do que a própria conversão do uso da terra, como observado no ano de 2010 para o Cerrado (Fig. 8.7C).

O Cerrado ainda apresenta anos (2007, 2012, 2014 e 2015) cuja emissão por incêndio é mais do que a metade do estimado no Sirene/MCTIC. Eventos similares foram observados para o Pantanal após 2009 (Fig. 8.7F), o que se configurou como um fenômeno de grande potencial danoso, uma vez que esse bioma não apresenta relação tão dependente do fogo quanto o Cerrado.

Ao se considerar o potencial de emissões de CO_2 por incêndios nos biomas como sendo um complemento das estimativas aqui realizadas para os dados do Sirene/MCTIC, os biomas Amazônia, Caatinga, Cerrado e Pantanal foram os que apresentaram o maior deslocamento, com aumento na curva de emissões de CO_2.

Além de gerar emissões de CO_2 que impactam o clima global, os incêndios florestais também causam problemas para a saúde da população, devido ao aumento dos aerossóis na atmosfera, que prejudicam a qualidade do ar (Smith et al., 2014). Após analisar o período de 2001 a 2010, no sudoeste da Amazônia, Smith et al. (2014) e Aragão et al. (2016) concluíram que as hospitalizações por problemas respiratórios foram maiores em 2005. Esse fato coincidiu com baixa umidade relativa do ar, ventos fortes, alta temperatura e ausência de chuvas – tais condições meteorológicas por si próprias causam problemas de saúde e também contribuem para o aumento de incêndios florestais e, consequentemente, uma produção elevada de aerossóis (Brown et al., 2006).

Artaxo et al. (2002) relatam que os problemas de saúde relacionados às queimadas (bronquite, asma e outras doenças respiratórias) da Amazônia diferem daqueles observados em ambientes urbanos. Nesta última situação, a exposição à poluição atmosférica é de forma constante; já na Amazônia, a exposição ocorre por um período médio anual de três a cinco meses, no qual as concentrações de material particulado originado da queima de biomassa chegam a 400-600 mg/m³ nos períodos da estação seca (agosto-outubro), sendo que na estação chuvosa a concentração atinge aproximadamente 10-15 mg/m³. O aumento das taxas de morbidade da região amazônica relacionado com as partículas em suspensão emitidas por queimadas e incêndios florestais gera custos elevados para o País. No Brasil, em média nove mil pacientes são internados por ano no SUS (Sistema Único de Saúde) devido a doenças respiratórias, acarretando um custo aproximado de US$ 173 por indivíduo (Diaz et al., 2002). Adicionalmente, acrescentam-se os custos necessários à adoção de medidas para estabelecer hospitais em áreas críticas e o planejamento para maior demanda nos serviços de saúde (Smith et al., 2014).

No que se refere à relação entre incêndios florestais e aspectos econômicos, o fogo é tradicionalmente considerado uma alternativa viável a curto prazo para produtores, embora tenha se tornado um gerador de perdas econômicas (Mendonça et al., 2004). Andela et al. (2017) propuseram que a mudança de direção no sentido de uma agricultura mais intensiva financeiramente pode reduzir o número e a intensidade dos incêndios. No outro extremo, a agricultura orgânica de pequena escala evita o uso do fogo.

Quando impulsionado por fatores como aumento populacional, desenvolvimento socioeconômico e demanda por produtos agrícolas dos mercados regionais e globais, observa-se que o uso do fogo apresenta forte relação inversa entre a área queimada e o desenvolvimento econômico. Além disso, Morello et al. (2017) afirmaram que instrumentos políticos mais efetivos em reduzir o desmatamento não são os mais efetivos na redução de incêndios florestais e vice-versa, sugerindo que ambos os objetivos não podem ser alcançados com uma única medida de intervenção política.

8.4 Considerações finais

A ocorrência de incêndios florestais gera diversos impactos ao meio ambiente, como a perda da biodiversidade e a consequente redução do fornecimento de serviços ecossistêmicos. Ademais, os efeitos ultrapassam a esfera ambiental e afetam também a economia e a sociedade, indo além das consequências locais.

A influência antrópica e as mudanças climáticas globais, associadas ao aumento da ocorrência de incêndios florestais, justificam a importância do estudo aprofundado desses fenômenos. A caracterização dos incêndios a nível nacional, envolvendo todos os biomas brasileiros, permitiu a análise das suas dinâmicas e consequências de maneira integrada, utilizando uma metodologia comum para todos. Assim, este capítulo apresentou uma síntese sobre os incêndios florestais no Brasil e mostrou em ordem sequencial que os biomas Cerrado, Amazônia e Caatinga são aqueles com maiores recorrências de fogo e áreas queimadas (média de 218.269 ha ano^{-1}). Os demais biomas (Pantanal, Mata Atlântica e Pampa) apresentam uma média anual de floresta queimada de 1.928 ha ano^{-1}.

Observou-se em todos os biomas, exceto no Pampa, uma sazonalidade na ocorrência das queimadas em zonas florestais. A presença da sazonalidade está associada a fatores climáticos e à existência de material combustível (biomassa) suficientemente seco para favorecer a ocorrência e o espalhamento de queimadas. A falta de sazonalidade das queimadas observada no Pampa pode também estar associada à menor cobertura florestal desse bioma em relação aos demais. A relação entre o clima, representado neste trabalho pela precipitação, e a quantidade de área afetada é exponencialmente inversa, principalmente nos três biomas de maior ocorrência de queimadas, Cerrado, Amazônia e Caatinga. Essa relação explica o aumento de ocorrências de queimadas em períodos prolongados de seca, principalmente na Amazônia.

O capítulo deixa claro que as causas dos incêndios florestais não são exclusivamente relacionadas a fatores climáticos. Pelo contrário, as fontes de ignição para a ocorrência do fogo estão fortemente associadas com a presença antrópica. Incêndios são causados, por exemplo, quando o fogo é utilizado para o manejo da pastagem e escapa para áreas florestais. Apesar de o uso do fogo para o manejo agropecuário ser uma prática antiga e apresentar menores ocorrências em propriedades mais mecanizadas ou orgânicas, ainda é uma técnica comum em nosso País, devido ao seu baixo custo e a hábitos culturais.

O histórico de emissões potenciais apresentado neste capítulo para o bioma Amazônia indica uma influência positiva da implementação de políticas governamentais; no entanto, essas políticas precisam ser repensadas para contemplar a mitigação dos efeitos dos incêndios florestais durante secas extremas. Além disso, um direcionamento dessas políticas ambientais para o Cerrado teria o potencial de mitigar as consequências danosas dos incêndios também nesse bioma.

Finalmente, as estimativas de CO_2 aqui contabilizadas são adicionais aos dados nacionais do Sirene/MCTIC e, de forma complementar, caracterizam o cenário de emissão de gases de efeito estufa no Brasil por duas das suas principais fontes, o desmatamento e a degradação florestal pelo fogo, que exigem políticas diferentes para que as emissões desses gases sejam mitigadas ou reduzidas no País.

Agradecimentos

Os autores agradecem ao Instituto Nacional de Pesquisas Espaciais (Inpe), à Coordenação de Aperfeiçoamento de Pessoal de Nível Superior (Capes, código de financiamento 001, processos 88887.479608/2020-00 e 88887.137550/2017-00), ao Conselho Nacional de Desenvolvimento Científico e Tecnológico (CNPq, processos 380716/2019--4, 140372/2017-2 e 140261/2018-4) e à Fundação de Amparo à Pesquisa do Estado de São Paulo (Fapesp, processos 2016/02018-2 e 2016/21043-8) pela concessão das bolsas. Os autores também agradecem ao Inter-American Institute for Global Change Research (IAI, processo SGP-HW 016), PrevFogo e Ibama (processos 441949/2018-5 e 442650/2018-3). Luiz Aragão agradece à Fapesp (processo 2018/15001-6) e ao CNPq (processo 305054/2016-3).

Referências bibliográficas

ABREU, R. C. R.; HOFFMANN, W. A.; VASCONCELOS, H. L.; NATASHI, A. P.; ROSSATTO, D. R.; DURIGAN, G. The Biodiversity Cost of Carbon Sequestration in Tropical Savana. *Science Advances*, p. 1-7, 2017.

ALENCAR, A.; NEPSTAD, D.; DIAZ, M. C. V. Forest Understory Fire in the Brazilian Amazon in ENSO and non-ENSO Years: Area Burned and Committed Carbon Emissions. *Earth Interactions*, v. 10, n. 6, 2006.

ALMAGRO, A.; OLIVEIRA, P. T. S.; NEARING, M. A.; HAGEMANN, S. Projected Climate Change Impacts in Rainfall Erosivity over Brazil. *Sci. Rep.*, v. 7, n. 8130, 2017. DOI: 10.1038/s41598-017-08298-y.

ALMEIDA, C. T. D.; DELGADO, R. C.; OLIVEIRA JUNIOR, J. F. D.; GOIS, G.; CAVALCANTI, A. S. Avaliação das estimativas de precipitação do produto 3B43-TRMM do estado do Amazonas. *Floresta e Ambiente*, v. 22, n. 3, p. 279-286, 2015. DOI: 10.1590/2179-8087.112114.

ALMEIDA, D. R. A.; BRANCALION, P. H. S.; DE ALMEIDA, J. S. et al. LiDAR terrestre para investigação de efeitos de borda e fragmentação florestal em atributos estruturais do dossel na Amazônia Central. In: XVIII SIMPÓSIO BRASILEIRO DE SENSORIAMENTO REMOTO – SBSR. *Anais*... Santos: Inpe, 2017.

ANDELA, N.; MORTON, D. C.; GIGLIO, L.; CHEN, Y.; VAN DER WERF, G. R.; KASIBHATLA, P. S.; DEFRIES, R. S.; COLLATZ, G. J.; HANTSON, S.; KLOSTER, S.; BACHELET, D.; FORREST, M.; LASSLOP, G.; LI, F.; MANGEON, S.; MELTON, J. R.; YUE, C.; RANDERSON, J. T. A Human-Driven Decline in Global Burned Area. *Science*, v. 356, n. 6345, p. 1356-1362, 30 jun. 2017. DOI: 10.1126/science.aal4108.

ANDERSON, L. O.; ARAGÃO, L. E. O. C.; ARAI, E. Avaliação dos dados de chuva mensal para a região amazônica oriundos do satélite Tropical Rainfall Measuring Mission (TRMM) produto 3b43 versões 6 e 7 para o período de 1998 a 2010. In: XVI SIMPÓSIO BRASILEIRO DE SENSORIAMENTO REMOTO, p. 6743-6750, 2013.

ANDERSON, L. O.; ARAGÃO, L. E. O. E. C.; GLOOR, M.; ARAI, E.; ADAMI, M.; SAATCHI, S. S.; MALHI, Y.; SHIMABUKURO, Y. E.; BARLOW, J.; BERENGUER, E.; DUARTE, V. Disentagling the Contribution of Multiple Land Covers to Fire-Mediated Carbon Emission in Amazonia during the 2010 Drought. *Global Biogeochemical Cycles*, v. 29, p. 1739-1753, 2015.

ANDERSON, L. O.; RIBEIRO NETO, G.; CUNHA, A. P.; FONSECA, M. G.; MOURA, Y. M.; DALAGNOL, R.; WAGNER, F. H.; ARAGÃO, L. E. O. E. C. Vulnerability of Amazonian Forests to Repeated Droughts. *Philosophical Transactions of the Royal Society B*, v. 373, p. 20170411, 2018. DOI: 10.1098/rstb.2017.0411.

ARAGÃO, L. E. O. C.; SHIMABUKURO, Y. E. The Incidence of Fire in Amazonian Forests with Implications for REDD. *Science*, v. 328, n. 5983, p. 1275-1278, 4 jun. 2010. DOI: 10.1126/science.1186925.

ARAGÃO, L. E. O. C.; ANDERSON, L. O.; SHIMABUKURO, Y. E.; LIMA, A. Frequência de queimadas durante as secas recentes. In: BORMA, L. S.; NOBRE, C. A. *Secas na Amazônia*: causas e consequências. São Paulo: Oficina de Textos, 2013. p. 259-279.

ARAGÃO, L. E. O. C.; MALHI, Y.; BARBIER, N.; LIMA, A.; SHIMABUKURO, Y.; ANDERSON, L.; SAATCHI, S. Interactions Between Rainfall, Deforestation and Fires During Recent Years in the Brazilian Amazonia. *Philosophical Transactions of the Royal Society of London*, v. 363, p. 1779-85, 2008. DOI: 10.1098/rstb.2007.0026.

ARAGÃO, L. E. O. C.; MALHI, Y.; ROMAN-CUESTA, R. M.; SAATCHI, S.; ANDERSON, L. O.; SHIMABUKURO, Y. E. Spatial Patterns and Fire Response of Recent Amazonian Droughts. *Geophysical Research Letters*, v. 34, n. 7, 2007.

ARAGÃO, L. E. O. C.; MARENGO, J. A.; COX, P. M.; BETTS, R. A.; COSTA, D.; KAYE, N.; ALVES, L.; SMITH, L. T.; CAVALCANTI, I. F. A.; SAMPAIO, G.; ANDERSON, L. O.; HORTA, M.; HACON, S.; REIS, V. L.; FONSECA, P. A. M.; BROWN, I. F. Assessing the Influence of Climate Extremes of Ecosystems and Human Health in Southwestern Amazon Suported by the PULSE-Brasil Platform. *American Journal of Climate Change*, v. 5, p. 399-416, 2016.

ARAGÃO, L. E. O. C.; ANDERSON, L. O.; FONSECA, M. G.; ROSAN, T. M.; VEDOVATO, L. B.; WAGNER, F. H.; SILVA, C. V. J.; JUNIOR, C. H. L. S.; ARAI, E.; AGUIAR, A. P.; BARLOW, J.; BERENGUER, E.; DEETER, M. N.; DOMINGUES, L. G.; GATTI, L.; GLOOR, M.; MALHI, Y.; MARENGO, J. A.; MILLER, J. B.; PHILLIPS, O. L.; SAATCHI, S. 21st Century Drought-Related Fires Counteract the Decline of Amazon Deforestation Carbon Emissions. *Nature Communications*, v. 9, n. 536, p. 1-12, 2018.

ARTAXO, P.; MARTINS, J. V.; YAMASOE, M. A.; PROCÓPIO, A. S.; PAULIQUEVIS, T. M.; ANDREAE, M. O.; GUYON, P.; GATTI, L. V.; LEAL, A. M. C. Physical and Chemical Properties of Aerosols in the Wet and Dry Seasons in Rondônia, Amazonia. *Journal of Geophysical Reseach*, v. 107, p. 1-13, 2002.

BACCINI, A.; GOETZ, S. J.; WALKER, W. S.; LAPORTE, N. T.; SUN, M.; SULLA-MENASHE, D.; HACKLER, J.; BECK, P. S. A.; DUBAYAH, R.; FRIENDL, M. A.; SAMANTA, S.; HOUGHTON,

R. A. Estimated Carbon Dioxide Emissions from Tropical Deforestation Improved by Carbon-Density Maps. *Nature Climate Change*, v. 2, p. 182-185, 2012.

BALCH, J. R. K.; NEPSTAD, D. C.; BRANDO, P. M. et al. Negative Fire Feedback in a Transitional Forest of Southeastern Amazonia. *Global Change Biology*, v. 14, n. 10, p. 2276-2287, 2008.

BALCH, J. K.; BRANDO, P. M.; NEPSTAD, D. C.; COE, M. T.; SILVÉRIO, D.; MASSAD, T. J.; DAVIDSON, E. A.; LEFEBVRE, P.; OLIVEIRA-SANTOS, C.; ROCHA, W.; CURY, R. T. The Susceptibility of Southeastern Amazon Forests to Fire: Insights from a Large-Scale Burn Experiment. *BioScience*, v. 65, n. 9, p. 893-905, 2015.

BARBOSA, R. I.; FEARNSIDE, P. M. Fire Frequency and Area Burned in the Roraima Savannas of Brazilian Amazonia. *Forest Ecology and Management*, v. 204, n. 2-3, p. 371-384, jan. 2005. DOI: 10.1016/j.foreco.2004.09.011.

BARLOW, J.; PERES, C. A. Ecological Responses to El Niño-Induced Surface Fires in Central Brazilian Amazonia: Management Implications for Flammable Tropical Forests. *Philosophical Transactions of the Royal Society B: Biological Sciences*, v. 359, n. 1443, p. 367-380, 2004.

BARLOW, J.; PERES, C. A. Fire-Mediated Dieback and Compositional Cascade in an Amazonian Forest. *Philosophical Transactions of the Royal Society B: Biological Sciences*, v. 363, n. 1498, p. 1787-1794, 2008.

BARLOW, J.; LENNOX, G. D.; FERREIRA, J.; BERENGUER, E.; LEES, A. C.; NALLY, R. Mac; THOMSON, J. R.; FERRAZ, S. F. D. B.; LOUZADA, J.; OLIVEIRA, V. H. F.; PARRY, L.; RIBEIRO DE CASTRO SOLAR, R.; VIEIRA, I. C. G.; ARAGAÕ, L. E. O. C.; BEGOTTI, R. A.; BRAGA, R. F.; CARDOSO, T. M.; JR, R. C. D. O.; SOUZA, C. M.; MOURA, N. G.; NUNES, S. S.; SIQUEIRA, J. V.; PARDINI, R.; SILVEIRA, J. M.; VAZ-DE-MELLO, F. Z.; VEIGA, R. C. S.; VENTURIERI, A.; GARDNER, T. A. Anthropogenic Disturbance in Tropical Forests can Double Biodiversity Loss from Deforestation. *Nature*, v. 535, n. 7610, p. 144-147, 2016. DOI: 10.1038/nature18326.

BODDY, L. Microclimate and Moisture Dynamics of Wood Decomposing in Terrestrial Ecosystems. *Soil Biology and Biochemistry*, v. 15, n. 2, p. 149-157, 1983.

BOWMAN, D. M.; BALCH, J. K.; ARTAXO, P.; BOND, W. J.; CARLSON, J. M.; COCHRANE, M. A.; D'ANTONIO, C. M.; DEFRIES, R. S.; DOYLE, J. C.; HARRISON, S. P.; JOHNSTON, F. H. Fire in the Earth System. *Science*, v. 324, n. 5926, p. 481-484, 2009.

BRANDO, P. M.; BALCH, J. K.; NEPSTAD, D. C. et al. Abrupt Increases in Amazonian Tree Mortality due to Drought-Fire Interactions. *Proceedings of the National Academy of Sciences of the United States of America*, v. 111, n. 17, p. 6347-52, 2014.

BRANDO, P. M.; OLIVEIRA-SANTOS, C.; ROCHA, W.; CURY, R.; COE, M. T. Effects of Experimental Fuel Additions on Fire Intensity and Severity: Unexpected Carbon Resilience of a Neotropical Forest. *Global Change Biology*, v. 22, n. 7, p. 2516-2525, 2016.

BRASIL. Lei nº 12.561, de 25 de maio de 2012. Código Florestal. *Diário Oficial da União*: Brasília, DF, p. 1, 28 mai. 2012. Disponível em: <http://www.planalto.gov.br/ccivil_03/_Ato2011-2014/2012/Lei/L12651.htm>. Acesso em: 8 out. 2021.

BRASIL. Resolução CONABIO nº 6, de 3 de setembro de 2013. *Metas Nacionais de Biodiversidade para 2020*. Brasília, DF, set. 2013. Disponível em: <https://www.icmbio.gov.br/portal/images/stories/docs-plano-de-acao-ARQUIVO/00-saiba-mais/02_-_RESOLU%C3%87%C3%83O_CONABIO_N%C2%BA_06_DE_03_DE_SET_DE_2013.pdf>. Acesso em: 8 out. 2021.

BROWN, I. F.; SCHROEDER, W.; SETZER, A.; MALDONADO, M.; PANTOJA, N.; DUARTE, A.; MARENGO, J. Monitoring Fires in Southwestern Amazonia Rain Forests. *EOS: American Geophysical Union*, v. 87, n. 26, p. 253-264, 2006.

CARDOSO, E. L.; CRISPIM, S. M. A.; RODRIGUES, C. A. G.; JÚNIOR, W. B. Efeitos da queima na dinâmica da biomassa aérea de um campo nativo no Pantanal. *Pesquisa Agropecuária Brasileira*, v. 38, n. 6, p. 747-752, 2003.

CIRNE, P.; MIRANDA H. S. Effects of Prescribed Fires on the Survival and Release of Seeds of *Kielmeyera coriacea* (Spr.) Mart. (*Clusiaceae*) in Savannas of Central Brazil. *Brazilian Journal of Plant Physiology*, v. 20, n. 3, 2008.

COCHRANE, M. A.; LAURANCE, W. F. Fire as a Large-Scale Edge Effect in Amazonian Forests. *Journal of Tropical Ecology*, v. 18, n. 3, p. 311-325, 2002. Disponível em: <http://www.journals.cambridge.org/abstract_S0266467402002237>. Acesso em: 8 out. 2021.

CRUTZEN, P. J.; ANDREAE, M. O. Biomass Burning in the Tropics: Impact on Atmospheric Chemistry and Biogeochemical Cycles. *Science*, v. 250, p. 1669-1678, 1990.

DIAZ, M. C. V.; NEPSTAD, D.; MENDONÇA, M. J. C.; MOTTA, R. S.; ALENCAR, A.; GOMES, J. C.; ORTIZ, R. A. O prejuízo oculto do fogo: custos econômicos das queimadas e incêndios florestais na Amazônia. *Resumo Executivo*, 2002. p. 1-43.

EARL, N.; SIMMONDS, I. Spatial and Temporal Variability and Trends in 2001-2016 Global Fire Activity. *Journal of Geophysical Research: Atmospheres*, v. 123, n. 5, p. 2524-2536, 2018.

ESPINOZA, J. C.; MARENGO, J. A.; RONCHAIL, J. et al. The Extreme 2014 Flood in South--Western Amazon Basin: The Role of Tropical-Subtropical South Atlantic SST Gradient. *Environmental Research Letters*, v. 9, n. 12, 2014. IOP Publishing.

FEARNSIDE, P. M. Fogo e emissão de gases de efeito estufa dos ecossistemas florestais da Amazônia brasileira. *Estudos Avançados*, v. 16, n. 44, p. 99-123, 2002.

FILGUEIRAS, T. S.; OLIVEIRA, P.; MARQUIS, R. J. Herbaceous Plant Communities in the Cerrados of Brazil. *Columbia Univ. Press.*, p. 121-139, 2002.

FONSECA, E. M. B; RIBEIRO, G. A. *Manual de prevenção de incêndios florestais*. Belo Horizonte: CEMIG, 2003.

FRANÇA, H.; RAMOS-NETO, M. B.; SETZER, A. *O fogo no Parque Nacional das Emas*. Série Biodiversidade, 27. Brasília: MMA, 2007.

FRANCHITO, S. H.; RAO, V. B.; VASQUES, A. C.; SANTO, C. M. E.; CONFORTE, J. C. Validation of TRMM Precipitation Radar Monthly Rainfall Estimates over Brazil. *Journal of Geophysical Research*, v. 114, n. D2, p. D02105, 23 jan. 2009. DOI: 10.1029/2007JD009580.

FREIRE, A. T. G.; SILVA JUNIOR, C. H. L.; ANDERSON, L. O.; ARAGÃO, L. E. O. C.; SILVA, F. B.; MENDES, J. J. A zona de transição entre a Amazônia e o Cerrado no Estado do Maranhão. Parte I: Caracterização preliminar dos dados focos de queimadas (produto MODIS MCD14ML). In: XVII SIMPÓSIO BRASILEIRO DE SENSORIAMENTO REMOTO – SBSR, João Pessoa, 2015. p. 7471-7477.

FREITAS, S. R.; LONGO, K. M.; DIAS, M. A. F. S.; DIAS, P. L. S. Emissões de queimadas em ecossistemas da América do Sul. *Estudos Avançados*, v. 19, n. 53, p. 167-185, 2005.

GATTI, L. V.; GLOOR, M.; MILLER, J. B.; DOUGHTY, C. E.; MALHI, Y.; DOMINGUES, L. G.; BASSO, L. S.; MARTINEWSKI, A.; CORREIA, C. S. C.; BORGES, V. F.; FREITAS, S.; BRAZ, R.; ANDERSON, L. O.; ROCHA, H.; GRACE, J.; PHILLIPS, O. L.; LLOYD, J. Drought Sensitivity of Amazonian Carbon Balance Revealed by Atmospheric Measurements. *Nature*, v. 506, p. 76-80, 2014. DOI: 10.1038/nature12957.

GIGLIO, L.; JUSTICE, C.; BOSCHETTI, L.; ROY, D. MCD64A1 MODIS/Terra+Aqua Burned Area Monthly L3 Global 500m SIN Grid V006 [Data set]. NASA EOSDIS Land Processes DAAC. USGS, 2015. DOI: 10.5067/MODIS/MCD64A1.006.

GIGLIO, L.; LOBODA, T.; ROY, D. P.; QUAYLE, B.; JUSTICE, C. O. An Active-Fire Based Burned Area Mapping Algorithm for the MODIS Sensor. *Remote Sensing of Environment*, v. 113, n. 2, p. 408-420, 2009.

GOMES, L.; MIRANDA, H. S.; BUSTAMANTE, M. M. C. How Can We Advance the Knowledge on the Behavior and Effects of Fire in the Cerrado Biome? *Forest Ecology and Management*, v. 417, p. 281-290, 2018.

INPE – INSTITUTO NACIONAL DE PESQUISAS ESPACIAIS. INPE lança novo sistema para monitoramento e alertas de risco de queimadas. Inpe, São José dos Campos, 13 dez. 2017. Disponível em: <http://www.inpe.br/noticias/noticia.php?Cod_Noticia=4676>. Acesso em: 16 ago. 2018.

INPE – INSTITUTO NACIONAL DE PESQUISAS ESPACIAIS. *Monitoramento da cobertura florestal da Amazônia por satélites. Sistemas PRODES, DETER, DEGRAD e QUEIMADAS 2007-2008*. São José dos Campos: Inpe, 2008. 47 p.

INPE – INSTITUTO NACIONAL DE PESQUISAS ESPACIAIS. Novos dados do Atlas da Mata Atlântica apontam queda de 24% no desmatamento. Inpe, São José dos Campos, 27 mai. 2015. Disponível em: <http://www.inpe.br/noticias/noticia.php?Cod_Noticia=3891>. Acesso em: 20 abr. 2020.

INPE – INSTITUTO NACIONAL DE PESQUISAS ESPACIAIS. Produtos de Área Queimada de Baixa Resolução Espacial e Alta Resolução Temporal (~0,3 a 1 km). Inpe, 2020. Disponível em: <http://queimadas.dgi.inpe.br/queimadas/aq1km/>. Acesso em: 20 abr. 2020.

KLINK, C. A.; MACHADO, R. B. Conservation of the Brazilian Cerrado. *Conservation Biology*, v. 19, n. 3, p. 707-713, 2005.

LIMA, A.; SILVA, T. S. F.; ARAGÃO, L. E. O. E. C.; DE FEITAS, R. M.; ADAMI, M.; FORMAGGIO, A. R.; SHIMABUKURO, Y. E. Land Use and Land Cover Changes Determine the Spatial Relationship Between Fire and Deforestation in the Brazilian Amazon. *Applied Geography*, v. 34, p. 239-246, 2012. DOI: 10.1016/j.apgeog.2011.10.013.

MAPBIOMAS. Série Anual de Mapas de Cobertura e Uso de Solo do Brasil. Coleção 2. Brasil: MapBiomas, 2018. Disponível em: <http://mapbiomas.org/downloads>. Acesso em: 2 mai. 2018.

MARENGO, J. A.; JONES, R.; ALVES, L. M.; VALVERDE, M. C. Future Change of Temperature and Rainfall Extremes in South America as Derived from the PRECIS Regional Climate Modelling System. *Int. J. Climatol.*, v. 29, n. 15, p. 2241-2255, 2009.

MCTIC – MINISTÉRIO DA CIÊNCIA, TECNOLOGIA, INOVAÇÃO E COMUNICAÇÕES. *Terceiro inventário brasileiro de emissões e remoções antrópicas de gases de efeito estufa*: emissões no setor uso da terra, mudança do uso da terra e florestas. Brasília: MCTIC, 2015.

MCTIC – MINISTÉRIO DA CIÊNCIA, TECNOLOGIA, INOVAÇÃO E COMUNICAÇÕES. *Estimativas anuais de emissões de gases de efeito estufa no Brasil*. 4. ed. Brasília: MCTIC, 2017.

MEDEIROS, M. B.; MIRANDA, H. S. Mortalidade pós-fogo em espécies lenhosas de campo sujo submetido a três queimadas prescritas anuais. *Acta Botanica Brasilica*, v. 19, n. 3, p. 493-500, 2005.

MELLO, N. G. R.; ARTAXO, P. Evolução do Plano de Ação para Prevenção e Controle do Desmatamento na Amazônia Legal. *Revista do Instituto de Estudos Brasileiros*, n. 66, p. 108, 2017.

MENDONÇA, M. J. C.; VERA DIAZ, M. D. C.; NEPSTAD, D.; SEROA DA MOTTA, R.; ALENCAR, A.; GOMES, J. C.; ORTIZ, R. A. The Economic Cost of the Use of Fire in the Amazon. *Ecological Economics*, v. 49, n. 1, p. 89-105, 2004.

MEYN, A.; WHITE, P. S.; BUHK, C.; JENTSCH, A. Environmental Drivers of Large, Infrequent Wildfires: The Emerging Conceptual Model. *Progress in Physical Geography*, v. 31, n. 3, p. 287-312, 2007. DOI: 10.1177/0309133307079365.

MIRANDA, H. S., NETO, W. N.; NEVES, B. M. C. Caracterização das queimadas de Cerrado. In: MIRANDA, H. S. (Ed.). *Efeitos do regime do fogo sobre a estrutura de comunidades de Cerrado: resultados do Projeto Fogo*. Brasília: Ibama, 2010. p. 23-33.

MMA – MINISTÉRIO DO MEIO AMBIENTE. PMDBBS – Projeto de Monitoramento do Desmatamento nos Biomas Brasileiros por Satélite. Brasil: MMA, [s.d.]. Disponível em: <https://antigo.mma.gov.br/projeto-de-monitoramento-do-desmatamento-nos-biomas-brasileiros-por-sat%C3%A9lite-pmdbbs.html>. Acesso em: 20 abr. 2020.

MOREIRA, B.; PAUSAS, J. G. Tanned or Burned: The Role of Fire in Shaping Physical Seed Dormancy. *PLOS ONE*, v. 7, n. 12, p. e51523, 2012.

MORELLO, T. F.; PARRY, L.; MARKUSSON, N.; BARLOW, J. Policy Instruments to Control Amazon Fires: A Simulation Approach. *Ecological Economics*, v. 138, p. 199-222, 2017. DOI: 10.1016/j.ecolecon.2017.03.043.

MORITZ, M. A.; MORAIS, M. E.; SUMMERELL, L. A.; CARLSON, J. M.; DOYLE, J. Wildfires, Complexity, and Highly Optimized Tolerance. *Proceedings of the National Academy of Sciences*, v. 102, n. 50, p. 17912-17917, 2005. DOI: 10.1073/pnas.0508985102.

NASA – NATIONAL AERONAUTICS AND SPACE ADMINISTRATION. Tropical Rainfall Measuring Mission – TRMM (TMPA/3B43) Rainfall Estimate L3 1 month 0.25 degree x 0.25 degree V7, Greenbelt, MD, Goddard Earth Sciences Data and Information Services Center (GES DISC). Nasa, 2011. DOI: 10.5067/TRMM/TMPA/MONTH/7. Acesso em: 1° out. 2017.

NASI, R.; DENNIS, R.; MEIJAARD, E.; APPLEGATE, G.; MOORE, P. Forest Fire and Biological Diversity. *Unasylva* – FAO, v. 53, 2002.

NEPSTAD, D.; MCGRATH, D.; STICKLER, C.; ALENCAR, A.; AZEVEDO, A.; SWETTE, B.; BEZERRA, T.; DIGIANO, M.; SHIMADA, J.; DA MOTTA, R. S.; ARMIJO, E. Slowing Amazon Deforestation Through Public Policy and Interventions in Beef and Soy Supply Chains. *Science*, v. 344, n. 6188, p. 1118-1123, 2014.

PACHECO, A. A.; NEVES, A. C.; FERNANDES, G. W. Uneven Conservation Efforts Compromise Brazil to Meet the Target 11 of Convention on Biological Diversity. Perspect. *Ecol. Conserv.*, v. 16, p. 43-48, 2018. DOI: 10.1016/j.pecon.2017.12.001.

PEREIRA, J. A. V.; DA SILVA, J. B. Detecção de focos de calor no estado da Paraíba: um estudo sobre as queimadas. *Revista Geográfica Acadêmica*, v. 10, n. 1, p. 5-16, 2016.

PERES, C. A.; BARLOW, J.; HAUGAASEN, T. Vertebrate Responses to Surface Wildfires in a Central Amazonian Forest. *Oryx*, v. 37, n. 1, p. 97-109, 2003.

PHILLIPS, O. L.; ARAGÃO, L. E.; LEWIS, S. L.; FISHER, J. B.; LLOYD, J.; LÓPEZ-GONZÁLEZ, G.; MALHI, Y.; MONTEAGUDO, A.; PEACOCK, J.; QUESADA, C. A.; VAN DER HEIJDEN, G. Drought Sensitivity of the Amazon Rainforest. Science, v. 323, n. 5919, p. 1344-1347, 2009.

PIVELLO, V. The Use of Fire in the Cerrado and Amazonian Rainforests of Brazil: Past and Present. *Fire Ecology*, v. 7, p. 24-39, 2011.

RODELL, M.; HOUSER, P. R.; JAMBOR, U.; GOTTSCHALCK, J.; MITCHELL, K.; MENG, C.-J.; ARSENAULT, K.; COSGROVE, B.; RADAKOVICH, J.; BOSILOVICH, M.; ENTIN, J. K.; WALKER, J. P.; LOHMANN, D.; TOLL, D. The Global Land Data Assimilation System. *Bulletin of the American Meteorological Society*, v. 85, n. 3, p. 381-394, mar. 2004.

RODRIGUES, J. A.; SANTOS, F. L. M.; FRANÇA, D. A.; PEREIRA, A. A.; LIBONATI, R. Validação e refinamento dos produtos de área queimada baseados em dados MODIS para a região do Jalapão/TO. In: XVIII *SIMPÓSIO BRASILEIRO DE SENSORIAMENTO REMOTO – SBSR*, Santos, SP, 2017. p. 6834-6841.

RODRIGUES, J. A.; LIBONATI, R.; PEREIRA, A. A.; NOGUEIRA, J. M. P.; SANTOS, F. L. M.; PERES, L. F.; SANTA ROSA, A.; SCHROEDER, W.; PEREIRA, J. M. C.; GIGLIO, L.; TRIGO, I. F.; SETZER, A. W. How Well do Global Burned Area Products Represent Fire Patterns in the Brazilian Savannas Biome? An accuracy assessment of the MCD64 collections. International Journal of Applied Earth Observation and Geoinformation, n. 78, p. 318-331, 2019. DOI: 10.1016/j.jag.2019.02.010.

SAMPAIO, E. V. D. S. B.; ARAÚJO, E. D. L.; SALCEDO, I. H.; HESSEN, H. Regeneração da vegetação de caatinga após corte e queima, em Serra Talhada, PE. *Pesquisa Agropecuaria Brasileira*, v. 33, n. 5, p. 621-632, 1998.

SANTOS, J. R. N.; SILVA, F. B.; SILVA JUNIOR, C. H. L.; ARAÚJO, M. D. Precisão dos dados do satélite Tropical Rainfall Measuring Mission (TRMM) na região de transição Amazônia-Cerrado no Estado do Maranhão. In: XVII SIMPÓSIO BRASILEIRO DE SENSORIAMENTO. *Anais*... João Pessoa: Inpe, 2015.

SANTOS, T.; TREVISAN, R. Eucaliptos *versus* bioma pampa: compreendendo as diferenças entre lavouras de arbóreas e o campo nativo. In: FILHO, A. T. *Lavouras de destruição*: a (im)posição do consenso. Pelotas: UFPEL, 2009. p. 299-332.

SETTELE, J.; SCHOLES, R.; BETTS, R.; BUNN, S.; LEADLEY, P.; NEPSTAD, D.; OVERPECK, J. T.; TABOADA, M. A. Terrestrial and inland water systems. In: CLIMATE CHANGE 2014: IMPACTS, ADAPTATION AND VULNERABILITY. Part A: Global and Sectoral Aspects. Contribution of Working Group II to the Fifth Assessment. *Report of the Intergovernmental Panel on Climate Change* [FIELD, C. B.; BARROS, V. R.; DOKKEN, D. J.; MACH, K. J.; MASTRANDREA, M. D.; BILIR, T. E.; CHATTERJEE, M.; EBI, K. L.; ESTRADA, Y. O.; GENOVA, R. C.; GIRMA, B.; KISSEL, E. S.; LEVY, A. N.; MACCRACKEN, S.; MASTRANDREA, P. R.; WHITE, L. L. (Ed.)]. Cambridge, United Kingdom; New York, USA: Cambridge University Press, 2014. p. 271-359.

SILVA, C. V. J.; ARAGÃO, L. E. O. C.; BARLOW, J.; ESPÍRITO-SANTO, F.; YOUNG, P. J.; ANDERSON, L. O.; BERENGUER, E.; BRASIL, I.; FOSTER BROWN, I.; CASTRO, B.; FARIAS, R.; FERREIRA, J.; FRANÇA, F.; GRAÇA, P. M. L. A.; KIRSTEN, L.; LOPES, A. P.; SALIMON, C.; SCARANELLO, M. A.; SEIXAS, M.; XAUD, H. A. M. Drought-Induced Amazonian Wildfires Instigate a Decadal-Scale Disruption of Forest Carbon Dynamics. *Philosophical Transactions of the Royal Society B: Biological Sciences*, 2018. DOI: 10.1098/rstb.2018.0043.

SILVA JÚNIOR, C. H. L.; ARAGÃO, L. E. O. C.; FONSECA, M. G.; ALMEIDA, C. T.; VEDOVATO, L. B.; ANDERSON, L. O. Deforestation-Induced Fragmentation Increases Forest Fire Occurrence in Central Brazilian Amazonia. *Forests*, v. 9, n. 6, 2018.

SIMON, M. F.; GRETHER, R.; DE QUEIROZ, L. P.; SKEMA, C.; PENNINGTON, R. T.; HUGHES, C. E. Recent Assembly of the Cerrado, a Neotropical Plant Diversity Hotspot, by in situ Evolution of Adaptations to Fire. *Proceedings of the National Academy of Sciences*, v. 106, n. 48, p. 20359-20364, 2009.

SMITH, L. T.; ARAGÃO, L. E. O. C.; SABEL, C. E.; NAKAYA, T. Drought Impacts on Children's Respiratory Health in the Brazilian Amazon. *Scientific Reports*, v. 4, p. 1-8, 2014.

SOARES-FILHO, B.; RAJÃO, R.; MACEDO, M.; CARNEIRO, A.; COSTA, W.; COE, M.; RODRIGUES, H.; ALENCAR, A. Cracking Brazil's Forest Code. *Science*, v. 344, n. April, p. 363-364, 2014.

SÖRENSSON, A. A.; RUSCICA, R. C. Intercomparison and Uncertainty Assessment of Nne Evapotranspiration Estimates over South America. *Water Resources Research*, v. 54, n. 4, p. 2891-2908, 2018.

SOUZA JR., C. M.; ROBERTS, D. A.; COCHRANE, M. A. Combining Spectral and Spatial Information to Map Canopy Damage from Selective Logging and Forest Fires. *Remote Sensing of Environment*, v. 98, n. 2-3, p. 329-343, 2005.

STEFANES, M.; ROQUE, F. de O.; LOURIVAL, R.; MELO, I.; RENAUD, P. C.; QUINTERO, J. M. O. Property Size Drives Differences in Forest Code Compliance in the Brazilian Cerrado. *Land Use Policy*, v. 75, p. 43-49, 2018. DOI: 10.1016/j.landusepol.2018.03.022.

UNFCCC – UNITED NATIONS FRAMEWORK CONVENTION ON CLIMATE CHANGE. *Outcome of the Work of the Ad Hoc Working Group on Long-Term Cooperative Action under the Convention* [-/CP.17]. Advanced unedited version. UNFCCC, 2011. Disponível em: <http://unfccc.int/files/meetings/durban_nov_2011/decisions/application/pdf/cop17_lcaoutcome.pdf>. Acesso em: 8 out. 2021.

WITHERS, P. J. A.; RODRIGUES, M.; SOLTANGHEISI, A. et al. Transitions to Sustainable Management of Phosphorus in Brazilian Agriculture. *Scientific Reports*, London, v. 8, p. 1-13, 2018. DOI: 10.1038/s41598-018-20887-z.

Respostas da vegetação ao fogo: perspectivas do uso de satélites ambientais no Brasil

Joana Nogueira, Fausto Machado-Silva,
Roberta B. Peixoto, Renata Libonati

Os eventos de fogo são perturbações significativas nos processos e padrões espaciais de funcionamento da paisagem, pois influenciam a distribuição das espécies, a estrutura dos ecossistemas, os ciclos biogeoquímicos e o clima em escala local, regional e global (Bowman et al., 2009, 2011). Cerca de 4% da área vegetal global é queimada anualmente, levando à emissão de 2 Pg C (pentagramas de carbono) para a atmosfera (Hantson et al., 2016; Giglio; Randerson; Van der Werf, 2013), o que equivale a cerca de 50% das emissões antropogênicas pela queima de combustíveis fósseis. As regiões tropicais contribuem com mais de 60% das áreas queimadas anualmente (IPCC, 2014) e apresentam uma alta diversidade de tipos funcionais de plantas com diferentes respostas a eventos de fogo, gerados tanto por fatores ambientais como antropogênicos (Bowman et al., 2011).

Diferentemente da rápida destruição causada pelo fogo, a regeneração da vegetação é um processo lento que causa um desbalanço entre impactos e recuperação do meio ambiente (Gouveia; DaCamara; Trigo, 2010). Essa recuperação depende do grau de degradação ambiental causado pelo incêndio, além de atributos intrínsecos das comunidades e dos processos de sucessão ecológica de cada localidade (Ireland; Petropoulos, 2015). Por isso, é extremamente importante conhecer e identificar o impacto do fogo, monitorar a recuperação da vegetação e entender os processos da dinâmica espaçotemporal do regime de queimadas em cada caso de estudo. Essas informações são cruciais para estimar os custos relativos aos impactos, prever as reincidências de incêndios florestais e subsidiar o manejo mais eficiente de áreas ameaçadas pelo fogo.

Entretanto, o regime de fogo envolve fatores de diferentes escalas espaçotemporais que impulsionam a combustão e propagação do fogo na paisagem, como intensidade, frequência de ocorrência das ignições, sazonalidade, extensão ou padrão dos tipos de combustível/vegetação, topografia e tipo de uso do solo por atividades humanas (Hantson et al., 2016). Nesse sentido, as técnicas de sensoriamento remoto têm se mostrado ferramentas importantes para quantificar o regime de fogo, especialmente em regiões onde a informação é temporalmente escassa ou limitada a pequenas áreas, como é o caso dos biomas brasileiros mais afetados pelo fogo, o Cerrado e a Amazônia (Libonati et al., 2015; Nogueira et al., 2017a, 2017b; Pereira et al., 2017, Rodrigues et al., 2019).

Desde o início da obtenção das imagens espectrais por satélites, muitos dados e produtos têm sido desenvolvidos e utilizados para avaliação do regime de queimadas em diversas partes do globo (Mouillot et al., 2014). Índices de reflectância derivados de imagens de satélites, por exemplo, permitem uma avaliação do estado hídrico do combustível, da área queimada e da regeneração da vegetação pós-fogo (Nogueira et al., 2017b). Além disso, diferenças da temperatura de superfície geradas pelo fogo permitem a detecção de *hotspots*, que são indicadores da ocorrência de incêndios (Babu; Kabdulova; Kabzhanova, 2019; Silva et al., 2019).

Muitos desses produtos e técnicas são desenvolvidos pelo Programa de Monitoramento de Queimadas por Satélites do Instituto Nacional de Pesquisas Espaciais (Inpe) para avaliar operacionalmente e de modo automático as queimadas na vegetação dos principais ecossistemas da América Latina (Pereira et al., 2017; Libonati et al., 2015). Esses produtos geram informações e dados gratuitos para apoiar a gestão e avaliação do impacto do fogo na vegetação pelos órgãos ambientais, como PrevFogo/Ibama, ICMBio, secretarias estaduais do meio ambiente, brigadas de incêndio etc. O Programa Queimadas apresenta uma variedade de produtos, pelos quais é possível detectar e quantificar vários aspectos do regime de fogo, especialmente: (i) a extensão da área queimada, através de satélites com baixa e média resolução espacial (30 m-1 km); (ii) os focos diários de incêndios, a partir de nove satélites, que possuem sensores óticos na faixa termal média (4 μm); (iii) o risco meteorológico atual e previsto do fogo na vegetação, com foco nas unidades de conservação e terras indígenas; e (iv) os impactos na saúde humana dos principais gases emitidos durante as queimadas e de emissões urbanas/indústrias, considerando os focos de queimadas e os dados meteorológicos pretéritos.

Neste capítulo, discorreremos sobre a interação entre fogo e vegetação, a influência dos eventos de seca e a regeneração vegetal pós-fogo, especialmente para os ecossistemas brasileiros mais vulneráveis às queimas, e também sobre as perspectivas do uso das ferramentas de sensoriamento remoto e de dados de satélites para avaliar as respostas da vegetação ao fogo.

9.1 Interação fogo-vegetação nos ecossistemas brasileiros

Nos biomas altamente afetados pelo fogo, a diversificação das espécies evoluiu através da sinergia entre rápido (re)brotamento e flamabilidade, que resultou na atual dominância de morfotipos herbáceos, os quais são de rápido crescimento

(Bond; Keeley, 2005; Rios; Sousa-Silva; Meirelles, 2019; Durigan et al., 2020; Soares; Souza; Lima, 2006). Além disso, essas espécies também apresentam outras adaptações morfológicas, como sistemas subterrâneos mais desenvolvidos, caules espessos e sementes que germinam com a quebra de dormência em altas temperaturas (Simon et al., 2009). Especificamente no Cerrado brasileiro, essa evolução contribuiu para uma alta biodiversidade, com cerca de 44% de espécies de plantas endêmicas, sendo o bioma classificado como *hotspot* de biodiversidade e definido como área prioritária de conservação (Myers et al., 2000). Nesse ecossistema, o regime de fogo mantém a estrutura da vegetação com a predominância de espécies adaptadas a esse distúrbio (Pivello, 2011), as quais formam um mosaico de cobertura e densidade muito diferentes, caracterizando a maior diversidade de flora entre todas as savanas do mundo (Oliveira; Marquis, 2002).

O Cerrado é o segundo maior bioma brasileiro, com cerca de 2 milhões de km^2 e ocupando 24% do território na região central do País (IBGE, 2012, 2019). Como já mencionado, sua composição de espécies é filtrada pelos eventos de fogo (Maravalhas; Vasconcelos, 2014; Dantas; Batalha; Pausas, 2013). Embora as gramíneas perenes ocupem a maior parte do estrato vegetal em termos de área e biomassa, as leguminosas e herbáceas compreendem a maior diversidade taxonômica (Franco et al., 2014), com muitas ervas que rebrotam após períodos de seca ou eventos de fogo devido às estruturas subterrâneas que lhes permitem propagação vegetativa (Eiten, 1972). Ressalta-se também que esse bioma é o maior produtor e exportador de culturas agrícolas no Brasil, com 50-60% da região fortemente afetada por mudanças rápidas no uso da terra e no manejo político do fogo (Sano et al., 2010). Cerca de 35% do total da área natural foi substituída por pastagens e agricultura, principalmente de soja, milho e cana-de-açúcar (Dias et al., 2016), cujas atividades usam o fogo como ferramenta de limpeza do terreno.

Dessa maneira, o número de incêndios e áreas queimadas em uma determinada região do Cerrado e época do ano é principalmente resultado da porcentagem de matéria morta e da quantidade de biomassa disponível (Rissi et al., 2017). Já na transição entre o Cerrado e a Caatinga, a qual apresenta vegetação espinhosa, xerófita e decídua, a maior ocorrência de queimadas foi detectada no meio da estação seca, com fogos moderados recorrentes próximos às estradas e áreas urbanas, sendo a topografia um limitador da sua dispersão (Argibay; Sparacino; Espindola, 2020).

Nos biomas predominantemente florestais, como a Amazônia e a Mata Atlântica, existe a dominância da fitofisionomia de floresta ombrófila densa (IBGE, 2019), que em condições regulares se encontra úmida durante todo o ano, sendo assim mais sujeita à atividade do fogo através da interferência humana direta (Alencar et al., 2015; Aragão et al., 2016). Na Amazônia, por exemplo, as atividades do fogo são mais concentradas na região chamada de Arco do Desmatamento, nas porções sul, sudeste e leste, próximas ao limite com o Cerrado, onde há expansão agrícola e pecuária (Morton et al., 2006; Aragão et al., 2018). Já a Mata Atlântica encontra-se sob alta pressão antropogênica – restam apenas 5% de sua formação original (Myers et al., 2000). Nesse caso, os incêndios florestais ocorrem devido ao manejo de cultivos, às práticas intencionais, à queima de lixo, às práticas religiosas-culturais (Silva-Matos; Fonseca; Silva-Lima, 2005; Silva; Silva-Matos, 2006) e à invasão de gramíneas e pteridófitas exóticas ou espécies de formações savânicas (Morton et al., 2006), que são inflamáveis, resultando em comunidades vegetais intermediárias e com alta probabilidade de recorrência de fogo (Alencar et al., 2015).

Nesses biomas, a dinâmica do impacto do fogo altera a sucessão e a diversidade de espécies, a germinação de algumas sementes e a produtividade e armazenamento de carbono (Bond, 2008; Hirota et al., 2011; Staver; Archibald; Levin, 2011). O fogo também pode afetar o balanço energético usado nos processos fotossintéticos e de evapotranspiração, modificando a qualidade da cobertura vegetal e o balanço de componentes essenciais dos ecossistemas. Por exemplo, a volatilização de nitrogênio e fósforo de nutrientes em folhas e solos reduz a fertilidade dos ecossistemas e, consequentemente, a produção das culturas (Wang et al., 2005).

Recentemente, estudos de regime de fogo e seus fatores causais a nível global são agrupados sob o termo *pirogeografia*, considerando o fogo como um processo espaçotemporal em multiescala (Moritz et al., 2005; Parisien; Moritz, 2009; Krawchuk et al., 2009). Esse termo foi originalmente usado para expressar a relação entre o fogo e a ecologia vegetal (Moritz; Krawchuk, 2008; Moritz et al., 2010), mas agora tem sido aplicado para entender a dinâmica do fogo e seu impacto na distribuição de espécies e nos padrões e processos que atuam no nível da paisagem (Bond; Keeley, 2005; Parisien; Moritz, 2009).

De acordo com esse conceito, uma chama é formada a partir de um tipo de combustível suficientemente seco, em condições de temperatura ideais e oxigênio disponível, o que permite a reação de combustão a uma escala fina de tempo e espaço. A partir disso, o processo de propagação espacial da chama é influenciado pelo padrão espacial da biomassa combustível disponível na paisagem, por fatores topográficos que afetam a transferência de energia para a biomassa circundante, pela radiação solar incidente e pelo microclima local. A longo prazo, o regime de fogo é mais caracterizado pela dinâmica local de uso da terra, a qual é impulsionada pelas condições socioeconômicas que envolvem o ecossistema, a circulação atmosférica regional, a variabilidade climática e, finalmente, o aspecto antropogênico, como práticas de supressão, manejo, prevenção e controle de incêndios, acidentes ou atos criminosos e fragmentação da paisagem pelo uso do solo (Hantson et al., 2016).

9.2 Interação fogo-clima-vegetação: a influência dos eventos de seca

As condições necessárias para a ocorrência de um incêndio e sua propagação são determinadas pelas características do combustível e pelos fatores climáticos e antrópicos que influenciam diretamente o fogo. O funcionamento e o comportamento ecofisiológico da vegetação regulam o estado hídrico do solo e, indiretamente, a assimilação de carbono pela produção de biomassa. Assim, esse processo controla a secura do meio por regular tanto o teor de água do combustível quanto a quantidade disponível do combustível para a queima (Pyne; Andrews; Laven, 1996).

Nos ecossistemas em que as taxas de combustível são suficientes, o regime de fogo está relacionado com as variações da temperatura e umidade do ar, que influenciam a secagem do combustível, o que aumenta a sua flamabilidade e determina a duração do período de fogo (Meyn et al., 2007). Também chamados de *climate limited*, esses ambientes são ricos em biomassa com um curto período seco, como é o caso de florestas tropicais úmidas, florestas boreais, subalpinas e temperadas úmidas. Nelas, o teor de água do combustível é consequentemente a variável mais crítica, e eventos de seca prolongada, fragmentação da paisagem pelo uso da terra, herbivoria ou quedas de árvores podem modificar localmente o microclima, alterar a paisagem e gerar corredores de vento, que influenciam a quantidade de radiação solar direta que chega ao solo. Esses processos permitem o aquecimento e a secagem de combustíveis de superfície, gerando condições particulares que podem desenvolver grandes incêndios (Meyn et al., 2007).

Por outro lado, em ecossistemas com produção de biomassa combustível limitada (como em regiões semiáridas, mediterrânicas, savanas e pastagens), as condições hídricas do combustível não são limitantes para o risco de incêndio, já que a vegetação seca a cada ano, durante um período significativo. Mas a quantidade de biomassa disponível para a combustão é o principal fator limitante para a propagação do fogo nesses ecossistemas (Randerson et al., 2005). Esses tipos de vegetação são conhecidos como *fuel limited* ao fogo e estão normalmente localizados em regiões mais secas, onde a produção primária líquida é baixa (Meyn et al., 2007).

Com a atividade antrópica, a perda de cobertura florestal leva a uma diminuição nas taxas globais de evapotranspiração, por meio da substituição dos tipos de vegetação, o que, por sua vez, altera o ciclo da água nos ecossistemas de savana e a formação de nuvens e precipitação regionais (Bond; Woodward; Midgley, 2005). Essas mudanças nos padrões de precipitação podem substituir a vegetação do tipo C3/C4 no Cerrado por espécies arbóreas do tipo C3 (Bond; Woodward; Midgley, 2005; Sankaran et al., 2005), pois a densidade de biomassa florestal acompanha a quantidade anual de chuva (Hutley et al., 2011; Lehmann et al., 2014). Esses biomas também estão sujeitos à influência humana, com a intensa exploração de seus recursos naturais e a conversão de terras agrícolas para pastagem (Hoffmann et al., 2012), o que reduz a cobertura do dossel, gerando um microclima mais seco, e pode comprometer o futuro sucesso ecológico das savanas (Grecchi et al., 2014).

A influência da variabilidade do clima em regimes de fogo é frequentemente avaliada com indicadores quantitativos empíricos do balanço hídrico, calculados a partir do déficit de precipitação e/ou excesso de evapotranspiração (Abatzoglou et al., 2018). Esses indicadores são correlacionados com o estado hídrico da vegetação e, consequentemente, a sua flamabilidade, pois, ao contrário das variáveis climáticas diárias que controlam o risco de incêndio, a seca da biomassa combustível responde aos mecanismos de uso da terra em uma escala de tempo maior que os efeitos diários da precipitação e temperatura. Além disso, o combustível seco é condicionado pelo funcionamento particular das espécies presentes, assim como as condições locais de solo e topografia, para o mesmo contexto climático regional (Van Loon, 2015).

Nesse sentido, a relação entre fogo e seca vem sendo conduzida há vários anos por meio de indicadores climáticos de seca (Quadro 9.1), em muitos modelos e análises de risco de incêndio. Geralmente, esses índices medem a intensidade da seca como uma escassez de precipitação (seca meteorológica) ao longo do tempo, mas também consideram os efeitos das mudanças das taxas de evapotranspiração da vegetação em resposta às interações de seca e fogo, através de técnicas de sensoriamento remoto e sistemas de previsão de risco de fogo (Chowdhury; Hassan, 2015).

O risco meteorológico de fogo (RF) desenvolvido pelo Programa Queimadas do Inpe, por exemplo, é calculado pelo histórico da precipitação ou dias de secura (PSE) dos últimos 120 dias, considerando também os efeitos locais da temperatura máxima e a umidade relativa mínima do ar diárias, da elevação topográfica, da latitude, da ocorrência de fogo na área e do tipo de vegetação (Setzer; Sismanoglu; Santos, 2019). Esse índice avalia o quanto um tipo de vegetação está vulnerável à queima, em sete principais classes de vegetação. Temperatura máxima acima de 30 °C, umidade relativa abaixo de 40%, aumento de latitude e elevação topográfica, bem como presença de fogo, aumentam linearmente o risco de fogo na área de interesse. Esse risco é avaliado diariamente e com previsões para até quatro semanas, com base em dados meteorológicos de previsões numéricas do tempo.

Além disso, uma avaliação dos principais índices de seca utilizados como *proxy* no risco de incêndio mostrou que os índices que adicionam o efeito da quantidade de água disponível para uso das plantas, ou seja, que consideram o balanço hídrico vegetal, são os que mais representam a vulnerabilidade da vegetação dos biomas brasileiros (Nogueira et al., 2017a).

Quadro 9.1 Indicadores climáticos de seca mais usados para avaliação da intensidade e escassez de precipitação usados em sistemas de risco de fogo

Índice	Parâmetro avaliado	Aplicabilidade	Referências
Risco de fogo (RF)	Dias de secura (PSE)	Indica o quanto a vegetação, dividida em sete classes vulneráveis, está favorável para ser queimada, em relação à precipitação dos últimos 120 dias (PSE)	Setzer, Sismanoglu e Santos (2019)
Índice de precipitação padronizada (SPI)	Anomalias na precipitação (P)	Frequência de distribuição de precipitação ao longo do tempo	McKee, Doesken e Kleist (1993)
Índice padronizado de evapotranspiração e precipitação (SPEI)	Adiciona os efeitos da taxa de evapotranspiração potencial (PET)	Anomalias mensais do balanço hídrico (P-PET). Indicador de processos ecofisiológicos e para incêndios	Vicente-Serrano et al. (2010)
Índice meteorológico de fogo (FWI)	Índices de seca para diferentes extratos do combustível: compostos finos (FFMC); camadas superiores (DMC) e mais profundas (DC) do solo	Quantidade de biomassa combustível	Van Wagner (1987)
Índice Nesterov (NI)	Informações diárias de precipitação e temperatura para calcular o déficit hídrico acumulado entre a demanda de evapotranspiração e a precipitação	Risco de incêndio na floresta boreal russa, e é o mais usado em modelos globais de risco de incêndio	Nesterov (1949)
Índice Nesterov modificado (MNI)	Ajustado para baixo durante um dia chuvoso (MNI negativo), dependendo da intensidade da chuva, e, nas chuvas mais intensas, o MNI é redefinido para 0, a fim de simular melhor a reidratação do solo durante eventos de baixa pluviosidade	Atenua o desdobramento drástico entre um dia seco (após vários dias sem precipitação) e um dia chuvoso	Venevsky et al. (2002)

Quadro 9.1 (Continuação)

Índice	Parâmetro avaliado	Aplicabilidade	Referências
Índice Keetch Byram (KBDI)	Modelo empírico de balanço hídrico, assumindo uma capacidade de armazenamento de ~200 mm	Largamente utilizado no Mediterrâneo para simular a variabilidade sazonal do teor de água do combustível no solo superficial, onde a água do solo pode atingir o seu ponto de murcha rapidamente	Keetch e Bryam (1968) e Pellizzaro et al. (2007)
Índice de seca de Palmer (PDSI)	Os efeitos da ETP e da distribuição sazonal de chuvas, ponderada pela capacidade de campo da área de estudo	Utilizados em várias regiões em sistemas de controle de fogo, como o sistema canadense (FWI), americano (*national fire danger rating system*, NFDRS), australiano (*forest fire danger rating system*, FFDRS) e alemão (*Deutscher Wetter Dienst, DWC*)	Palmer (1965)

9.3 Regeneração da vegetação pós-fogo

Após a queima de um fragmento florestal, a vegetação tem sua estrutura e composição de espécies alteradas (Cochrane; Schulze, 1999). As espécies de árvores mais comuns na localidade vão apresentar a maior mortalidade, e as espécies raras podem, inclusive, sofrer extinção local (Gerwing, 2002). Os incêndios podem ocorrer em toda a floresta, abrir clareiras e expor o solo à radiação solar, ou, ainda, ocorrer nos estratos florestais inferiores, onde a área queimada fica encoberta pelo dossel (Alencar et al., 2015).

Em muitas situações, as áreas queimadas resultam em um mosaico de vegetação com diferentes estágios de desenvolvimento, o que implica fragmentos em diferentes processos de recuperação (Chambers et al., 2013). Assim, a área queimada será recolonizada a partir da rebrota e chegada de propágulos de novos indivíduos, dando início então ao primeiro estágio do desenvolvimento da sucessão ecológica, o qual depende do tempo e do grau de degradação de cada localidade (Walker et al., 2010). Sendo esse processo direcionado pelo fogo ou por outras forças externas ao ambiente, é denominado sucessão alogênica (gerada externamente) (Odum, 1988).

Durante o início da regeneração pós-fogo, é esperado que as áreas queimadas sejam colonizadas por herbáceas pioneiras e outras espécies de rápida dispersão e crescimento (Finegan, 1996; Bartels et al., 2016). Além de plantas de pequeno porte, algumas árvores estão adaptadas ao fogo devido a estruturas germinativas nas raízes (Rodrigues et al., 2004), ao rápido crescimento em clareiras (Uhl et al., 1981) e a sementes que resistem ao fogo (De Camargos et al., 2013). Depois, a vegetação muda com a substituição de espécies, devido a mudanças nas condições ambientais locais que favorecem (facilitação) espécies tardias e que excluem (exclusão competitiva) gramíneas, herbáceas e outras plantas de pequeno porte (Callaway; Walker, 1997; Tabarelli; Mantovani, 1999; Bartels et al., 2016). Não havendo reincidência do fogo e sendo a vegetação original do tipo florestal, a vegetação desenvolve até o estágio de classificação de floresta secundária, e as espécies mais tardias gradativamente dominam o estrato vegetal superior (dossel e emergente) (Finegan, 1996; Bartels et al., 2016). Com o desenvolvimento da floresta secundária, há a estratificação da floresta em dossel com árvores emergentes, além do sub-bosque (árvores de menor porte e epífitas, como orquídeas, bromélias e lianas) e do estrato herbáceo (gramíneas e ervas) (Marques; Oliveira, 2004; Leyser et al., 2012), o acúmulo de biomassa em troncos e o aumento da serrapilheira (Odum, 1988; Bartels et al., 2016), disponibilizando mais combustível para queimar.

O tempo de desenvolvimento da floresta após a ocorrência de queimada depende do bioma, do grau de degradação e do regime de queima. Por exemplo, na Amazônia, o monitoramento da vegetação pós-corte e queima mostrou rápida recuperação do número de espécies de árvores, formação da cobertura de dossel e área basal média das árvores, respectivamente, em apenas 5, 8 e 23 anos (Kennard, 2002). Todavia, o grau de severidade e intensidade da queimada interfere na recuperação de atributos e funções do ecossistema amazônico (Cochrane; Schulze, 1999). Mesmo que existam espécies adaptadas ao fogo, como no Cerrado e outras formações de savana, a intensidade da queimada pode modificar a comunidade, principalmente se aliada à influência de secas climatológicas (Neves; Damasceno-Júnior, 2011). A regeneração pós-fogo interage com a fragmentação, o desflorestamento, a extração de madeira e as vias de acesso (Cochrane, 2003).

Os estágios iniciais apresentam diversos fatores importantes que direcionam o desenvolvimento do ecossistema, como o estabelecimento de árvores jovens de espécies de desenvolvimento longo e tardio (Kennard, 2002). Outros fatores, como grau de severidade do fogo, proximidade de fontes de sementes e dispersão, herbivoria, entre outros, são potenciais fontes de variabilidade que interferem nos padrões de sucessão secundária e podem ser significativos para o monitoramento de áreas queimadas (Chazdon, 2003; Arroyo-Rodríguez et al., 2017) e o acesso a ações de manejo

(Rodrigues et al., 2009), o que torna crucial a investigação dos padrões de regeneração de áreas pós-queimada por diversas técnicas de campo e de sensoriamento remoto (Quesada et al., 2009).

9.3.1 Uso do sensoriamento remoto para análises de regeneração vegetal

Técnicas de sensoriamento remoto são ferramentas cruciais para estudar a dinâmica da vegetação (Julien; Sobrino; Verhoef, 2006; Karnieli et al., 2006), monitorar a regeneração pós-fogo (Epting; Verbyla, 2005; Goetz; Fiske; Bunn, 2006), analisar o risco de fogo (Chuvieco et al., 2010), a severidade (Veraverbeke et al., 2012; De Santis; Chuvieco, 2007; Edwards et al., 2013), a área afetada (Dos Santos et al., 2018; Libonati et al., 2015; Pereira et al., 2017; Giglio et al., 2009; Pinto et al., 2020) e a intensidade (Wooster et al., 2015), entre outros parâmetros associados às características do fogo na vegetação (Mouillot et al., 2014). Informações provenientes de satélites ambientais são amplamente utilizadas para a identificação da severidade da ação do fogo em termos de alterações nos ecossistemas e também no monitoramento da recuperação da área queimada em diversas regiões do globo (Lentile et al., 2006; Gouveia; DaCamara; Trigo, 2010; Bastos et al., 2011). Com a queima da vegetação, ocorrem alterações físicas da superfície, como a redução na reflectância do visível e do infravermelho próximo devida à carbonização e retirada da vegetação (Trigg; Flasse, 2000; Libonati et al., 2015; Pereira et al., 2017). Além disso, ocorre a diminuição da evapotranspiração relativa ao padrão da vegetação verde antes da queimada. Como o grau de desenvolvimento da vegetação pós-fogo depende do grau de degradação e do tipo de vegetação, recomenda-se acessar a severidade e a alteração ecológica através do uso de imagens da área queimada imediatamente após o fogo e de até um ano pós-fogo, dependendo do tipo de cobertura da vegetação (Cocke; Fulé; Crouse, 2005). A severidade não é uma medida direta, mas sim uma análise baseada no contexto da queimada, que utiliza medidas estimadas através de descrições de características do fogo e das queimadas (Lentile et al., 2006).

Índices de vegetação obtidos por técnicas de sensoriamento remoto podem ser usados para avaliar o estado da água e outros aspectos biofísicos da vegetação para acessar a superfície queimada e a regeneração vegetal pós-fogo. Normalmente, esses índices usam as mesmas bandas espectrais (infravermelho próximo e faixa do visível) de reflectância emitida por superfícies que são queimadas. O índice de vegetação NDVI (*normalized difference vegetation index* – Rouse et al., 1973) é o mais utilizado para monitorizar a área da folha e o teor de clorofila da vegetação, cujos valores estão entre –1 e 1 para uma vegetação de baixa ou alta densidade, respectivamente. Vários estudos têm utilizado NDVI para identificar a diminuição da perda de cobertura vegetal e, por conseguinte, os valores de anomalia NDVI entre duas datas sucessivas (Kasischke; French, 1995; Domenikiotis et al., 2002; Gouveia; DaCamara; Trigo, 2010; Rebello et al., 2020).

Cabe ressaltar que as informações geradas por alguns desses indicadores podem ser confundidas com as anomalias de reflectância obtidas para objetos com bandas espectrais semelhantes, como rochas nuas, solo, água e nuvens. Por isso, outros indicadores foram desenvolvidos para corrigir os efeitos da reflectância do solo (SAVI, *soil-ajusted vegetation index* – Huete, 1988) e o brilho das superfícies (GEMI, *global environment monitoring Index* – Pinty; Verstraete, 1992). Há indicadores de vegetação que usam a faixa de ondas curtas do infravermelho (SWIR), que é mais sensível que a faixa visível do vermelho, para melhorar a detecção de superfícies queimadas, como o indicador VI3 (*vegetation index* – Kaufman; Remer, 1994) e o BAI (*burned area index* – Martín; Chuvieco, 2001). Por outro lado, a região do infravermelho médio (MIR, 3,7-3,9 µm) tem a vantagem de não ser sensível à presença da maior parte dos aerossóis, excetuando-se a poeira (Kaufman; Remer, 1994), e mostra-se, ao mesmo tempo, sensível a mudanças na vegetação devido à absorção de água líquida (Libonati et al., 2010, 2011).

O desenvolvimento da vegetação pós-fogo é um fenômeno complexo que depende da combinação de fatores da vegetação anterior ao fogo, características da sucessão e das condições ambientais direcionadas pelo clima (Lloret et al., 2005). O procedimento de identificação de grandes áreas queimadas e a identificação da taxa instantânea de regeneração, medida através de índices de vegetação, permitem estimar o tempo em que as áreas queimadas retornam aos padrões semelhantes às áreas não queimadas do entorno, além de comparar quais fatores são mais importantes para o processo (Gouveia; DaCamara; Trigo, 2010; Vila; Barbosa, 2010).

Em contraste com a Europa, América do Norte, África e Austrália, ainda são poucos os estudos de ampla relevância que investigam a regeneração de vegetação pós-fogo no Brasil com o uso de sensoriamento remoto com imagens de satélites. Por exemplo, Daldegan et al. (2014) utilizaram imagens de média resolução, adquiridas do sensor Landsat-5 *Thematic Mapper* (TM), para detectar e avaliar áreas queimadas e a recorrência de fogo na Reserva Natural Serra do Tombador, no Cerrado. Os autores concluíram que, apesar da grande variação espacial e temporal e do comportamento cíclico do fogo, a vegetação apresenta regeneração e aumento de biomassa após a ação do fogo. Numata, Cochrane e Galvão (2011) também utilizaram séries temporais multiespectrais Landsat (sensores TM e ETM) para reconstruir o histórico do fogo em uma região de transição entre Cerrado e Amazônia, onde 30% da região havia sido afetada por fogos florestais, sendo que 28% da área queimada sofreu reincidência do fogo. Ao combinar essas informações com diversos índices de vegetação, entre eles o NDVI, o CRI (*carotenoid reflectance index* – Gitelson et al., 2002), o NDWI (*normalized difference water index* – Gao, 1996) e o NDII (*normalized difference infrared index* – Hunt; Rock, 1989), os autores mostram uma variação da recuperação da copa das árvores de um a três anos, dependente da severidade do fogo (Numata; Cochrane; Galvão, 2011).

Já na Amazônia, Barlow et al. (2012) utilizaram o índice NBR (*normalized burn ratio* – Key; Benson, 2006), derivado do imageamento do satélite Landsat, e mostraram que o índice declina a valores abaixo de 0,6 após o evento de queimada e retorna para valores próximos de 0,7 após três anos de recuperação pós-fogo. Outros trabalhos avaliam mudanças na vegetação através da abordagem por sensoriamento remoto. O estudo de recuperação pós-fogo deve utilizar imagens com adequada resolução espacial e temporal, principalmente em áreas de alta reincidência de fogo, como no Cerrado (Daldegan et al., 2014). Por isso, o manejo integrado do fogo foi iniciado, recentemente, em algumas unidades de conservação do Cerrado, e a análise da sua efetividade é monitorada através de sensores orbitais, devido à facilidade de acesso de áreas remotas e à sensibilidade à resposta nos primeiros anos de regeneração (Schmidt et al., 2018).

Especificamente, o estudo da vegetação da Amazônia em áreas de influência do Cerrado mostra uma regeneração mais rápida, com os índices de vegetação ou de queimadas apresentando a equivalência, em relação às áreas não afetadas, de apenas três ou quatro anos de recuperação (Numata; Cochrane; Galvão, 2011; Barlow et al., 2012). A Amazônia austral aparenta ser mais resistente e resiliente que a Amazônia central em relação à incidência do fogo, por ser uma área de transição com Cerrado, de maior heterogeneidade e mais adaptada aos distúrbios do fogo (Barlow et al., 2012).

Outros trabalhos no território brasileiro investigaram a regeneração florestal relacionada a outras mudanças no uso do solo, que podem servir de base de comparação com estudos de regeneração pós-fogo. Por exemplo, Fragal, Silva e Novo (2016) testaram o algoritmo LandTrendr (*Landsat-based detection of trends in disturbance and recovery*), que utiliza imagens Landsat TM e ETM+, para avaliar mudanças na cobertura florestal de várzea no Baixo Amazonas entre os anos de 1984 e 2009. Eles identificaram que atributos classificados pelo algoritmo do *support vector machine* (SVM), como duração, magnitude, ano de início da mudança e índice de vegetação ao final da mudança, mostram, com alta confiabilidade, a regeneração florestal; nesse contexto, os autores concluíram que o SVM pode ser utilizado em análises de atributos espectrais e temporais na classificação das perdas florestais, tanto naturais quanto antrópicas (Fragal; Silva; Novo, 2016).

Outro estudo na Amazônia oriental avaliou o tempo de regeneração da vegetação de uma área desmatada (obtida do projeto Prodes de monitoramento do desmatamento por dados de satélites) através do uso de Landsat/TM e o *Geocover Product*, e mostrou uma alta proporção de área regenerada (20% da área desmatada no ano anterior) já no primeiro ano e que a taxa de regeneração caiu entre 2% a 8% após oito anos (Lima et al., 2011). Esses trabalhos de regeneração pós-desmatamento podem servir como base comparativa para estudos de regeneração pós-fogo nos biomas brasileiros, que ainda são raros na literatura.

Os modelos de previsão de regeneração pós-fogo podem ser utilizados como ferramenta em análises ambientais e aplicados em planejamento de projetos, devido ao conhecimento de padrões de fogo na paisagem (Holden; Morgan; Evans, 2009). Mesmo que poucos estudos no território nacional utilizem a abordagem de identificação de fogo e monitoramento da regeneração vegetal por sensoriamento remoto, a experiência em diversas regiões do mundo pode ser utilizada como base para a aplicação da metodologia. As diferentes taxas de retorno revelam padrões de regeneração relacionados à intensidade de degradação pelo fogo e aos tipos de vegetação. Então, o uso de imagens de satélites de média e alta resolução se mostra bastante eficaz em identificar a regeneração da vegetação nos primeiros estágios de sucessão secundária (Lentile et al., 2006; Gouveia; DaCamara; Trigo, 2010) que influenciam o desenvolvimento do ecossistema até os estágios finais de sucessão (Finegan, 1996; Bartels et al., 2016).

Além disso, essas técnicas também podem indicar locais necessários para aplicação de outros métodos de maior precisão, que podem indicar padrões de sucessão e complementar esses estudos. Entre eles, podemos destacar os inventários florestais (coletas de dados em campo) ou, ainda, o uso de radar acoplado a aeronaves (LiDar) que identifica mudanças na vegetação com resolução na escala de centímetros, de forma a localizar acúmulo de biomassa anual, estrutura da vegetação, entre outras características (Gibbs et al., 2007). A recuperação do ecossistema depende do grau de degradação pelo fogo e dos processos de sucessão ecológica de cada localidade (Ireland; Petropoulos, 2015).

Por isso, é extremamente importante identificar o impacto do fogo e monitorar a regeneração da vegetação em cada caso. Isso é recomendado principalmente em regiões poucos estudadas, como o ecótono semiárido Caatinga-Cerrado, no nordeste do Brasil, onde estudos da relação entre o fogo e o clima podem auxiliar no entendimento da dinâmica do fogo, subsidiando o gerenciamento estratégico da perda e recuperação de recursos naturais (Argibay; Sparacino; Espindola, 2020). Essas informações são cruciais para estimar os custos relativos aos impactos, prever as reincidências de incêndios florestais e subsidiar o manejo mais eficiente de áreas ameaçadas pelo fogo.

9.4 Considerações finais

Diversas formações vegetais são dependentes da recorrência do fogo, como o Cerrado brasileiro e outros tipos de savana, enquanto formações florestais podem estar mais vulneráveis ao fogo quando sujeitas à degradação ambiental com mudanças no uso do solo e desmatamento. Fatores locais (como topografia, latitude, relevo), climáticos (meteorologia local, incidência de secas), de interferência humana (fontes de ignição, supressão/manejo do fogo, fragmentação da paisagem, uso do solo) e características da vegetação (presença predominante de gramíneas, umidade da vegetação, homogeneidade da paisagem, quantidade de biomassa/combustível) influenciam na ocorrência do fogo e no processo de regeneração vegetal pós-queima. Destacamos que eventos de seca afetam a propensão da vegetação à queima, e, por isso, diversos índices multiespectrais que analisam o estado hídrico da vegetação são utilizados nas avaliações da suscetibilidade do combustível à queima e seus efeitos pós-fogo.

Citamos alguns exemplos do uso desses índices na avaliação da regeneração pós-fogo, importantes na avaliação dos estágios iniciais da recuperação da vegetação nos principais biomas brasileiros. Apesar de essas informações serem cruciais em estudos da dinâmica de ecossistemas dependentes do fogo e em análises da recuperação de áreas por ele degradadas, ainda são poucos os trabalhos no Brasil sobre esse tema. Por fim, as perspectivas do uso das análises apresentadas neste capítulo indicam grande potencial para sua aplicação nos biomas brasileiros, principalmente na avaliação de eventos relacionados ao fogo e da posterior regeneração vegetal.

Agradecimentos

Joana Nogueira foi apoiada pelo Projeto FIP-FM Cerrado/Inpe-Risco (P143185/TF0A1787): Desenvolvimento de Sistemas de Prevenção de Incêndios Florestais e Monitoramento da Cobertura Vegetal no Cerrado Brasileiro. O Programa Queimadas foi parcialmente financiado pelo BNDES-Fundo Amazônia (Contrato FUNCATE--BNDES 14.2.0929.1): Monitoramento Ambiental por Satélites no Bioma Amazônia (MAS), Subprojeto 4 – Aprimoramento do Monitoramento de Focos de Queimadas e Incêndios Florestais. Os demais autores agradecem ao suporte financeiro do Instituto Serrapilheira (processo 3633). Fausto Machado-Silva foi financiado pelo programa de pós-doutorado da Faperj (processo E26/203.174/2016). Roberta B. Peixoto foi financiada como pós-doutoranda pelo Instituto Serrapilheira (processo 3633) e pela Coordenação de Aperfeiçoamento de Pessoal de Nível Superior (Capes – código 001). Renata Libonati foi financiada pelo CNPq (processos 305159/2018-6 e 441971/2018-0) e pela Faperj (processo E26/202.714/2019).

Referências bibliográficas

ABATZOGLOU, J. T.; WILLIAMS, A. P.; BOSCHETTI, L.; ZUBKOVA, M.; KOLDEN, C. A. Global Patterns of Interannual Climate-Fire Relationships. *Global Change Biology*, v. 24, n. 11, p. 5164–5175, 2018.

ALENCAR, A. A.; BRANDO, P. M.; ASNER, G. P.; PUTZ, F. E. Landscape Fragmentation, Severe Drought, and the New Amazon Forest Fire Regime. *Ecological applications*, v. 25, p. 1493-1505, 2015.

ARAGÃO, L. E. O. C. et al. Frequência de queimadas durante as secas recentes. In: BORMA, L. S.; NOBRE, C. A. (Org.). *Eventos climáticos extremos na Amazônia*: causas e consequências. São Paulo: Oficina de Textos, 2013.

ARAGÃO, L. E. O. C.; ANDERSON, L. O.; FONSECA, M. G.; ROSAN, T. M.; VEDOVATO, L. B.; WAGNER, F. H.; SILVA, C. V. J.; SILVA JUNIOR, C. H. L.; ARAI, E.; AGUIAR, A. P.; BARLOW, J.; BERENGUER, E.; DEETER, M. N.; DOMINGUES, L. G.; GATTI, L.; GLOOR, M.; MALHI, Y.; MARENGO, J. A.; MILLER, J. B.; PHILLIPS, O. L.; SAATCHI, S. 21st Century Dought--Related Fires Counteract the Decline of Amazon Deforestation Carbon Emissions. *Nature Communications*, Nature Publishing Group, v. 9, n. 1, p. 536, 2018.

ARGIBAY, D. S.; SPARACINO, J.; ESPINDOLA, G. M. A Long-Term Assessment of Fire Regimes in a Brazilian Ecotone Between Seasonally Dry Tropical Forests and Savannah. *Ecological Indicators*, v. 113, 106151, p. 1-13, 2020.

ARROYO-RODRÍGUEZ, V.; MELO, F. P. L.; MARTÍNEZ-RAMOS, M. et al. Multiple Successional Pathways in Human-modified Tropical Landscapes: New Insights from Forest Succession, Forest Fragmentation and Landscape Ecology Research. *Biological Reviews*, v. 92, p. 326-340, 2017.

BABU, K. V. S.; KABDULOVA, G.; KABZHANOVA, G. Developing the Forest Fire Danger Index for the Country Kazakhstan by Using Geospatial Techniques. *J. Environ. Inform. Lett.*, v. 1, p. 48-59, 2019.

BARLOW, J.; SILVEIRA, J. M.; MESTRE, L. A. M. et al. Wildfires in Bamboo-Dominated Amazonian Forest: Impacts on Above-Ground Biomass and Biodiversity (ed Bond--Lamberty B). *PLOS ONE*, v. 7, e33373, 2012.

BARTELS, S. F.; CHEN, H. Y. H.; WULDER, M. A.; WHITE, J. C. Trends in Post-Disturbance Recovery Rates of Canada´s Forests Following Wildfire and Harvest. *Forest Ecology and Management*, v. 361, p. 194-207, 2016.

BASTOS, A.; GOUVEIA, C. M.; DACAMARA, C. C.; TRIGO, R. M. Modelling Post-Fire Vegetation Recovery in Portugal. *Biogeosciences*, v. 8, n. 12, p. 3593-3607, 2011.

BOND, W. J. What Limits Trees in C4 Grasslands and Savannas? Annual Review of Ecology, *Evolution and Systematics*, v. 39, p. 641-659, 2008.

BOND, W. J.; KEELEY, J. Fire as a Global 'Herbivore': The Ecology and Evolution of Flammable Ecosystems. *Trends Ecol. Evol.*, v. 20, p. 387-394, 2005.

BOND, W. J.; WOODWARD, F. I.; MIDGLEY, G. F. The Global Distribution of Ecosystems in a World Without Fire. *New Phytologist*, v. 165, p. 525-537, 2005.

BOWMAN, D. M. J. S. et al. Fire in the Earth System. *Science*, v. 324, p. 481-484, 2009.

BOWMAN, D. M. J. S.; BALCH, J.; ARTAXO, P.; BOND, W. J.; COCHRANE, M. A.; D'ANTONIO, C. M.; DEFRIES, R.; JOHNSTON, F. H.; KEELEY, J. E.; KRAWCHUK, M. A.; KULL, C. A.; MACK, M.; MORITZ, M. A.; PYNE, S.; ROOS, C. I.; SCOTT, A. C.; SODHI, N. S.; SWETNAM, T. W. The Human Dimension of Fire Regimes on Earth. *Journal of Biogeography*, v. 38, p. 2223-2236, 2011.

CALLAWAY, R. M.; WALKER, L. R. Competition and Facilitation: A Synthetic Approach to Interactions in Plant Communities. *Ecology*, v. 78, p. 1958-1965, 1997.

CHAMBERS, J. Q.; NEGRON-JUAREZ, R. I.; MARRA, D. M. et al. The Steady-State Mosaic of Disturbance and Succession Across an Old-Growth Central Amazon Forest Landscape. In: *Proceedings of the National Academy of Sciences*, v. 110, p. 3949-3954, 2013.

CHAZDON, R. L. Tropical Forest Recovery: Legacies of Human Impact and Natural Disturbances. *Perspectives in Plant Ecology, Evolution and Systematics*, v. 6, p. 51-71, 2003.

CHOWDHURY, E. H.; HASSAN, Q. K. Development of a New Daily-Scale Forest Fire Danger Forecasting System Using Remote Sensing Data. *Remote Sens.*, v. 7, p. 2431-2448, 2015.

COCHRANE, M. A. Fire Science for Rainforests. *Nature*, v. 421, 913, 2003.

COCHRANE, M. A.; SCHULZE, M. D. Fire as a Recurrent Event in Tropical Forests of the Eastern Amazon: Effects on Forest Structure, Biomass, and Species Composition 1. *Biotropica*, v. 31, p. 2-16, 1999.

COCKE, A. E.; FULÉ, P. Z.; CROUSE, J. E. Comparison of Burn Severity Assessments Using Differenced Normalized Burn Ratio and Ground Data. *International Journal of Wildland Fire*, v. 14, p. 189-198, 2005.

CHUVIECO, E.; AGUADO, I.; YEBRA, M.; NIETO, H.; SALAS, J.; MARTIN, P.; VILAR, L.; MARTÍNEZ, J.; MARTÍN, S.; IBARRA, P.; DE LA RIVA, J.; BAEZA, J.; RODRÍGUEZ, F.; MOLINA, J. R.; HERRERA, M. A.; ZAMORA, R. Development of a Framework for Fire Risk Assessment Using Remote Sensing and Geographic Information System Technologies. *Ecological Modelling*, v. 221, p. 46-58, 2010.

DALDEGAN, G. A.; CARVALHO, O. A.; GUIMARÃES, R. F.; GOMES, R. A. T.; RIBEIRO, F. de F.; MCMANUS, C. Spatial Patterns of Fire Recurrence Using Remote Sensing and GIS in the Brazilian Savanna: Serra do Tombador Nature Reserve, Brazil. *Remote Sensing*, v. 6, p. 9873-9894, 2014.

DANTAS, V. L.; BATALHA, M. A.; PAUSAS, J. G. Fire Drives Functional Threshold on the Savanna-Forest Transition. *Ecology*, v. 94, p. 2454-2463, 2013.

DE CAMARGOS, V. L.; MARTINS, S. V.; RIBEIRO, G. A.; DA SILVA CARMO, F. M.; DA SILVA, A. F. Influência do fogo no banco de sementes do solo em Floresta Estacional Semidecidual. *Ciência Florestal*, v. 23, p. 19-28, 2013.

DE SANTIS, A.; CHUVIECO, E. Burn Severity Estimation from Remotely Sensed Data: Performance of Simulation versus Empirical Models. *Remote Sensing of Environment*, v. 108, p. 422-435, 2007.

DIAS, L. C. P. et al. Patterns of Land Use, Extensification, and Intensification of Brazilian Agriculture. *Global Change Biology*, v. 22, p. 2887-2903, 2016.

DOMENIKIOTIS, C.; DALEZIOS, N. R.; LOUKAS, A.; KARTERIS, M. Agreement Assessment of NOAA/AVHRR NDVI with Landsat TM NDVI for Mapping Burned Forested Areas. *International Journal of Remote Sensing*, v. 23, p. 4235-4246, 2002.

DOS SANTOS, J. F. C.; ROMEIRO, J. M. N.; DE ASSIS, J. B.; TORRES, F. T. P.; GLERIANI, J. M. Potentials and Limitations of Remote Fire Monitoring in Protected Areas. *Science of The Total Environment*, v. 616-617, p. 1347-1355, 2018.

DURIGAN, G.; PILON, A. L. N.; RODOLFO, C. R. A.; HOFFMANN, A. W.; MARCIO, M.; FIORILLO, F. B.; ANTUNES, Z. A.; CARMIGNOTTO, A. P.; MARAVALHAS, B. J.; VIEIRA, J.; VASCONCELOS, L. H. No Net Loss of Species Diversity After Prescribed Fires in the Brazilian Savanna. *Frontiers in Forests and Global Change*, v. 3, n. 13, p. 1-15, 2020.

EDWARDS, A.; MAIER, S.; HUTLEY, L.; WILLIAMS, R.; RUSSELL-SMITH, J. Spectral Analysis of Fire Severity in Northern Australian Tropical Savannas. Remote Sensing of Environment, v. 136, p. 56-65, 2013.

EITEN, G. The Cerrado Vegetation of Brazil. *Bot. Rev.*, v. 38, p. 201-341, 1972.

EPTING, J.; VERBYLA, D. Landscape-Level Interactions of Prefire Vegetation, Burn Severity, and Postfire Vegetation over a 16-Year Period in interior Alaska. *Canadian Journal of Forest Research*, v. 35, p. 1367-1377, 2005.

FINEGAN, B. Pattern and Process in Neotropical Secondary Rain Forests: The First 100 Years of Succession. *Trends in Ecology & Evolution*, v. 11, p. 119-124, 1996.

FRAGAL, E. H.; SILVA, T. S. F.; NOVO, E. M. L. de M. Reconstructing Historical Forest Cover Change in the Lower Amazon Floodplains using the LandTrendr Algorithm. *Acta Amazonica*, v. 46, p. 13-24, 2016.

FRANCO, A. C.; ROSSATTO, D. R.; DE CARVALHO RAMOS SILVA, L. et al. Cerrado Vegetation and Global Change: the Role of Functional Types, Resource Availability and Disturbance in Regulating Plant Community Responses to Rising CO_2 Levels and Climate Warming. *Theor.* Exp. Plant Physiol., 26, 19, 2014.

GAO, B. C. NDWI-A Normalized Difference Water Index for Remote Sensing of Vegetation Liquid Water from Space. *Remote Sens. Environ.*, v. 58, p. 257-266, 1996.

GERWING, J. J. Degradation of Forests Through Logging and Fire in the Eastern Brazilian Amazon. *Forest Ecology and Management*, v. 157, p. 131-141, 2002.

GIBBS, H. K.; BROWN, S.; NILES, J. O.; FOLEY, J. A. Monitoring and Estimating Tropical Forest Carbon Stocks: Making REDD a reality. *Environmental Research Letters*, v. 2, 45023, 2007.

GIGLIO, L.; RANDERSON, J. T.; VAN DER WERF, G. R. Analysis of Daily, Monthly, and Annual Burned Area using the Fourth-Generation Global Fire Emissions Database (gfed4). *Journal Geophysical Research*. Biogeosciences, v. 118, p. 317-328, 2013.

GIGLIO, L.; LOBODA, D. P.; ROY, D. P.; QUAYLE, B.; JUSTICE, C. O. An Active-Fire Based Burned Area Mapping Algorithm for the MODIS Sensor. *Remote Sens. Environ.*, v. 113, p. 408-420, 2009.

GITELSON, A. A.; ZUR, Y.; CHIVKUNOVA, O. B.; MERZLYAK, M. N. Assessing Carotenoid Content in Plant Leaves with Reflectance Spectroscopy. *Photochem. Photobiol.*, v. 75, p. 272-281, 2002.

GOETZ, S. J.; FISKE, G.; BUNN, A. Using Satellite Time Series Data Sets to Analyze Fire Disturbance and Recovery in the Canadian Boreal Forest. *Remote Sens. Environ.*, v. 101, p. 352-65, 2006.

GOUVEIA, C.; DACAMARA, C. C.; TRIGO, R. M. Post-Fire Vegetation Recovery in Portugal Based on Spot/Vegetation Data. *Natural Hazards and Earth System Sciences*, v. 10, p. 673-684, 2010.

GRECCHI, R. C. et al. Land Use and Land Cover Changes in the Brazilian Cerrado: A Multidisciplinary Approach to Assess the Impacts of Agricultural Expansion. *Applied Geography*, v. 55, p. 300-312, 2014.

HANTSON, S. et al. The Status and Challenge of Global fire Modelling. *Biogeosciences*, v. 13, p. 3359-3375, 2016.

HIROTA, M.; HOLMGREN, M.; VAN NES, E. H.; SCHEFFER, M. Global Resilience of Tropical Forest and Savanna to Critical Transitions. *Science*, v. 334, p. 232-235, 2011.

HOFFMANN, W. A.; JACONIS, S. Y.; MCKINLEY, K. L.; GEIGER, E. L.; GOTSCH, S. G.; FRANCO, A. C. Fuels or Microclimate? Understanding the Drivers of fire Feedbacks at Savanna–forest Boundaries. *Austral Ecology*, v. 37, p. 634-643, 2012.

HOLDEN, Z. A.; MORGAN, P.; EVANS, J. S. A Predictive Model of Burn Severity Based on 20-Year Satellite-Inferred Burn Severity Data in a Large Southwestern US Wilderness Area. *Forest Ecology and Management*, v. 258, p. 2399-2406, 2009.

HUETE, A. R. A Soil-Adjusted Vegetation Index (SAVI). *Remote Sensing of Environment*, v. 25, p. 295-309, 1988.

HUNT, E. R.; ROCK, B. N. Detection of Changes in Leaf-Water Content Using Near Infrared and Middle-Infrared Reflectances. *Remote Sens. Environ.*, v. 30, p. 43-54, 1989.

HUTLEY, L. B. et al. A Sub-Continental Scale Living Laboratory: Spatial Patterns of Savanna Vegetation over a Rainfall Gradient in Northern Australia. *Agricultural and Forest Meteorology*, v. 151, p. 1417-1428, 2011.

IBGE – INSTITUTO BRASILEIRO DE GEOGRAFIA E ESTATÍSTICA. *Biomas e sistema costeiro--marinho do Brasil*: compatível com a escala 1:250.000. Rio de Janeiro: IBGE, 2019. 164 p. Disponível em: <https://biblioteca.ibge.gov.br/index.php/biblioteca-catalogo?view=detalhes&id=2101676>. Acesso em: 20 jan. 2019.

IBGE – INSTITUTO BRASILEIRO DE GEOGRAFIA E ESTATÍSTICA. *Manual técnico da vegetação brasileira:* sistema fitogeográfico, inventário das formações florestais e campestres, coleções botânicas, procedimentos para mapeamentos. Rio de Janeiro: IBGE, 2012. 272 p. Disponível em: <https://biblioteca.ibge.gov.br/index.php/biblioteca-catalogo?view=detalhes&id=263011>. Acesso em: 20 jan. 2019.

IPCC – INTERGOVERNMENTAL PANEL ON CLIMATE CHANGE. *Climate Change* 2014: Impacts, Adaptation and Vulnerability. v. 2. Cambridge: Cambridge University Press, 2014. Cap. 27.

IRELAND, G.; PETROPOULOS, G. P. Exploring the Relationships Between Post-Fire Vegetation Regeneration Dynamics, Topography and Burn Severity: A Case Study from the Montane Cordillera Ecozones of Western Canada. *Applied Geography*, v. 56, p. 232-248, 2015.

JULIEN, Y.; SOBRINO, J. A.; VERHOEF, W. Changes in Land Surface Temperatures and NDVI Values over Europe Between 1982 and 1999. *Remote Sens. Environ.*, v. 103, n. 1, p. 43-55, 2006.

KARNIELI, A.; BAYASGALAN, M.; BAYARJARGAL, Y.; AGAM, N.; KHUDULMUR, S.; TUCKER, C. J. Comments on the Use of the Vegetation Health Index over Mongolia, *Int. J. Remote Sens.*, v. 27, n. 10, p. 2017-2024, 2006.

KASISCHKE, E. S.; FRENCH, N. H. F. Locating and Estimating the Areal Extent of Wildfires in Alaskan Boreal Forests using Multiple-Season AVHRR NDVI Composite data. *Remote Sensing of Environment*, v. 51, p. 263-275, 1995.

KAUFMAN, Y. J.; REMER, L. A. Detection of Forests using MID-IR Reflectance: An Application for Aerosol Studies. *IEEE Transactions on Geoscience and Remote Sensing*, v. 32, p. 672-683, 1994.

KEETCH, J. J.; BYRAM, G. *A Drought index for Forest Fire Control. Res. Paper SE-38*. Asheville, NC: U.S. Department of Agriculture, Forest Service, Southeastern Forest Experiment Station, 1968. 32 p.

KENNARD, D. K. Secondary Forest Succession in a Tropical Dry Forest: Patterns of Development Across a 50-Year Chronosequence in Lowland Bolivia. *Journal of Tropical Ecology*, v. 18, p. 53-66, 2002.

KEY, C.; BENSON, N. Landscape Assessment: Ground Measure of Severity; The Composite Burn Index, and Remote Sensing of Severity, the Normalized Burn Index. In: LUTES, D.; KEANE, R.; CARATTI, J.; KEY, C.; BENSON, N.; SUTHERLAND, S.; GANGI, L. (Ed.). *Firemon*: Fire Effects Monitoring and Inventory System, General Smith. Technical Report RMRS-GTR-164-CD LA. USDA Forest Service, Rocky Mountains Research Station, 2006. p. 1-51.

KRAWCHUK, M. A. et al. Global Pyrogeography: The Current and Future Distribution of Wildfire". *PLOS ONE*, v. 4, e5102, 2009.

LEHMANN, C. E. R. et al. Savanna Vegetation-Fire-Climate Relationships Differ Among Continents. *Science*, v. 343, p. 548-5, 2014.

LENTILE, L. B.; HOLDEN, Z. A.; SMITH, A. M. S. et al. Remote Sensing Techniques to Assess Active Fire Characteristics and Post-Fire Effects. *International Journal of Wildland Fire*, v. 15, p. 319-345, 2006.

LEYSER, G.; ZANIN, E. M.; BUDKE, J. C.; MÉLO, M. A. de; HENKE-OLIVEIRA, C. Regeneração de espécies arbóreas e relações com o componente adulto em uma floresta estacional no vale do rio Uruguai, Brasil. *Acta Botanica Brasilica*, v. 26, p. 74-83, 2012.

LIBONATI, R.; DACAMARA, C. C.; PEREIRA, J. M. C.; PERES, L. F. On a New Coordinate System for Improved Discrimination of Vegetation and Burned Areas Using MIR/NIR Information. *Remote Sensing of Environment*, v. 115, p. 1464-1477, 2011.

LIBONATI, R.; DACAMARA, C. C.; PEREIRA, J. M. C.; PERES, L. F. Retrieving Middle-Infrared Reflectance for Burned Area Mapping in Tropical Environments using MODIS. *Remote Sensing of Environment*, v. 114, p. 831-843, 2010.

LIBONATI, R.; DACAMARA C. C.; SETZER, A.; MORELLI, F.; MELCHIORI, A. An Algorithm for Burned Area Detection in the Brazilian Cerrado Using 4 µm MODIS Imagery. *Remote Sensing*, v. 7, p. 15782-15803, 2015.

LIMA, A.; SHIMABUKURO, Y. E.; FORMAGGIO, A. R.; SILVA, T.; ADAMI, M.; DE FREITAS, R. M. Caracterização do padrão temporal de regeneração florestal da Amazônia Oriental em áreas desmatadas no ano de 2001. In: XV SIMPÓSIO BRASILEIRO DE SENSORIAMENTO REMOTO – SBSR, Curitiba, 2011. p. 6161-6168.

LLORET, F.; ESTEVAN, H.; VAYREDA, J.; TERRADAS, J. Fire Regenerative Syndromes of Forest Woody Species Across Fire and Climatic Gradients. *Oecologia*, v. 146, p. 461-468, 2005.

MARAVALHAS, J.; VASCONCELOS, H. L. Revisiting the Pyrodiversity-biodiversity Hypothesis: Long-term Fire Regimes and the Structure of Ant Communities in a Neotropical Savanna Hotspot. *J. Appl. Ecol.*, v. 51, p. 1661-1668, 2014.

MARQUES, M. C. M.; OLIVEIRA, P. Fenologia de espécies do dossel e do sub-bosque de duas Florestas de Restinga na Ilha do Mel, sul do Brasil. *Revista brasileira de Botânica*, v. 27, p. 713-723, 2004.

MARTÍN, M. P.; CHUVIECO, E. Propuesta de un nuevo índice para cartografía de áreas quemadas: aplicación a imágenes NOAA-AVHRR y Landsat-TM, *Revista de Teledetección*, v. 16, p. 57-64, 2001.

MCKEE, T. B.; DOESKEN, N. J.; KLEIST, J. The Relationship of Drought Frequency and Duration to Time Scales. Proceedings of the Eighth Conference on Applied Climatology. *American Meteorological Society*, Boston, 179-184, 1993.

MEYN, A. et al. Environmental Drivers of Large, Infrequent Wildfires: The Emerging Conceptual Model. *Progress Physical Geographic*, v. 31, p. 287-312, 2007.

MORITZ, M.; KRAWCHUK, M. Global Pyrogeography: Macro-Scaled Models of Fire-Climate Relationships for Understanding Current and Future Conditions. *EGU General Assembly Geophysical Research Abstracts*, v. 10, EGU2008-A-11511, 2008.

MORITZ, M. A.; MORAIS, M. E.; SUMMERELL, L. A.; CARLSON, J. M.; DOYLE, J. Wildfires, Complexity, and Highly Optimized Tolerance. *Proceedings of the National Academy of Sciences*, USA, v. 102, n. 50, p. 17912-17917, 2005.

MORITZ, M. A. et al. Spatial Variation in Extreme Winds Predicts Large Wildfire Locations in Chaparral Ecosystems. *Geophysical Research Letters*, v. 37, L04801, 2010.

MORTON, D. C.; DEFRIES, R. S.; SHIMABUKURO, Y. E.; ANDERSON, L. O.; ARAI, E.; DEL BON ESPIRITO-SANTO, F.; FREITAS, R.; MORISETTE, J. Cropland Expansion Changes Deforestation Dynamics in the Southern Brazilian Amazon. *Proceedings of the National Academy of Sciences*, v. 103, n. 39, p. 14637-14641, 2006.

MOUILLOT, F.; SCHULTZ, M. G.; YUE, C.; CADULE, P.; TANSEY, K.; CIAIS, P.; CHUVIECO, E. Ten Years of Global Burned Area Products from Spaceborne Remote Sensing - A review: Analysis of User Needs and Recommendations for Future Developments. *International Journal of Applied Earth Observation and Geoinformation*, v. 26, p. 64-79, 2014.

MYERS, N.; MITTERMEIER, R. A.; MITTERMEIER, C. G.; DA FONSECA, G. A. B.; KENT, J. Biodiversity Hotspots for Conservation Priorities. *Nature*, Nature Publishing Group, v. 403, n. 6772, p. 853-858, 2000.

NESTEROV, V. G. *Gorimost' lesa i metody eio opredelenia*. Moscow: Goslesbumaga, 1949.

NEVES, D. R. M.; DAMASCENO-JUNIOR, G. A. Post-Fire Phenology in a Campo Sujo Vegetation in the Urucum Plateau, Mato Grosso do Sul, Brazil. *Brazilian Journal of Biology*, v. 71, p. 881-888, 2011.

NOGUEIRA, J. M. P.; RUFFAULT, J.; CHUVIECO, E.; MOUILLOT, F. Can We Go Beyond Burned Area in the Assessment of Global Remote Sensing Products with Fire Patch Metrics? *Remote Sensing*, v. 9, n. 7, 2017a.

NOGUEIRA, J. M. P.; RAMBAL, S.; BARBOSA, J. P. R. A. D.; MOUILLOT, F. Spatial Pattern of the Seasonal Drought/Burned Area Relationship across Brazilian Biomes: Sensitivity to Drought Metrics and Global Remote-Sensing Fire Products. *Climate*, v. 5, n. 42, 2017b.

NUMATA, I.; COCHRANE, M. A.; GALVÃO, L. S. Analyzing the Impacts of Frequency and Severity of Forest Fire on the Recovery of Disturbed Forest Using Landsat Time Series and EO-1 Hyperion in the Southern Brazilian Amazon. *Earth Interactions*, v. 15, p. 1-17, 2011.

ODUM, E. P. Desenvolvimento e evolução no ecossistema. In: *Ecologia*. Rio de Janeiro: Guanabara, 1988. p. 283.

OLIVEIRA, P. S.; MARQUIS, R. J. (Ed.). *The Cerrados of Brazil*. Ecology and Natural History of a Neotropical Savanna. New York: Columbia University Press, 2002.

PALMER, W. C. *Meteorological Drought*. Research paper n. 45. Washington: US Weather Bureau Res., 1965. 58 p.

PARISIEN, M. A.; MORITZ, M. A. Environmental Controls on the Distribution of Wildfire at Multiple Spatial Scales. *Ecological Monographs*, v. 79, p. 127-154, 2009.

PELLIZZARO, G.; DUCE, P.; VENTURA, A.; ZARA, P. Seasonal Variations of Live Moisture Content and Ignitability in Shrubs of the Mediterranean Basin. *International Journal of Wildland Fire*, v. 16, p. 633-641, 2007.

PEREIRA, A.; PEREIRA, J.; LIBONATI, R. et al. Burned Area Mapping in the Brazilian Savanna Using a One-Class Support Vector Machine Trained by Active Fires. *Remote Sensing*, v. 9, 1161, 2017.

PINTO, M. M.; LIBONATI, R.; TRIGO, R. M.; TRIGO, I. F.; DACAMARA, C. C. A Deep Learning Approach for Mapping and Dating Burned Areas Using Temporal Sequences of Satellite Images. *ISPRS Journal of Photogrammetry and Remote Sensing*, v. 160, p. 260-274, 2020.

PINTY, B.; VERSTRAETE, M. M. GEMI: A Non-Linear Index to Monitor Global Vegetation From Satellites. *Vegetation*, v. 101, p. 15-20, 1992.

PIVELLO, V. R. The Use of Fire in the Cerrado and Amazonian Rainforests of Brazil: Past and Present. *Fire Ecology*, v. 7, n. 1, p. 24-39, 2011.

PYNE, S. J.; ANDREWS, P. L.; LAVEN, R. D. *Introduction to Wildland Fire*. 2. ed. New York: John Wiley & Sons, Inc., 1996.

QUESADA, M.; SANCHEZ-AZOFEIFA, G. A.; ALVAREZ-ANORVE, M. et al. Succession and Management of Tropical Dry Forests in the Americas: Review and New Perspectives. *Forest Ecology and Management*, v. 258, p. 1014-1024, 2009.

RANDERSON, J. T. et al. Fire Emissions from C_3 and C_4 Vegetation and Their Influence on Interannual Variability of Atmospheric CO_2 and $\delta 13CO_2$. *Global Biogeochemistry Cycles*, v. 19, GB2019, 2005.

REBELLO, V.; GETIRANA, A.; ROTUNNO FILHO, O.; LAKSHMI, V. Spatiotemporal Vegetation Response to Extreme Droughts in Eastern Brazil. *Remote Sensing Applications: Society and Environment*, v. 1, n. 4, 100294, 2020.

RIOS, M. N. S.; SOUSA-SILVA, J. C.; MEIRELLES, M. L. Dinâmica pós-fogo da vegetação arbóreo-arbustiva em Cerrado Sentido Restrito no Distrito Federal. *Biodiversidade*, v. 18, N1, p. 2-17, 2019.

RISSI, M. N.; BAEZA, M. J.; GORGONE-BARBOSA, E.; ZUPO, T.; FIDELIS, A. Does Season Affect Fire Behaviour in the Cerrado? *International Journal of Wildland Fire*, v. 26, p. 427-433, 2017.

RODRIGUES, R. R.; LIMA, R. A. F.; GANDOLFI, S.; NAVE, A. G. On the Restoration of High Diversity Forests: 30 Years of Experience in the Brazilian Atlantic Forest. *Biological Conservation*, v. 142, p. 1242-1251, 2009.

RODRIGUES, R. R.; TORRES, R. B.; MATTHES, L. A. F.; PENHA, A. S. Tree Species Sprouting from Root Buds in a Semideciduous Forest Affected by Fires. *Brazilian Archives of Biology and Technology*, v. 47, p. 127-133, 2004.

RODRIGUES, J. A.; LIBONATI, R.; PEREIRA, A. A.; NOGUEIRA, J. M. P.; SANTOS, F. L. M.; PERES, L. F.; SANTA ROSA, A.; SCHROEDER, W.; PEREIRA, J. M. C.; GIGLIO, L.; TRIGO, I. F.; SETZER, A. W. How Well do Global Burned Area Products Represent Fire Patterns in the Brazilian Savannas Biome? An Accuracy Assessment of the MCD64 Collections. *Int. J. Appl. Earth Obs.*, v. 78, p. 318-331, 2019.

ROUSE, J. W.; HAAS, R. H.; SCHELL, J. A.; DEERING, D. W. Monitoring Vegetation Systems in the Great Plains with ERTS. *Proc. Third ERTS-1 Symp.*, Washington, DC, NASA, SP-351, v. 1, p. 309-317, 1973.

SANKARAN, M. et al. Determinants of Woody Cover in African Savannas. *Nature*, v. 438, n. 7069, p. 846-849, 2005.

SANO et al. Land Cover Mapping of the Tropical Savanna Region in Brazil. *Environ. Monit. Assess.*, v. 166, p. 113-124, 2010.

SCHMIDT, I. B.; MOURA, L. C.; FERREIRA, M. C.; ELOY, L.; SAMPAIO, A. B.; DIAS, P. A.; BERLINCK, C. N. Fire Management in the Brazilian Savanna: First Steps and the Way Forward. *Journal of Applied Ecology*, 1-9, 2018.

SETZER, A. W.; SISMANOGLU, R. A.; SANTOS, J. G. M. *Método do cálculo do risco de fogo do programa do INPE*. Versão 11, junho/2019. São José dos Campos: Inpe, 2019. 27 p. Disponível em: <http://mtc-m21c.sid.inpe.br/col/sid.inpe.br/mtc-m21c/2019/11.21.11.03/doc/publicacao.pdf>. Acesso em: 8 out. 2021.

SILVA, U. S. R.; SILVA-MATOS, D. M. The Invasion of Pteridium aquilinum and the Impoverishment of the Seed Bank in Fire Prone Areas of Brazilian Atlantic Forest. *Biodiversity & Conservation*, v. 15, p. 3035-3043, 2006.

SILVA, P. S.; BASTOS, A.; LIBONATI, R.; RODRIGUES, J. A.; DACAMARA, C. C. 784 Impacts of the 1.5° C Global Warming Target on Future Burned Area in the Brazilian 785 Cerrado. *Forest Ecology and Management*, v. 446, p. 193-203, 2019.

SILVA-MATOS, D. M.; FONSECA, G. D. F. M.; SILVA-LIMA, L. Differences on Post-Fire Regeneration of the Pioneer Trees Cecropia glazioui and Trema micrantha in a Lowland Brazilian Atlantic Forest. *Revista de Biología Tropical*, v. 53, n. 1-2, p. 1-4, 2005.

SIMON, M. F. et al. Recent Assembly of the Cerrado, a Neotropical Plant Diversity Hotspot, by in situ Evolution of Adaptations to Fire. *Proceedings of the National Academy of Sciences*, v. 106, n. 48, p. 20359-20364, 2009.

SOARES, J. J.; SOUZA, M. H. A. O.; LIMA, M. I. S. Twenty Years of Post-Fire Plant Succession in a "Cerrado", São Carlos, SP, Brazil. *Brazilian Journal of Biology*, vol. 66, n. 2b, p. 587-602, 2006.

STAVER, A. C.; ARCHIBALD, S.; LEVIN, S. A. The Global Extent and Determinants of Savanna and Forest as Alternative Biome States. *Science*, v. 334, p. 230-232, 2011.

TABARELLI, M.; MANTOVANI, W. Clareiras naturais e a riqueza de espécies pioneiras em uma Floresta Atlântica Montana. *Revista Brasileira de Biologia*, v. 59, p. 251-261, 1999.

TRIGG, S.; FLASSE, S. Characterizing the Spectral-Temporal Response of Burned Savannah using in situ Spectroradiometry and Infrared Thermometry. *International Journal of Remote Sensing*, v. 21, p. 3161-3168, 2000.

UHL, C.; CLARK, K.; CLARK, H.; MURPHY, P. Early Plant Succession After Cutting and Burning in the Upper Rio Negro Region of the Amazon Basin. *The Journal of Ecology*, p. 631-649, 1981.

VAN LOON, A. F. Hydrological Drought Explained. *WIREs Water*, v. 2, p. 359-392, 2015.

VAN WAGNER, C. E. *Development and Structure of the Canadian Forest Fire Weather Index System*. Forest Technology Report 35. Ottawa: Canadian Forestry Service, 1987.

VENEVSKY, S.; THONICKE, K.; SITCH, S.; CRAMER, W. Simulating Fire Regimes in Human-Dominated Ecosystems: Iberian Peninsula Case Study. *Global Change Biology*, v. 8, p. 984-998, 2002.

VERAVERBEKE, S.; VERSTRAETEN, W. W.; LHERMITTE, S.; KERCHOVE, R. van de; GOOSSENS, R. Assessment of Post-Fire Changes in Land Surface Temperature and Surface Albedo, and their Relation with Fire-Burn Severity using Multitemporal MODIS Imagery. *International Journal of Wildland Fire*, v. 21, n. 3, p. 243-256, 2012. DOI: 10.1071/WF10075.

VICENTE-SERRANO, S. M. et al. A New Global 0.5° Gridded Dataset (1901-2006) of a Multiscalar Drought Index: Comparison with Current Drought Index Datasets Based on the Palmer Drought Severity Index. *Journal of Hydrometeorology*, v. 11, p. 1033-1043, 2010.

VILA, J. P. S.; BARBOSA, P. Post-Fire Vegetation Regrowth Detection in the Deiva Marina Region (Liguria-Italy) using Landsat TM and ETM+ data. *Ecological Modelling*, v. 221, p. 75-84, 2010.

WALKER, L. R.; WARDLE, D. A.; BARDGETT, R. D.; CLARKSON, B. D. The Use of Chronosequences in Studies of Ecological Succession and Soil Development. *Journal of Ecology*, v. 98, p. 725-736, 2010.

WANG, J.; SAMMIS, T. W.; MEIER, C. A.; SIMMONS, L. J.; MILLER, D. R.; BATHKE, D. J. Remote Sensing Vegetation Recovery After Forest Fires Using Energy Balance Algorithm. 203-213. Paper presented at Joint Meeting of the Sixth Symposium on Fire and Forest Meteorology and the 19th Interior West Fire Council Meeting, Canmore, AB, Canada, 2005.

WOOSTER, M. J.; ROBERTS, G.; FREEBORN, P. H.; XU, W.; GOVAERTS, Y.; BEEBY, R.; HE, J.; LATTANZIO, A.; FISHER, D.; MULLEN, R. LSA SAF Meteosat FRP products – Part 1: Algorithms, Product Contents, and Analysis. *Atmos. Chem. Phys.*, v. 15, 13217-13239, 2015.

Estimativas anuais de biomassa consumida e de emissões de CO_2, CO e CH_4 no Cerrado a partir de áreas queimadas em imagens Landsat (2011-2015)

Margarete N. Sato, Alberto W. Setzer

O monitoramento de áreas queimadas de savanas tem sido reportado na literatura devido à sua contribuição na emissão de gases de efeito estufa (GEE) (Dwyer et al., 2000; Van der Werf et al., 2010, 2017). O fogo é fator determinante na diversidade fisionômica do Cerrado; no entanto, a frequência e o regime de queima não são conhecidos (Coutinho, 1990; Miranda et al., 2009; Miranda; Neto; Castro-Neves, 2010). A ocorrência do fogo natural prevalece na estação chuvosa, e durante a estação seca o fogo tem origem antrópica, sendo que as fisionomias mais abertas, como savanas e campos, sofrem maior frequência de queima do que as formações florestais (Dias, 2006; França et al., 2007; Pereira-Júnior et al., 2014). A caracterização do fogo é variada, tanto pela origem natural ou antrópica quanto pela frequência, época e severidade; além disso, para as diferentes fitofisionomias, há locais com registros anuais ou com décadas sem qualquer ocorrência de queima (Alvarado et al., 2017; Pereira-Júnior et al., 2014; França et al., 2007; Dias, 2006; Medeiros; Fiedler, 2004; Ramos-Neto; Pivello, 2000).

O bioma Cerrado, com ~2 milhões de km^2, predomina na porção central do País e está presente em dez Estados da federação e no DF (Sano et al., 2007). As formações campestres e savânicas são especialmente relevantes devido à sua grande diversidade fitofisionômica e biológica e à grande extensão, uma vez que corresponde a 67,4% da área natural do bioma. A maioria das queimadas naturais e antrópicas nas formações campestres e savânicas consome principalmente a biomassa denominada combustível fino, isto é, gramíneas, serapilheira e ramos finos de espessura < 6 mm, localizados sobre o solo até a altura de 2,8 m (Castro; Kauffman, 1998; Miranda et al., 2009; Miranda; Neto; Castro-Neves, 2010). O fogo nas formações florestais resulta da ação antrópica e, nesse caso, é facilitado pela mudança na estrutura da vegetação, seja pelo corte seletivo ou pelo desmatamento com ou sem destinação da floresta para outros usos (Balch et al., 2008), quando o material combustível inclui toda a biomassa aérea da vegetação afetada.

A ocorrência do fogo natural nas formações florestais é rara, devido ao sombreamento pelos indivíduos arbóreos e à cobertura das copas, que não permitem o desenvolvimento do estrato arbustivo e rasteiro, principalmente das gramíneas; além disso, o microclima é desfavorável, isto é, a umidade na superfície do solo, assim como na serapilheira, é alta. Nas florestas tropicais do Brasil, 2,6% da área queimada anualmente resulta do fogo de superfície (Morton et al., 2013) que ocorre em estiagens regionais prolongadas, como em anos de El Niño severo ou devido à degradação da floresta (Alencar; Nepstad e Diaz, 2006; Morton et al., 2013; Tyukavina et al., 2017; Van der Werf et al., 2017). Nesses casos, o fogo consome a serapilheira depositada sobre o solo, causando morte ou *top kill* de alguns indivíduos lenhosos. A maioria das queimas nas formações florestais ocorre devido ao desmatamento seguido de queima da biomassa (*slash-and-burn*), para a formação de pastagem ou áreas agrícolas (Uhl; Kauffman, 1990).

Considerando a grande extensão territorial do Cerrado e a alta diversidade biológica de paisagens e fitofisionomias, o monitoramento das emissões de GEE nesse bioma requer dados mais refinados de cada parâmetro analisado para compreender o papel do fogo. Assim, é necessário aprimorar: (i) extensão da área queimada por tipo de vegetação/fitofisionomias; (ii) quantidade de biomassa combustível e fator de combustão por fitofisionomias; e (iii) fator de emissão por fitofisionomias.

Segundo o *Intergovernmental Panel on Climate Change* (IPCC, 2006), as estimativas de emissões de GEE pelo uso da terra variam consideravelmente com as intervenções humanas, e as diferenças nas estimativas ocorrem devido a incertezas na taxa anual de desmatamento de florestas ou da área queimada, na destinação do uso da terra, na quantidade de biomassa contida nos diferentes ecossistemas e em como o carbono é liberado, por exemplo, em queimadas ou por decomposição.

A disponibilidade de diversas ferramentas para interpretar imagens de satélites, assim como de diferentes métodos para estimar biomassa, biomassa combustível e fatores de combustão e de emissão nos diferentes componentes da vegetação, gera dados importantes para diferentes usuários em diversos níveis de atuação na sociedade, porém sujeitos a erros e que necessitam de validações.

Este trabalho tem como objetivo explorar um novo método de estimar as emissões de GEE decorrentes das queimadas no Cerrado, utilizando imagens de média resolução espacial (30 m). Os dados aqui expostos passaram por análise de consistência, validações e estimativa de erros, além de considerarem a época da queima e fitofisionomia pretérita, sem, no entanto, distinguir a origem do fogo natural ou antrópico. Os resultados podem auxiliar na definição de políticas para mitigar o uso descontrolado do fogo e as emissões de GEE nos diferentes níveis de atuação local, regional, estadual ou federal.

10.1 Materiais e métodos

10.1.1 Área de estudo

Localizado em grande parte na porção central do Brasil, o Cerrado cobre cerca de 25% do território nacional – ver Fig. 10.1 – e apresenta grande diversidade de clima, relevo e solo, resultando em diferentes fitofisionomias, desde formações florestais até campestres. A noroeste, esse bioma faz contato com a Amazônia, a nordeste, com a Caatinga, e a sudeste e sul, com a Mata Atlântica; ele ocorre em onze unidades da federação, em diferentes proporções (Tab. 10.1).

O clima predominante no bioma Cerrado é o tropical com inverno seco (Aw, segundo a classificação de Köppen-Geiger), porém sua porção sul caracteriza-se pelo clima subtropical com inverno seco (Cwa) (Eiten, 1994), com temperatura mínima média variando de 20 °C a 22 °C e máxima média de 24 °C a 26 °C (Nimer, 1977). Quanto a extremos, temperaturas acima de 40 °C ocorrem no nordeste do MT, norte do TO e no MA, e geadas ocorrem na porção mais sul do bioma, no MS e MT.

A sazonalidade anual, com as estações chuvosa e seca bem definidas, predomina no bioma Cerrado, onde a precipitação se concentra nos meses de outubro a maio, enquanto nos demais meses pouca ou quase nenhuma precipitação é observada (Fig. 10.1). A estação chuvosa favorece o crescimento da vegetação, enquanto na estação seca ocorre dormência/morte parcial da porção aérea da vegetação. Observa-se variação na precipitação anual total de 700 mm a 2.000 mm, sendo que na porção central é da ordem de 1.100 mm a 1.600 mm (Adámoli et al., 1987).

Foram utilizados os valores da cobertura vegetal original apresentados por Sano et al. (2007). A vegetação campestre foi incluída na vegetação savânica, uma vez que o comportamento do fogo é similar nas duas vegetações. A alta diversidade nas características físicas (clima, relevo, solo) e o fogo, não somente dentro do bioma, mas também nas zonas de transição com os demais biomas (Oliveras; Malhi, 2016), colaboram com a alta diversidade na estrutura e na composição da florística presente no bioma Cerrado. Já a alta diversidade fitofisionômica reflete a grande variação tanto na quantidade de biomassa acumulada na vegetação quanto na biomassa combustível, assim como na forma de propagação do fogo e no consumo da biomassa durante a passagem do fogo.

Neste trabalho foram identificadas 28 fitofisionomias que sofreram queima dentro do bioma Cerrado, sendo 17 florestais e 11 savânicas, segundo a classificação vigente (MMA, 2016; IBGE, 2012). Foi considerada como formação florestal a vegetação de fisionomia com cobertura de dossel superior a 50% e indivíduos arbóreos com altura superior a 5 m, que de forma geral não apresenta estrato rasteiro, e, como formação savânica, as demais formações vegetacionais.

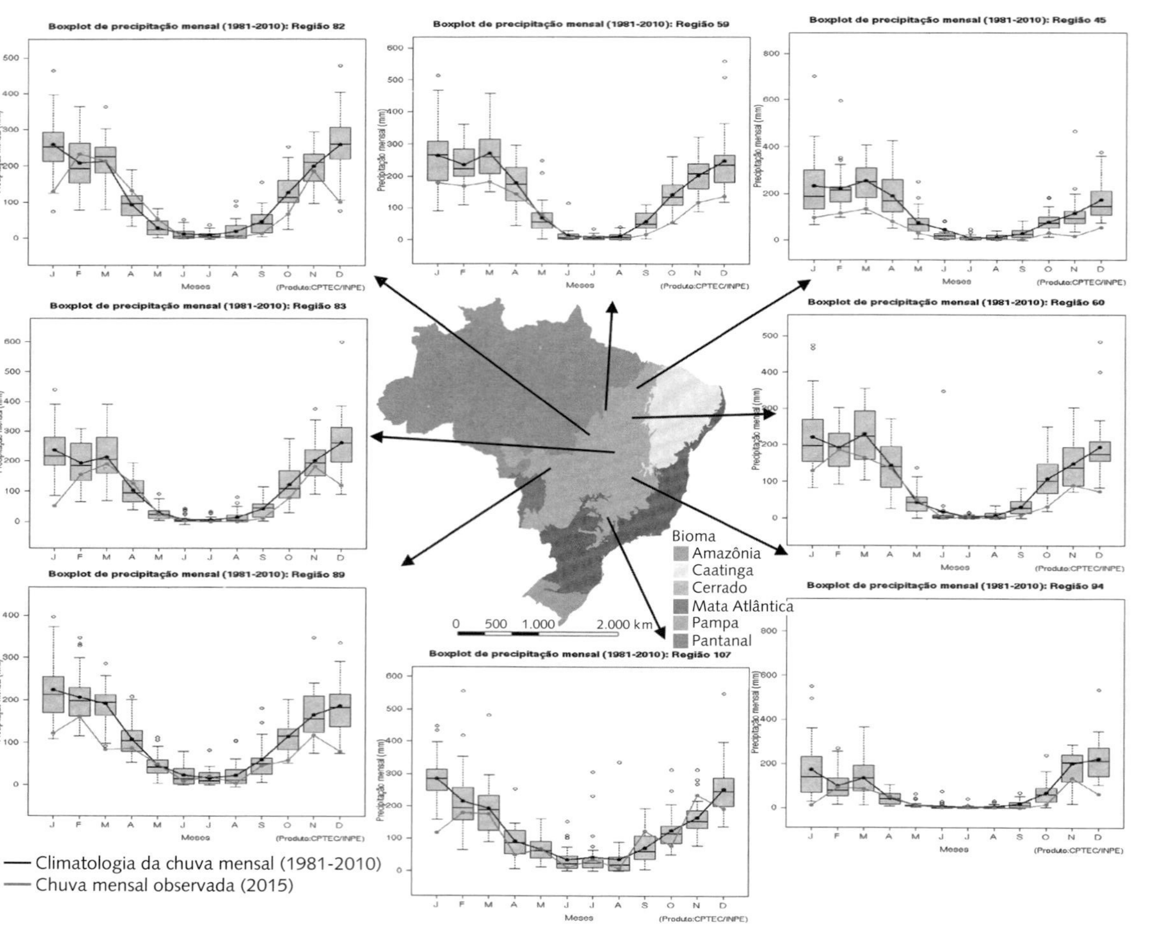

Fig. 10.1 *Variação da precipitação ao longo do ano em diversas localidades no bioma Cerrado. O boxplot (cinza) refere-se à média mensal do período de 1981 a 2010, e a linha vermelha é a precipitação mensal do ano 2015*
Fonte: CPTEC (2019).

TAB. 10.1 ÁREA DE COBERTURA DO BIOMA CERRADO NAS UNIDADES DA FEDERAÇÃO (UF)

UF	Área territorial (km²)	Área de Cerrado (km²)			Cerrado (% da UF)
		Natural	Antrópica	Total	
DF	5.780	2.135 (37,1%)	3.621 (62,9%)	5.756	100
GO	340.111	147.067 (44,7%)	181.804 (55,3%)	328.871	97
TO	277.720	202.518 (80,7%)	48.384 (19,3%)	250.902	90
MA	331.937	187.537 (89,0%)	23.180 (11,0%)	210.717	63
MS	357.146	69.354 (32,0%)	147.228 (68,0%)	216.582	61
MG	586.521	177.948 (53,6%)	154.187 (46,4%)	332.135	57
MT	903.199	237.403 (66,2%)	121.481 (33,8%)	358.884	40
PI	251.612	85.906 (91,9%)	7.584 (8,1%)	93.490	37
SP	248.222	10.787 (13,5%)	69.342 (86,5%)	80.129	33
BA	564.733	112.099 (73,9%)	39.631 (26,1%)	151.730	27
PR	199.308	1.187 (31,7%)	2.556 (68,3%)	3.743	2
Total	**4.066.289**	**1.233.942 (60,7%)**	**798.999 (39,3%)**	**2.032.939**	**50**

Fonte: modificado de Sano et al. (2007).

10.1.2 Imagens Landsat

Para mapear a área queimada no Cerrado foram utilizados os resultados do Programa Queimadas, do Inpe, para as 113 cenas de imagens Landsat cobrindo todo o bioma (Fig. 10.2 e Quadro 10.1) no período de 2011 a 2015, sendo que no ano de 2012 não houve imagens disponíveis – ver Inpe (2020). A análise considerou também o tipo fitofisionômico, a unidade da federação (UF) e a data da passagem do satélite.

10.1.3 Área queimada

A série multitemporal dos valores de área queimada nas imagens dos satélites Landsat 5, 7 e 8 foi gerada pelo algoritmo de Melchiori et al. (2014). Não foram consideradas imagens com cobertura de nuvens acima de 10% e a extração das cicatrizes de fogo foram obtidas em pares de imagens consecutivas a partir das mudanças dos índices NDVI e NBRL – Índice de Vegetação por Diferença Normalizada e Razão Normalizada de Queima no Canal Infravermelho Próximo, respectivamente. Limitou-se em um mês o intervalo máximo aceitável entre cenas consecutivas, uma vez que há mudanças significativas no comportamento da vegetação em áreas queimadas, particularmente após eventos de precipitação. Nas imagens selecionadas, foi aplicada a técnica de limiares que classificam a área em queimada e não queimada, desenvolvida por Melchiori et al. (2014).

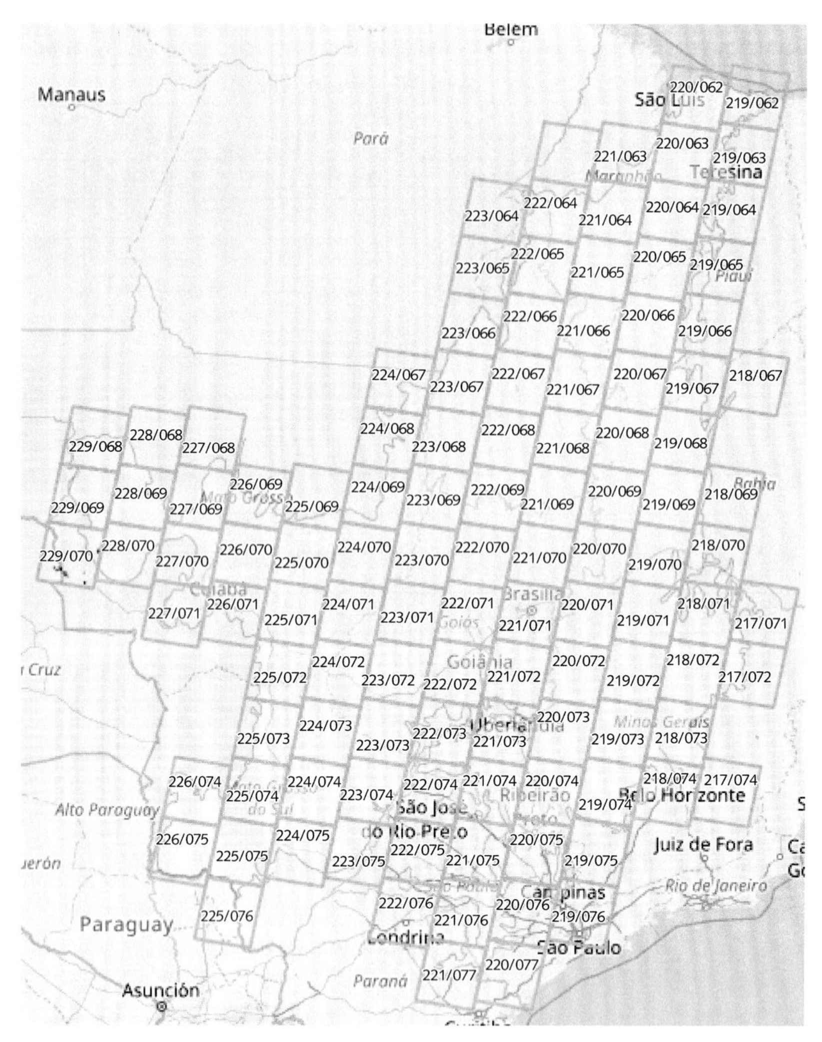

Fig. 10.2 *Esquema com o número das cenas Landsat utilizadas para mapear áreas queimadas no Cerrado*
Fonte: Inpe (2020).

10.1.4 Biomassa combustível e fator de combustão

Foram utilizados os valores de biomassa combustível e os fatores de combustão para as diferentes fitofisionomias apresentados na Tab. 10.2. Para as formações florestais, essas duas variáveis utilizam os valores da III Comunicação Nacional de Emissões (MCTI, 2016) e, para as formações savânicas, uma vez que há grande variação na sua biomassa, utilizam-se valores entre 3 mg/ha e 10 mg/ha (Kauffman; Cummings; Ward, 1994; Miranda; Rocha-Silva; Miranda, 1996; Miranda; Bustamante; Miranda, 2002; Castro; Kauffman, 1998; Van Leeuwen et al., 2014). Utilizaram-se os dados espe-

Quadro 10.1 Cenas Landsat analisadas (ver Fig. 10.2) que contemplam as áreas queimadas do bioma Cerrado no período de 2011 a 2015

Cena	Ano	229	228	227	226	225	224	223	222	221	220	219	218	217
062	2011										*	*		
	2013										X	X		
	2014										X	X		
	2015										X	X		
063	2011									*	*	*		
	2013									X	X	X		
	2014									*	X	X		
	2015									X	X	X		
064	2011							X	X	*	*	*		
	2013							X	X	X	X	X		
	2014							X	X	*	X	X		
	2015							X	X	X	X	X		
065	2011							X	X	*	X	*		
	2013							X	X	X	X	X		
	2014							X	X	*	X	X		
	2015							X	X	X	X	X		
066	2011							X	X	X	*	*		
	2013							X	X	X	X	X		
	2014							X	X	X	X	X		
	2015							X	X	X	X	X		
067	2011						X	X	X	*	*	X	X	
	2013						X	X	X	*	X	X	X	
	2014						X	X	X	*	X	X	X	
	2015						X	X	X	*	X	X	*	
068	2011	X	X	X			X	X	X	X	X	X		
	2013	X	X	X			X	X	X	X	X	X		
	2014	X	X	X			X	X	X	X	X	X		
	2015	X	X	X			X	X	X	X	X	X		
069	2011	X	X	X	X	X	X	X	X	X	X	X	X	
	2013	X	X	X	X	X	X	X	X	X	X	X	X	
	2014	X	X	X	X	X	X	X	X	X	X	X	X	
	2015	X	X	X	X	X	X	X	X	X	X	X	X	
070	2011	X	X	X	X	X	X	X	X	X	X	X	X	
	2013	X	X	X	X	X	X	X	X	*	X	X	X	
	2014	X	X	X	X	X	X	X	X	X	*	X	X	
	2015	X	X	X	X	X	X	X	X	X	X	X	X	

Quadro 10.1 (Continuação)

Cena	Ano	229	228	227	226	225	224	223	222	221	220	219	218	217
071	2011			X	X	X	X	X	X	X	X	X	X	X
	2013			X	X	X	X	X	X	X	X	X	X	X
	2014			X	X	X	X	X	X	X	*	X	X	X
	2015			X	X	X	X	X	X	X	X	X	X	X
072	2011					X	X	X	X	X	X	X	X	X
	2013					X	X	X	X	*	X	X	*	X
	2014					X	X	X	X	X	*	X	X	X
	2015					X	X	X	X	X	X	X	X	X
073	2011					X	X	X	X	X	X	X	X	
	2013					X	X	X	X	*	X	X	X	
	2014					X	X	X	X	X	*	X	X	
	2015					X	X	X	X	X	X	X	X	
074	2011				X	X	X	X	X	X	X	X	X	X
	2013				X	X	X	X	X	X	X	X	X	X
	2014				X	X	X	X	X	X	X	X	X	X
	2015				X	X	X	X	X	X	X	X	X	*
075	2011				X	X	X	X	X	X	X	X		
	2013				X	X	X	X	X	X	X	X		
	2014				X	X	X	X	X	X	X	X		
	2015				X	X	X	X	X	X	X	X		
076	2011					X			X	X	X	X		
	2013					X			X	X	X	X		
	2014					X			X	X	X	X		
	2015					X			X	X	X	X		
077	2011									X	X			
	2013									X	X			
	2014									X	X			
	2015									X	X			

** Cena não disponível.*
Nota: não há cenas disponíveis para o ano de 2012.

cíficos de biomassa combustível (Tab. 10.9) e os trabalhos que reportam os valores de biomassa do estrato rasteiro e da serapilheira, com o intuito de aumentar a abrangência de localidades estudadas (Tab. 10.10).

A eficiência de queima, ou fator de combustão de uma vegetação, depende não somente do combustível disponível para a queima, em termos de quantidade, qualidade e distribuição (vertical e horizontal), mas também das condições meteoro-

Tab. 10.2 Biomassa combustível e fator de combustão para as fitofisionomias no bioma Cerrado

Formação	Fitofisionomia	Biomassa combustível (mg/ha)	Fator de combustão
Florestal	Floresta ombrófila aberta aluvial	361,91	0,450
	Floresta ombrófila aberta terras baixas	323,96	0,450
	Floresta ombrófila aberta submontana	172,46	0,450
	Floresta estacional decidual terras baixas	135,34	0,464
	Floresta estacional decidual montana	172,11	0,464
	Floresta estacional decidual submontana	172,11	0,464
	Floresta ombrófila densa aluvial	198,00	0,325
	Floresta ombrófila densa montana	318,02	0,325
	Floresta ombrófila densa submontana	198,00	0,325
	Floresta estacional semidecidual aluvial	188,79	0,464
	Floresta estacional semidecidual terras baixas	206,36	0,464
	Floresta estacional semidecidual montana	193,10	0,464
	Floresta estacional semidecidual submontana	127,35	0,464
	Floresta ombrófila mista montana	189,32	0,450
	Floresta ombrófila mista submontana	189,32	0,450
	Vegetação com influência fluviomarinha	216,56	0,464
	Vegetação com influência marinha (restinga)	216,56	0,464
Savânica	Estepe arborizada	7,20	0,810
	Vegetação com influência fluvial e/ou lacustre	8,66	0,750
	Refúgio Montano	3,10	0,771
	Savana arborizada	10,00	0,760
	Savana florestada	8,23	0,750
	Savana gramíneo-lenhosa	8,30	0,960
	Savana-parque	7,20	0,810
	Savana estépica arborizada	25,10	0,435
	Savana estépica florestada	46,70	0,330
	Savana estépica gramíneo-lenhosa	2,83	0,920
	Savana estépica parque	6,12	0,840

Fonte: MCTI (2016).

lógicas no momento da queima. A eficiência de queima da biomassa combustível (Tab. 10.11) nas fitofisionomias campestres de Cerrado varia entre 81% e 100%, e para as savanas mais fechadas (como cerrado *stricto sensu* e cerrado denso) a variação é entre 67% e 99% (Krug et al., 2002; Miranda; Rocha-Silva; Miranda, 1996; Miranda; Bustamante; Miranda, 2002; Castro; Kauffman, 1998; Kauffman; Cummings; Ward, 1994; Ward et al., 1992; Pivello; Coutinho, 1992).

10.1.5 Fator de emissão de gases de efeito estufa

O IPCC (2006), em seu *Guidelines for National Greenhouse Gas Inventory: Agriculture, Forestry and other Land Use* (volume 4), contém um guia para estimar as emissões de GEE com formulação própria (Eq. 10.1) e os fatores de emissão para vegetação queimada (g/kg de biomassa seca queimada – Tab. 10.3), segundo Andreae e Merlet (2001).

$$L_{fire} = A \cdot M_B \cdot C_f \cdot G_{ef} \cdot 10^{-3} \qquad (10.1)$$

em que:

L_{fire} = quantidade em mg de GEE emitida pela queima de cada composto;
A = área queimada em ha;
M_B = biomassa combustível disponível para combustão em mg/ha (Tab. 10.2);
C_f = fator de combustão (Tab. 10.2);
Ge_f = fator de emissão em g/kg de biomassa seca queimada (Tab. 10.3).

Para a estimativa de emissão dos gases CO_2, CO e CH_4, foram utilizados a Eq. 10.1, os valores apresentados na Tab. 10.2 para cada fitofisionomia e os fatores de emissão apresentados na Tab. 10.3.

Tab. 10.3 Fatores de emissão (G_{ef} em g/kg de biomassa seca) de vários tipos de queima

Formação	CO_2	CO	CH_4
Savana e campo graminoso	1.613 ± 95	65 ± 20	2,3 ± 0,9
Floresta tropical	1.580 ± 90	104 ± 20	6,8 ± 2,0

Fonte: IPCC (2006).

10.2 Resultados

10.2.1 Área queimada

A análise temporal anual da área queimada é prejudicada pela limitação dos pares de imagens Landsat analisadas, uma vez que seu número e época variam significativamente nos anos considerados. Por exemplo, para a cena 219_69 em 2015, foram utilizadas treze cenas entre março e dezembro; em 2014, nove cenas de março a dezembro; em 2013, onze cenas de maio a novembro; e em 2011, três cenas de julho a setembro. O Programa Queimadas está implementando um método de interpolação para estimar a área anual queimada nos períodos sem imagens Landsat, baseado na correlação entre o número de focos de queima e a área queimada nos intervalos cobertos pelas imagens Landsat. Com essa evolução, será possível obter melhores estimativas da área total queimada no Cerrado, e os resultados aqui apresentados devem ser considerados como indicativos do procedimento correto a ser seguido no futuro.

Os resultados, dentro de suas limitações, indicam que entre os anos de 2011 e 2015 houve aumento gradual na área queimada anualmente no Cerrado (Tab. 10.4), em média 68.390±25.720 km², valor que corresponde a 3,4% da área total do bioma. As formações savânicas representam cerca de 87% da área queimada e as florestais, 13%, não havendo diferenças significativas nas proporções anuais, com teste de hipótese para H = 1,500, resultando em p = 0,6823, significativo. Em comparação, os valores anuais de área queimada para o Cerrado na resolução de 1 km (Inpe, 2020) foram de 134 mil km², 111 mil km², 170 mil km² e 190 mil km² em 2011, 2013, 2014 e 2015, respectivamente, e, segundo o produto NASA MCD64 (Rodrigues et al., 2019), de 150 mil km² em 2015.

Tab. 10.4 Área queimada (km²) no período de 2011 a 2015 no bioma Cerrado

Formação	2011	2013	2014	2015	Média ± *dp*
Floresta	6.090	5.270	9.970	16.490	9.450 ± 5.120
Savana	38.440	43.840	72.500	80.970	58.940 ± 20.950
Total	**44.530**	**49.110**	**82.470**	**97.460**	**68.390 ± 25.720**

Nota: há ausência de dados de área queimada para o ano de 2012.

A área queimada nas unidades da federação (UFs) está apresentada na Tab. 10.5. Considerando o bioma Cerrado nas UFs com cobertura superior a 90%, a área queimada representa cerca de 3% no Distrito Federal, 4% em Goiás e 7% em Tocantins. Os Estados de Piauí e Tocantins apresentam a maior proporção de área queimada, de ~7%, e o Paraná, a menor proporção, de < 1%. Tocantins apresenta ainda a maior média anual de área queimada (18.310 km²), seguido do Mato Grosso (12.070 km²) e do Maranhão (11.040 km²); as três UFs com as menores áreas queimadas são Mato Grosso do Sul, com 1.280 km², Distrito Federal, com 160 km², e Paraná, com 6 km².

Durante o período de 2011 a 2015, nos Estados de Maranhão, Tocantins, Piauí e Bahia (região conhecida como MATOPIBA) e no Mato Grosso, houve aumento gradativo da área queimada, e os aumentos nesse intervalo de cinco anos foram: ~70 vezes no Piauí, 13 vezes no Maranhão, ~2,5 vezes na Bahia e no Mato Grosso, e cerca de duas vezes em Tocantins.

Em geral, as queimadas ocorrem durante a estação seca, sendo que cerca de 79% da área queimada ocorre de agosto até o início da estação chuvosa em outubro (Fig. 10.3). No mês de setembro ocorrem as maiores extensões de queima: cerca de 37% do total anual.

Tab. 10.5 Área queimada (km^2) no bioma Cerrado no período de 2011 a 2015

UF	Formação	2011	2013	2014	2015	Média ± *dp*
BA	Floresta	192	351	590	2.415	
	Savana	4.568	3.085	4.340	9.421	
	Subtotal	4.760	3.436	4.930	11.836	6.240 ± 3.790
DF	Floresta	72	8	25	26	
	Savana	259	46	113	89	
	Subtotal	331	54	138	115	160 ± 120
GO	Floresta	956	790	1.346	974	
	Savana	5.087	1.720	10.309	5.307	
	Subtotal	6.043	2.510	11.655	6.281	6.620 ± 3.770
MA	Floresta	51	1.177	2.760	6.662	
	Savana	1.355	9.240	11.224	11.672	
	Subtotal	1.406	10.417	13.984	18.334	11.040 ± 7.190
MG	Floresta	1.471	485	818	1.063	
	Savana	5.008	1.391	3.249	3.691	
	Subtotal	6.479	1.876	4.067	4.754	4.290 ± 1.900
MS	Floresta	397	288	412	468	
	Savana	1.512	575	548	911	
	Subtotal	1.909	863	960	1.379	1.278 ± 477
MT	Floresta	377	299	1.077	1.240	
	Savana	6.814	8.313	13.864	16.278	
	Subtotal	7.191	8.612	14.941	17.518	12.065 ± 4.956
PI	Floresta	4	244	422	742	
	Savana	136	6.250	10.460	8.940	
	Subtotal	140	6.494	10.882	9.682	6.799 ± 4.810
PR	Floresta	0	2	2	1	
	Savana	3	6	6	4	
	Subtotal	3	8	8	5	6 ± 3
SP	Floresta	1.922	1.041	1.439	1.323	
	Savana	210	87	151	163	
	Subtotal	2.132	1.128	1.590	1.486	1.584 ± 415
TO	Floresta	645	583	1.078	1.576	
	Savana	13.487	13.129	18.233	24.488	
	Subtotal	14.132	13.712	19.311	26.064	18.305 ± 5.766
Total		**44.529**	**49.111**	**82.466**	**97.455**	**68.390 ± 25.716**

Notas: UF = unidade da federação; há ausência de dados de área queimada para o ano de 2012.

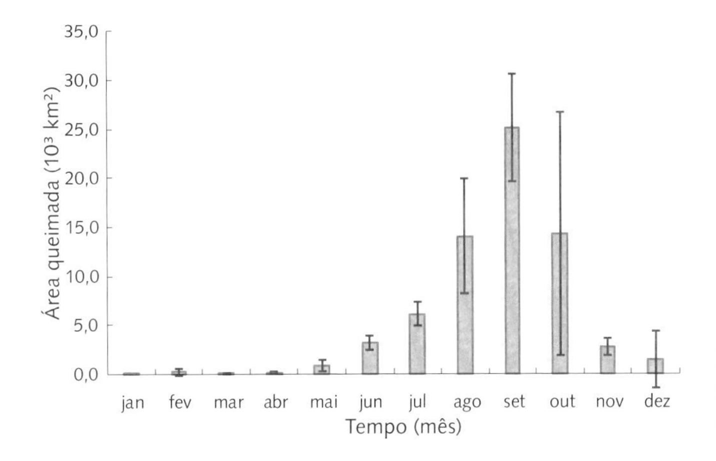

FIG. 10.3 *Área queimada mensalmente no bioma Cerrado entre 2011 e 2015*

10.2.2 Consumo de biomassa

O total anual de biomassa consumida nas queimadas do Cerrado variou de ~77 Tg a 188 Tg, tendo sido maior nas formações florestais (61%) em comparação às savânicas (39%) (Tab. 10.6). Ressalta-se que essa estimativa é sujeita às mesmas limitações indicadas no cálculo anual de área queimada, decorrentes da falta de homogeneidade na série de imagens Landsat.

No que se refere às três unidades da federação com maior estimativa de biomassa queimada (Tab. 10.6), em 2011, São Paulo, Minas Gerais e Tocantins representaram cerca de 63%; em 2013, Maranhão, Tocantins e São Paulo representaram 54%; em 2014, Maranhão, Tocantins e Goiás somaram 53%; e em 2015, Maranhão, Tocantins e Bahia representaram 63%.

10.2.3 Emissões de CO_2, CO e CH_4

Conforme os cálculos, dentro das limitações nas estimativas das áreas queimadas, as emissões de GEE pelas queimadas variaram de ~114 Tg a ~294 Tg para CO_2, de ~6 Tg a ~17 Tg para CO, e de ~339 Gg a 989 Gg para CH_4 (Tab. 10.7). No geral, as formações florestais foram responsáveis por ~60% das emissões de CO_2, ~71% de CO e 82% de CH_4; no entanto, as queimas das diferentes formações em cada unidade da federação colaboraram de forma diferenciada para as emissões. As maiores emissões de GEE no Distrito Federal, Goiás, Minas Gerais, Mato Grosso do Sul, Paraná e São Paulo ocorreram devido à queima das formações florestais; no Mato Grosso, Piauí e Tocantins, devido à queima das formações savânicas; e na Bahia e no Maranhão ocorreu a inversão no decorrer dos anos, pois em 2011 a emissão de GEE era devida à queima de formações savânicas, e a partir de 2013 ela passa a ser por causa da queima de formações florestais.

Tab. 10.6 Estimativa de biomassa consumida (Gg) nas formações florestais e savânicas durante queimadas nas unidades da federação (UFs) do bioma Cerrado

UF	Formação	2011	2013	2014	2015
BA	Floresta	1.480	2.693	4.702	18.735
	Savana	3.543	2.349	3.320	7.391
	Subtotal	5.023	5.042	8.022	26.126
DF	Floresta	580	63	204	206
	Savana	194	34	82	71
	Subtotal	774	97	286	277
GO	Floresta	6.182	4.807	9.215	6.583
	Savana	3.918	1.305	8.243	4.153
	Subtotal	10.100	6.112	17.458	10.736
MA	Floresta	335	8.285	20.444	50.532
	Savana	1.031	7.123	8.692	8.971
	Subtotal	1.366	15.408	29.136	59.503
MG	Floresta	12.453	4.089	7.026	9.207
	Savana	3.681	1.019	2.435	2.722
	Subtotal	16.134	5.108	9.461	11.929
MS	Floresta	2.458	1.739	2.496	2.868
	Savana	979	403	377	565
	Subtotal	3.437	2.142	2.873	3.433
MT	Floresta	2.558	1.927	6.884	8.140
	Savana	5.028	6.1878	10.151	11.936
	Subtotal	7.586	8.115	17.035	20.076
PI	Floresta	35	1.674	3.152	4.951
	Savana	119	5.408	8.887	7.994
	Subtotal	154	7.082	12.039	12.945
PR	Floresta	2	18	15	6
	Savana	3	5	5	3
	Subtotal	5	23	20	9
SP	Floresta	15.964	8.711	12.133	11.033
	Savana	170	68	118	126
	Subtotal	16.134	8.779	12.251	11.159
TO	Floresta	5.479	4.922	9.130	13.000
	Savana	10.489	9.934	13.654	18.790
	Subtotal	15.968	14.856	22.784	31.790
Cerrado	**Floresta**	**47.529**	**38.931**	**75.402**	**125.260**
	Savana	**29.155**	**33.837**	**55.966**	**62.723**
	Total	**76.684**	**72.768**	**131.368**	**187.983**

Notas: há ausência de dados de área queimada para o ano de 2012.

Tab. 10.7 Estimativa da emissão de CO_2, CO e CH_4 (Gg) durante as queimadas nas unidades da federação (UFs) do bioma Cerrado

UF	Formação	2011			2013			2014			2015		
		CO_2	CO	CH_4	CO_2	CO	CH_4	CO_2	CO	CH_4	CO_2	CO	CH_4
BA	Floresta	2.347	144	9	4.256	280	18	7.429	489	32	29.601	1.948	127
	Savana	5.360	216	7	3.586	144	5	5.115	206	7	11.148	449	16
	Subtotal	7.707	360	16	7.842	424	23	12.544	695	39	40.749	2.397	143
DF	Floresta	916	60	3	100	7	0,4	323	21	1	325	21	1
	Savana	298	12	1	53	2	0,1	124	5	1	107	4	1
	Subtotal	1.214	72	4	153	9	0,5	447	26	2	432	25	2
GO	Floresta	9.768	643	42	7.595	500	33	14.559	958	63	10.400	684	45
	Savana	6.180	249	9	2.062	83	3	12.516	504	18	6.394	258	9
	Subtotal	15.948	892	51	9.657	583	36	27.075	1.462	81	16.794	942	54
MA	Floresta	529	35	2	13.089	862	56	32.300	2.126	139	79.840	5.255	344
	Savana	1.579	63	2	10.905	439	16	13.252	534	19	13.711	552	19
	Subtotal	2.108	98	4	23.994	1.301	72	45.552	2.660	158	93.551	5.807	363
MG	Floresta	19.676	1.295	85	6.461	425	28	11.101	731	48	14.548	957	63
	Savana	5.787	233	8	1.602	65	2	3.860	155	5	4.262	172	6
	Subtotal	25.463	1.528	93	8.063	490	30	14.961	886	53	18.810	1.129	69
MS	Floresta	3.884	255	17	2.748	181	12	3.944	259	17	4.532	298	20
	Savana	1.528	62	2	655	26	1	617	25	1	905	37	1
	Subtotal	5.412	317	19	3.403	207	13	4.561	284	18	5.437	335	21
MT	Floresta	4.042	266	17	3.045	201	13	10.877	716	47	12.861	846	55
	Savana	7.777	313	11	9.589	386	14	15.642	630	22	18.196	733	26
	Subtotal	11.819	579	28	12.634	587	27	26.519	1.346	69	31.057	1.579	81
PI	Floresta	56	4	0,5	2.645	174	11	4.980	328	21	7.823	515	34
	Savana	178	7	0,5	8.114	327	12	13.435	541	19	12.232	493	17
	Subtotal	234	11	1	10.759	501	23	18.415	869	40	20.055	1.008	51
PR	Floresta	4	0,3	0	28	2,5	0.5	24	1,5	0,5	10	0,5	0
	Savana	4	0,2	0	9	0,5	0.5	8	0,5	0,5	4	0,5	0
	Subtotal	8	0,5	0	37	3	1	32	2	1	14	1	0
SP	Floresta	25.223	1.660	108	13.763	906	59	19.170	1.262	82,5	17.431	1.147	74,5
	Savana	265	11	1	110	4	0	187	7	0,5	201	8	0,5
	Subtotal	25.488	1.671	109	13.873	910	59	19.357	1.269	83	17.632	1.155	75
TO	Floresta	8.650	5.670	37	7.778	512	33	14.425	949	62	20.540	1.352	88
	Savana	16.561	667	24	15.463	623	22	21.110	851	30	28.937	1.166	41
	Subtotal	25.219	1.237	61	23.241	1.135	55	35.535	1.800	92	49.477	2.518	129
Cerrado	**Floresta**	**75.103**	**4.933**	**322**	**61.511**	**4.049**	**265**	**119.135**	**7.842**	**513**	**197.911**	**13.027**	**852**
	Savana	**45.519**	**1.834**	**65**	**52.150**	**2.101**	**74**	**85.868**	**3.460**	**122**	**96.100**	**3.873**	**137**
	Total	**120.622**	**6.767**	**387**	**113.661**	**6.150**	**339**	**205.003**	**11.302**	**635**	**294.011**	**16.900**	**989**

Notas: há ausência de dados de área queimada para o ano de 2012.

As queimadas que ocorrem anualmente no bioma Cerrado resultam de contribuição diferenciada das unidades da federação, tanto em área queimada quanto na emissão de GEE. Na região do MATOPIBA, observamos que, no período de 2011 a 2015 (Tab. 10.8), houve aumento gradual na área queimada, de ~46% em 2011 para ~68% em 2015, e na emissão de CO_2, de ~29% em 2011 para ~69% em 2015. Nesse período, para os Estados de São Paulo, Minas Gerais, Goiás e Mato Grosso do Sul, ocorreu a diminuição na área queimada: em 2011 eles eram responsáveis por ~37%, e, em 2015, por ~14%. Já na emissão de CO_2, a variação foi de ~60%, em 2011, para ~20%, em 2015.

Tab. 10.8 Contribuição percentual (%) das unidades da federação (UFs) na área queimada e na emissão de CO_2 resultantes do fogo no bioma Cerrado, no período de 2011 a 2015

UF	2011		2013		2014		2015	
	Área	CO_2	Área	CO_2	Área	CO_2	Área	CO_2
TO	31,7	20,9	27,9	20,4	23,4	17,3	26,7	16,8
BA	10,7	6,4	7,0	6,9	6,0	6,1	12,1	13,9
MA	3,2	1,7	21,2	21,1	17,0	22,2	18,8	31,8
PI	0,3	0,2	13,2	9,5	13,2	9,0	9,9	6,8
MT	16,2	9,8	17,5	11,1	18,1	12,9	18,0	10,6
MG	14,5	21,1	3,8	7,1	4,9	7,3	4,9	6,4
GO	13,6	13,2	5,1	8,5	14,1	13,2	6,4	5,7
SP	4,8	21,1	2,3	12,2	1,9	9,4	1,5	6,0
MS	4,3	4,5	1,8	3,0	1,2	2,2	1,4	1,8
DF	0,7	1,0	0,1	0,1	0,2	0,2	0,1	0,1
PR	0,0	0,0	0,0	0,0	0,0	0,0	0,0	0,0
Total	**100,0**	**100,0**	**100,0**	**100,0**	**100,0**	**100,0**	**100,0**	**100,0**

Nota: há ausência de dados de área queimada para o ano de 2012.

10.3 Considerações gerais

Os produtos utilizados das imagens dos satélites Landsat mostram que a queima no bioma Cerrado ocorre em vários meses e todos os anos. Como confirmado, por exemplo, por Martins et al. (2020), as maiores extensões queimadas são observadas durante a estação seca, o que indica o uso antrópico do fogo. Araújo, Ferreira e Arantes (2012), Libonati et al. (2015) e Mataveli et al. (2017) também registraram áreas queimadas anuais com maior ocorrência durante a estação seca, e Mataveli et al. (2018) mostraram que há relação da área queimada com o clima local, isto é, precipitação e temperatura mínima. Dentre as diversas formações vegetacionais presentes no bioma, a formação savânica é a mais propícia à queima, uma vez que sua estrutura de vegetação favorece a propagação do fogo (Neto; Andrade; Miranda, 1998; Castro; Kauffman, 1998; Miranda; Neto; Castro-Neves, 2010) e é a formação com o maior número de focos de queima (Nascimento; Araújo; Ferreira--Júnior, 2010).

A Fig. 10.3 mostra a ocorrência do fogo em todos os meses do ano, isto é, mesmo durante a estação chuvosa são observadas áreas queimadas; entretanto, as queimadas durante a estação seca são mais frequentes e extensas, uma vez que, na ausência de precipitação, a vegetação entra em senescência e a biomassa combustível apresenta-se seca e/ou morta (Miranda; Neto; Castro-Neves, 2010; Pivello, 2011; Araújo; Ferreira; Arantes, 2012). Outro fator, já mencionado, que colabora para a ocorrência de queimadas durante a estação seca é o uso do fogo (antrópico) como ferramenta para abertura e limpeza de áreas e renovação de pastagens (Miranda; Neto; Castro-Neves, 2010; Pivello, 2011). As condições meteorológicas, de baixa precipitação e umidade relativa, ventos e intervalo entre queimadas (na mesma localidade), são fatores importantes para a recuperação da vegetação. De forma geral, até cerca de 70% da biomassa consumida durante a queima é recuperada em um ano (Neto; Andrade; Miranda, 1998; Castro; Kauffman, 1998; Miranda; Neto; Castro-Neves, 2010).

No período de observação, cerca de 68 mil km² de Cerrado foram queimados anualmente, valor subestimado em decorrência das limitações das imagens Landsat. Araújo, Ferreira e Arantes (2012) relataram a área queimada em um período de nove anos (2002 a 2010) e, nesse caso, os valores apresentaram grande variação, de 11.000 km² a 147.000 km² (média de 61.000 km²).

Adicionalmente, Lorensini et al. (2015) relataram que há um intervalo entre o desmatamento e a ocupação pela agricultura anual, visto que essa ocupação ocorre em área previamente tomada por outras atividades antrópicas. Portanto, o monitoramento de área queimada no bioma Cerrado é de extrema importância para mitigar o desmatamento e orientar a ocupação por diferentes atividades antrópicas, assim como para avaliar o possível impacto nos serviços ambientais e sociais.

A importância do Cerrado como fronteira para a agricultura é notada na evolução da ocupação de áreas antrópicas e na aplicação da alta tecnologia para o aumento da produtividade (agronegócio), principalmente devido ao consumo do mercado internacional, que induz mudanças do uso e da cobertura da terra nesse bioma (Alencar et al., 2020; Pessôa; Inocêncio, 2014; Yoshii, 2000). De forma geral, o uso do fogo para a limpeza de uma área é o primeiro processo para a ocupação do local (Pivello, 2011).

No período entre 2011 e 2015, as unidades da federação que apresentaram cobertura natural de Cerrado superior a 60% (Tab. 10.1), ou seja, o MATOPIBA e o Mato Grosso, foram responsáveis por ~78% da área queimada anualmente no bioma (Tab. 10.4). Nessas unidades da federação, alguns estudos reportam não somente a ocorrência de extensas áreas queimadas (Libonati et al., 2015; Mataveli et al., 2018), como também mudanças no uso e na cobertura da terra (Sano et al., 2019; Alencar et al., 2020). A dinâmica de ocupação nessa região teve início na década de 1980, no extremo oeste da Bahia, com incentivos para a produção de grãos (Pessôa; Inocêncio, 2014; Yoshii, 2000), e recentemente tem se expandido para os Estados do Maranhão e Piauí (Araújo et al., 2019). Os resultados deste trabalho corroboram a dinâmica de ocupação, com as maiores extensões queimadas nos anos de 2011 a 2015 no MATOPIBA, com tendência crescente para os Estados do Piauí e Maranhão.

Shi et al. (2015) observaram a importância das estimativas de área queimada e de emissão de GEE, sendo que a heterogeneidade espacial da vegetação e a sua estrutura contribuem de forma diferenciada em sua extensão. De forma geral, as savanas, embora apresentem pouca biomassa combustível, são facilmente consumidas, resultando em extensas áreas queimadas, enquanto a formação florestal, embora apresente alta biomassa combustível, resulta em menor área queimada. A magnitude dos resultados anuais de área queimada e de combustível consumido (Tabs. 10.4 a 10.6) reforçam a importância do monitoramento como indicativo de desmatamento e das emissões de GEE.

Os resultados mostram o tipo de formação vegetacional que está sendo submetido à queima em cada unidade da federação, indicando a importância de políticas de uso do fogo no controle e/ou mitigação das emissões de GEE. As estimativas de emissão de CO_2, CO e CH_4 (Tab. 10.7) resultante da queima da vegetação no bioma Cerrado no período de 2011 a 2015, dentro das limitações indicadas nos cálculos anteriores, são compatíveis com os resultados apresentados pelo MCTIC (2016) para queimadas que ocorreram em 2010 no Cerrado (173 Tg de CO_2, 7 Tg de CO e 246 Gg de CH_4) e por Shi et al. (2015), que reportaram a estimativa de emissão de CO_2 para várias regiões do mundo no período de 2002 a 2011, sendo que, para as savanas da porção sul da América do Sul, a média anual de emissão foi 189 Tg de CO_2.

A dinâmica regional do uso do fogo nas unidades da federação apresentada nas Tabs. 10.7 e 10.8 mostra as tendências atuais da mudança no uso e na cobertura da terra. Embora essas mudanças sejam observadas quando considerado um período mais longo, como realizado por Chen et al. (2013), que estudaram o período de 2001 a 2012 para a América do Sul, o uso cultural do fogo tem sido reportado na literatura desde os indígenas que ocupavam a região antes da colonização do País (Miranda;

Neto; Castro-Neves, 2010; Pivello, 2011); consequentemente, a redução do uso do fogo no bioma requer reconhecer o papel do fogo na cultura local, além do conhecimento acadêmico da ecologia do fogo nesse sistema.

10.4 Material suplementar

Tab. 10.9 Quantificação da biomassa combustível em diferentes fitofisionomias savânicas de Cerrado antes da realização de queimadas prescritas

Fitofisionomia	UF	Tempo sem queima (anos)	Biomassa combustível (mg/ha)	Fonte
Campo limpo	DF		5,5 ± 0,0	Castro e Kauffman (1998)
Campo sujo	DF		7,8 ± 0,7	
Cerrado *stricto sensu*	DF		12,9 ± 0,9	
Cerrado denso	DF		9,2 ± 0,1	
Campo limpo	DF		7,1 ± 0,6	Kauffman, Cummings e Ward (1994)
Campo sujo	DF		7,3 ± 0,5	
Campo cerrado	DF		8,6 ± 0,8	
Cerrado *stricto sensu*	DF		10,0 ± 0,5	
Campo cerrado	SP	1 a 2	7,7 ± 0,7	Pivello e Coutinho (1992)
Campo cerrado	SP	1 a 2	4,9 ± 1,0	
Campo cerrado	SP	1 a 2	6,5 ± 0,7	
Campo cerrado	SP	1 a 2	7,0 ± 0,8	
Campo cerrado	SP	1 a 2	5,1 ± 0,9	
Campo cerrado	SP	1 a 2	7,5 ± 0,8	
Campo sujo	DF	26	5,7	Krug et al. (2002)
Campo sujo	DF	18	7,2	
Campo sujo	DF	6	7,9	
Campo sujo	DF	4	6,5	
Campo sujo	DF	4	5,3	
Campo sujo	DF	2	8,7	
Campo sujo	DF	2	9,4	
Campo sujo	DF	2	6,7	

Tab. 10.9 (Continuação)

Fitofisionomia	UF	Tempo sem queima (anos)	Biomassa combustível (mg/ha)	Fonte
Cerrado *stricto sensu*	DF	18	10,0	Krug et al. (2002)
Cerrado *stricto sensu*	DF	6	7,9	
Cerrado *stricto sensu*	DF	4	8,8	
Cerrado *stricto sensu*	DF	2	10,9	
Cerrado *stricto sensu*	DF	2	10,8	
Cerrado *stricto sensu*	DF	2	8,2	
Cerrado denso	DF	20	8,6	
Cerrado denso	DF	18	8,9	
Cerrado denso	DF	7	6,9	
Cerrado denso	DF	4	6,7	
Cerrado denso	DF	2	8,1	
Campo sujo	SP		7,3 ± 0,3	Rissi (2016)
Campo sujo	SP		7,5 ± 0,5	
Campo sujo	SP		6,5 ± 0,6	
Campo sujo	DF	26	5,7	Miranda, Neto e Castro-Neves (2010)
Campo sujo	DF	18	6,7-7,8	
Campo sujo	DF	7	6,7-8,2	
Campo sujo	DF	4	5,3-6,5	
Campo sujo	DF	2	6,0-9,4	
Campo sujo	DF	1	3,4-3,7	
Cerrado *stricto sensu*	DF	18	7,5-12,5	
Cerrado *stricto sensu*	DF	7	6,5-7,9	
Cerrado *stricto sensu*	DF	2	9,8-10,2	
Cerrado denso	DF	20	7,7	
Cerrado denso	DF	18	7,5	
Cerrado denso	DF	7	5,8-5,9	
Cerrado denso	DF	4	6,7-9,1	
Cerrado denso	DF	2	7,1-10,1	

Tab. 10.10 Quantificação da biomassa aérea por compartimentos nas diferentes fitofisionomias savânicas de Cerrado

Fitofisionomia	UF	Tempo sem queima (anos)	Biomassa (mg/ha)								Fonte
			Arbóreo-arbustivo			Regenerantes	Estrato rasteiro	Serrapilheira	Lenhoso no solo	Total aéreo	
			Vivos	Mortos	Total						
Cerrado ss	MT/RO									12,4	Araújo et al. (2001)
Campo	MT/RO									7,0	
Campo	GO	12	1,1		1,1		2,4	1,3		4,8	Cianciaruso, Silva e Batalha (2010)
Campo	GO	12	6,7		6,7		2,1	2,5		11,3	
Campo	GO	12	8,2		8,2		3,0	7,4		18,6	
Campo cerrado	SP				12,6--17,4					12,6-17,4	Delitti, Meguro e Pausa (2006)
Campo úmido	DF	6					10,6				Meirelles, Ferreira e Franco (2006)
Cerrado ss	MS				58,7						Fernandes et al. (2008)
Cerradão	MS				97,9						
Campo	DF	1	0,0	0,00	0,00		1,51	0,20	0,27	3,78	Ottmar et al. (2001)
Campo	DF	1	0,0	0,00	0,00		3,69	0,08	0,08	3,85	
Campo	GO	1	0,0	0,00	0,00		6,77	0,29	0,31	7,37	
Campo	GO	3	0,0	0,00	0,00		8,13	0,62	0,49	9,24	
Campo	GO	2	0,0	0,00	0,00		10,68	0,91	1,43	13,02	
Campo	DF	4	0,0	0,00	0,00		13,71	0,34	0,68	14,73	

Tab. 10.10 (Continuação)

Fitofisionomia	UF	Tempo sem queima (anos)	Biomassa (mg/ha)								Fonte
			Arbóreo-arbustivo			Regenerantes	Estrato rasteiro	Serrapilheira	Lenhoso no solo	Total aéreo	
			Vivos	Mortos	Total						
Campo	GO	3	0,0	0,00	0,00		15,60	0,40	0,57	16,57	
Campo	DF	1	0,0	0,00	0,00		3,53	0,74	2,41	6,68	
Campo	GO	2	3,4	0,46	3,90		2,91	0,22	0,41	7,44	
Campo	MG	2	0,6	0,06	0,71		7,01	1,44	1,24	10,40	
Campo	DF	1	4,6	0,00	4,66		3,17	1,27	1,97	11,07	
Campo	GO	3	0,5	0,20	0,77		8,98	1,13	1,24	12,12	
Campo	GO	2	4,5	0,66	5,17		4,73	1,22	1,05	12,17	
Campo	DF	20	2,1	0,31	2,44		8,71	1,57	3,05	15,77	
Cerrado	MG	2	3,2	0,07	3,31		2,32	2,26	4,66	12,55	Ottmar et al. (2001)
Cerrado	GO	2	10,0	1,76	11,82		2,37	0,34	0,72	15,25	
Cerrado	DF	3	9,0	0,33	9,39		2,28	2,02	1,73	15,42	
Cerrado	GO	3	7,3	0,11	7,50		10,22	1,06	0,91	19,69	
Cerrado	DF	20	4,4	3,61	8,04		7,52	3,11	2,49	21,16	
Cerrado	MG	2	14,31	3,42	17,73		2,30	1,31	2,36	23,70	
Cerrado	MG	2	9,40	0,99	10,39		2,92	3,52	7,27	24,10	
Cerrado	GO	1	18,14	0,29	27,86		2,76	2,72	3,95	27,86	
Cerrado	GO	2	29,90	0,04	29,94		3,26	1,79	4,06	39,05	

Tab. 10.10 (Continuação)

Fitofisionomia	UF	Tempo sem queima (anos)	Biomassa (mg/ha)								Fonte
			Arbóreo-arbustivo			Regenerantes	Estrato rasteiro	Serrapilheira	Lenhoso no solo	Total aéreo	
			Vivos	Mortos	Total						
Cerrado ss	GO	1	7,73	6,55	14,28		2,16	1,94	2,52	20,09	Ottmar et al. (2001)
Cerrado ss	MG	2	10,17	2,36	12,53		2,05	1,35	5,07	25,22	
Cerrado ss	DF	20	17,62	3,75	21,37		2,80	5,45	3,76	33,38	
Cerrado ss	MT	2	34,52	0,85	35,37		2,06	4,73	5,62	47,69	
Cerrado ss	DF	> 20	39,05	3,91	42,96		3,43	6,69	4,66	58,01	
Cerrado	DF	1	18,02	4,94	22,96		1,83	1,93	3,18	29,90	
Cerrado	DF	6	16,92	6,12	23,04		3,74	1,80	7,30	35,88	
Cerrado	DF	20	55,68	1,29	56,97		1,90	4,26	4,34	67,47	
Cerrado	DF	21	48,42	6,25	54,67		0,61	4,83	11,78	71,89	
Cerrado ss	DF				15,4	1,6 ± 1,2	3,1 ± 0,8	7,6 ± 2,4		27,6±2,1	Azevedo (2014)
Cerrado ss	DF		26,0	3,00	29,00		5,6	5,2		39,8	Abdala et al. (1998)
Campo	DF						5,0	0,5		5,5	Castro e Kauffman (1998)
Campo	DF				1,5		5,6	1,90		9,3	
Cerrado ss	DF				11,1		6,5	3,8	3,4	24,8	
Cerrado	DF				14,1		3,7	3,3	3,8	24,9	
Cerrado ss	MG				67,65			6,32		73,97	Ribeiro et al. (2011)

Tab. 10.10 (Continuação)

Fitofisionomia	UF	Tempo sem queima (anos)	Biomassa (mg/ha)								Fonte
			Arbóreo-arbustivo			Regenerantes	Estrato rasteiro	Serrapilheira	Lenhoso no solo	Total aéreo	
			Vivos	Mortos	Total						
Campo	RO				1,06 ± 0,68		5,25 ± 0,36			6,3 0,88	Barbosa et al. (2012)
Campo	RO				0,60 ± 1,08		6,64 ± 1,91			7,34 ± 1,96	
Parque de cerrado	RO				2,76 ± 1,59		6,10 ± 2,78			8,87 ± 2,43	
Campo	RO				0,00		9,01 ± 2,86			9,01 ± 2,86	
Campo	TO	2					7,8			7,8	Schmidt (2011)
Campo	TO	2					4,4			4,4	
Campo	TO	2					13,3			13,3	
Campo	TO	2					8,1			8,1	
Campo	TO	2					8,9			8,9	
Campo	TO	5					10,4			10,4	
Campo	TO	5					8,6			8,6	
Campo	TO	5					6,5			6,5	
Campo	TO	5					8,3			8,3	
Campo	TO						8,1			8,1	
Campo	TO						5,1			5,1	
Campo	TO						7,9			7,9	
Campo	TO						6,5			6,5	

Nota: Cerrado ss = *cerrado* stricto sensu.

TAB. 10.11 EFICIÊNCIA DE QUEIMA OU FATOR DE COMBUSTÃO DA BIOMASSA COMBUSTÍVEL DE DIFERENTES FITOFISIONOMIAS DE CERRADO

Fitofisionomia	UF	Tempo sem queima (anos)	Eficiência de queima ou fator de combustão	Fonte
Campo sujo	SP		0,90 ± 0,02	Rissi (2016)
Campo sujo	SP		0,92 ± 0,02	
Campo sujo	SP		0,89 ± 0,01	
Campo sujo	DF	26	0,95	Miranda, Neto e Castro-Neves (2010)
Campo sujo	DF	18	0,81 – 0,92	
Campo sujo	DF	7	0,87 – 0,95	
Campo sujo	DF	4	0,93 – 0,99	
Campo sujo	DF	2	0,94 – 0,98	
Campo sujo	DF	1	0,91 – 0,97	
Cerrado *stricto sensu*	DF	18	0,68 – 0,97	
Cerrado *stricto sensu*	DF	7	0,77 – 0,87	
Cerrado *stricto sensu*	DF	2	0,84 – 0,99	
Cerrado denso	DF	20	0,86	
Cerrado denso	DF	18	0,80	
Cerrado denso	DF	7	0,76 – 0,81	
Cerrado denso	DF	4	0,67 – 0,82	
Cerrado denso	DF	2	0,67 – 0,93	
Cerrado sujo	BA	2	0,97	Conceição e Pivello (2011)
Campo graminoso	RS	2 – 6	0,94 ± 0,08	Fidelis et al. (2010)
Campo graminoso	RS	2 – 6	0,95 ± 0,09	
Campo limpo	DF		0,92 ± 0,05	Castro e Kauffman (1998)
Campo sujo	DF		0,97 ± 0,03	
Cerrado *stricto sensu*	DF		0,92 ± 0,02	
Cerrado denso	DF		0,87 ± 0,02	
Campo cerrado	SP	1 – 2	0,70	Pivello e Coutinho (1992)
Campo cerrado	SP	1 – 2	0,76	
Campo cerrado	SP	1 – 2	0,65	
Campo cerrado	SP	1 – 2	0,63	
Campo cerrado	SP	1 – 2	0,77	
Campo cerrado	SP	1 – 2	0,69	

TAB. 10.11 (Continuação)

Fitofisionomia	UF	Tempo sem queima (anos)	Eficiência de queima ou fator de combustão	Fonte
Campo limpo	DF		1,00 ± 0,00	Kauffman, Cummings e Ward (1994)
Campo sujo	DF		0,97 ± 0,01	
Campo cerrado	DF		0,72 ± 0,08	
Cerrado *stricto sensu*	DF		0,84 ± 0,05	
Campo limpo	DF		1,00	Ward et al. (1992)
Campo sujo	DF		0,95 ± 0,09	
Campo cerrado	DF		0,72 ± 0,08	
Cerrado *stricto sensu*	DF		0,84 ± 0,05	
Campo sujo	DF	26	0,95	Krug et al. (2002)
Campo sujo	DF	18	0,93	
Campo sujo	DF	6	0,96	
Campo sujo	DF	4	0,94	
Campo sujo	DF	4	0,98	
Campo sujo	DF	2	0,93	
Campo sujo	DF	2	0,98	
Campo sujo	DF	2	0,92	
Cerrado *stricto sensu*	DF	18	0,91	
Cerrado *stricto sensu*	DF	6	0,87	
Cerrado *stricto sensu*	DF	4	0,87	
Cerrado *stricto sensu*	DF	2	0,89	
Cerrado *stricto sensu*	DF	2	0,95	
Cerrado *stricto sensu*	DF	2	0,84	
Cerrado denso	DF	20	0,86	
Cerrado denso	DF	18	0,76	
Cerrado denso	DF	7	0,84	
Cerrado denso	DF	4	0,67	
Cerrado denso	DF	2	0,90	
Campo sujo	TO		0,72	Schmidt et al. (2016)
Campo sujo	TO		0,91	

TAB. 10.11 (Continuação)

Fitofisionomia	UF	Tempo sem queima (anos)	Eficiência de queima ou fator de combustão	Fonte
Campo limpo úmido	TO	2	0,80	Schmidt (2011)
Campo limpo úmido	TO	2	0,61	
Campo limpo úmido	TO	2	0,78	
Campo limpo úmido	TO	2	0,81	
Campo limpo úmido	TO	2	0,73	
Campo limpo úmido	TO	5	0,98	
Campo limpo úmido	TO	5	0,82	
Campo limpo úmido	TO	5	0,97	
Campo limpo úmido	TO	5	0,97	
Campo limpo úmido	TO	2	0,94	
Campo limpo úmido	TO	2	0,90	
Campo limpo úmido	TO	2	0,69	
Campo limpo úmido	TO	2	0,94	

Notas: Os valores apresentados por Krug et al. (2002) são dados não publicados de Miranda referentes às queimadas realizadas em agosto; dessa forma, os valores de eficiência de queima, que eram os mesmos em Krug et al. (2002) e Miranda, Neto e Castro-Neves (2010), foram contabilizados somente uma vez.

Agradecimentos

Os autores agradecem ao BNDES-Fundo Amazônia (contrato Funcate-BNDES 14.2.0929.1), Monitoramento Ambiental por Satélites no Bioma Amazônia (MAS), Subprojeto 4, pelo suporte financeiro ao Programa Queimadas do Inpe; à German Technical Cooperation Agency (GIZ), Projeto Cerrado-MMA "Prevenção, controle e monitoramento de queimadas irregulares e incêndios florestais no Cerrado", pelo apoio no desenvolvimento do produto de área queimada do Cerrado; às Dras. Thelma Krug e Clotilde Ferri pelo apoio na análise dos dados; e à Dra. Renata Libonati, do Departamento de Meteorologia da UFRJ, pelas sugestões relevantes no conteúdo.

Referências bibliográficas

ABDALA, G. C.; CALDAS, L. S.; HARIDASAN, M.; EITEN, G. Above and Belowground Organic Matter and Root: Shoot Ratio in a Cerrado in Central Brazil. *Brazilian Journal of Ecology*, v. 2, p. 11-23, 1998.

ADÁMOLI, J.; MACÊDO, J.; AZEVEDO, L. G.; NETTO, J. M. Caracterização da região dos cerrados. In: GOEDERT, W. J. (Ed.). *Solos dos cerrados*: tecnologias e estratégias de manejo. Planaltina: EMBRAPA-CPAC, SP, 1987. p. 33-98.

ALENCAR, A.; NEPSTAD, D.; DIAZ, M. C. V. Forest Understory Fire in the Brazilian Amazon in ENSO and non-ENSO Years: Area Burned and Committed Carbon Emissions. *Earth Interactions*, 10:006, 2006.

ALENCAR, A.; SHIMBO, J. Z.; LENTI, F.; MARQUES, C. B.; ZIMBRES, B.; ROSA, M.; ARRUDA, V.; CASTRO, I.; RIBEIRO, J. P. M. F.; VARELA, V.; ALENCAR, I.; PIONTEKOWSKI, V.; RIBEIRO, V.; BUSTAMANTE, M. M. C.; SANO, E. E.; BARROSO, M. Mapping Three Decades of Changes in the Brazilian Savanna Native Vegetation Using Landsat Data Processed in the Google Earth Engine Platform. *Remote Sens.*, v. 12, p. 924, 2020. DOI: 10.3390/rs12060924.

ALVARADO, S. T.; FORNAZARI, T.; CÓSTOLA, A.; MORELLATO, L. P. C.; SILVA, T. S. F. Drivers of Fire Occurrence in a Mountainous Brazilian Cerrado Savanna: Tracking Long-Term Fire Regimes Using Remote Sensing. *Ecological Indicators*, v. 78, p. 270-281, 2017.

ANDREAE, M. O.; MERLET, P. Emission of Trace Gases and Aerosol from Biomass Burning. *Global Biogeochemical Cycles*, v. 15, p. 955-966, 2001.

ARAÚJO, L. S.; SANTOS, J. R.; KEIL, M.; LACRUZ, M. S. P.; KRAMER, J. C. M. Razão entre bandas do SIR-C/X SAR para estimativa de biomassa em áreas de contato floresta e cerrado. In: X SBSR, Foz do Iguaçu, 2001. *Anais*... Foz do Iguaçu, 2001.

ARAÚJO, F. M.; FERREIRA, L. G.; ARANTES, A. E. Distribution Patterns of Burned Areas in the Brazilian Biomes: An Analysis Based on Satellite Data for the 2002-2010 Period. Remote Sens. 4:1929-1946, 2012.

ARAÚJO, M. L.; SANO, E. E.; BOLFE, E. L.; SANTOS, J. R. N.; SANTOS, J. S.; SILVA, F. B. Spatiotemporal Dynamics of Soybean Crop in the Matopiba Region, Brazil (1990-2015). *Land Use Policy*, v. 80, p. 57-67, 2019.

AZEVEDO, G. B. Amostragem e modelagem da biomassa de raízes em um cerrado sensu stricto no Distrito Federal. 2014. 75 f. Dissertação (Mestrado em Ciências Florestais) – Departamento de Engenharia Florestal, Universidade de Brasília, Brasília, DF, 2014.

BALCH, J. K.; NEPSTAD, D. C.; BRANDO, P. M.; CURRAN, L. M.; PORTELA, O.; CARVALHO JR., O.; LEFEBVRE, P. Negative Fire Feedback in a Transitional Forest of Southeastern Amazonia. *Global Change Biology*, v. 14, p. 2276-2287, 2008.

BARBOSA, R. I.; SANTOS, J. R. S.; CUNHA, M. S.; PIMENTEL, T. P.; FEARNSIDE, P. M. Root Biomass, Root: Shoot Ratio and Belowground Carbon Stocks in the Open Savannahs of Roraima, Brazilian Amazonia. *Australian Journal of Botany*, v. 60, p. 405-416, 2012.

CASTRO, E. A.; KAUFFMAN, J. B. Ecosystem Structure in the Brazilian Cerrado: A Vegetation Gradient of Aboveground Biomass, Root Mass and Consumption by Fire. *Journal of Tropical Ecology*, v. l4, p. 263-283, 1998.

CHEN, Y.; MORTON, D. C.; JIN, Y.; COLLATZ, G. J.; KASIBHATLA, P. S.; VAN DER Werf, G. R.; DEFRIES, R. S.; RANDERSON, J. T. Long-Term Trends and Interannual Variability of Forest, Savanna and Agricultural Fires in South America. *Carbon Management*, v. 4, n. 6, p. 617-638, 2013. DOI: 10.4155/cmt.13.61.

CIANCIARUSO, M. V.; SILVA, I. A.; BATALHA, M. A. Aboveground Biomass of Functional Groups in the Ground Layer of Savannas under Different Fire Frequencies. *Australian Journal of Botany*, v. 58, p. 169-174, 2010.

CONCEIÇÃO, A. A.; PIVELLO, V. R. Biomassa combustível em campo sujo no entorno do Parque Nacional da Chapada Diamantina, Bahia, Brasil. *Biodiversidade Brasileira*, v. 2, p. 146-160, 2011.

COUTINHO, L. M. Fire in the Ecology of the Brazilian Cerrado. In: GOLDAMMER, J. G. (Ed.). *Fire in the Tropical Biota* – Ecosystem Process and Global Challenges. Switzerland: Springer-Verlag, 1990. p. 82-105. (Ecological Studies, v. 84.)

CPTEC – CENTRO DE PREVISÃO DE TEMPO E ESTUDOS CLIMÁTICOS. Boxplot de precipitação mensal (1981-2010): Região 92. Inpe, 2019. Disponível em: <http://clima1.cptec.inpe.br/evolucao/pt>. Acesso em: 8 out. 2021.

DELITTI, W. B.; MEGURO, M.; PAUSA, J. G. Biomass and Mineralmass Estimates in a "Cerrado" Ecosystem. *Revista Brasileira de Botânica*, v. 29, n. 4, p. 531-540, 2006.

DIAS, B. F. S. Degradação ambiental: os impactos do fogo sobre a diversidade do cerrado. In: GARAY, I.; BECHER, B. (Ed.). *Dimensões humanas da biodiversidade*: o desafio de novas relações homem-natureza no século XXI. Rio de Janeiro: Vozes, 2006.

DWYER, E.; PINNOCK, S.; GREGOIRE, J. M.; PEREIRA, J. M. C. Global Spatial and Temporal Distribution of Vegetation Fire as Determined from Satellite Observations. *International Journal of Remote Sensing*, v. 21, p. 1289-1302, 2000. DOI: 10.1080/014311600210182.

EITEN, G. Vegetação do Cerrado. In: PINTO, M. N. (Ed.). *Cerrado*: caracterização, ocupação e perspectivas. Brasília: UnB; SEMATEC, 1994. p. 17-73.

FERNANDES, A. H. B. M.; SALIS, S. M.; FERNANDES, F. A.; CRISPIM, S. M. A. *Estoques de carbono do estrato arbóreo de cerrados no pantanal de Nhecolândia*. Comunicado Técnico 68. Embrapa, Corumbá, MS, 2008. ISSN1981-7231.

FIDELIS, A.; DELGADO-CARTAY, M. D.; BLANCO, C. C.; MÜLLER, S. C.; PILLAR, V. D.; PFADENHAUER, J. Fire Intensity and Severity in Brazilian Campo Grasslands. *Interciência*, v. 35, p. 739-745, 2010.

FRANÇA, H.; RAMOS-NETO, M. B.; SETZER, A. W. O fogo no Parque Nacional das Emas. Brasília, Brasil: Ministério do Meio Ambiente, 2007. (Série Biodiversidade, 27.)

IBGE – INSTITUTO BRASILEIRO DE GEOGRAFIA E ESTATÍSTICA. *Manual Técnico da Vegetação Brasileira*. 2. ed. Rio de Janeiro: IBGE, 2012.

INPE – INSTITUTO NACIONAL DE PESQUISAS ESPACIAIS. *Área queimada* – resolução 30 m. Programa Queimadas. Inpe, 2020. Disponível em: <http://www.inpe.br/queimadas/aq30m>. Acesso em: 8 out. 2021.

IPCC – INTERGOVERNMENTAL PANEL ON CLIMATE CHANGE. *IPCC Guidelines for National Greenhouse Gas Inventories*. Prepared by the National Greenhouse Gas Inventories Programme. Kanagawa: Institute for Global Environmental Strategies, 2006.

KAUFFMAN, J. B.; CUMMINGS, D. L.; WARD, D. E. Relationships of Fire, Biomass and Nutrient Dynamics Along a Vegetation Gradient in the Brazilian Cerrado. *Journal of Ecology*, v. 82, p. 519-531, 1994.

KRUG, T.; FIGUEIREDO, H. B.; SANO, E. E.; ALMEIDA, C. A.; SANTOS, J. R.; MIRANDA, H. S.; SATO, M. N.; ANDRADE, S. M. A. Primeiro Inventário Brasileiro de Emissões Antrópicas de Gases de Efeito Estufa. Emissões de Gases de Efeito Estufa da Queima de Biomassa no Cerrado Não Antrópico Utilizando Dados Orbitais. MCT, 2002.

LIBONATI, R.; CAMARA, C. C.; SETZER, A. W.; MORELLI, F.; MELCHIORI, A. E. An Algorithm for Burned Area Detection in the Brazilian Cerrado using 4 μm MODIS Imagery. *Remote Sensing*, 7, 15782-15803, 2015.

LORENSINI, C. L.; VICTORIA, D. C.; VICENTE, L. E.; MAÇORANO, R. P. Mapeamento e identificação da época de desmatamento das áreas de expansão da agricultura no MATOPIBA. In: XVII SIMPÓSIO BRASILEIRO DE SENSORIAMENTO REMOTO – SBSR. *Anais*... João Pessoa: Inpe, 2015.

MARTINS, G.; SANTA ROSA, A.; SETZER, A.; ROSA, W.; MORELLI, F.; BASSANELLI, A. Dinâmica Espaço-Temporal das Queimadas no Brasil no Período de 2003 a 2018. *Revista Brasileira de Geografia Física*, v. 13, n. 4, 2020. 25 p. DOI: 10.26848/rbgf.v13.4.p%25p.

MATAVELI, G. A. V.; SILVA, M. E. S.; PEREIRA, G.; CARDOZO, F. S.; KAWAKUBO, F.; BERTANI, G.; COSTA, J. C.; RAMOS, R. C.; SILVA, V. V. Analysis of Fire Dynamic in the Brazilian Savannas. *Nat. Hazards Earth Syst. Sci. Discuss.*, 2017. DOI: 10.5194/nhess-2017-90.

MATAVELI, G. A. V.; SILVA, M. E. S.; PEREIRA, G.; CARDOZO, F. S.; KAWAKUBO, F.; BERTANI, G.; COSTA, J. C. B.; RAMOS, R. C.; SILVA, V. V. Satellite Observations for Describing Fire Patterns and Climate-Related Fire Drivers in the Brazilian Savannas. *Natural Hazards and Earth System Sciences*, v. 18, p. 125-144, 2018.

MCTI – MINISTÉRIO DA CIÊNCIA, TECNOLOGIA E INOVAÇÕES. Third National Communication of Brazil to the United Nations Framework Convention on Climate Change – Volume III/ Ministry of Science, Technology and Innovation. Brasília: Ministério da Ciência, Tecnologia e Inovações, 2016.

MEDEIROS, M. B.; FIEDLER, N. C. Incêndios florestais no Parque Nacional da Serra da Canastra: desafios para a conservação da biodiversidade. *Ciência Florestal*, v. 14, p. 157-168, 2004.

MEIRELLES, M. L.; FERREIRA, E. A. B.; FRANCO, A. C. *Dinâmica sazonal do carbono em campo úmido do Cerrado*. Documentos 104, Embrapa, Planaltina, DF, 2006. ISSN1517-5111.

MELCHIORI, A. E.; SETZER, A. W.; MORELLI, F.; LIBONATI, R.; CÂNDIDO, P. A.; JESÚS, S. C. A Landsat TM/OLI Algorithm for Burned Areas in the Brazilian Cerrado: Preliminary Results. In: VIEGAS, D. X. (Ed.). Advances in Forest Fire Research, VII International Conference on Forest Fire Research, Universidade de Coimbra, Portugal, 2014. p. 1302-1311.

MIRANDA, H. S.; BUSTAMANTE, M. M. C.; MIRANDA, A. C. The Fire Factor. In: OLIVEIRA, P. S.; MARQUIS, R. J. (Ed.). *The Cerrados of Brazil*: Ecology and Natural History of a Neotropical Savanna. New York: Columbia University Press, 2002. p. 51-68.

MIRANDA, H. S.; NETO, W. N.; CASTRO-NEVES, B. M. Caracterização das queimadas de Cerrado. In: MIRANDA, H. S. (Org.). Efeitos do regime de fogo sobre a estrutura de comunidades de Cerrado: Projeto Fogo. Brasília, DF, Brasil: Ibama, 2010. p. 23-33.

MIRANDA, H. S.; ROCHA-SILVA, E. P.; MIRANDA, A. C. Comportamento do fogo em queimadas de campo sujo. In: MIRANDA, H. S.; SAITO, C. H.; DIAS, B. F. S. (Org.). *Impactos de queimadas em áreas de cerrado e restinga*. Brasília, DF: ECL/UnB, 1996. p. 1-10.

MIRANDA, H. S.; SATO, M. N.; NETO, W. N.; AIRES, F. S. Fires in the Cerrado, the Brazilian Savana. In: COCHRANE, M. A. (Ed.). Tropical Fire Ecology: Climate Change, Land Use and Ecosystem Dynamics. UK: Springer-Praxis Publishing Ltda., 2009. p. 427-450.

MMA – MINISTÉRIO DO MEIO AMBIENTE. Submissão brasileira de nível de referência de emissões florestais para redução das emissões provenientes do desmatamento do bioma Cerrado para fins de pagamentos por resultados de REDD+ sob a convenção-quadro das Nações Unidas sobre mudança do clima. Brasil: MMA, 2016.

MORTON, D. C.; LE PAGE, Y.; DEFRIES, R.; COLLATZ, G. J.; HURTT, G. C. Understory Fire Frequency and the Fate of Burned Forests in Southern Amazonia. *Phil. Trans. R. Soc. B.*, v. 368, 20120163, 2013. DOI: 10.1098/rstb.2012.0163.

NASCIMENTO, D. T. F.; ARAÚJO, F. M.; FERREIRA-JÚNIOR, L. G. Análise dos padrões de distribuição espacial e temporal dos focos de calor no bioma Cerrado. *Revista Brasileira de Cartografia*, v. 63, n. 4, p. 461-475, 2010.

NETO, W. N.; ANDRADE, S. M. A.; MIRANDA, H. S. The Dynamics of Herbaceous Layer Following Prescribed Burning: A Four Years Study in the Brazilian Savanna. In: VIEGAS D. X. (Ed.). International Conference on Forest Fire Research, Coimbra, 1998. p. 1785-1792.

NIMER, E. Climatologia da região Centro-Oeste do Brasil. *Revista Brasileira de Geografia*, v. 4, p. 3-128, 1972.

OLIVERAS, I.; MALHI, Y. Many Shades of Green: The Dynamic Tropical Forest-Savannah Transition Zones. *Phil. Trans. R. Soc. B.*, v. 371, 20150308, 2016. DOI: 10.1098/rstb.2015.0308.

OTTMAR, R. D.; VIHNANEK, R. E.; MIRANDA, H. S.; SATO, M. N.; ANDRADE, S. M. A. Séries de estereo-fotografias para quantificar a biomassa da vegetação do Cerrado do Brasil Central Volume I. Gen. Tech. Rep, ONW-GTR-519. Portland: US Department of Agriculture Forest Service, 2001.

PEREIRA-JÚNIOR, A. C.; OLIVEIRA, S. L. J.; PEREIRA, J. M. C.; TURKMAN, M. A. A. Modelling Fire Frequency in a Cerrado Savana Protected Area. *PLOS ONE*, v. 9, n. 7, e102380, 2014. DOI: 10.1371/jornal.pone.0102380.

PESSÔA, V. L. S.; INOCÊNCIO, M. E. O Prodecer (re)visitado: as engrenagens da territorialização do capital no cerrado. *Campo-Território*: revista de geografia agrária, edição especial do XXI ENGA, 2014. p. 1-22.

PIVELLO, V. R. The Use of Fire in the Cerrado and Amazonian Rainforests of Brazil: Past and Present. *Fire Ecology*, v. 7, p. 24-39, 2011. DOI: 10.4996/fireecology.071024.

PIVELLO, V. R.; COUTINHO, L. M. Transfer of Macro-Nutrients to the Atmosphere During Experimental Burnings in an Open Cerrado (Brazilian Savanna). *Journal of Tropical Ecology*, v. 8, p. 487-497, 1992.

RAMOS-NETO, M. B.; PIVELLO, V. R. Lighting Fires in a Brazilian Savana National Park: Rethinking Management Strategies. *Environmental Management*, v. 26, p. 675-684, 2000.

RIBEIRO, S. C.; FEHRMANN, L.; SOARES, C. P. B.; JACOVINE, L. A. G.; KLEINN, C.; GASPAR, R. O. Above- and Belowground Biomass in a Brazilian Cerrado. *Forest Ecology and Management*, v. 262, p. 491-499, 2011.

RISSI, M. N. *Efeito da época de queima na dinâmica de campo sujo de Cerrado*. 2016. Tese (Doutorado) – Instituto de Biociências de Rio Claro, Universidade Estadual Paulista, 2016.

RODRIGUES, J. A.; LIBONATI, R.; PEREIRA, A. A.; NOGUEIRA, J. M. P.; SANTOS, F. L. M.; PERES, L. F.; ROSA, A. S.; SCHROEDER, W.; PEREIRA, J. M. C.; GIGLIO, L.; TRIGO, I. F.; SETZER, A. W. How Well Do Global Burned Area Products Represent Fire Patterns in the Brazilian Savannas Biome? An Accuracy Assessment of the MCD64 Collections. *International Journal of Applied Earth Observation and Geoinformation*, v. 78, p. 318-331, June 2019. DOI: 10.1016/j.jag.2019.02.010.

SANO, E. E.; ROSA, R.; BRITO, J. L. S.; FERREIRA, L. G. Mapeamento da cobertura vegetal do bioma Cerrado: estratégias e resultados. Documentos 190. Planaltina, DF: Embrapa Cerrados, 2007.

SANO, E. E.; ROSA, R.; SCARAMUZZA, C. A. M.; ADAMI, M.; BOLFE, E. L.; COUTINHO, A. C.; ESQUERDO, J. C. D. M.; MAURANO, L. E. P.; NARVAES, I. S.; OLIVEIRA-FILHO, F. J. B.; SILVA, E. B.; VICTORIA, D. C.; FERREIRA, L. G.; BRITO, J. L. S.; BAYMA, A. P.; OLIVEIRA, G. H.; SILVA, G. B. Land Use Dynamics in the Brazilian Cerrado in the Period from 2002 to 2013. *Pesq. agropec. bras.*, 54, e00138, 2019. DOI: 10.1590/S1678-3921.pab2019.v54.00138.

SCHMIDT, I. B. *Effects of Local Ecological Knowledge, Harvest and Fire on Golden-Grass* (Syngonanthus nitens, Eriocaulaceae), *A Non-Timber Forest Product (NTFP) Species from the Brazilian Savanna*. 2011. Tese (Doutorado) – Universidade do Hawaii, USA, 2011.

SCHMIDT, I. B.; MOURA, L. C.; BARINGO, C.; FERREIRA, M. C. Fire Behavior in Different Weather Conditions during Fire Management Program Implementation in the Brazilian savanna. In: 59TH ANNUAL SYMPOSIUM OF THE INTERNATIONAL ASSOCIATION FOR VEGETATION SCIENCE ABSTRACTS BOOK, 2016.

SHI, Y.; MATSUNAGA, T.; SAITO, M.; YAMAGUCHI, Y.; CHEN, X. Comparison of Global Inventories of CO2 Emissions from Biomass Burning During 2002-2011 Derived from Multiple Satellite Products. *Environmental Pollution*, v. 206, p. 479-487, 2015.

TYUKAVINA, A.; HANSEN, M. C.; POTAPOV, P. V.; STEHMAN, S. V.; SMITH-RODRIGUES, K.; OKPA, C.; AGUILAR, R. Types and Rates of Forest Disturbance in Brazilian Legal Amazon, 2000-2013. *Science Advances*, v. 3, e1601047, 2017.

UHL, C.; KAUFFMAN, J. B. Deforestation, Fire Susceptibility, and Potential Tree Responses to Fire in the Eastern Amazon. *Ecology*, v. 71, p. 437-449, 1990.

VAN DER WERF, G. R.; RANDERSON, J. T.; GIGLIO, L.; COLLATZ, G. J.; MU, M.; KASIBHATLA, P. S.; MORTON, D. C.; DEFRIES, R. S.; JIN, Y.; VAN LEEUWEN, T. T. Global Fire Emissions and the Contribution of Deforestation, Savanna, Forest, Agricultural, and Peat Fires (1997-2009). *Atmospheric Chemistry and Physics*, v. 10, p. 11707-11735, 2010. DOI: 10.5194/acp-10-11707-2010.

VAN DER WERF, G. R.; RANDERSON, J. T.; GIGLIO, L.; VAN LEEUWEN, T. T.; CHEN, Y.; ROGERS, B. M.; MU, M.; VAN MARKE, M. J. E.; MORTON, D. C.; COLLATZ, G. J.; YOKELSON, R. J.; KASIBHATLA, P. S. Global Fire Emissions Estimates During 1997-2016. *Earth System Science Data*, v. 9, p. 697-720, 2017. DOI: 10.5194/essd-9-697-2017.

VAN LEEUWEN, T. T.; VAN DER WERF, G. R.; HOFFMANN, A. A.; DETMERS, R. G.; RÜCKER, G.; FRENCH, N. H. F.; ARCHIBALD, S.; CARVALHO JR., J. A.; COOK, G. D.; GROOT, W. J.; HÉLY, C.; KASISCHKE, E. S.; KLOSTER, S.; MCCARTY, J. L.; PETTINARI, M. L.; SAVADOGO, P.; ALVARADO, E. C.; BOSCHETTI, L.; MANURI, S.; MEYER, C. P.; SIEGERT, F.; TROLLOPE, L. A.; TROLLOPE, W. S. W. Biomass Burning Fuel Consumption Rates: A Field Measurement Database. *Biogeosciences*, v. 11, p. 7305-7329, 2014. DOI: 10.5194/bg-11-7305-2014.

WARD, D. E.; SUSSOTT, R.; KAUFFMAN, J. B.; BABBITT, R. E.; CUMMINGS, D. L.; DIAS, B.; HOLBEN, B. N.; KAUFMAN, Y. J.; RASMUSSEN, R. A.; SETZER, A. W. Emissions and Burning Characteristics of Biomass Fires for Cerrado and Tropical Forest Regions of Brazil - BASE B Experiment. *Journal of Geophysical Research*, v. 97, p. 14601-14619, 1992.

YOSHII, K. Programa de cooperação nipo-brasileira para o desenvolvimento dos cerrados – Prodecer. In: YOSHII, K.; CAMARGO, A. J. A.; ORIOLI, A. L. (Org.). *Monitoramento ambiental nos projetos agrícolas do Prodecer*. Planaltina: Jica/Embrapa/Campo, 2000. p. 27-33.

Evolução do monitoramento de incêndios florestais e queimadas no Estado do Acre

Vera Reis, Irving Foster Brown

Na segunda metade da década de 1980, foram realizados na Amazônia os experimentos científicos do Experimento Troposférico Global/Experimento da Camada Limite Atmosférica (GTE-ABLE-2A e 2B), coordenados pelo Instituto Nacional de Pesquisas Espaciais (Inpe) e pela Agência Estadunidense de Atmosfera e Espaço (Nasa). Nesses estudos, descobriu-se a existência de grandes queimadas na região, produzindo nuvens de fumaça e afetando áreas extensas na região (Andreae et al., 1988), o que despertou o interesse científico para a questão referente às emissões de carbono na atmosfera e às mudanças climáticas (Simons, 1988).

Na sequência, foi montado o Programa Experimento de Grande Escala Biosfera-Atmosfera (LBA) na década de 1990, com investimentos do Ministério de Ciência e Tecnologia e da Nasa (Avissar et al., 2002; Gonçalves et al., 2013). Esse programa teve uma dupla tarefa: entender como a Amazônia atua em termos de entidade ambiental regional e como os fatores biofísicos afetam a sustentabilidade do desenvolvimento na Amazônia (Lahsen; Nobre, 2007).

Outro objetivo do LBA foi fortalecer comunidades científicas na Amazônia, e os projetos realizados incluíram capacitação científica local. Foster Brown, mantendo seu interesse no tema (Setzer; Brown, 1990), foi um dos investigadores principais de dois projetos apoiados pelo LBA para avaliar queimadas em associação com as mudanças do uso da terra e indiretamente influenciar a sustentabilidade do desenvolvimento regional. Como o Acre possuía relativamente poucos cientistas ambientais, promoveu-se a capacitação de alunos de graduação e pós-graduação para fomentar a comunidade científica local. Assim, formou-se em 1997 o Setor de Estudos do Uso da Terra e de Mudanças Globais (Setem), do Parque Zoobotânico da Universidade Federal do Acre (Ufac).

Desde a década de 1980 ficaram evidentes o uso e o impacto do fogo na vegetação da Amazônia; porém, na percepção científica de então, a Amazônia Ocidental era considerada úmida demais para ter incêndios florestais. Entretanto, trabalhos no fim da década de 1990 mostraram que as florestas nessa região também eram suscetíveis ao fogo (Nepstad et al., 1999; Mendoza, 2003).

Mesmo sem incêndios florestais extensos na região, no fim da década de 1990 houve períodos em que altos níveis de fumaça no Acre só puderam ser explicados pela análise das imagens do satélite NOAA geradas pelo Programa Queimadas do Inpe. Nas imagens, notava-se que, com a entrada de ar frio do sul do continente – as chamadas friagens –, a fumaça das queimadas na região de Santa Cruz de la Sierra, na Bolívia, era transportada para o Acre (Brown, 2000).

No presente, o Acre tornou-se um Estado exemplar por suas iniciativas de minimizar o uso indiscriminado do fogo e o desmatamento, ambos quase sempre ilegais. Para tanto, utilizam-se intensamente as informações do Programa Queimadas do Inpe e dados meteorológicos, climáticos, hidrológicos e de cobertura do solo, alimentando salas de situação, forças-tarefa, brigadas de incêndios, boletins, publicações, interações com órgãos municipais, estaduais, federais e internacionais, e estimulando e aplicando o conhecimento científico.

Neste capítulo, resume-se a experiência do Estado do Acre e da Amazônia Sul-Ocidental, com ênfase na sua evolução no período de 2000 a 2017.

11.1 Período de 2000 a 2004 – preparação para um evento extremo

No início do século, de 2000 a 2004, os dados orbitais sobre queimadas serviram como base para vários trabalhos de alunos no processo de formação na graduação e mestrado (Pantoja; Brown, 2003; Pantoja et al., 2005a, 2005b; Selhorst; Brown, 2003; Selhorst et al., 2004; Vasconcelos et al., 2005; Brown et al., 2004). O objetivo dos trabalhos foi analisar e verificar no campo os focos de queima detectados com sensores orbitais. Durante esse processo, vários alunos se capacitaram no uso de sistemas de informações geográficas (SIG), sensoriamento remoto e de sistemas de posicionamento global (GPS), frequentemente com comunidades rurais (Serrano; Brown, 2001; Reis et al., 2007). Essa capacitação foi chave quando os incêndios florestais de 2005 atingiram a Amazônia Sul-Ocidental, especificamente na região trinacional de Madre de Dios/Peru, Acre/Brasil, Pando/Bolívia, conhecida como região MAP (MAP, 2007; INBO, 2016).

11.2 2005 – O ano do inferno

Na Amazônia, o fogo é um dos instrumentos mais utilizados no preparo e manutenção de atividades produtivas com roçados e na formação de pastagens. Na seca anormal de 2005, essa prática no Acre saiu do controle, atingindo centenas de milhares de hectares de florestas, emitindo grandes quantidades de fumaça e impactando a qualidade do ar e a saúde da população, o que deixou o Estado em situação de emergência.

Essa seca foi considerada uma das mais severas nas últimas décadas, colocando à prova a capacidade da sociedade de reagir a desastres ambientais. Segundo Duarte (2006), o ano de 2005 apresentou vários recordes no Estado: o mês de janeiro foi o mais seco em 36 anos, e houve o menor acumulado de chuvas, com apenas 33% do esperado, o que representou um déficit de 214 mm. Entre agosto e setembro ocorreram temperaturas máximas que superaram em 7 °C e 8 °C o valor médio da temperatura máxima para o período, e a umidade relativa do ar atingiu valores baixos extremos repetidas vezes, em torno de 30%. Em julho de 2005, a seca já se configurava longa, levando a equipe do Setem a publicar um artigo na imprensa local demonstrando o aumento inicial de focos de queima em comparação com os dos anos anteriores e apontando a possibilidade de um período severo de incêndios no futuro (Brown; Pantoja, 2005).

Em agosto desse ano tivemos relatos de incêndios florestais ocorrendo duas vezes nas mesmas florestas em Acrelândia, no extremo leste do Estado. No fim de agosto houve a explosão de focos de queima, o que levou o governo estadual a pedir o apoio do Setem para o mapeamento de incêndios florestais. Crítica nesse caso foi a contribuição da rede de pesquisadores, especialmente os do Programa Queimadas do Inpe e os da Nasa e da Universidade de Maryland (EUA) (Brown et al., 2006b), que forneceram dados de focos de calor e imagens CBERS-2 para análise em tempo quase real das queimadas e incêndios florestais no Estado.

Com a intensificação da seca em meados de setembro, a equipe do Setem se deslocou da Ufac e passou a atuar na Sala de Situação, no Quartel do Corpo de Bombeiros Militar do Acre (Fig. 11.1). Alunos de mestrado e de graduação trabalharam com os profissionais da Defesa Civil Estadual e com os bombeiros durante quase três semanas, localizando a ocorrência dos incêndios, e para tal utilizaram dados de focos de calor e de sobrevoos realizados na região (Fig. 11.2). Os alunos analisavam os dados e diariamente comunicavam os resultados aos bombeiros em reuniões com o comandante e os oficiais das operações (Albuquerque et al., 2007). O Setem documentou essa experiência, como visto em Pantoja e Brown (2007), Pantoja et al. (2007), Vasconcelos e Brown (2007) e Brown et al. (2006b). Um resultado relevante foi constatar que os focos de queima detectados por sensores orbitais subestimaram as queima-

Fig. 11.1 *Sala de Situação no Quartel General do Corpo de Bombeiros Militar do Acre, com alunos do Setem, em 3 de outubro de 2005*

Fig. 11.2 *Foto de sobrevoo, mostrando incêndios florestais na região SE do Acre em 28 de setembro de 2005*

das; considerando-se os focos do satélite NOAA-12, detectou-se menos de 5% dos incêndios florestais, devido a fatores como dossel florestal e a própria fumaça (Fig. 11.3), que impediram a detecção de anomalias de temperatura.

Como a seca de 2005 teve uma amplitude regional, na região MAP, o Departamento de Pando foi também altamente impactado, com mais de 100.000 hectares de copas de florestas afetadas pelos incêndios – portanto, cerca de três vezes a estimativa oficial (Cots; Cardona; Brown, 2017). Esse mapeamento foi realizado em colaboração com membros da iniciativa MAP, um movimento social para aumentar a colaboração entre entidades e a sociedade civil nessa região trinacional (MAP, 2007; INBO, 2016).

A baixa umidade relativa do ar, os ventos fortes, a alta temperatura e a ausência de chuvas em 2005 contribuíram para que os incêndios atingissem milhares de hectares de florestas no Estado. Brown et al. (2006a) estimaram mais de 250 mil hectares de florestas afetadas pelo fogo no leste do Estado, nesse ano. Posteriormente, Shimabukuro et al. (2009), usando imagens MODIS, estimaram que 280.000 ha de floresta e 370.000 ha de áreas abertas foram afetados pelo fogo em 2005. Pantoja e Brown (2009), num processo de reavaliação das áreas afetadas, indicaram estimativas de 337.000 ha a 417.000 ha para florestas impactadas por incêndios e 372.000 ha a 567.000 ha para áreas abertas queimadas no Estado do Acre em 2005. Mais recen-

Fig. 11.3 *Fumaça na entrada da cidade de Acrelândia, Acre, no dia 21 de setembro de 2005*

temente, Sonaira Silva e colegas estimaram cerca de 350.000 ha de florestas impactadas pelo fogo no Acre (Silva et al., 2018). Na ocasião, os envolvidos na aplicação de dados de sensores orbitais para a detecção de desastres chegaram à seguinte recomendação para o futuro: "Não desenvolver respostas da sociedade às possíveis mudanças do clima pode significar que os incêndios ocorridos em 2005 na região MAP sejam o prenúncio de desastres maiores nesta parte da Amazônia" (Brown et al., 2006b).

11.3 Período após 2005 – políticas públicas instituídas

11.3.1 Comissão Estadual de Gestão de Riscos Ambientais (CEGdRA)

A partir da sala de situação improvisada com a participação e apoio dos pesquisadores e acadêmicos do Setem-Ufac durante a seca de 2005, o Instituto de Meio Ambiente do Acre (Imac), a Secretaria de Estado de Meio Ambiente (Sema) e o Instituto Brasileiro de Meio Ambiente e Recursos Naturais Renováveis (Ibama) iniciaram em 2006 ações coordenadas para prevenção e combate e criaram alternativas ao uso do fogo. O instrumento principal foi a criação de um núcleo estratégico com o objetivo de operacionalizar o combate ao desmatamento e queimadas a partir de ações interinstitucionais. Para realizar atividades de campo, contaram também com a participação de instituições estaduais e o suporte de órgãos federais, como o Exército Brasileiro (4° BIS), o Instituto Nacional de Colonização e Reforma Agrária (Incra) e o Sistema de Proteção da Amazônia (Sipam).

Essa articulação culminou na criação da Comissão Estadual de Gestão de Riscos Ambientais (CEGdRA) em 2008, através do Decreto Estadual nº 3.415 de 12 de setembro de 2008, vinculada à Sema, fortalecendo e institucionalizando o processo iniciado em 2005. A CEGdRA tem três câmaras temáticas, que atuam conforme o tipo de risco evidenciado, articulando várias instituições em níveis federal, estadual, municipal e de representantes da sociedade civil para a gestão de risco no Estado. A CEGdRA conta hoje com 42 instituições atuantes cadastradas (Fig. 11.4).

Com os eventos ambientais adversos de 2005, o governo do Acre reconheceu a necessidade de articulação multissetorial para o enfrentamento dos desastres naturais. Dessa forma, priorizou a interação e a integração interinstitucional de suas ações, culminando na implementação da gestão de riscos ambientais como política pública no Estado, no sentido de facilitar a tomada de decisão e a resposta rápida aos desastres naturais. Em 2010, atendendo uma recomendação da CEGdRA, o Estado decretou situação de alerta ambiental, através do Decreto nº 5.571/10, em razão dos desastres decorrentes da incidência de incêndios em florestas e das queimadas descontroladas. A área de floresta impactada por fogo em 2010 chegou a mais de 120 mil hectares, segundo Silva et al. (2018). Os impactos da seca e dos incêndios florestais no Acre, nos

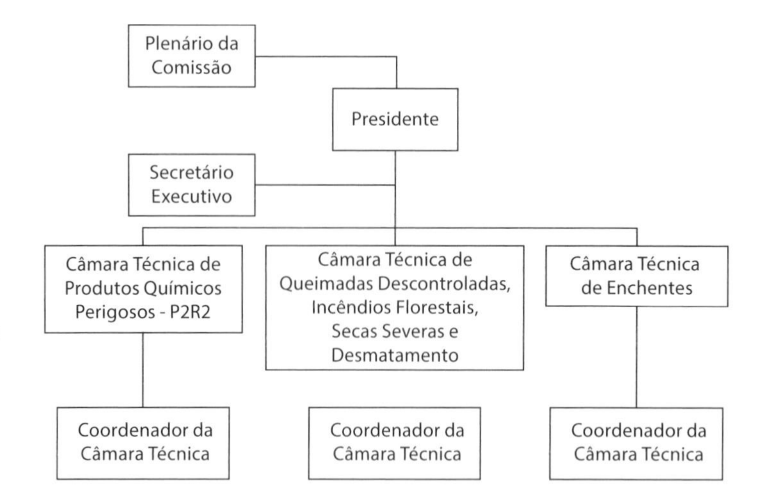

Fig. 11.4 *Estrutura de funcionamento da Comissão Estadual de Gestão de Riscos Ambientais (CEGdRA)*

anos de 2005 e 2010, foram de fundamental importância para a elaboração e implementação do Plano Integrado de Prevenção e Controle das Queimadas e Incêndios Florestais em 2011 e, em 2013, do Plano de Gestão de Riscos de Desastres Ambientais, através da CEGdRA.

11.3.2 Unidade de Situação de Monitoramento Hidrometeorológico

Em 2012, o governo do Estado implantou a Unidade de Situação de Monitoramento Hidrometeorológico como estrutura executiva da CEGdRA, funcionando como centro operacional de monitoramento hidrometeorológico. O objetivo dessa unidade é identificar ocorrências de eventos críticos através do monitoramento diário de tempo, focos de queima e risco de fogo no período seco, além da vazão e níveis de rios no período chuvoso, em todo o território do Acre, de forma a subsidiar a tomada de decisão e resposta das defesas civis. Todo o trabalho desenvolvido na Unidade de Situação tem como base os dados orbitais do Programa Queimadas do Inpe, cujos produtos são divulgados na forma de boletins (Fig. 11.5) e relatórios técnicos (Fig. 11.6). Os alertas antecipados sobre riscos são gerados através da plataforma ambiental TerraMA2 do Inpe, em sua versão aprimorada pelo Programa Queimadas, que será apresentada na próxima seção.

11.3.3 Sistema de alerta – Plataforma Ambiental TerraMA2

Em 2012, a Plataforma de Monitoramento Ambiental TerraMA2, idealizada e desenvolvida pela Divisão de Processamento de Imagens (DPI) do Inpe (http://www.terrama2.dpi.inpe.br/), foi adaptada às necessidades do Estado do Acre, na Unidade de Situação de Monitoramento Hidrometeorológico. Essa plataforma permite analisar a ocorrência de desastres naturais a partir de informações disponíveis na

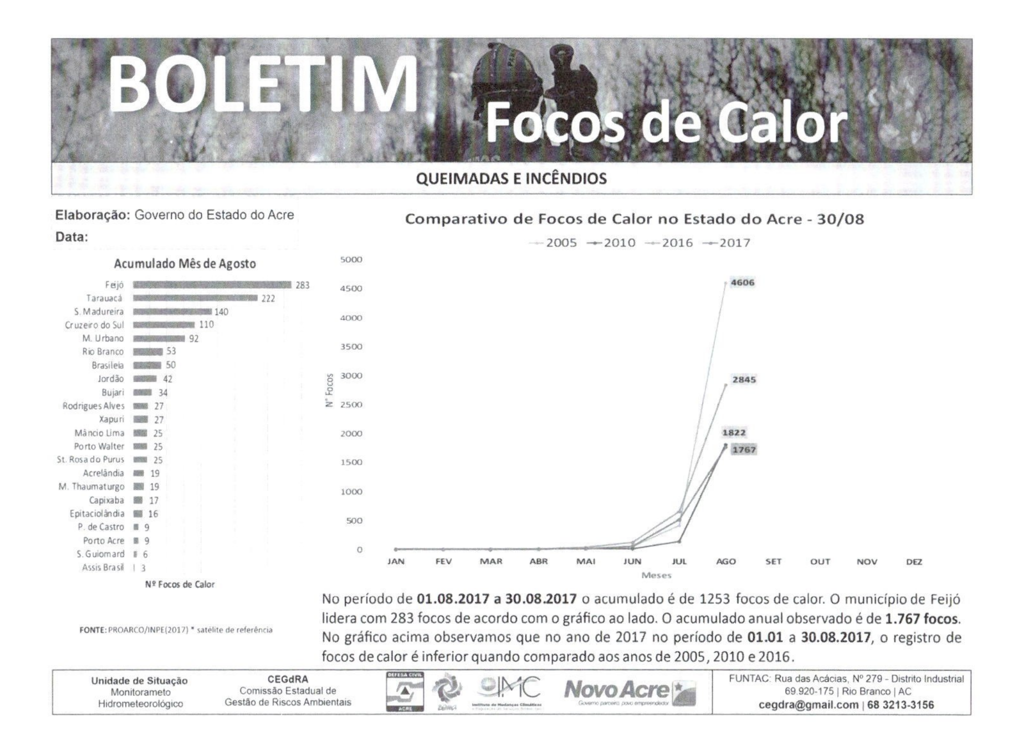

FIG. 11.5 *Boletim de queimadas e incêndios (31 de outubro de 2018) divulgado pela Unidade de Situação de Monitoramento Hidrometeorológico, com base nos dados do Programa Queimadas do Inpe*

internet, facilitando o acompanhamento de eventos pluviométricos extremos em épocas de chuva e em períodos de estiagem, além da dinâmica de focos de calor e de risco de fogo.

Após aperfeiçoamentos diversos em função das especificidades do Estado do Acre, a plataforma TerraMA2 foi expandida para os departamentos de Madre de Dios, no Peru, e de Pando, na Bolívia, abrangendo a área geográfica da região MAP indicada no início do capítulo. Essa iniciativa contou com apoio da Sema, da Agência Alemã de Cooperação Internacional (GIZ) e da Organização do Tratado de Cooperação Amazônica (OTCA), a partir de junho de 2014.

Na implementação da plataforma TerraMA2 destaca-se a estruturação do banco de dados com as camadas-base de limites de países, departamentos, estados, municípios, malhas de hidrografia e estradas e bacias hidrográficas; com essas informações básicas e os modelos de análise e decisão desenvolvidos, foi estabelecido um sistema de alerta antecipado de riscos ambientais. O sistema emite alertas por e-mail e divulga as informações em uma página *web* a cada mudança de nível de riscos, escalonados em intensidade, fornecendo panoramas sobre as áreas atingidas (Fig. 11.7).

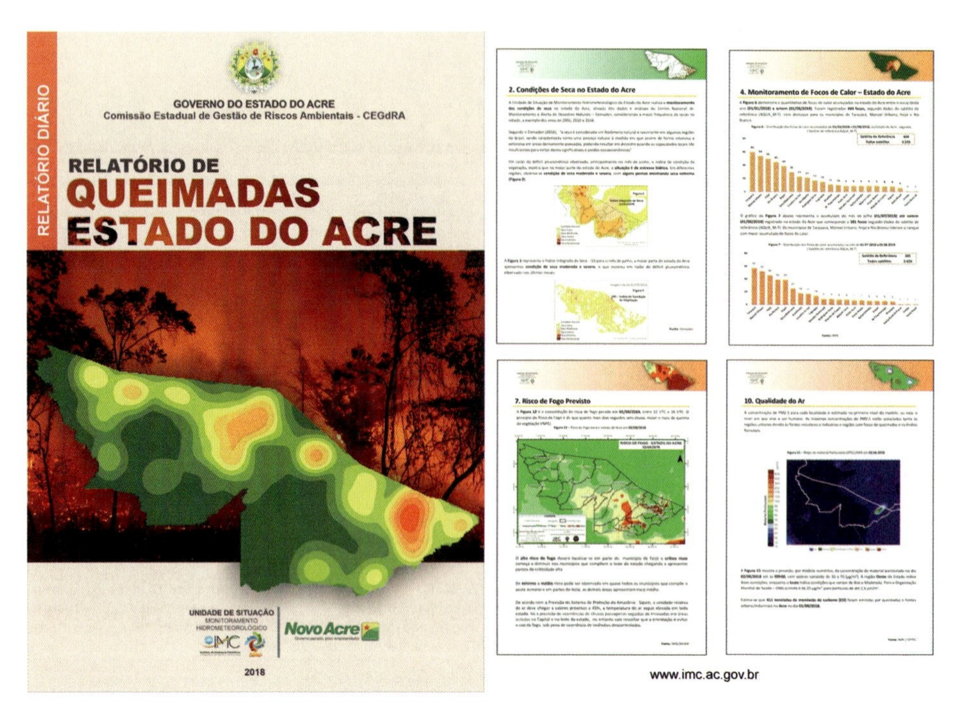

Fig. 11.6 *Relatório de queimadas (30 de agosto de 2016) divulgado pela Unidade de Situação de Monitoramento Hidrometeorológico com base nos produtos do Programa Queimadas do Inpe*

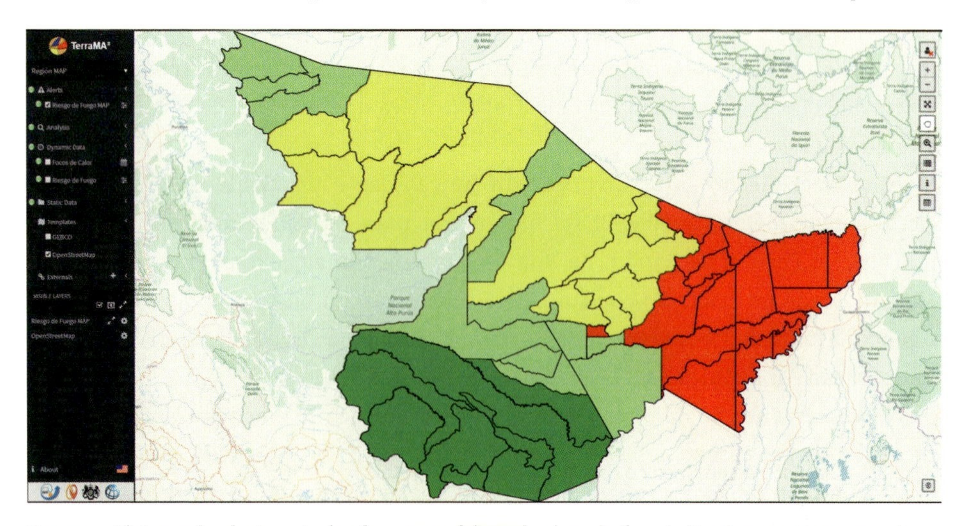

Fig. 11.7 *Sistema de alerta antecipado com as faixas de risco de fogo indicadas em cores, gerado pelo TerraMA2 para a região MAP (2 de agosto de 2018, 15h37min)*

Complementando as análises em execução, a partir da nova Plataforma TerraMA2Q, em 2018, o risco de incêndio florestal do Programa Queimadas do Inpe (ver Cap. 1 deste livro) foi incorporado e tem sido utilizado como importante estratégia nos processos de prevenção, controle e combate de queimadas e incêndios florestais na região (Fig. 11.8).

A gestão da Unidade de Situação de Monitoramento Hidrometeorológico é feita de forma compartilhada, por meio de um acordo de cooperação técnica interinstitucional entre a Sema, o Imac, a Fundação de Tecnologia do Estado Acre (Funtac), o Corpo de Bombeiros Militar, a Coordenadoria Estadual de Defesa Civil e o Instituto de Mudanças Climáticas e Regulação dos Serviços Ambientais (IMC). A estrutura da unidade, preparada para o monitoramento de eventos hidrológicos críticos, com o apoio da Agência Nacional de Águas (ANA), permitiu a expansão das atividades também no período de seca, incorporando dados orbitais no monitoramento. No presente, a unidade conta com o suporte técnico de vários centros nacionais de pesquisa e monitoramento ambiental, como o Centro de Previsão de Tempo e Estudos Climáticos do Inpe (CPTEC), o Sipam, o Serviço Geológico do Brasil (CPRM) e o Centro Nacional de Monitoramento e Alertas de Desastres Naturais (Cemaden), permitindo o desenvolvimento de atividades técnicas e de pesquisa conjuntas. Trabalhos da equipe da unidade atestam o funcionamento dessa estrutura de governo e as rotinas diárias executadas (Lima et al., 2017; Pereira; Pereira; Ferreira, 2019).

Adicionalmente, devem ser considerados os casos em que a dispersão da fumaça atravessa fronteiras físicas, o que, nos episódios críticos de incêndios florestais e queimadas, demanda colaboração transfronteiriça entre o Estado do Acre e os departamentos vizinhos de Madre de Dios, no Peru, e Pando, na Bolívia, especialmente

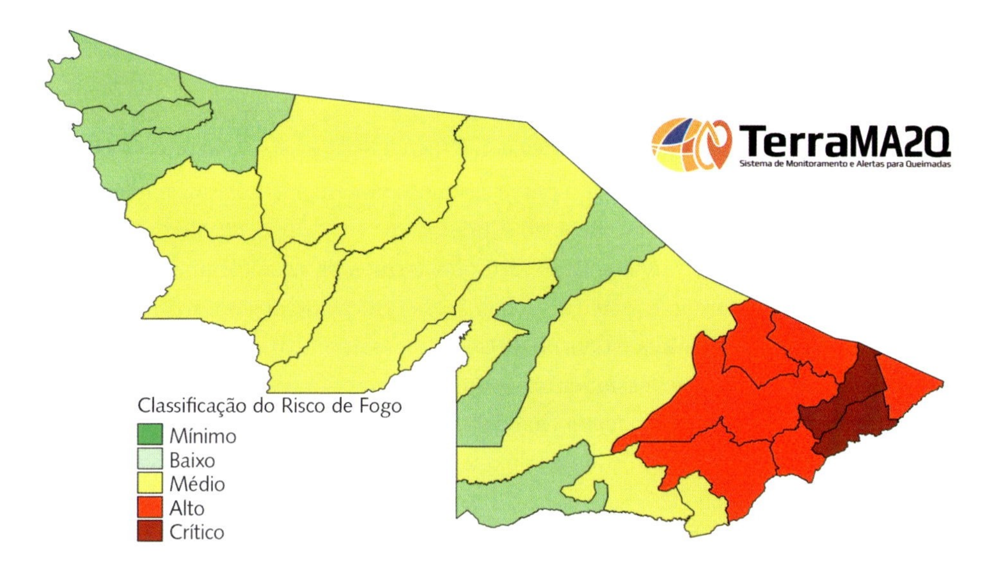

Fig. 11.8 *Mapa com as classes do risco de fogo observado no Estado do Acre, utilizando o algoritmo e a versão do TerraMA2Q do Programa Queimadas do Inpe (2 de agosto de 2018, 20h11min)*

através da emissão dos alertas antecipados, via sistema de alerta TerraMA2Q, como pode ser observado na Fig. 11.7. Essa colaboração tem ocorrido através de reuniões temáticas normalmente desenvolvidas pela iniciativa MAP na região de fronteira entre Brasil, Bolívia e Peru (Brown et al., 2006b; Oliveira; Brown; Silva, 2017). Os resultados das referidas reuniões foram apresentados em fóruns, a exemplo do X Fórum MAP, sediado pela Ufac em Rio Branco (INBO, 2016).

Outro aspecto relevante dos incêndios florestais e das queimadas para o Acre está nos aerossóis e gases emitidos, causadores de efeitos nocivos à saúde das populações expostas às regiões afetadas pelo fogo. Nos anos de queima mais intensa, o Acre vem registrando aumentos significativos de atendimentos médicos resultantes de problemas respiratórios, principalmente em crianças e idosos (Gonçalves; Castro; Hacon, 2012). Nesse contexto, o uso de dados de sensores orbitais incluiu a detecção de fumaça oriunda de queimadas (Fig. 11.3), que atingiu concentrações de várias centenas de microgramas por metro cúbico na segunda quinzena de setembro de 2005 (Duarte; Brown; Longo, 2007). Para quantificar devidamente o impacto da fumaça, no ano de 2017, portanto doze anos depois dos incêndios de 2005, foi iniciada na Ufac a implantação da Rede de Monitoramento da Qualidade do Ar, com dados disponíveis *on-line* (www.purpleair.com/map – Brown et al., 2019), que se expandiu para todo o Estado do Acre, via colaboração com o Ministério Público do Estado do Acre.

11.3.4 Força-tarefa de ações ambientais

Para fortalecer ações de comando e controle do desmatamento e queimadas e facilitar a aplicação dos dados e das informações de monitoramento, o governo do Estado do Acre estabeleceu uma força-tarefa, permitindo o direcionamento das políticas públicas para áreas estratégicas, como unidades de conservação, terras indígenas e locais críticos de desmatamento no Estado. Os órgãos responsáveis pelo comando e controle fazem uso das informações obtidas a partir de dados de sensores orbitais para a realização de ações integradas de fiscalização e inteligência em campo, abrangendo operações terrestres, aéreas e fluviais. O suporte em termos de monitoramento e dados para as vistorias de campo e localização das áreas críticas do desmatamento e queimadas é fornecido pela Unidade Central de Geoprocessamento (Ucegeo), hoje parte do Centro Integrado de Geoprocessamento e Monitoramento Ambiental (Cigma), coordenado pela Sema, utilizando imagens Landsat e Sentinel, a base de dados do Cadastro Ambiental Rural (CAR) e os indicadores de queimadas e incêndios florestais do Inpe.

11.4 Sugestões para o futuro

O sul e sudeste da Amazônia enfrentam estiagens cada vez mais extensas e severas, com aumento do risco de fogo, afetando ecossistemas naturais e antrópicos (Wright et al., 2017; Aragão et al., 2018). A eventual continuidade do desmatamento poderá levar a um ponto de "não retorno", ou seja, em que as condições climáticas impediriam a manutenção da cobertura florestal (Lovejoy; Nobre, 2018). O papel de informações geradas a partir de sensores orbitais tem sido crítico para quantificar a cobertura florestal, as suas ameaças e tendências. Essas informações, porém, precisam ser combinadas com sabedoria, conhecimento da realidade local e ações conjuntas para evitar que ultrapassemos os limites do nosso planeta pequeno (Steffen et al., 2015).

Agradecimentos

Os autores agradecem à Cooperação Técnica Alemã (GIZ), à Organização do Tratado de Cooperação Amazônica (OTCA), à Secretaria de Estado de Meio Ambiente do Acre (Sema), ao Instituto de Pesquisas Espaciais (Inpe), à Universidade Federal do Acre (Ufac), ao Woods Hole Research Center (WHRC), ao Ministério Público do Estado do Acre (MPAC) e à Fundação John D. & Catherine T. MacArthur, por suas contribuições ao trabalho aqui relatado.

Referências bibliográficas

ALBUQUERQUE, J. H. B.; GOMES, J. J. B.; COSTA, C. B.; SANTOS, C. S.; BROWN, I. F. Visão da Defesa Civil do Estado do Acre na aplicação das ferramentas de sensoriamento remoto para o controle e combate às queimadas do ano de 2005. In: XIII SIMPÓSIO BRASILEIRO DE SENSORIAMENTO REMOTO. *Anais*... Florianópolis, Brasil, 21-26 abril 2007. INPE, 2007. p. 4413-4420.

ANDREAE, M. O.; BROWELL, E. V.; GARSTANG, M.; GREGORY, G. L.; HARRIS, R. C.; HILL, F.; JACOB, D. J.; PEREIRA, M. C.; SACHSE, G. W.; SETZER, A. W.; SILVA DIAS, P. L.; TALBOT, R. W.; TORRES, A. L.; WOFSY, S. C. Biomass Burning Emissions and Associated Haze Layers over Amazonia. *J. Geophys. Res.*, v. 93, D2, p. 1509-1527, 1988.

ARAGÃO, L. E. O. C.; ANDERSON, L. O.; FONSECA, M. G.; ROSAN, T. M.; VEDOVATO, L. B.; WAGNER, F. H.; SILVA, C. V. J. et al. 21st Century Drought-Related Fires Counteract the Decline of Amazon Deforestation Carbon Emissions. *Nature Communications*, v. 9, n. 1, p. 536, 2018. DOI: 10.1038/s41467-017-02771-y.

AVISSAR, R.; SILVA DIAS, P.; SILVA DIAS, M.; NOBRE, C. The Large-Scale Biosphere--Atmosphere Experiment in Amazonia (LBA): Insights and future research needs. *Journal of Geophysical Research: Atmospheres*, v. 107, D20, LBA 54-1, 2002. DOI: 10.1029/2002JD002704.

BROWN, I. F. Smoke Across the Borders in Southwestern Amazonia: Fires in Bolivia Affect Air Quality in Acre, Brazil. In: *Book of Abstracts of First LBA Scientific Conference*. v. 1. Belém, PA, 2000. p. 179-179.

BROWN, I. F.; PANTOJA, N. V. Seca no rio e fogo na floresta. *Jornal Página 20*, Rio Branco, Acre, p. 3, 2 ago. 2005.

BROWN, I. F.; SELHORST, D.; PANTOJA, N. V.; MENDOZA, E.; VASCONCELOS, S. S.; ROCHA, K. Os desafios do monitoramento de desmatamento, queimadas e atividade madeireira na região MAP – área fronteiriça de Bolívia, Peru e Brasil. In: 6° SEMINÁRIO DE ATUALIZAÇÃO EM SR/SIG EM ENGENHARIA FLORESTAL, Curitiba. Aplicações de Geotecnologias na Engenharia Florestal, Curitiba: Copiadora Gabardo Ltda., 2004. p. 70-77.

BROWN, I. F.; MOULARD, E. M. N. P.; NAKAMURA, J.; SCHROEDER, W.; DE LOS RIOS MALDONADO, M.; VASCONCELOS, S. *Relatório preliminar do mapeamento de áreas de risco para incêndios no leste do Estado do Acre*: primeira aproximação. Rio Branco: Fundação de Tecnologia do Estado do Acre (Funtac), 2006a. 9 p.

BROWN, I. F.; SCHROEDER, W.; SETZER, A.; DE LOS RIOS MALDONADO, M.; PANTOJA, N.; DUARTE, A.; MARENGO, J. Monitoring Fires in Southwestern Amazonia Rain Forests. *EOS, Transactions American Geophysical Union*, v. 87, n. 26, p. 253-59, 2006b. DOI: 10.1029/2006EO260001.

BROWN, I. F.; DUARTE, A. F.; TORRES, M.; ASCORRA, C.; REYES, J. F.; RIOJA-BALLIVIAN, G.; REIS, V. L.; MELO, A. W. F. de M.; SILVA, S.; ACHO, C. Monitoramento de fumaça em tempo real mediante sensores de baixo custo instalados na Amazônia Sul-ocidental. In: XIX SIMPÓSIO BRASILEIRO DE SENSORIAMENTO REMOTO, 2019, 2658-61. *Anais*... Santos, SP, Brasil: Inpe, 2019.

COTS, T. R.; CARDONA, E. P.; BROWN, I. F. 2007. Análisis de la superficie afectada por fuego en el departamento de Pando el año 2005 a partir de la clasificación de imágenes del satélite CBERS. In: XIII SIMPÓSIO BRASILEIRO DE SENSORIAMENTO REMOTO. *Anais*... Florianópolis, Brasil, 21-26 abril 2007. Inpe, 2007. p. 835-842.

DUARTE, A. F. Aspectos da climatologia do Acre, Brasil, com base no intervalo 1971-2000. *Revista Brasileira de Meteorologia*, v. 21, n. 3b, p. 308-317, 2006.

DUARTE, A. F.; BROWN, I. F.; LONGO, K. Events of High Particulate Matter (Smoke) Concentrations in Eastern Acre and their Spatial Relationship with Regional Biomass Burning: The Case of September 2005. In: XIII SIMPÓSIO BRASILEIRO DE SENSORIAMENTO REMOTO. *Anais*... Florianópolis, Brasil, 21-26 abril 2007. Inpe, 2007. p. 4453-4456.

GONÇALVES, K. dos S.; CASTRO, H. A. de; HACON, S. de S. As queimadas na região Amazônica e o adoecimento respiratório. *Ciênc. Saúde Coletiva*, Rio de Janeiro, v. 17, n. 6, Jun. 2012. DOI: 10.1590/S1413-81232012000600016.

GONÇALVES, L. G.; BORAK, J. S.; COSTA, M. H.; SALESKA, S. R.; BAKER, I.; RESTREPO-COUPE, N.; MUZA, M. N. et al. Overview of the Large-Scale Biosphere–Atmosphere Experiment in Amazonia Data Model Intercomparison Project (LBA-DMIP). *Agricultural and Forest Meteorology*, 182-183 (December): 111-27, 2013. DOI: 10.1016/j.agrformet.2013.04.030.

INBO – INTERNATIONAL NETWORK OF BASIN ORGANISMS. Transboundary water management in the Amazon Basin: The MAP Iniciative – Madre de Dios-PE, Acre-BR e Pando-BO. *La lettre du Réseau*, INBONewsletter, n. 24, p. 22, may 2016. Disponível em: <http://www.riob.org/pub/INBO-24/files/assets/basic-html/page22.html>. Acesso em: 25 jun. 2020.

LAHSEN, M.; NOBRE, C. A. Challenges of Connecting International Science and Local Level Sustainability Efforts: The Case of the Large-Scale Biosphere-Atmosphere Experiment in Amazonia. *Environmental Science & Policy*, v. 10, n. 1, p. 62-74, 2007. DOI: 10.1016/j.envsci.2006.10.005.

LIMA, Y. M. S.; MELLO, S. C. M.; BEZERRA, D. S.; LIMA, T. M.; PIMENTEL, A. S.; REIS, V. L. Geotecnologias aplicadas ao monitoramento de queimadas e incêndios florestais no estado do Acre, Brasil. In: XVIII SIMPÓSIO BRASILEIRO DE SENSORIAMENTO REMOTO (SBSR). *Anais*... Santos, Brasil, 28 a 31 maio de 2017. Inpe, 2017. p. 5507-5514.

LOVEJOY, T. E.; NOBRE, C. Amazon tipping point. *Science Advances*, v. 4, n. 2, 2018. DOI: 10.1126/sciadv.aat2340.

MAP. Forum MAP, Madre de Dios, Acre y Pando, 2007. Disponível em: <https://web.archive.org/web/20071223153204/http://www.map-amazonia.net/forum/index.php>. Acesso em: 28 jun. 2020.

MENDOZA, E. R. H. *Susceptibilidade da floresta primária ao fogo em 1998 e 1999*: estudo de caso no Acre, Amazônia Sul-ocidental, Brasil. 2003. 35 p. Dissertação (Mestrado) – Curso de Ecologia e Manejo de Recursos Naturais, Universidade Federal do Acre, Rio Branco, Acre, 2003.

NEPSTAD, D. C.; VERISSIMO, A.; ALENCAR, A.; NOBRE, C.; LIMA, E.; LEFEBVRE, P.; SCHLESINGER, P. et al. Large-Scale Impoverishment of Amazonian Forests by Logging and Fire. *Nature*, v. 398 (April), n. 505, 1999.

OLIVEIRA, I. D. de; BROWN, F.; SILVA, S. S. da. Geotecnologias e mídia social como ferramentas para alerta de eventos climáticos extremos: exemplo da seca de 2016 na Amazônia Sul-ocidental. In: XVIII SIMPÓSIO BRASILEIRO DE SENSORIAMENTO REMOTO (SBSR). *Anais*... Inpe, maio 2017. p. 7126-7133.

PANTOJA, N. V.; BROWN, I. F. Acurácia dos sensores AVHRR, GOES e MODIS na detecção de incêndios florestais e queimadas a partir de observações aéreas no estado do Acre, Brasil. In: XIII SIMPÓSIO BRASILEIRO DE SENSORIAMENTO REMOTO, *Anais*... Florianópolis, Brasil, 21-26 abril 2007. Inpe, 2007. p. 4501-4508.

PANTOJA, N. V.; BROWN, I. F. Estimativas de áreas afetadas pelo fogo no leste do Acre associadas a seca de 2005. In: XIV SIMPÓSIO BRASILEIRO DE SENSORIAMENTO REMOTO. *Anais*..., Natal, Brasil, 25-30 abril 2009. Inpe, 2009. p. 6029-6036.

PANTOJA, N. V.; BROWN, I. F. Métodos de validação de estimativas de desmatamento e queimadas no leste do Estado do Acre: pontos versus polígonos. In: IV CONGRESSO DE ECOLOGIA DO BRASIL FORTALEZA-CE, 1. *Anais*... Trabalhos completos. 2003. p. 671-672.

PANTOJA, N. V.; ROCHA, K.; SARAIVA, L. S.; MENDOZA, E.; BROWN, I. F.; RECCO, R. Uso de focos de calor para auxiliar no mapeamento comunitário do Programa Proambiente: estudo de caso do Polo Alto Acre. In: II CONGRESSO DE ESTUDANTE E BOLSISTA DO EXPERIMENTO LBA, Manaus, Brasil, 2005a.

PANTOJA, N. V.; FARIAS, C. O.; SARAIVA, L. S.; SOUZA, G. F.; ABREU, R. G.; SILVA, G. F. D.; BROWN, I. F. Banco de dados de fotografias aéreas de pequeno formato aplicadas no monitoramento de queimadas no estado do Acre em 2005. In: XIII SIMPÓSIO BRASILEIRO DE SENSORIAMENTO REMOTO. *Anais*..., Florianópolis, Brasil, 21-26 abr. 2007. Inpe, 2007. p. 4509-4514.

PANTOJA, N. V.; SELHORST, D.; ROCHA, K.; LOPES, F. M.; SARAIVA, L. S.; VASCONCELOS, S. S.; BROWN, I. F. Observações de queimadas no leste do Acre: subsídios para validação de focos de calor derivados de dados de satélites. In: XII SIMPÓSIO BRASILEIRO DE SENSORIAMENTO REMOTO. *Anais*... Goiânia, Brasil. Inpe, 2005b. p. 3215-3222.

PEREIRA, E. F.; PEREIRA, P. O.; FERREIRA, R. da S. Monitoramento espacial de focos de calor no Estado do Acre. In: XIX SIMPÓSIO BRASILEIRO DE SENSORIAMENTO REMOTO. *Anais*... Santos, Brasil, 14 a 17 de abril de 2019. Inpe, 2019. p. 1326-1329.

REIS, V. L.; CAVALCANTE, C. R. S.; BROWN, I. F.; ABREU, R. G.; SOUZA, G. F.; FARIAS, C. O.; VERÇOSA, S.; PINTO, G. P. Aplicação de sistema de posicionamento global (GPS) e sensoriamento remoto no ensino básico rural: o caso do Projeto Floresta das Crianças, Acre, Brasil. In: XIII SIMPÓSIO BRASILEIRO DE SENSORIAMENTO REMOTO. *Anais*... Florianópolis, Brasil, 21-26 abr. 2007. Inpe, 2007. p. 1571-1578.

SELHORST, D.; BROWN, I. F. Queimadas na Amazônia Sul-Ocidental, Estado do Acre - Brasil: Comparação entre produtos de satélite (GOES-8 e NOAA-12) e observações de campo. In: SIMPÓSIO BRASILEIRO DE SENSORIAMENTO REMOTO. *Anais*... Belo Horizonte, Brasil, 5-10 abril 2003. Inpe, 2003. p. 517-524.

SELHORST, D.; BROWN, I. F.; PANTOJA, N. V.; JOHNSON, L.; SCHLESINGER, P. Comparação da distribuição espacial de pontos quentes AVHRR e MODIS na região trinacional

Brasil-Bolívia-Peru e municípios do Estado do Acre. In: III CONFERÊNCIA CIENTÍFICA DO LBA, Brasília, DF, 2004.

SERRANO, R. O. P.; BROWN, I. F. *Aprenda a se localizar, produzir mapas e calcular áreas usando dados do GPS*: tecnologia simplificada para ajudar na utilização dos recursos naturais em comunidades extrativistas e rurais na Amazônia. Rio Branco: UFAC/PZ/SETEM, 2001. 36 p.

SETZER, A. W.; BROWN, F. I. The Burning of Brazil: A Discussion with Foster Brown and Alberto Setzer. *Camões Center Quarterly*, Columbia University, NY, USA, v. 2, n. 1/2, p. 20-25, 1990. Disponível em: <https://queimadas.dgi.inpe.br/~rqueimadas/documentos/1990_Brown_Setzer_Burning_BRAZIL_CCQ.pdf>. Acesso em: 8 out. 2021.

SHIMABUKURO, Y. E.; DUARTE, V.; ARAI, E.; FREITAS, R. M.; LIMA, A.; VALERIANO, D. M.; BROWN, I. F.; MALDONADO, M. L. R. Fraction Images Derived from Terra Modis Data for Mapping Burnt Areas in Brazilian Amazonia. *International Journal of Remote Sensing*, v. 30, n. 6, p. 1537-1546, 2009. DOI: 10.1080/01431160802509058.

SILVA, S. S.; FEARNSIDE, P. M.; GRAÇA, P. M. L. A.; BROWN, I. F.; ALENCAR, A.; MELO, A. W. F. Dynamics of Forest Fires in the Southwestern Amazon. *Forest Ecology and Management*, v. 424 (September), p. 312-22, 2018. DOI: 10.1016/j.foreco.2018.04.041.

SIMONS, M. Vast Amazon Fires, Man-Made, Linked to Global Warming. *The New York Times*, p. 01, Aug. 12, 1988.

STEFFEN, W.; RICHARDSON, K.; ROCKSTRÖM, J.; CORNELL, S. E.; FETZER, I.; BENNETT, E. M.; BIGGS, R. et al. Planetary Boundaries: Guiding Human Development on a Changing Planet. *Science*, v. 347 (6223), 2015. DOI: 10.1126/science.1259855.

VASCONCELOS, S. S.; BROWN, I. F. The Use of Hot Pixels as an Indicator of Fires in the MAP Region: Tendencies in Recent Years in Acre, Brazil. In: XIII SIMPÓSIO BRASILEIRO DE SENSORIAMENTO REMOTO. *Anais*... Florianópolis, Brasil, 21-26 abr. 2007. Inpe, 2007. p. 4549-4556.

VASCONCELOS, S. S.; ROCHA, K.; SELHORST, D.; PANTOJA, N. V.; BROWN, I. F. Evolução de focos de calor nos anos de 2003 e 2004 na região de Madre de Dios/Peru –Acre/Brasil – Pando/Bolívia (MAP): uma aplicação regional do banco de dados INPE/IBAMA. In: XII SIMPÓSIO BRASILEIRO DE SENSORIAMENTO REMOTO. *Anais*... Goiânia, Brasil, 2005. 2005. p. 3411-3417.

WRIGHT, J. S.; FU, R.; WORDEN, J. R.; CHAKRABORTY, S.; CLINTON, N. E.; RISI, C.; SUN, Y.; YIN, L. Rainforest-Initiated Wet Season Onset over the Southern Amazon. In: *Proceedings of the National Academy of Sciences*, 2017. https://doi.org/10.1073/pnas.1621516114.

Paleofogo e o potencial impacto das mudanças climáticas na incidência de queimadas

Flavio Justino, Jackson Martins Rodrigues, Alex S. da Silva

O fogo sempre foi um elemento natural no ambiente, de ocorrência controlada principalmente pelo clima. As secas sazonais, a temperatura, a umidade e os ventos são responsáveis pelo controle de biomassa morta e pela propagação do fogo em quase todos os tipos de vegetação (Harrison; Marlon; Bartlein, 2010), e a precipitação foi o mais importante elemento na determinação da ocorrência de incêndios durante o período pré-industrial (Pechony; Shindell, 2010). Contudo, nos séculos que sucederam a Revolução Industrial, as ações humanas passaram a ser a principal causa.

O aumento na frequência e nos impactos causados pelos incêndios nas últimas décadas tem causado grande preocupação, pois resulta da intensificação de atividades antrópicas, como manejo de áreas para agricultura, e apresenta consequências nas mudanças climáticas. Espera-se que a frequência de incêndios aumente na maioria dos cenários de mudanças climáticas, e os custos relacionados ao manejo e ao dano de incêndios florestais já mostram crescimento nos últimos anos (Denis et al., 2012).

Os incêndios produzem e acumulam registros no ambiente, como carvão, resíduos de carbono e cicatrizes em anéis de árvores, que são utilizados para reconstruir a dinâmica local do fogo (Whitlock; Bartlein, 2004; Mouillot; Field, 2005; Gavin et al., 2007; McConnell et al., 2007; Falk et al., 2011). Estudos nesse sentido cobrem períodos que variam de décadas até milênios (Carcaillet et al., 2002; Brown et al., 2005; Marlon et al., 2008; Iglesias; Whitlock, 2014). A história contada por essas reconstruções geralmente fornece uma perspectiva contínua dos regimes de fogo em diferentes escalas temporais (décadas, séculos ou milênios), e sua consistência depende das taxas de sedimentação, deposição e preservação/decomposição, que podem afetar a interpretação dos resultados (Atahan; Dodson; Itzstein-Davey, 2004; Power et al., 2006). Essas reconstruções destacaram-se nas últimas décadas em função das mudanças climáticas potenciais, uma vez que os incêndios têm impactos diretos sobre o armazenamento de carbono, composição atmosférica, diversidade de ecossistemas e práticas de manejo do solo (Van der Werf et al., 2006; Denis et al., 2012; Kirchgeorg et al., 2014).

Registros em muitas regiões do globo fornecem informações sobre a frequência, intensidade e sazonalidade da ocorrência de fogo, permitindo diagnosticar a suscetibilidade do ambiente local (Fig. 12.1 e Tab. 12.1) (Haberle; Ledru, 2001; Carcaillet et al., 2002; Marlon et al., 2008; Power et al., 2008). Ainda, são necessárias análises integradas das várias amostras fósseis em complemento a interpretações unicamente locais (Bowman et al., 2009; Harrison; Marlon; Bartlein, 2010). Reconstruções utilizando registros de carvão demonstram que a ocorrência de incêndios tem variado globalmente desde o último máximo glacial, há cerca de 20 mil anos (Power et al., 2008); no entanto, pouco se sabe sobre as reais conexões entre a ocorrência de fogo em distintos períodos e locais.

Iniciativas para mapeamento global de registros históricos de carvão têm sido implementadas para entender as relações entre as diferentes ocorrências de fogo, tais como o *Global Charcoal Database* (GCD) (Fig. 12.1 e Tab. 12.1). O GCD atualmente está em sua quarta versão, com acervo de aproximadamente 1.137 locais distribuídos em cinco continentes, em sua maioria em regiões subtropicais, cobrindo os últimos 20 mil anos. Esse levantamento demonstra que a ocorrência de fogo vem alterando a dinâmica ambiental de todos os continentes, principalmente após o período glacial. As amostras localizadas em latitudes norte altas demonstram coerência com o período de retração das geleiras, quando surgiram os primeiros registros de fogo na transição Pleistoceno/Holoceno. Durante o Holoceno, até ~12 mil anos atrás, observam-se oscilações nas distribuições de carvão com padrões diferentes em regiões como a costa leste e oeste da América do Norte. Em geral, nas regiões tropicais, a presença do fogo cobre um período maior de tempo, estendendo-se a períodos de 15 mil anos antes do presente, e também apresenta comportamento difuso ao longo do tempo (Fig. 12.1).

Power et al. (2008) analisaram 405 registros de carvão e identificaram a ocorrência de fogo desde o último máximo glacial. Os autores ainda observaram que, entre 20.000 e 12.000 anos anteriores ao presente (A.P.), o padrão global geral apresentava frequência de fogo menor que a atual. Essa conclusão se estende à bacia amazônica, onde não foram identificadas evidências significativas da ocorrência de fogo desde o último máximo glacial. Colinvaux et al. (1996) analisaram registros fósseis de pólen e concluíram que a bacia amazônica nunca teve como padrão a presença de fogo, pois no Holoceno sempre apresentou características úmidas, como demonstrado pelos indicadores de floresta tropical.

Por outro lado, as regiões de contato entre Amazônia e Cerrado vêm experimentando ao longo do Holoceno variações na duração do período seco, o que as deixa propícias à ocorrência de incêndios (Pessenda et al., 1998a, 1998b, 1998c, 2001; Behling; Hooghiemstra, 1998, 1999, 2000; Sifeddine et al., 1994, 2001; Hermanowski et al., 2012).

Segundo análises de grãos de pólen (Ledru et al., 2002) e matéria orgânica do solo (Pessenda et al., 2005), a Região Nordeste do Brasil apresentava um clima mais seco

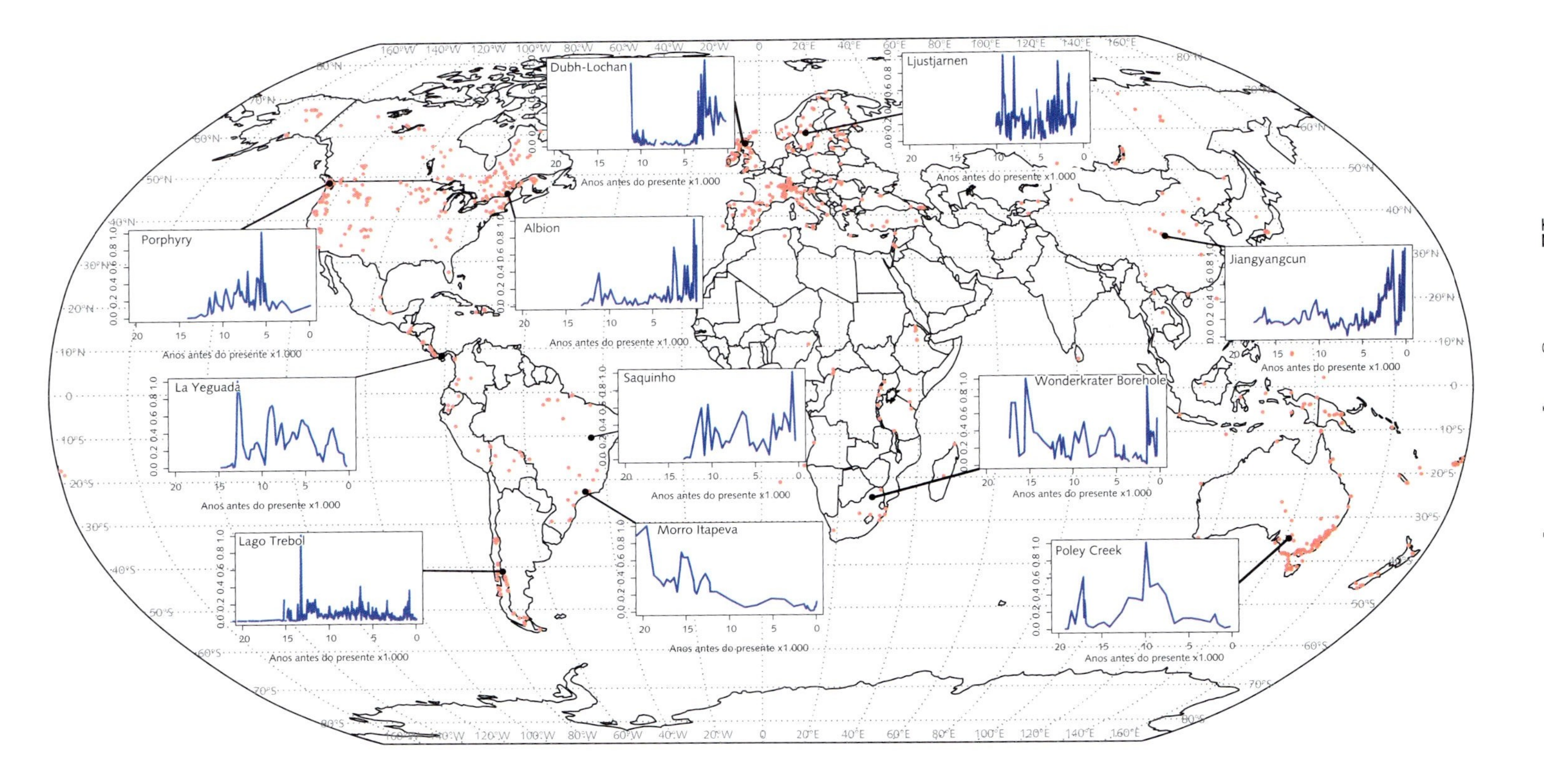

Fig. 12.1 *Inventário global dos registros de carvão compilados pelo* Global Charcoal Database (GCD) *e* Global Paleofire Working Group (GPWG). *Os gráficos demonstram a quantidade de registros ao longo dos últimos 20.000 anos para locais específicos. Os valores foram padronizados entre 0 (mínima ocorrência) e 1 (máxima ocorrência) pela função gradientDist do pacote Analogue (Simpson; Oksanen, 2016) permitindo sua comparação. Para mais detalhes, acessar <https://paleofire.org/> e <http://www.gpwg.paleofire.org/>*

Tab. 12.1 Informações complementares sobre os gráficos da Fig. 12.1

Local	Latitude (°)	Longitude (°)	Altitude (m)	Método	Unidade	Publicação
Dubh-Lochan	57,29	−4,43	150	Peneira	125-250 µm conc. (part./cm²/ano)	Froyd (2006)
Ljustjärnen	59,75	14,43	183	Peneira	Fragmentos > 250 µm cm^{-2} ano^{-1} (influxo)	Almquist-Jacobson (1994)
Porphyry	48,9	−123,83	1.100	Peneira	Fragmentos >125 µm cm^{-3} (concentração)	Brown e Hebda (2003)
Albion	45,67	−71,32	320	Lâmina de pólen	mm^2 cm^{-2} ano^{-1} (influxo)	Carcaillet e Richard (2000)
Jiangyangcun	34,5	108,3	685	Separação por preparação de líquido pesado	> 100 µm	Sem publicação
La Yeguada	8,45	−80,85	650	Lâmina de pólen	outro	Haberle e Ledru (2001)
Saquinho	−10,4	−43,21	480	Lâmina de pólen	> 20 µm (% conc. soma pólen total)	De Oliveira, Barreto e Suguio (1999)
Wonderkrater Borehole	−24,5	28,75	1.100	Lâmina de pólen	–	Scott (2000)
Trebol Lake	−41,07	−71,49	758	Peneira	Fragmentos > 250 µm cm^{-3} (concentração)	Whitlock et al. (2006)
Morro de Itapeva	−22,78	−45,57	1.850	Lâmina de pólen	5-150 µm % soma pólen total	Behling (1997a)
Poley Creek	−37,4	145,21	630	Lâmina de pólen	mm^2/cm^3 contagem pontual carvão	Pittock (1989)

que o atual entre o período de 11.000 e 4.500 A.P. De Oliveira, Barreto e Suguio (1999), analisando dunas no Rio São Francisco, observaram a presença de carvão durante todo o Holoceno, com significativo aumento durante o Holoceno tardio, ao mesmo tempo que táxons de vegetação de cerrado e caatinga aumentaram, indicando expansão dessas formações na área de estudo.

Nas Regiões Sudeste e Sul do Brasil, o fogo natural foi mais recorrente durante os primeiros milênios do Holoceno do que atualmente (Power et al., 2008). Os registros de fósseis de carvão e matéria orgânica demonstram que em São Paulo e Minas Gerais as condições climáticas eram mais secas durante o médio Holoceno, se comparadas às condições atuais (Pessenda et. al, 2004).

No contexto paleoambiental, estudos como o de Behling (2002) sugerem profundas mudanças ambientais em ecossistemas da Mata Atlântica desde o último máximo glacial (18 mil anos C^{14} antes do presente). A floresta de Araucária na Serra dos Campos Gerais no Paraná não expandiu entre o início do médio Holoceno, devido a uma combinação de fatores como baixa precipitação anual, longos períodos secos e ocorrência de fogo (Behling, 1997b). Registros de carvão no Morro Itapeva, no Estado de São Paulo, indicam maior atividade de fogo durante o último máximo glacial e uma constante queda desde então, que pode estar relacionada ao aumento de umidade (Behling, 1997a).

As mudanças nas condições climáticas do Sudeste e Sul do Brasil estão relacionadas à intensificação das monções sul-americanas, que progressivamente trouxeram mais umidade para as latitudes médias e propiciaram a expansão de florestas em substituição da vegetação típica de condições mais secas, como gramíneas (Shuman et al., 2002; Williams et al., 2008; Rodrigues; Behling; Giesecke, 2016). Reconstruções feitas com isótopos de carbono assinalam que esse aumento de umidade durante o Holoceno nas Regiões Sul/Sudeste do Brasil estava associado ao regime de monções de verão (Cruz et al., 2005; Wang et al., 2007).

No sul do Chile, Markgraf, Whitlock e Haberle (2007) demostraram a presença de fogo desde 18.000 A.P. O período compreendido entre 11.000 e 7.000, embora marcado por aumento da precipitação, apresentou o maior acúmulo de partículas carbonizadas, que está relacionado à maior atividade de fogo em verões mais secos. Posteriormente, o total de partículas voltou a diminuir, quando as condições climáticas se tornaram semelhantes às atuais. Huber, Markgraf e Schäbitz (2004) compararam nove registros fósseis de carvão entre Patagônia e Terra do Fogo e observaram que a ocorrência de fogo predominantemente ocorreu no início do Holoceno. Os autores ainda ressaltam a dificuldade em diferenciar as ocorrências de fogo por combustão natural e as causadas por atividades antrópicas; no entanto, salientam a importância da existência de condições climáticas e vegetação xerófita para a existência de fogo.

12.1 Perspectivas do risco de fogo em um futuro cenário de mudança climática

Estudos recentes mostram que as variações no clima podem gerar aumentos significativos no número de queimadas em vegetação e, portanto, nas taxas de emissões dos gases de efeito estufa (Pechony; Shindell, 2010; Kloster et al., 2012). Por exemplo, mudanças simuladas projetadas pelo cenário A1B do Painel Intergovernamental de Mudanças Climáticas (IPCC, em inglês) mostram aumento de queimadas superior a 22% no final do século XXI, em relação à era pré-industrial. Como discutido por Wu et al. (2008), a temperatura média anual próxima à superfície terrestre poderá aumentar em torno de 2 °C até o ano 2100. Isso induz maior flamabilidade da vegetação global, com maior evapotranspiração, em parte devida ao aumento no déficit de pressão de vapor d'água, o que favorece ocorrências de queimadas (Justino et al., 2010).

Segundo Kloster et al. (2012), as mudanças climáticas intensificarão os eventos globais de emissões de queimadas anuais em até 62%, durante o período de 2075 a 2099. Isso corresponde a um aumento de aproximadamente 1,03 Pg C ano^{-1}. Nas análises, destacam-se as projeções da América do Sul (em torno de 0,57 Tg C ano^{-1}). Bowman et al. (2009) também mostram mudanças no ciclo de carbono e aumento na vulnerabilidade da saúde humana. Eles estimam que o desmatamento tropical médio anual e os incêndios de vegetação emitem 0,65 Pg.C.ano^{-1}, com 32% originando-se da América Tropical, 14% da África e 54% da Ásia Tropical. Adicionalmente, modelos dinâmicos do clima indicam um pico de concentração de materiais particulados, superiores a aproximadamente 50%, em relação às condições sem incêndios (Thelen et al., 2013).

Huang, Wu e Kaplan (2015) asseguram que o aumento de cerca de 27% das frequências de queimadas em 2050, comparadas às de 2000, se deve a fatores como raios, clima, ocupação e uso do solo e densidade demográfica, bem como a esses efeitos combinados. Uma maior atividade de raios acentuaria a frequência de queimadas globais em aproximadamente 4%, com aumentos significantes nas regiões de latitudes médias e altas do Hemisfério Norte. Isso é consistente com o estudo de Krause et al. (2014), cujos resultados mostraram que a área queimada devida às variações de ocorrência de raios aumentará em torno de 3,3% para o final do século XXI, tendo como base o cenário RCP 8.5 (Taylor; Stouffer; Meehl, 2012).

Para o Hemisfério Norte, os principais impactos das mudanças climáticas na frequência das queimadas ocorrerão no seu período de pico, entre os meses de junho e agosto, quando poderão aumentar em aproximadamente 3,6% (Huang; Wu; Kaplan, 2015). Durante o verão, os aumentos nas fontes de ignição nas latitudes médias e altas têm papel importante na intensificação das queimadas boreais. No Hemisfério Sul, as ocorrências de queimadas na Tasmânia e Austrália durante a estação de primavera dos últimos 20 anos do século XXI são projetadas a níveis superiores a 21% em relação ao presente (Fox-Hughes et al., 2014). Em se tratando de Brasil, Justino et al. (2010) e Melo et al. (2011) mostram que os maiores impactos nas atividades de fogo ocorrem no Cerrado brasileiro e na Amazônia.

Variações no índice meteorológico de risco de fogo nos meses anteriormente citados apresentam aumento dos valores médios entre os períodos de 1976-2005 e

2021-2050 e aumento nos valores médios e de desvio padrão quando comparados os intervalos de 2021-2050 e 2071-2100 (Silva et al., 2016). Isso indica que as estações mais severas de queimadas são, portanto, esperadas para o final do século XXI. Esses resultados estão de acordo com Liu, Stanturf e Goodrick (2010), que analisaram projeções futuras de queimadas potenciais globais.

A Fig. 12.2 mostra o risco de fogo potencial (PFI) para o Brasil, tendo como base mudanças na vegetação e condições climáticas projetadas para o final deste século. Nota-se claramente que essas mudanças dependem não só da forçante climáti-

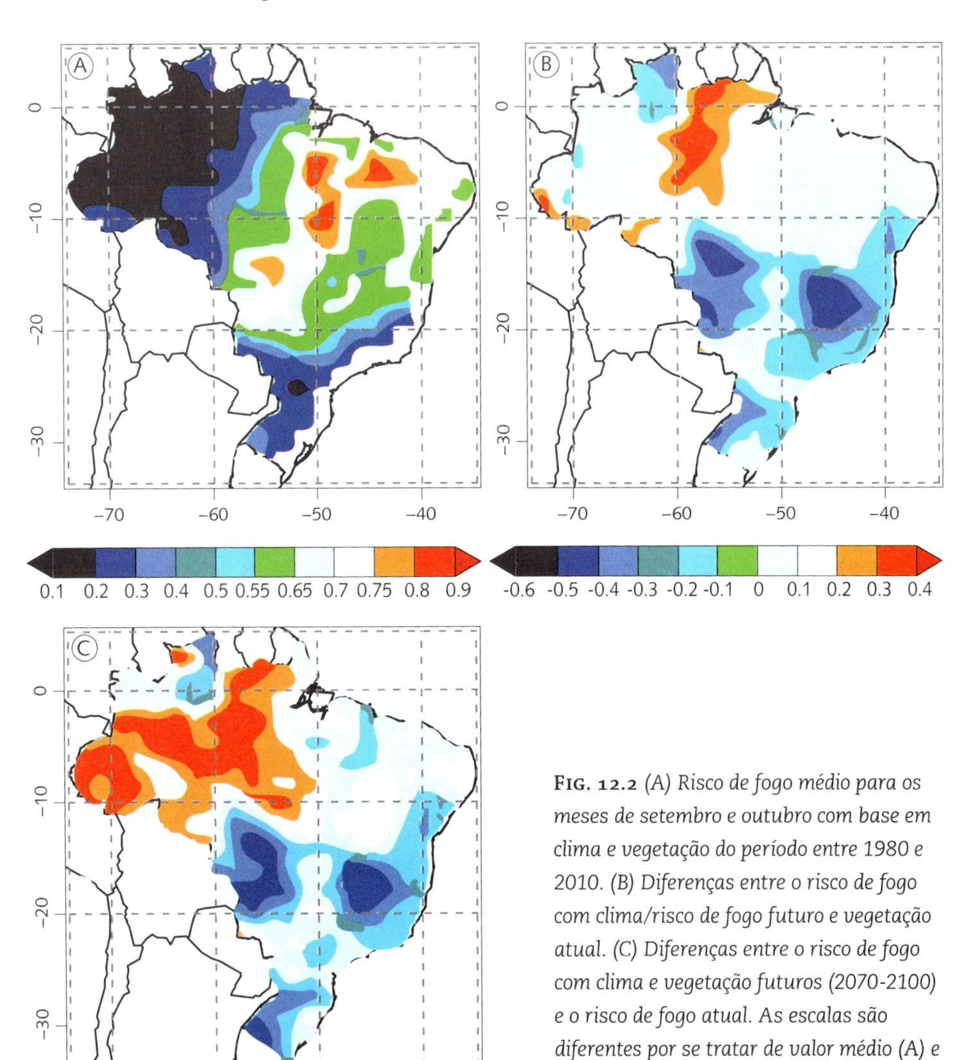

Fig. 12.2 *(A) Risco de fogo médio para os meses de setembro e outubro com base em clima e vegetação do período entre 1980 e 2010. (B) Diferenças entre o risco de fogo com clima/risco de fogo futuro e vegetação atual. (C) Diferenças entre o risco de fogo com clima e vegetação futuros (2070-2100) e o risco de fogo atual. As escalas são diferentes por se tratar de valor médio (A) e anomalias (B,C)*
Fonte: elaborado a partir de Justino et al. (2010).

ca, mas também do futuro padrão de vegetação dominante (Justino et al., 2010). A Fig. 12.2A mostra que, nas condições atuais, a principal região de queimadas no Brasil se concentra no Centro-Oeste, nos meses de setembro e outubro. Nota-se que, impondo um clima mais quente e seco, como esperado no futuro, e mantendo-se a vegetação atual, as áreas preferenciais de queima serão deslocadas para os Estados da região Norte, em particular Pará e Amazonas (Fig. 12.2B).

A Fig. 12.2C mostra o risco de fogo a partir de mudanças na vegetação e clima futuros para 2070-2100 (Cook; Vizy, 2008) e uma intensificação substancial na área mais propícia à incidência de queimadas. Isso se deve inicialmente à substituição da Floresta Amazônica por Cerrado, sendo este último bioma mais propício à queima. Por outro lado, a diminuição do risco de fogo no Centro-Oeste está associada ao aumento de precipitação devido à presença da Zona de Convergência do Atlântico Sul (ZCAS), que para esse cenário climático é mais atuante na primavera austral.

Justino et al. (2013) também estimaram o risco de fogo em climas presente e futuro para a África a partir de três modelos climáticos: CCSM (Deser et al., 2012), HadCM3 (Gordon et al., 2000) e ECHAM (Roeckner et al., 1992). Eles mostram que, para o período de 1980-2000, embora haja valores de temperatura máxima do ar nas regiões equatorial e subtropical da África próximos a 37 °C e de baixa umidade relativa, não é sempre que se observa um alto índice de risco de fogo potencial, pois o número de dias consecutivos sem chuva é baixo.

Adicionalmente, o estudo mostra a média zonal do PFI, calculado em vários cinturões de latitudes entre 20° N e 40° S; a região entre 10° S e 20° N mostra maiores valores de PFI em março e gradativamente atinge seu mínimo risco de fogo em novembro. Isso pode ser explicado pela migração meridional da Zona de Convergência Intertropical (ZCIT), que está associada com a precipitação sobre a região. Nota-se um aumento do PFI em dez dos 12 meses ao longo do ano, quando as condições climáticas e de vegetação futuras (*global warming*, GW) são aplicadas. A distribuição da vegetação futura, quando forçada pelo HadCM3, conduz aos maiores valores de PFI.

Para a região entre 40° S e 10° S, o risco de fogo aumentará substancialmente no futuro, com destaque para o período compreendido entre julho e outubro, fato que também ocorre apenas entre 25° S e 10° S (Justino et al., 2013). Isso sugere que um aumento no predomínio da estação propícia às queimadas na África Subsaariana é esperado para o futuro. Adicionalmente, na África Subtropical, o PFI aumenta de "baixo" nas simulações PD a "moderado" nas simulações para o GW.

Dessa forma, pode-se argumentar que as mudanças climáticas aumentam as áreas vulneráveis às ocorrências de queimadas, em particular na região subsaariana. Esse resultado corrobora Shongwe et al. (2009), os quais afirmam que mudanças substanciais são previstas para eventos extremos de precipitação, principalmente no aumento do número de dias secos consecutivos.

Nas regiões tropicais e nas latitudes altas do Hemisfério Norte, simulações numéricas mostram que no futuro pode haver aumentos significantes de precipitação. Já no oeste dos Estados Unidos, leste da Austrália, norte e sul da África, são esperadas reduções de precipitação. Como resultado, os padrões simulados da distribuição espacial do risco de fogo futuro apontam para uma intensificação de ocorrências na classe "crítica" em muitas regiões da África e leste da Austrália; contudo, o oeste da Rússia, a região central da África e o oeste da América do Sul apresentariam tendências decrescentes ao longo do século XXI (Huang; Wu; Kaplan, 2015).

12.2 Discussão e comentários finais

Variações devidas às mudanças e variabilidade climáticas são esperadas para todas as estações do ano. Com base nas referências aqui citadas, no Hemisfério Norte a ocorrência de queimadas pode aumentar em cerca de 37% comparado ao presente, principalmente na África Tropical. As frequências na primavera, verão e outono boreais aumentariam cerca de 24%, 12% e 10%, respectivamente, em relação ao ocorrido no ano 2000.

Já no Hemisfério Sul, espera-se que os maiores aumentos ocorram no verão (dezembro-fevereiro), com aumento aproximado a 40% em relação ao presente. No que concerne às estações do ano 2000, as queimadas na primavera, outono e inverno aumentariam em valores praticamente idênticos, de 19%, 18% e 17%. Algumas regiões também mostram contraste nas tendências entre as estações. Por exemplo, comparado ao presente, as queimadas na parte sul da América do Sul tendem a uma redução no outono, mas podem aumentar no inverno e primavera.

Para Poulter et al. (2014), as observações e os modelos destacam a América do Sul como particularmente vulnerável às mudanças climáticas e os ecossistemas semiáridos como importantes precursores da variabilidade interanual, decorrente de alterações no ciclo do carbono, ressaltando suas relevâncias quanto à vulnerabilidade futura ao aumento do risco de fogo. Recentemente, Silva et al. (2016) mostraram que no Brasil, durante o período compreendido entre 1956 e 2005, houve aumento na tendência de temperatura e sinais de uma persistente tendência de queda na umidade relativa após os anos 1990. Tais resultados estão de acordo com estudos anteriores (Grimm; Natori, 2006; Marengo et al., 2010; Sánchez et al., 2015) que avaliaram os desempenhos de modelos climáticos regionais na América do Sul e indicaram aumento na temperatura e redução de precipitação nas regiões central e leste da Amazônia e nordeste do Brasil. Justino et al. (2010) mostraram que tais condições anômalas da atmosfera favorecerão a intensificação das ocorrências de queimadas nessas regiões.

Pechony e Shindell (2010) discutiram fatores determinantes para queimadas globais pelas mudanças climáticas, de uso do solo e na densidade populacional, para o final do século XXI. O trabalho mostrou que mudanças nesses condicionantes poderiam intensificar as ocorrências futuras de queimadas em mais de 25% durante o período de 2000 a 2100 e concluiu que o clima futuro deve desempenhar papel mais significante na formação dos padrões de queimadas do que fatores induzidos pelo homem. Kloster et al. (2012) encontraram que os efeitos combinados de clima, uso do solo e incremento da população podem resultar em aumento de mais de 62% nas emissões de carbono oriundas de queimadas, até o ano de 2100.

Em se tratando das mudanças nas ocorrências de queimadas devidas às variações do tipo de vegetação, as frequências tendem a aumentar a um nível próximo de 15%, o que é comparável aos impactos dos fatores meteorológicos. O aumento na fertilização do CO_2 atmosférico nas décadas recentes e as expansões de florestas em direção aos polos resultam em aumentos do índice de área foliar (IAF) nas latitudes altas (Bachelet et al., 2003; Wu et al., 2012; Tai et al., 2013). Como consequência, a frequência e as áreas de queimadas poderiam se ampliar em direção aos polos durante o verão (queimadas boreais).

A contribuição mútua das forçantes naturais e antropogênicas (raios, variáveis meteorológicas, população, ocupação e uso do solo), conforme os cenários propostos pelo IPCC (2021), sugere um aumento nas frequências de queimadas de cerca de 30% para meados deste século. Além disso, as variações climáticas e o aumento de fertilização de CO_2, acompanhados pelas variações de ocupação do solo, levariam a um aumento de queimadas de cerca de 15% em relação aos níveis do ano 2000. Dessa maneira, as intensificações por causas climáticas seriam principalmente notadas na Amazônia, Austrália e região central da Rússia, enquanto um decréscimo na tendência de queimadas seria verificado no sudeste da África, devido às mudanças no uso do solo e densidade populacional.

Agradecimentos

Flávio Justino agradece à Capes-PNPD pelo apoio a este trabalho, concessão 1671778, e à Fundação de Pesquisa de Minas Gerais (FAPEMIG) e ao Conselho Nacional Brasileiro de Desenvolvimento Científico e Tecnológico (CNPq), projeto número 418 306181/2016-9. Alex da Silva agradece à Universidade Federal do Oeste do Pará (Ufopa), Portaria nº 594 de 4 de março de 2015, e ao Programa de Pós-Graduação em Meteorologia Aplicada da Universidade Federal de Viçosa (UFV). Os autores também agradecem ao Programa Queimadas do Instituto Nacional de Pesquisas Espaciais (Inpe).

Referências bibliográficas

ALMQUIST-JACOBSON, H. *Interaction of the Holocene Climate, Water Balance, Vegetation, and Fire, and the Cultural Land-Use in Swedish Borderland*. Sweden: Lund University, Lund, 1994.

ATAHAN, P.; DODSON, J. R.; ITZSTEIN-DAVEY, F. A Fine-Resolution Pliocene Pollen and Charcoal Record from Yallalie, Southwestern Australia. *Journal of Biogeography*, v. 31, p. 199-205, 2004.

BACHELET, D.; NEILSON, R. P.; HICKLER, T.; DRAPEK, R. J. et al. Simulating Past and Future Dynamics of Natural Ecosystems in the United States. *Global Biogeochem*. Cycles, v. 17, n. 2, p. 1045, 2003. DOI: 10.1029/2001GB001508.

BEHLING, H. Carbon Storage Increases by Major Forest Ecosystems in Tropical South America since the Last Glacial Maximum and the Early Holocene. *Global and Planetary Change*, v. 33, p. 107-116, 2002.

BEHLING, H. Late Quaternary Vegetation, Climate and Fire History from the Tropical Mountain Region of Morro de Itapeva, SE, Brazil. *Paleogeography, Paleoclimatology, Paleoecology*, v. 129, p. 407-422, 1997a.

BEHLING, H. Late Quaternary Vegetation, Climate and Fire History in the Araucaria Forest and Campos Region from Serra Campos Gerais (Paraná), Brazil. *Review of Palaeobotany and Palynology*, v. 97, p. 109-121, 1997b.

BEHLING, H.; HOOGHIEMSTRA, H. Environmental History of the Colombian Savannas of the Llanos Orientales since the Last Glacial Maximum from Lake Records El Pinal and Carimagua. *Journal of Paleolimnology*, v. 21, p. 461-476, 1999.

BEHLING, H.; HOOGHIEMSTRA, H. Holocene Amazon Rainforest-Savanna Dynamics and Climatic Implications: High-Resolution Pollen Record from Laguna Loma Linda in Eastern Colombia. *Journal of Quaternary Science*, v. 15, p. 687-695, 2000.

BEHLING, H.; HOOGHIEMSTRA, H. Late Quaternary Palaeoecology and Palaeoclimatology from Pollen Records of the Savannas of the Llanos Orientales in Colombia. *Palaeogeography Palaeoclimatology Palaeoecology*, v. 139, p. 251-267, 1998.

BOWMAN, D. M. J. S.; BALCH, J. K.; ARTAXO, P. et al. Fire in the Earth System. *Science*, v. 324, p. 481-484, 2009. DOI: 10.1126/science.1163886.

BROWN, K. J.; HEBDA, R. J. Coastal Rainforest Connections Disclosed through a Late Quaternary Vegetation, Climate, and Fire History Investigation from the Mountain Hemlock Zone on Southern Vancouver Island, British Colombia, Canada. *Review of Palaeobotany and Palynology*, v. 123, p. 247-269, 2003.

BROWN, K. J.; CLARK, J. S.; GRIMM, E. C.; DONOVAN, J. J.; MUELLER, P. G.; HANSEN, B. C. S.; STEFANOVA, I. Fire Cycles in North American Interior Grasslands and their Relation to Prairie Drought. *Proceedings of the National Academy of Sciences of the United States of America*, v. 102, p. 8865-8871, 2005.

CARCAILLET, C.; RICHARD, P. J. H. Holocene Changes in Seasonal Precipitation Highlighted by Fire Incidence in Eastern Canada. *Climate Dynamics*, v. 16, p. 549-559, 2000.

CARCAILLET, C.; ALMQUIST, H.; ASNONG, H.; BRADSHAW, R. H. W.; CARRIÓN, J. S.; GAILLARD, M. J. et al. Holocene Biomass Burning and Global Dynamics of the Carbon Cycle. *Chemosphere*, v. 49, p. 845-863, 2002.

COLINVAUX, P. A.; DE OLIVEIRA, P. E.; MORENO, J. E.; MILLER, M. C.; BUSH, M. B. A Long Pollen Record from Lowland Amazonia: Forest and Cooling in Glacial Times. *Science*, v. 274, p. 85-88, 1996.

COOK, K. H.; VIZY, K. H. Effects of Twenty-First-Century Climate Change on the Amazon Rain Forest. *Journal of Climate*, v. 21, p. 542- 560, 2008.

CRUZ, F. W.; KARMANN, I.; VIANA, O.; BRUNS, S. J.; FERRARI, J. A.; VUILLE, M.; SIAL, A. N.; MOREIRA, M. Z. Stable Isotope Study of Cave Percolation Waters in Suntropical Brazil: Implications for Paleoclimate Inferences from Speleothems. *Chemical Geology*, v. 220, p. 245-262, 2005.

DE OLIVEIRA, P. E.; BARRETO, A. M. F.; SUGUIO, K. Late Pleistocene/Holocene Climatic and Vegetational History of the Brazilian Caatinga: The Fossil Dunes of the Middle Sao Francisco River. *Paleogeography, Paleoclimatology, Paleoecology*, v. 152, p. 319-333, 1999.

DENIS, E. H.; TONEY, J. L.; TAROZO, R.; SCOTT, A. R.; ROACH, L. D.; HUANG, Y. Polycyclic Aromatic Hydrocarbons (PAHs) in Lake Sediments Record Historic Fire Events: Validation Using HPLC-Fluorescence Detection. *Organic Geochemistry*, v. 45, p. 7-17, 2012. DOI: 10.1016/j.orggeochem.2012.01.005.

DESER, C.; PHILLIPS, A. S.; THOMAS, R. A.; OKUMURA, Y.; ALEXANDER, M. A.; CAPOTONDI, A.; SCOTT, J. D.; KWON, Y.-O.; OHBA, M. ENSO and Pacific Decadal Variability in the Community Climate System Model Version 4. *Journal of Climate*, v. 25, p. 2622-2651, 2012.

FALK, D. A.; HEYERDAHL, E. K.; BROWN, P. M.; FARRIS, C.; FULÉ, P. Z.; MCKENZIE, D.; SWETNAM, T. W.; TAYLOR, A. H.; VAN HORNE, M. L. Multi-Scale Controls of Historical Forest-Fire Regimes: New Insights from Fire-Scar Networks. *Frontiers in Ecology and the Environment*, v. 9, p. 446-454, 2011.

FOX-HUGHES, P.; HARRIS, R.; LEE, G.; GROSE, M.; BINDOFF, N. Future Fire Danger Climatology for Tasmania, Australia, Using a Dynamically Downscaled Regional Climate Model. *International Journal of Wildland Fire*, v. 23, p. 309-321, 2014.

FROYD, C. A. Holocene Fire in the Scottish Highlands: Evidence from Macroscopic Charcoal Records. *The Holocene*, v. 16, p. 235-249, 2006.

GAVIN, D. G.; HALLETT, D. J.; HU, F. S.; LERTZMAN, K. P.; PRICHARD, S. J.; BROWN, K. J.; LYNCH, J. A.; BARTLEIN, P.; PETERSON, D. L. Forest Fire and Climate Change in Western North America: Insights from Sediment Charcoal Records. *Frontiers in Ecology and the Environment*, v. 5, p. 499-506, 2007.

GORDON, C.; COOPER, C.; SENIOR, C. A.; BANKS, H.; GREGORY, J. M.; JOHNS, T. C.; MITCHELL, J. F. B.; WOOD, R. A. The Simulation of SST, Sea Ice Extents and Ocean Heat Transports in a Version of the Hadley Centre Coupled Model without Flux Adjustments. *Climate Dynamics*, v. 16, p. 147-168, 2000.

GRIMM, A.; NATORI, A. Climate Change and Interannual Variability of Precipitation in South America. *Geophysical Research Letters*, v. 33, L19706, 2006.

HABERLE, S. G.; LEDRU, M. P. Correlations among Charcoal Records of Fires from the Past 16,000 Years in Indonesia, Papua New Guinea, and Central and South America. *Quaternary Research*, v. 55, p. 97-104, 2001.

HARRISON, S. P.; MARLON, J. R.; BARTLEIN, P. J. Fire in the Earth System. In: DODSON, J. Changing Climates, *Earth Systems and Society*. London: Springer, 2010. p. 21-48.

HERMANOWSKI, B.; COSTA, M. L.; CARVALHO, A. T.; BEHLING, H. Palaeoenvironmental Dynamics and Underlying Climatic Changes in Southeast Amazonia (Serra Sul dos Carajás Brazil) During the late Pleistocene and Holocene. *Palaeogeography Palaeoclimatology Palaeoecology*, v. 365, p. 227-246, 2012.

HUANG, Y.; WU, S.; KAPLAN, J. O. Sensitivity of Global Wildfire Occurrences to Various Factors in the Context of Global Change. *Atmospheric Environment*, v. 121, p. 86-92, 2015.

HUBER, U. M.; MARKGRAF, V.; SCHÄBITZ, F. Geographical and Temporal Trends in Late Quaternary Fire Histories of Fuego-Patagonia, South America. *Quaternary Science Reviews*, v. 23, p. 1079-1097, 2004.

IGLESIAS, V.; WHITLOCK, C. Fire Responses to Postglacial Climate Change and Human Impact in Northern Patagonia (41–43_ S). In: *Proceedings of the National Academy of Sciences of the United States of America*, v. 111, p. 5545-5554, 2014.

IPCC – INTERGOVERNMENTAL PANEL ON CLIMATE CHANGE. 2021: *Climate Change 2021*: The Physical Science Basis. Contribution of Working Group I to the Sixth Assessment Report of the Intergovernmental Panel on Climate Change. [MASSON-DELMOTTE, V.; ZHAI, P.; PIRANI, A.; CONNORS, S. L.; PÉAN, C.; BERGER, S.; CAUD, N.; CHEN, Y.; GOLDFARB, L.; GOMIS, M. I.; HUANG, M.; LEITZELL, K.; LONNOY, E.; MATTHEWS, J. B. R.; MAYCOCK, T. K.; WATERFIELD, T.; YELEKÇI, O.; YU, R.; ZHOU, B. (Ed.)] Cambridge University Press, 2021. In Press.

JUSTINO, F.; STORDAL, F.; CLEMENT, A.; COPPOLA, E.; SETZER, A.; BRUMATTI, D. Modelling Weather and Climate Related Fire Risk in Africa. *American Journal of Climate Change*, v. 2, p. 209-224, 2013.

JUSTINO, F.; MELO, A. S.; SETZER, A.; SISMANOGLU, R.; SEDIYAMA, G. C.; RIBEIRO, G. A.; MACHADO, J. P.; STERL, A. Greenhouse Gas Induced Changes in the Fire Risk in Brazil in ECHAM5/MPI-OM Coupled Climate Model. *Climate Change*, v. 106, p. 285-302, 2010. DOI: 10.1007/s10584-010-9902-x.

KIRCHGEORG, T.; SCHÜPBACH, S.; KEHRWALD, N.; MCWETHY, D. B.; BARBANTE, C. Method for the Determination of Specific Molecular Markers of Biomass Burning in Lake Sediments. *Organic Geochemistry*, v. 71, p. 1-6, 2014. DOI: 10.1016/j.orggeochem.2014.02.014.

KLOSTER, S.; MAHOWALD, N. M.; RANDERSON, J. T.; LAWRENCE, P. J. The Impacts of Climate, Land Use and Demography on Fires During the 21 st Century Simulated by CLM-CN. *Biogeosciences*, v. 9, p. 509-525, 2012. DOI: 10.5194/bg-9-509-2012.

KRAUSE, A.; KLOSTER, S.; WILKENSKJELD, S.; PAETH, H. The Sensitivity of Global Wildfires to Simulated Past, Present, and Future Lightning Frequency. *Journal of Geophysical Research Biogeosciences*, v. 119, 2014. DOI: 10.1002/2013JG002502.

LEDRU, M. P.; MOURGUIART, P.; CECCANTINI, G.; TURCQ, B.; SIFEDDINE, A. Tropical Climates in the Game of Two Hemispheres Revealed by Abrupt Climatic Change. *Geology*, v. 30, p. 275-278, 2002.

LIU, Y.; STANTURF, J.; GOODRICK, S. Trends in Global Wildfire Potential in a Changing Climate. *Forest Ecology and Management*, v. 259, p. 685-697, 2010.

MARENGO, J. A.; AMBRIZZI, T.; DA ROCHA, R. P.; ALVES, L. M.; CUADRA, S. V. et al. Future Change of Climate in South America in the Late Twenty-First Century: Intercomparison of Scenarios from Three Regional Climate Models. *Climate Dynamics*, v. 35, p. 1073-1097, 2010.

MARKGRAF, V.; WHITLOCK, C.; HABERLE, S. Vegetation and Fire History During the Last 18,000 cal yr B.P. in Southern Patagonia: Mallin Pollux, Coyhaique, Province Aisen (45° 41 30 S, 71° 50 30 W, 640 m elevation). *Palaeogeography, Palaeoclimatology, Palaeoecology*, v. 254, p. 492-507, 2007.

MARLON, J.; BARTLEIN, P.; CARCAILLET, C.; GAVIN, D. G.; HARRISON, S. P.; HIGUERA, P. E.; JOOS, F.; POWER, M. J.; PRENTICE, C. I. Climate and Human Influences on Global Biomass Burning over the Past Two Millennia. *Nature Geoscience*, v. 1, p. 697-701, 2008.

MCCONNELL, J. R.; EDWARDS, R.; KOK, G. L.; FLANNER, M. G.; ZENDER, C. S.; SALTZMAN, E. S. et al. 20th-Century Industrial Black Carbon Emissions Altered Arctic Climate Forcing. *Science*, v. 317, p. 1381-1384, 2007.

MELO, A. S.; JUSTINO, F.; LEMOS, C. F.; SEDIYAMA, G.; RIBEIRO, G. Suscetibilidade do ambiente a ocorrências de queimadas sob condições climáticas atuais e de futuro aquecimento global. Rev. Bras. *Meteorol*., v. 26, n. 40, 2011.

MOUILLOT, F.; FIELD, C. B. Fire History and the Global Carbon Budget: A 1° × 1° fire History Reconstruction for the 20th century. *Global Change Biology*, v. 11, p. 398-420, 2005.

PECHONY, O.; SHINDELL, D. T. Driving Forces of Global Wildfires over the Past Millennium and the Forthcoming Century. In: *Proceedings of the National Academy of Sciences of the United States of America*, v. 107, p. 19167-19170, 2010. DOI: 10.1073/pnas.1003669107.

PESSENDA, L. C. R.; GOUVEIA, S. E. M.; ARAVENA, R.; BOULET, R.; VALENCIA, E. P. E. Holocene Fire and Vegetation Changes in Southeastern Brazil as Deduced from Fossil Charcoal and Soil Carbon Isotopes. *Quaternary International*, v. 114, p. 35-43, 2004.

PESSENDA, L. C. R.; GOUVEIA, S. E. M.; GOMES, B. M.; BOULET, R.; RIBEIRO, A. S. Studies of Paleovegetation Changes in the Central Amazon by Carbon Isotopes (12C 13C 14C) of Soil Organic Matter. Isotope Techniques in the Study of Environmental Change. In: *Proceedings of a Symposium*, Vienna, April 1997, p. 645-652, 1998a.

PESSENDA, L. C. R.; GOUVEIA, S. E. M.; ARAVENA, R.; GOMES, B. M.; BOULET, R.; RIBEIRO, A. S. 14C Dating and Stable Carbon Isotopes of Soil Organic Matter in Forest Savanna Boundary Areas in the Southern Brazilian Amazon Region. *Radiocarbon*., v. 40, p. 1013-1022, 1998b.

PESSENDA, L. C. R.; BOULET, R.; ARAVENA, R.; ROSOLEN, V.; GOUVEIA, S. E. M.; RIBEIRO, A. S.; LAMOTTE, M. Origin and Dynamics of Soil Organic Matter and Vegetation Changes During the Holocene in a Forest-Savanna Transition Zone Brazilian Amazon Region. *The Holocene*, v. 11, p. 250-254, 2001.

PESSENDA, L. C. R.; GOMES, B. M.; ARAVENA, R.; RIBEIRO, A. S.; BOULET, R.; GOUVEIA, S. E. M. The Carbon Isotope Record in Soils Along a Forest-Cerrado Ecosystem Transect: Implications for Vegetation Changes in the Rondonia State Southwestern Brazilian Amazon Region. *The Holocene*, v. 8, p. 599-603, 1998c.

PESSENDA, L. C. R.; LEDRU, M. P.; GOUVEIA, S. E. M.; ARAVENA, R.; RIBEIRO, A.S.; BENDASSOLLI, J. A.; BOULET, R. Holocene Paleoenvironmental Reconstruction in Northeastern Brazil Inferred from Pollen, Charcoal and Carbon Isotope Records. *The Holocene*, v. 15, p. 814-822, 2005.

PITTOCK, J. Palaeoenvironments of the Mt. *Disappointment Plateau (Kinglake West, Victoria), from the Late Pleistocene*. Unpubl. BSc (Hons.) thesis – Dept. of Geography and Environmental Science, Monash University, Melbourne, 1989.

POULTER, B.; FRANK, D.; CIAIS, P.; MYNENI, R. B.; ANDELA, N. et al. Contribution of Semi-Arid Ecosystems to Interannual Variability of the Global Carbon Cycle. *Nature*, v. 509, p. 600-603, 2014.

POWER, M. J.; WHITLOCK, C.; BARTLEIN, P. J.; STEVENS, L. R. Fire and Vegetation History During the last 3800 Years in Northwestern Montana. *Geomorphology*, v. 75, p. 420-436, 2006.

POWER, M. J.; MARLON, J.; ORTIZ, N.; BARTLEIN, P. J.; HARRISON, S. P.; MAYLE, F. E.; BALLOUCHE, A. et al. Changes in Fire Regimes since the Last Glacial Maximum: An Assessment Based on a Global Synthesis and Analysis of Charcoal Data. *Climate Dynamics*, v. 30, p. 887-907, 2008.

RODRIGUES, J. M.; BEHLING, H.; GIESECKE, T. Holocene Dynamics of Vegetation Change in Southern and Southeastern Brazil is Consistent with Climate Forcing. *Quaternary Science Reviews*, v. 146, p. 54-65, 2016.

ROECKNER, E.; ARPE, K.; BENGTSSON, L.; BRINKOP, S. et al. Simulation of the Present-Day Climate with the ECHAM Model: Impact of Model Physics and Resolution. Report/ Max-Planck-Institut fur Meteorologie, v. 93, 1992.

SÁNCHEZ, E.; SOLMAN, S.; REMEDIO, A. R. C.; BERBERY, H.; SAMUELSSON, P. et al. Regional Climate Modelling in CLARIS-LPB: A Concerted Approach Towards Twenty-First Century Projections of Regional Temperature and Precipitation over South America. Climate Dynamics, v. 45, p. 2193-2212, 2015.

SCOTT, L. Microscopic Charcoal in Sediments: Quaternary Fire History of the Grassland and Savanna Regions in South Africa. *Journal of Quaternary Science*, v. 17, p. 77-86, 2000.

SHONGWE, M. E.; VAN OLDENBORGH, G. J.; VAN DEN HURK, B. J. J. M.; DE BOER, B.; COELHO, C. A. S.; VAN AALST, M. K. Projected Changes in Mean and Extreme Precipitation in Africa Under Global Warming. Part I: Southern Africa. *Journal of Climate*, v. 22, p. 3819-3837, 2009.

SHUMAN, B.; BARTLEIN, P.; LOGAR, N.; NEWBY, P.; WEBB III, T. Parallel Climate and Vegetation Responses to the Early Holocene Collapse of the Laurentide Ice Sheet. *Quaternary Science Reviews*, v. 21, p. 1793-1805, 2002.

SIFEDDINE, A.; BERTRAND, P.; FOURNIER, M.; MARTIN, L.; SERVANT, M.; SOUBIÈS, F. et al. La sédimentation organique lacustre en milieu tropical humide (Carajás Amazonie orientale Brésil): relation avec les changements climatiques au cours des 60000 dernières années. *Bulletin de La Société Geologique de France*, v. 165, p. 613-621, 1994.

SIFEDDINE, A.; MARINT, L.; TURCQ, B.; VOLKMER-RIBEIRO, C.; SOUBIÈS, F.; CORDEIRO, R. C.; SUGUIO, K. Variations of the Amazonian Rainforest Environment: A Sedimentological Record Covering 30,000 Years. *Palaeogeography Palaeoclimatology Palaeoecology*, v. 168, p. 221-235, 2001.

SILVA, P.; BASTOS, A.; DACAMARA, C. C.; LIBONATI, R. Future Projections of Fire Occurrence in Brazil Using EC-Earth Climate Model. *Revista Brasileira de Meteorologia*, v. 31, p. 288-297, 2016. DOI: 10.1590/0102-778631320150142.

SIMPSON, G. L.; OKSANEN, J. Analogue Matching and Modern Analogue Technique Transfer Function Models. *R package version 0.17-0, 2016*. Disponível em: <http://cran.r-project.org/package=analogue>. Acesso em: 8 out. 2021.

TAI, A. P. K.; MICKLEY, L. J.; HEALD, C. L.; WU, S. Effect of CO_2 inhibition on Biogenic Isoprene Emission: Implications for Air Quality under 2000 to 2050 Changes in Climate, Vegetation, and Land Use. *Geophysical Research Letters*, v. 40, p. 3479-3483, 2013. DOI: 10.1002/grl.50650.

TAYLOR, K. E.; STOUFFER, R. J.; MEEHL, G. A. An Overview of CMIP5 and the Experiment Design. *Bulletin of the American Meteorological Society*, v. 93, p. 485-498, 2012.

THELEN, B.; FRENCH, N. H. F.; KOZIOL, B. W.; BILMIRE, M. et al. Modeling Acute Respiratory Illness during the 2007 San Diego Wildland Fires using a Coupled Emissions-Transport System and Generalized Additive Modeling. *Environmental Health*, v. 12, p. 94, 2013. DOI: 10.1186/1476-069X-12-94.

VAN DER WERF, G. R.; RANDERSON, J. T.; GIGLIO, L.; COLLATZ, G. J.; KASIBHATLA, P. S.; ARELLANO JR., A. F. Interannual Variability in Global Biomass Burning Emissions from 1997 to 2004. *Atmos. Chem. Phys.*, v. 6, p. 3423-3441, 2006. DOI: 10.5194/acp-6-3423-2006.

WANG, X. F.; AULER, A. S.; EDWARDS, R. L.; CHENG, H.; ITO, E.; WANG, Y. J.; KONG, X. G.; SOLHEID, M. Millennial-Scale Precipitation Changes in Southern Brazil over the Past 90,000 Years. *Geophysical Research Letters*, v. 34, 2007.

WHITLOCK, C.; BARTLEIN, P. J. Holocene Fire Activity as a Record of Past Environmental Change. In: GILLESPIE, A. R.; PORTER, S. C.; ATWATER, B. F. (Ed.). *Developments in Quaternary Science*. Amsterdam: Elsevier, 2004.

WHITLOCK, C.; BIANCHI, M. M.; BARTLEIN, P. J.; MARKGRAF, V.; WALSH, M.; MARLON, J. M.; MCCOY, N. Postglacial Vegetation, Climate, and Fire History along the East side of the Andes (lat 41-42.5 S), Argentina. *Quaternary Research*, v. 66, p. 187-201, 2006.

WILLIAMS, J.; SHUMAN, B.; BARTLEIN, P. Rapid Responses of the Prairie-Forest Ecotone to Early Holocene Aridity in Midcontinental North America. *Global and Planetary Change*, v. 66, p. 195-207, 2008.

WU, S.; MICKLEY, L. J.; KAPLAN, J. O.; JACOB, D. J. Impacts of Changes in Land Use and Land Cover on Atmospheric Chemistry and Air Quality over the 21st century. *Atmospheric Chemistry Physics*, v. 12, p. 1597-1609, 2012. DOI: 10.5194/acp-12-1597-2012.

WU, S.; MICKLEY, L. J.; LEIBENSPERGER, E. M.; JACOB, D. J.; RIND, D.; STREETS, D. G. Effects of 2000-2050 Global Change on Ozone Air Quality in the United States. *Journal of Geophysical Research*: Atmospheres, v. 113, D06302, 2008. DOI: 10.1029/2007JD008917.